北方农村建筑节能

宋　波　主编

中国建筑工业出版社

图书在版编目（CIP）数据

北方农村建筑节能/宋波主编．—北京：中国建筑工业出版社，2016.10

ISBN 978-7-112-19988-4

Ⅰ.①北… Ⅱ.①宋… Ⅲ.①农村住宅-节能-研究 Ⅳ.①TU241.4②TU111.4

中国版本图书馆 CIP 数据核字（2016）第 244648 号

责任编辑：田立平　毕凤鸣　李笑然
责任设计：李志立
责任校对：王宇枢　张　颖

北方农村建筑节能

宋　波　主编

*

中国建筑工业出版社出版、发行（北京海淀三里河路 9 号）
各地新华书店、建筑书店经销
唐山龙达图文制作有限公司制版
环球东方（北京）印务有限公司印刷

*

开本：787×1092 毫米　1/16　印张：21　字数：516 千字
2016 年 12 月第一版　　2016 年 12 月第一次印刷
定价：**48.00** 元

ISBN 978-7-112-19988-4
（29345）

本书编委会

主　　　编： 宋　波

编写人员： 宋　波　刘　晶　邓琴琴　张　景　金　虹　凌　薇　徐选才　焦　燕　冯爱荣　端木琳　王宗山　冯国会　张　青　栾景阳　杜永恒　任普亮　李　刚　杨占报　史殿臣　李　慧　刘永堂　曹　慧　杨　铭

审核人员： 邹　瑜　杨旭东　冯国会

指导单位： 住房和城乡建设部村镇建设司

主要编写单位： 中国建筑科学研究院

参加编写单位： 哈尔滨工业大学
中国建筑设计研究院
大连理工大学
河南省建筑科学研究院有限公司
陕西省建筑科学研究院
清华大学

提供资料单位： 沈阳建筑大学
黑龙江省住房和城乡建设厅
山西省住房和城乡建设厅
甘肃省住房和城乡建设厅
河北省住房和城乡建设厅
内蒙古自治区住房和城乡建设厅
新疆维吾尔自治区住房和城乡建设厅

序

农房是农民家庭最大的财富，是农民生活水平最显著的标志，是农村地区主要的资本积累，每年大量的农房建设已成为我国城乡建设的重要组成部分。我国农村地区居住着6.35亿人，每年农房建设量高达300～500万户，农房总建筑面积为257亿m²，约占全国房屋建筑面积的52%。

我国农房建设以农民自建为主，质量管理体制尚未适用农房，因此农房建设设计、建造施工水平较低，普遍存在建筑质量差、缺乏设计、不方便和不舒适等问题，亟待解决。同时，农房实际使用年限短、翻建更新频繁。随着我国农村经济的发展和农民生活水平的提高，农村的生活用能急剧增加，农村能源商品化倾向特征明显。北方地区农村建筑绝大多数未进行保温处理，建筑外门窗热工性能和气密性较差；供暖设备简陋、热效率低，室内热环境恶劣，造成大量的能源浪费；冬季供暖能耗约占生活能耗的80%，农村建筑节能工作已成为农民建设的重中之重。

从“十一五”开始，国家和地方逐渐开始重视农村的建筑节能工作，在经济条件较好的省市相继建设了一些农村节能建筑的示范工程。2009年6月，住房和城乡建设部、国家发展改革委、财政部联合下发了《关于2009年扩大农村危房改造试点的指导意见》（建村［2009］84号），提出2009年，东北、西北和华北等“三北地区”试点范围内，结合农村危房改造开展15万户农户的建筑节能示范。目前农村危房改造建筑节能示范工作已连续开展了7年，中央财政共支持完成了103万户农房建筑节能示范项目，农房建筑节能示范县（县级市、区、旗）的数量均超过示范区域总县级行政区数量的一半以上。在此基础上进一步贯彻落实中央关于大力推进生态文明建设的总体要求，加快推进“安全实用、节能减废、经济美观、健康舒适”的绿色农房建设，2013年12月，住房和城乡建设部、工业和信息化部联合发布了《关于开展绿色农房建设的通知》（建村［2013］190号），要求各地推广绿色农房建设的方法和技术，提高农民绿色发展、循环发展、低碳发展意识，逐步建立并完善促进绿色农房建设的政策措施，建成一批绿色农房试点示范，带动一批绿色建材下乡。

目前我国主要在北方农村地区推进建筑节能，包括东北、华北、西北等地区，西藏自治区，京津地区，这些省份大多处于中国建筑气候分区的严寒和寒冷地区。冬季气候寒冷、时间漫长，是我国农村冬季能耗最大的地区，也是冬季室内热环境最差的地区，这些地区的农村建筑对节能的需求非常迫切。在中国北方农村地区推进建筑节能，有利于改善农村建筑的舒适性和安全性，减少冬季供暖能源消耗，强化节能减排；有利于延长农村建筑使用寿命，帮助农民减支增收，提升农村宜居性，加快美丽乡村建设；有利于带动绿色建材下乡，促进区域大气污染防治、产业结构调整和经济转型升级。

农房建筑节能是必须要走的路，今后住房和城乡建设部将加大力度推进。这本书是根据前几年在农村开展的实践经验研究提炼而成，为农村建筑节能适用技术的成熟化和标准化奠定了很好的基础，期待它发挥应有的作用。

住房和城乡建设部总经济师

2016年10月16日

前　言

我国农村地区人口众多，建筑面积庞大，农村用能主要以炊事、供暖、热水、照明和家电（含空调）等生活用能为主。随着我国农村经济的发展和农村生活水平的提高，农村地区生活消费用能增长迅猛。生活消费用能占社会总能源的消费比例逐年提高。根据《中国能源统计年鉴 2013》，2012 年底农村地区人均生活消费用能为 246kg 标准煤，农村地区生活消费用能已达 156 亿 t 标准煤。农村能源问题是全面建设农村小康社会的基础，解决农村能源问题是解决“三农问题”的前提条件，农村建筑节能是解决农村能源问题的重要途径，也是社会主义新农村建设的重要内容。

自 20 世纪 80 年代我国开始推行建筑节能和墙体改革以来，城市建筑围护结构节能已经取得了显著的成绩。国家标准《严寒和寒冷地区居住建筑节能设计标准》JGJ 26—2010 发布实施后，城市居住建筑节能已开始进入节能 65%的第三步节能阶段，但农村建筑节能及室内环境一直未能得到应有的重视。农村建筑形式和经济技术条件不同于城市，不能盲目地效仿城市建筑节能做法，农村建筑节能工作相比城市建筑节能工作起步较晚。2000 年以后，北方地区农民开始意识到建筑节能对提高居住舒适性和节能的重要性，开始自发地进行墙体保温和使用节能门窗等。2005 年以后，黑龙江省出现了草砖墙和草板房，北京等地出现了复合节能墙板房等，更多地区开始关注农村建筑节能，在新农村建筑建设中开始应用适宜的节能技术，建设了一批农村建筑节能工程。随着农村经济水平的提高，农村建筑居住舒适性的需求日益强烈，能源消耗急剧增加。农村建筑节能开始受到国家重视，从“十一五”开始，科技部设立科技支撑计划课题进行村镇建筑节能技术与应用示范研究，形成了一些适合村镇建筑的节能技术和产品，并制定了国家标准《农村居住建筑节能设计标准》GB/T 50824—2013。2009 年开始在中国农村开展农村危房改造工程，农房建造质量有了明显提高，并在北方地区结合危房改造进行建筑节能示范，目前已完成了 103 万户节能示范项目，农村建筑节能已在北方地区大规模推广实施。

为了更好地指导农村建筑节能工作，自 2009 年开始，中国建筑科学研究院在住房和城乡建设部村镇建设司赵晖、王旭东和白正盛等同志的领导下，开展了全国范围内的调研、培训和指导工作，并就北方地区，组织农村建筑领域专家根据调研成果、以往农村建筑节能技术研究和实践中积累的经验，精心编写了本书。内容涵盖了农村建筑的设计、施工、质量验收、节能材料和产品选择及应用的全过程。

本书内容共有 4 部分和 1 个附录，第 1 部分为北方农村建筑节能理论基础；第 2 部分为北方农村建筑节能技术要点；第 3 部分为农村建筑节能设计方案示例；第 4 部分为农村建筑节能相关政策文件；附录包括与农村建筑节能相关的标准和技术导则。

本书既可以为广大农民、农村基层领导干部和农村科技人员提供具有实践性和指导意义的技术参考资料，以及解决问题的方法和相关知识；也可作为社会主义新型农民、农村建筑工匠的培训教材；还可作为从事农村建筑节能的设计单位、节能材料和产品生产厂商、建筑施工单位、监理单位以及所有参与农村建筑节能工作的单位和个人学习和应用的参考资料。

本书在编写过程中，得到了很多专家和相关领导的关心、大力支持和指导，同时本书在编制中参考了一些公开发表的文献资料，在此一并表示深深的谢意！

由于编写时间紧以及编者水平和经验有限，书中难免有疏漏和不妥之处，而且随着农村建筑节能的不断深入、不断完善和不断发展，本书中的技术资料也许并不能全面地为农村建筑建设服务，敬请同行专家和广大读者批评指正，提出建议，以便再版时修订，促使本书更好地为社会主义新农村建设服务。

本书编委会

2016 年 11 月 11 日

目　　录

第1部分　北方农村建筑节能理论基础 …… 1

1　建筑环境和建筑气候分区 …… 3

1.1　建筑室内热湿环境 …… 3

1.2　建筑外环境 …… 5

1.3　建筑气候分区及对建筑热工设计的基本要求 …… 12

2　建筑传热与建筑节能 …… 14

2.1　传热方式 …… 14

2.2　传热过程 …… 20

2.3　农村建筑节能基本原理和节能途径 …… 23

第2部分　北方农村建筑节能技术要点 …… 27

第1篇　北方农村建筑节能设计 …… 29

1　农村建筑节能材料 …… 29

1.1　建筑材料的基本性质 …… 29

1.2　砌体材料 …… 34

1.3　保温材料 …… 36

2　外墙保温技术 …… 41

2.1　外墙热工性能要求 …… 41

2.2　外保温技术 …… 41

2.3　夹心保温技术 …… 49

2.4　自保温技术 …… 53

2.5　保温与结构一体化技术 …… 57

3　门窗节能技术 …… 64

3.1　门窗热工性能要求 …… 64

3.2　节能门窗类型 …… 64

3.3　节能门窗选择 …… 72

3.4　门窗附加保温措施 …… 73

4　屋面和地面的保温技术 …… 75

4.1　屋面和地面热工性能要求 …… 75

4.2　屋面的保温技术 …… 75

4.3　地面保温技术 …… 80

5　建筑用能系统节能技术和设备 …… 83

5.1 供暖节能技术和设备 …… 83
5.2 炊事节能技术和设备 …… 105
5.3 照明节能技术 …… 128
6 可再生能源利用技术 …… 130
6.1 太阳能利用技术 …… 130
6.2 地热能利用技术 …… 136
6.3 生物质能利用技术 …… 138
第2篇 北方农村建筑节能施工 …… 145
7 外墙保温施工技术 …… 145
7.1 外墙外保温施工技术 …… 145
7.2 外墙夹心保温施工技术 …… 158
7.3 外墙自保温施工技术 …… 165
7.4 保温与结构一体化墙体施工技术 …… 176
8 建筑节能门窗施工技术 …… 180
8.1 铝合金门窗安装技术要点 …… 180
8.2 塑钢门窗安装技术要点 …… 182
8.3 木门窗安装技术要点 …… 184
9 屋面和地面保温施工技术 …… 186
9.1 屋面外保温施工技术 …… 186
9.2 屋面吊顶板状材料保温层施工技术 …… 188
9.3 地面保温施工技术 …… 189
第3篇 农村建筑节能施工检查 …… 190
10 基本规定 …… 190
11 墙体保温 …… 190
11.1 施工过程检查 …… 190
11.2 竣工验收检查 …… 191
12 门窗节能 …… 191
12.1 施工过程检查 …… 191
12.2 竣工验收检查 …… 191
13 屋面和地面保温 …… 191
13.1 施工过程检查 …… 191
13.2 竣工验收检查 …… 192
14 供暖 …… 192
14.1 施工过程检查 …… 192
14.2 竣工验收检查 …… 193
15 照明 …… 193
15.1 施工过程检查 …… 193

15.2　竣工验收检查 …… 193
16　太阳能热水系统 …… 193
16.1　施工过程检查 …… 193
16.2　竣工验收检查 …… 194
17　地热能利用系统 …… 194
17.1　施工过程检查 …… 194
17.2　竣工验收检查 …… 196

第4篇　农村建筑节能检测 …… 197

18　基本规定 …… 197
19　室内平均温度 …… 197
20　外围护结构热工缺陷 …… 198
21　外墙和屋面主体部位传热系数 …… 198
22　外窗窗口气密性能 …… 199
23　外窗窗口气密性能检测操作程序 …… 201

第3部分　农村建筑节能设计方案示例 …… 203

1　农房节能设计方案示例一 …… 205
1.1　建筑设计说明 …… 205
1.2　建筑设计方案 …… 206
1.3　结构设计方案 …… 210
1.4　给水排水设计方案 …… 211
1.5　供暖设计方案 …… 212
1.6　电气设计方案 …… 213
2　农房节能设计方案示例二 …… 215
2.1　建筑设计说明 …… 215
2.2　建筑设计方案 …… 215
2.3　结构设计方案 …… 220
2.4　供暖设计方案 …… 222
2.5　电气设计方案 …… 223
3　农房节能设计方案示例三 …… 226
3.1　建筑设计说明 …… 226
3.2　建筑设计方案 …… 226
3.3　供暖设计方案 …… 229
4　农房节能设计方案示例四 …… 232
4.1　建筑设计说明 …… 232
4.2　建筑设计方案 …… 233
5　农房节能设计方案示例五 …… 234
5.1　建筑设计说明 …… 234

5.2 建筑设计方案 …… 234
5.3 结构设计方案 …… 236
5.4 给水排水设计方案 …… 237
5.5 供暖设计方案 …… 238
5.6 电气设计方案 …… 238
6 农房节能设计方案示例六 …… 239
6.1 建筑设计说明 …… 239
6.2 建筑设计方案 …… 239
6.3 结构设计方案 …… 242
6.4 给水排水设计方案 …… 246
6.5 供暖设计方案 …… 246
6.6 电气设计方案 …… 247
附录 …… 249
附录 1 严寒和寒冷地区农村住房节能技术导则 …… 251
附录 2 农村居住建筑节能设计标准 …… 280
附录 3 绿色农房建设导则（试行） …… 300
附录 4 农村建筑节能相关政策文件 …… 304
附录 5 与农村建筑相关的节能材料和技术标准汇总 …… 321
参考文献 …… 322

第 1 部分

北方农村建筑节能理论基础

1 建筑环境和建筑气候分区

1.1 建筑室内热湿环境

1.1.1 室内热环境组成要素及其对人体热舒适的影响

人体的生理机能决定了要将体温保持在一个相当窄的范围内恒定才能保证人体的各项功能正常。健康状态下，人体的体温一般比较恒定，即大致保持在36.2℃～37.2℃范围内。体温超过变动范围上限，则相应会导致中暑甚至死亡。体温低于变动范围下限，相应会导致生病（感冒）甚至死亡。

图 1-1-1 人体与环境之间的热交换

人体为了维持正常的体温，必须使产热和散热保持平衡。热平衡与人体的自身条件和室内热环境有关，人体自身条件包括人体产热量和衣着情况，室内热环境影响因素包括室内空气温度、室内空气湿度、室内气流速度、环境辐射温度。

如图1-1-1所示，人体与环境之间的热量交换包括人体产热、对流换热、辐射换热、蒸发和呼吸换热。

人体的热平衡方程式可用下式：

$$\Delta q = q_m - q_e \pm q_r \pm q_c \tag{1-1-1}$$

式中 Δq——人体得失的热量，W；

q_m——人体产热量，W；

q_e——人体蒸发和呼吸散热量，W；

q_r——人体与周围环境的辐射换热量，W；

q_c——人体与周围环境的对流换热量，W。

在安静状态下，一个成年人的产热量为95～115W，重体力劳动时，人体的产热量为580～700W。人体在未出汗时，通过呼吸和无感觉的皮肤汗液蒸发；劳动强度变大或环境较热，皮肤出汗，汗液蒸发增加。

当$\Delta q=0$时，人体处于热平衡，体温维持不变，但$\Delta q=0$并不一定表示人体处于舒适状态，以为各种热量之间可能有许多不同的组合都可使$\Delta q=0$，也就是说，人体会遇到各种不同的热平衡，只有那种使人体按正常比例散热的热平衡，才是舒适的。当辐射散热占45%～50%，对流换热占25%～30%，呼吸和无感觉蒸发散热占25%～30%时，达到的热平衡，人体才感觉舒适。

对于不舒适的热环境，可以通过调温设施来改变，但是可能存在经济上不合理，降低人体对环境变化的适应能力，不利于人体健康。

1.1.2　室内热环境的评价方法和标准

室内热环境标准是建筑热工设计的基本依据之一，如上节所述室内热环境四个影响因素包括室内空气温度、室内空气湿度、室内气流速度、环境辐射温度，通常最简单方便且应用最广泛的是以室内空气温度值为室内热环境的评价指标，但不很完善，应综合考虑室内热环境的四个影响要素形成的综合评价指标。

1. 有效温度 *ET*

有效温度（*ET*），也称“实感温度”，是根据空气温度、空气湿度、气流速度三个主要气象因素的相互制约作用，在人工控制的条件下，以人的主观感觉为基础而制定的。有效温度是通过受试者对不同空气温度、相对湿度、气流速度的环境的主观反映得出具有相同热感觉的综合指标，不同的空气温度、相对湿度和气流速度组合而成的室内热环境给人的主观热感觉可能是相同的。

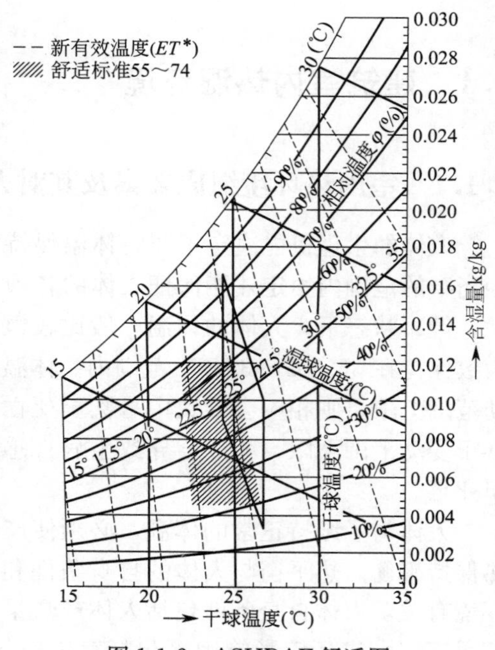

图 1-1-2　ASHRAE 舒适图

（ASHRAE 手册，1977）

以前的有效温度指标，未包括辐射热的作用。后来，美国供暖、供冷、空调工程师学会（ASHRAE）给出了新有效温度 ET^*，用黑球温度代替了空气温度，如图 1-1-2 所示。黑球温度也叫实感温度，标志着在辐射热环境中人或物体受辐射和对流热综合作用时，以温度表示出来的实际感觉。所测的黑球温度值一般比环境温度也就是空气温度高一些。对应于不同的新有效温度 ET^*，人体的主观热感觉见表 1-1-1。

新有效温度 ET^* 对应的人体主观热感觉　　**表 1-1-1**

新有效温度 ET^*（℃）	43	40	35～30	25	20～15	10
主观热感觉	允许上限	酷热	炎热 热 稍热	适中	稍冷 冷 寒冷	严寒

注：表中的热感觉测试条件是人身着 0.6clo 服装（1clo=0.16m²·K/W），流速为 0.15m/s，相对湿度为 50%。

2. *PMV—PPD* 指标

20 世纪 70 年代，丹麦 P. O. Fanger 收集了 1396 名美国和丹麦受试对象的冷热感觉资料，提出了表征人体冷热感的评价指标 *PMV* 指标，*PMV* 的分度见表 1-1-2。

***PMV* 热感觉标尺**　　**表 1-1-2**

热感觉	热	暖	微暖	适中	微凉	凉	冷
PMV 值	+3	+2	+1	0	−1	−2	−3

PMV 指标代表了对同一环境绝大多数人的冷热感觉，因此可用 *PMV* 指标预测热环境下人体的热反应。由于人与人之间生理的差别，故用预期不满意百分率（*PPD* 指标）来表示对热环境的百分数。

PPD 和 *PMV* 指标之间的关系可用图 1-1-3 表示。在 *PMV*＝0 处，*PPD* 为 5％。这意味着，即使室内环境为最佳热舒适状态，由于人们的生理差别，还有 5％的人感到不满意。ISO 7730 对 *PMV*—*PPD* 指标的推荐值为：*PPD*＜10％，即 *PMV* 值在－0.5～＋0.5 之间。相当于在人群中允许有 10％的人感觉不满意。目前市场上已有测量 *PMV*、*PPD* 指标的仪器——热舒适仪。

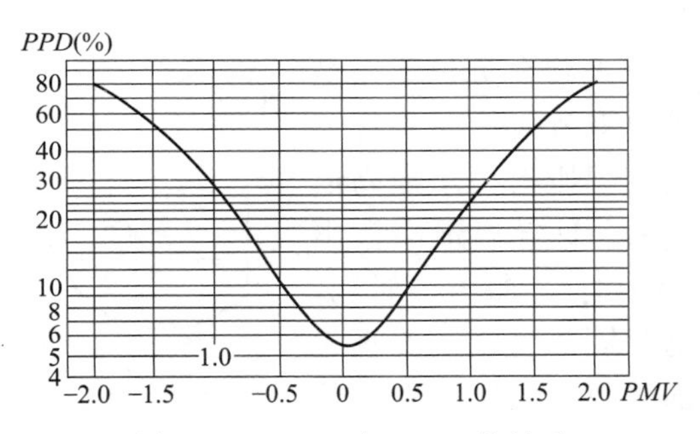

图 1-1-3　*PPD* 与 *PMV* 的关系

严寒和寒冷地区农村居住建筑冬季室内温度偏低，普遍低于城市居住建筑的室内温度，并且不同用户的室内温度差距大。根据调查与测试结果，严寒和寒冷地区农村冬季大部分住户的卧室和起居室温度范围为 5℃～13℃，超过 80％的农户认为冬季较舒适的供暖室内温度为 13℃～16℃。由于农民经常进出室内外，这种与城镇居民不同的生活习惯，导致了不同的穿衣习惯，因此农民对热舒适认同的标准与城市居民也不同，因而对于严寒和寒冷地区农村居住建筑的卧室、起居室等主要功能房间，节能计算冬季室内热环境参数应选取 14℃。

1.2　建筑外环境

建筑室外热湿环境是指作用在建筑外围护结构上的一切热湿物理量的总称。建筑物所在地的气候因素会通过围护结构影响室内环境。建筑物外围护结构的功能之一就是抵御或利用室外热湿作用，在室内创造舒适的热湿环境。人们必须熟悉作用在外围护结构上的各种热作用，才能设计出安全、适用、经济、节能和耐久的外围护结构，才可能创造出相关的新技术。

气候和天气是两个不同的概念。天气是指该地区时刻变化的冷、热、干、湿、风、雨等大气状况。气候是指某地区平均的大气状况，是该地区多年天气状况的统计结果。与建筑密切相关的气候要素包括太阳辐射量、室外空气温度、室外空气湿度、室外风速和风向、降水量。

室外气候要素包括空气温度、湿度、风、太阳辐射、降水、日照、积雪、冻土等。从建筑热工与节能设计角度，我们主要关心的是对室内热环境及建筑物耐久性和建筑整体能耗起主要作用的几项因素，即室外空气温度、太阳辐射、室外空气湿度、风。

1.2.1　室外空气温度

室外空气温度是评价不同地区气候冷暖的依据。室外空气温度的年、日变化近似周期性。这是由于太阳辐射的周期性变化引起的。设计或研究围护结构的保温、隔热时，要根据室外气温的变化规律，尽可能采取有效利用自然气候特点、适用的与经济有效的技术措施。

1. 气温的日变化和年变化

气温有着明显的日变化和年变化特征。一年中，最高气温出现的季节大约在 7 月下旬至 8 月上旬，最低气温出现的季节大约在 1 月下旬至 2 月上旬。一天中的气温则有一个最高值和最低值，如图 1-1-4 所示。日气温最高值出现的时刻，不在正午太阳辐射照度最大的时刻，而是在午后 2 时前后，这是因为空气主要吸收地面热量而增温，当地面吸收了太阳辐射热后会在正午稍后时出现温度最大值，而地面热量再传给大气还要经历一个温度波的延迟过程；气温的最低值也不在午夜出现，而是出现在日出前后，这是因为地面储存的热量因太阳辐射热的减弱而减少，气温随之逐渐下降，到了第二天日出之前，地面温度达到最低值，随后气温也达到最低值。日出后，太阳辐射逐渐加强，地面储热量又开始增加，气温也相应逐渐上升。

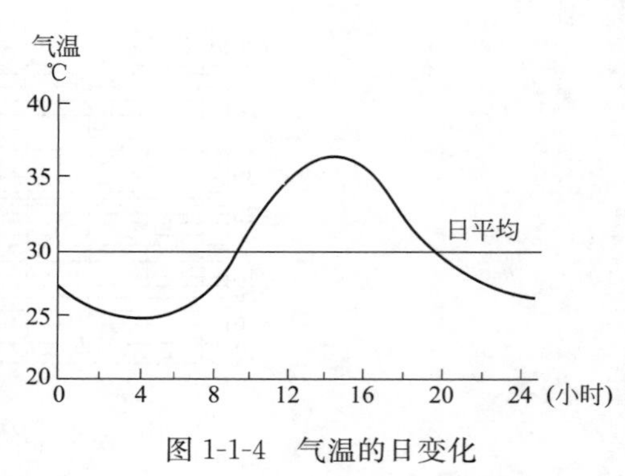

图 1-1-4　气温的日变化

一天之内，气温最高值与最低值之差，称为气温日较差；而一年之内最热月平均气温和最冷月平均气温之差，叫做气温年较差。

气温的日变化一般用日较差表示，日较差的大小依地理纬度、地势、下垫面性质、天气状况和季节的不同而有所区别。我国的各地气温的日较差大小分布一般是从东南至西北逐渐增大；在谷地和盆地，由于空气流通不畅，白天有暖空气集聚，夜间有冷空气堆积，气温日较差较四周高地大；海洋上气温日较差比大陆的气温日较差小。不同的土壤，如砂土、深色土和松干土壤的气温日较差分别比黏土、湿润土壤上的气温日较差大，植物覆土也能减小其上气温日较差；云雨多的地区日较差较小，反之日较差则大，如四川盆地；由于各地的地理条件和气候条件差异，我国气温日较差的季节变化呈现多种类型。青藏高原冬季气温日较差最大，夏季最小；秦淮线以北的广大地区及西南地区，气温日较差都是春季最大，多雨的夏季最小；江南地区夏季日较差最大，冬季最小；新疆地区最小的日较差也出现在冬季，而最大日较差则发生在天高气爽的秋季。

气温的年变化也是用气温年较差来表示。我国气温年较差由南向北由沿海向内陆，逐渐增大，华南和云贵高原为 10～20℃；长江流域增加到 20～30℃；华北和东北的南部为 30～40℃；东北的北部与西部则超出 40℃。

2. 室外计算温度

因为对建筑起决定作用的是最热月和最冷月气温，所以，我国建筑气候区划是使用各地最热月（7 月）和最冷月（1 月）的平均温度为主要指标。实际用于建筑热工计算的室外计算温度并不是这些最冷月或最热月的平均温度，而是通过对各地历年的气温观测数据按照一定的原则统计计算所得出的数值。其中，用围护结构保温计算用的冬季室外计算温度，是按围护结构热惰性指标$\sum D$的分类而分为四级，即$t_e^{Ⅰ}$、$t_e^{Ⅱ}$、$t_e^{Ⅲ}$、$t_e^{Ⅳ}$，用于围护结构隔热计算的夏季室外计算温度，则是以 25 年每年最热一天的平均温度的累年平均值作为夏季室外计算温度的平均温度$\overline{t}_e$，以 25 年相应的每年最热一天的最高温度的累年平均值作为夏季室外计算温度的最高温度$t_{e,max}$，并取（$t_{e,max}-\overline{t}_e$）作为夏季室外计算温度的振幅A_{te}。我国部分地区用于围护结构冬季保温和夏季隔热计算的室外计算温度t_e值见表 1-1-3。

围护结构保温、隔热室外计算温度 t_e　　表 1-1-3

区属	地名	冬季室外计算温度				夏季室外计算温度		
		$t_e^{Ⅰ}$	$t_e^{Ⅱ}$	$t_e^{Ⅲ}$	$t_e^{Ⅳ}$	平均值 $\overline{t}_e$	最高值 $t_{e,max}$	波幅值 A_{te}
ⅠB	海拉尔	−34	−38	−40	−43	—	—	—
ⅠC	哈尔滨	−26	−29	−31	−33			
ⅠC	长春	−23	−26	−28	−30			
ⅠC	沈阳	−19	−21	−23	−25			
ⅡA	大连	−11	−14	−17	−19			
ⅡA	北京	−9	−12	−14	−16	30.2	36.3	6.1
ⅡA	天津	−9	−11	−12	−13	30.4	35.4	5.0
ⅡA	石家庄	−8	−12	−14	−17	31.7	38.3	6.6
ⅡA	济南	−7	−10	−12	−14	33.0	37.3	4.3
ⅡA	西安	−5	−8	−10	−12	32.3	38.4	6.1
ⅡB	郑州	−5	−7	−9	−11	32.5	38.8	6.3
ⅡB	太原	−12	−14	−16	−18	—	—	—
ⅡB	兰州	−11	−13	−15	−16	—	—	—
ⅡB	银川	−15	−18	−21	−23	—	—	—
ⅢA	上海	−2	−4	−6	−7	31.2	36.1	4.9
ⅢB	南京	−3	−5	−7	−9	32.0	37.1	5.1
ⅢB	杭州	−1	−3	−5	−6	32.1	37.2	5.1
ⅢB	合肥	−3	−7	−10	−13	32.3	36.8	4.5
ⅢB	南昌	0	−2	−4	−6	32.9	37.8	4.9
ⅢB	武汉	−2	−6	−8	−11	32.4	36.9	4.5
ⅢB	长沙	0	−3	−5	−7	32.7	37.9	5.2
ⅢB	重庆	—	—	—	—	33.2	38.9	5.7
ⅢC	成都	2	1	0	−1	29.2	34.4	5.2
ⅣA	福州	—	—	—	—	30.9	37.2	6.3
ⅣA	广州	—	—	—	—	31.1	35.6	4.5
ⅣA	厦门	—	—	—	—	30.8	35.5	4.7

续表

区属	地名	冬季室外计算温度				夏季室外计算温度		
		$t_e^{Ⅰ}$	$t_e^{Ⅱ}$	$t_e^{Ⅲ}$	$t_e^{Ⅳ}$	平均值 $\bar{t}_e$	最高值 $t_{e,max}$	波幅值 A_{te}
ⅣA	海口	—	—	—	—	30.7	36.3	5.6
ⅣA	台北	11	9	8	7	—	—	—
ⅣA	中国香港	10	8	7	6	—	—	—
ⅣB	南宁	7	5	3	2	31.0	36.7	5.7
ⅤA	贵阳	−1	−2	−4	−6	26.9	32.7	5.8
ⅤB	昆明	13	11	10	9	23.3	29.3	6.0
ⅥA	西宁	−13	−16	−18	−20	—	—	—
ⅥC	拉萨	−6	−8	−9	−10	—	—	—
ⅦC	二连浩特	−26	−30	−32	−35	—	—	—
ⅦD	乌鲁木齐	−32	−26	−30	−33	—	—	—

1.2.2　太阳辐射

太阳辐射是地球上所有气候能源的根本来源，地球上的所有气象现象如空气温度变化、风的形成、地温的变化、海水的温差的形成等都直接或间接地受之影响，它是决定气候的主要因素，也是建筑室外热环境的主要气候条件之一。

太阳辐射透过大气层到达地球表面时，其中一部分辐射能被云层反射到宇宙空间；另一部分受到空气中各种气体分子、尘埃、微小水珠等质点的散射；还有一部分被大气中的氧、臭氧、二氧化碳和水蒸气所吸收。由于反射、散射和吸收的共同作用，使到达地球表面的太阳辐射强度大大地削弱了。

到达地面的太阳辐射由两部分组成：一部分是方向未经改变，叫做直射辐射；另一部分是由于被大气中的气体分子、液体或固体颗粒反射，达到地面时并无特定的方向，这部分叫散射辐射。直射辐射和散射辐射之和就是到达地面的太阳总辐射或简称太阳辐射。太阳直射辐射强度大小用单位面积和单位时间内接收的太阳辐射能量表示，分别叫做太阳直射辐射照度、太阳散射辐射照度和太阳总辐射照度或简称太阳辐射照度。

如图 1-1-5 所示，地球上某一法平面（即垂直于太阳光线的表面）上的太阳直射辐射照度为：

$$I_{DN}=I_0P^m \tag{1-1-2}$$

$$m=1/\sin h_s \tag{1-1-3}$$

式中　I_{DN}——法线面上的直射辐射照度，W/m^2；

I_0——太阳常数，$I_0=1367W/m^2$；

m——大气光学质量；

h_s——太阳高度角，(°)；

P——大气透明度，是衡量大气透明程度的标志，P 值越接近于1，说明大气越清澈，太阳辐射被大气吸收得越多。

水平面上的太阳直射辐射照度为：

$$I_{DH}=I_{DN}\sin h_s \tag{1-1-4}$$

垂直面上的太阳直射辐射照度为：

$$I_{DV}=I_{DN}\cos h_s\cos\gamma \tag{1-1-5}$$

$$\gamma=A_s-A_w \tag{1-1-6}$$

式中　I_{DH}、I_{DV}——分别为水平面和垂直面的太阳直射辐射照度，W/m²；

γ——墙面法线和阳光投射线的夹角（°）；

A_s、A_w——分别为太阳方位角和墙面方位角，（°）。

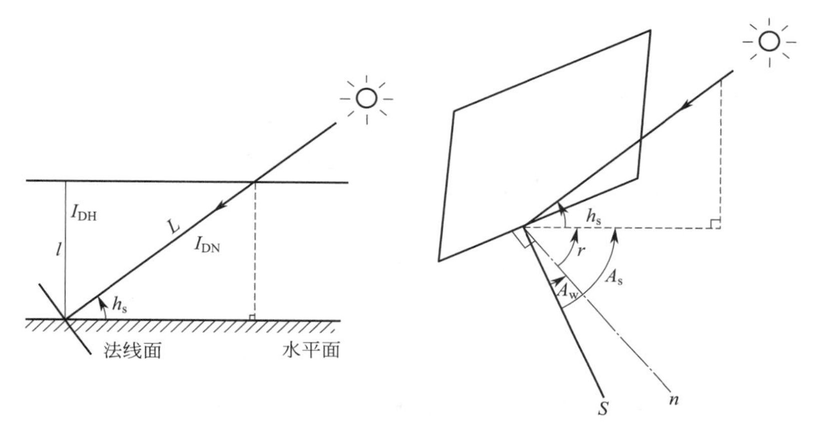

图 1-1-5　太阳照射水平面和墙面的直射辐射照度

建筑围护结构外表面从天空中所接收到的散射辐射包括三项：天空散射辐射、地面反射和大气长波辐射。

天空散射辐射是阳光经过大气层时，由于大气层的薄雾、尘埃等的作用，使光线向各个方向反射和折射，形成一个由整个天穹所照射的散射光。

1.2.3　室外空气湿度

空气的湿度是表示大气的湿润程度，指空气中水蒸气含量的多少，通常用相对湿度或绝对湿度来表示。图 1-1-6 为某地一天当中空气温度、绝对湿度、相对湿度的变化情况。可见，空气的绝对湿度，亦即空气中的水蒸气含量在冬季几乎没有变化，夏季在午后气温达到最高时因地表蒸发旺盛导致绝对湿度稍有增加。相对湿度的日变化情形则是以日为周期波动的，它与气温的日变化波动方向相反，一般气温升高则相对湿度减小，气温降低则相对湿度增大；湿度最低值出现的时刻对应于气温最高值出现的时刻，一般在 13：00～15：00，而湿度最高值出现的时刻则对应于气温最低值出现的时刻，一般在日出前后。

空气中的水蒸气，来源于江河湖海的水面、土壤表面和植被表面等的蒸发。显然，空气湿度的大小与地表的蒸发量密切相关。因此，在与地表面垂直的高度上，空气湿度是随着高度的增大而递减的，递减速度的快慢主要受地表温度和空气流动（风）的影响。当地表受到太阳辐射温度增高时，其上部空气湿度递减较快。

我国因受海洋气候的影响，南方大部分地区相对湿度在一年内以夏季为最大，秋季最小。华南地区和东南沿海一带因春季海洋气团的侵入，且此时正当温度还不高，故形成较大的相对湿度，以3～5月为最大，秋季最小。所以，南方地区在春夏之交气候较潮湿。

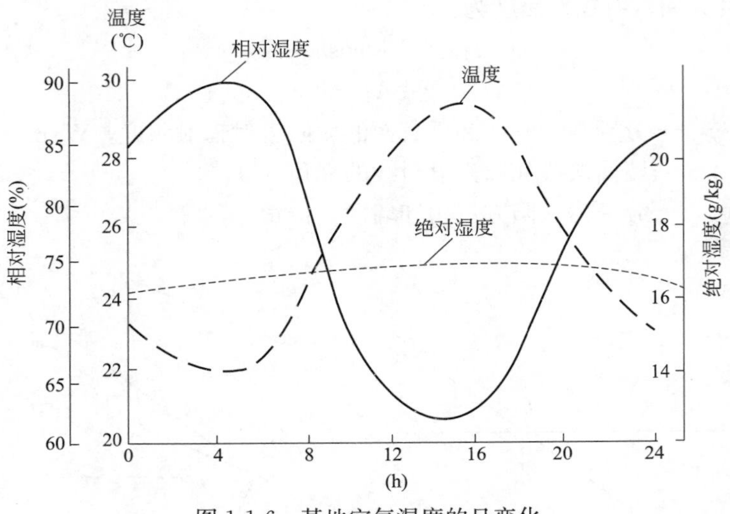

图1-1-6　某地空气湿度的日变化

1.2.4　风

风是太阳能的一种转换方式，是一种可再生的、洁净的，又可以就地取用的自然资源，是一种矢量，既有速度又有方向。

1. 风向、风频和风玫瑰图

风向是指风吹来的方向，用16个方位表示，如图1-1-7所示。风频，即各风向的频率。风频是了解某地各风向出现频繁程度的特征量，它是用各风向出现次数占总观测次数的百分率来表示，见表1-1-4。风玫瑰图，即风向分布图。其绘制方法是将极坐标图分成8个方位，分别是N、S、E、W、NW、NE、SW、SE，静风则表示为C。在分成了8个方位的极坐标图中，以2cm、4cm、6cm为半径画出同心圆分别表示频率为10%、20%、30%等，然后，将各方位风向频率值标在极坐标图上，再依次用实线将这些点连起来即可。根据表1-1-4的数据可作出某气象观测站的风玫瑰图如图1-1-8所示。

图1-1-7　风的16方位

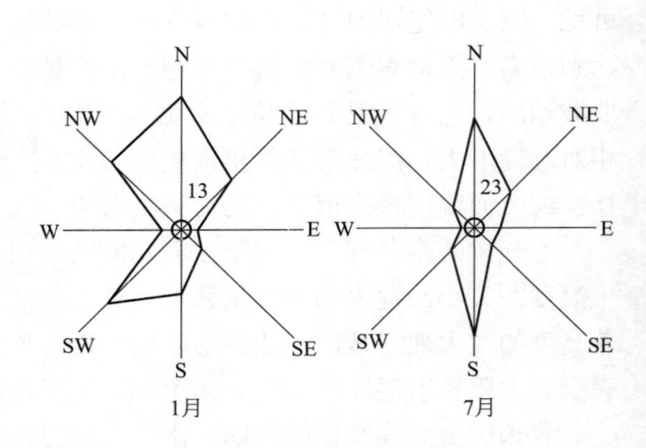

图1-1-8　某气象站的风玫瑰图

某气象站 1 月和 7 月风向风频（%） **表 1-1-4**

风向	N	NE	E	SE	S	SW	W	NW	C
1月	27	13	2	3	12	8	3	19	13
7月	21	10	5	5	23	6	2	5	23

2. 风能分布

我国各地风能分布见表 1-1-5。

我国各地风能分布区域 **表 1-1-5**

风能分区	地区	有效风能密度（W/m^2）	风速≥3m/s 的全年时间(h)	风速≥6m/s 的全年时间(h)
最佳风资源区	东南沿海和岛屿	＞200	6000～8000	＞3500
风能次大区	渤海沿岸及内蒙古、甘肃北部、新疆阿拉山口	200 左右	＞6000	2200～2500
风能较大区	黑龙江南部、吉林东部、辽东、山东半岛	＞200	5000～6000	2000
风能过渡区	青藏高原北部，东北、华北与西北地区的北部，江苏、浙江东部	100～150	2000～4000	750～2000
风能贫乏区	云贵川、甘肃、陕西、豫西、湘西、鄂西，福建、广东、广西的山区，塔里木盆地，雅鲁藏布江谷地	＜50	＜2000	＜150

3. 风向类型

根据我国各地 1 月份、7 月份和年风向频率玫瑰图作相似分类，我国的风向类型分为季节变化型、主导风向型、无主导风向型和准静风型等四种类型。进行城市或村镇规划时，应当认真推敲当地的风向风频特点，合理界定所属风型，做出科学合理的功能分布。

季节变化型，盛行风向随季节的变化而变化，冬、夏风向基本相反，冬、夏季风向变化一般大于 135°，小于或等于 180°。该类型风向稳定，一般冬季或夏季盛行风频率为 20%～40%。我国东部、从大兴安岭经过内蒙古穿过河套，绕四川东部到云贵高原，属于季节变化型区域。

主导风向稳定型，该风型风向稳定，全年基本上吹一个方向的风。我国这种类型分布在三个地区：一是地处新疆、内蒙古和黑龙江北部的 $Ⅱ_a$ 区；二是地处云贵高原西部的 $Ⅱ_b$ 区；三是地处青藏高原的 $Ⅱ_c$ 区。这类地区应将工业区布置在盛行风的下游，居住区布置在上游。

无主导风向型，全年风向不定，没有明显的主导风向，各风向频率相差不大，一般在 10%以下。主要分布在宁夏、甘肃的河西走廊和甘肃东部及内蒙古的阿拉善左旗等，为Ⅲ区，这类地区做规划时，应着重考虑风速因素。

准静风型，静风频率全年平均在 50%以上，有的甚至高达 75%以上，年平均风速仅为 0.5m/s，静风以外的所谓盛行风向，其频率不到 5%。主要分布在两个地区：一个是以四川为中心，包括甘肃南部、陕西南部、广西西部、湖南西部和贵州北部，及 $Ⅳ_a$ 区；另一个是位于西双版纳的 $Ⅳ_b$ 区。这类地区污染浓度最大值出现的距离，大致是烟囱高度 10～20 倍的地方，因此，规划时就应把居住区布置在该距离半径以外。

1.3 建筑气候分区及对建筑热工设计的基本要求

在建筑设计中，必须考虑其所在地的气候区域，使所设计的建筑很好地适应当地的气候和国家相应的政策法规。

1.3.1 建筑气候分区标准

我国于1993年颁布了《建筑气候区划标准》GB 50178—1993。标准中将全国划分为7个一级区，20个二级区。一级区反映全国建筑气候的大的差异，二级区则反映一级区内建筑气候的小的不同。一级区的区划指标见表1-1-6。

中国建筑气候一级区区划指标 表1-1-6

区名	主要指标	辅助指标	各区辖行政区范围
Ⅰ	1月平均气温≤−10℃；7月平均温度≤25℃；7月平均相对湿度≥50%	年降水量200～800mm；年日平均气温≤5℃的日数≥145d	黑龙江、吉林全境；辽宁大部；内蒙古中、北部及陕西、山西、河北、北京北部的部分地区
Ⅱ	1月平均气温−10～0℃；7月平均温度18～28℃	年日平均气温≥25℃的日数<80d；年日平均气温≤5℃的日数145～90d	天津、山东、宁夏全境；北京、河北、山西、陕西大部；辽宁南部；甘肃中东部；河南、安徽、江苏北部的部分地区
Ⅲ	1月平均气温0～10℃；7月平均温度25～30℃	年日平均气温≥25℃的日数40～110d；年日平均气温≤5℃的日数0～90d	上海、重庆、浙江、江西、湖北、湖南全境；江苏、安徽、四川大部；陕西、河南南部；贵州东部；福建、广东、广西北部；甘肃南部的部分地区
Ⅳ	1月平均气温>10℃；7月平均温度25～29℃	年日平均气温≥25℃的日数100～200d	海南、台湾全境；福建南部；广东、广西大部；云南南部和元江河谷
Ⅴ	7月平均温度18～25℃；1月平均气温0～13℃	年日平均气温≤5℃的日数0～90d	云南大部；贵州、四川西南部；西藏南部部分地区
Ⅵ	7月平均温度<18℃；1月平均气温−22～0℃；	年日平均气温≤5℃的日数90～285d	青海全境；西藏大部；四川西部、甘肃西南部；新疆南部部分地区
Ⅶ	7月平均温度≥18℃；1月平均气温−20～−5℃；7月平均相对湿度<50%	年降水量10～600mm；年日平均气温≥25℃的日数<120d；年日平均气温≤5℃的日数110～180d	新疆大部；甘肃北部；内蒙古西部

1.3.2 农村居住建筑气候分区

《农村居住建筑节能设计标准》GB/T 50824—2013中规定农村居住建筑节能设计应与地区气候相适应，农村地区建筑节能气候分区应符合表1-1-7的规定。

农村地区建筑节能设计气候分区　　表 1-1-7

分区名称	热工分区名称	气候区划主要指标	代表性地区
Ⅰ	严寒地区	1月平均气温≤−11℃；7月平均气温≤25℃	漠河、图里河、黑河、嫩江、海拉尔、博克图、新巴尔虎右旗、呼玛、伊春、阿尔山、狮泉河、改则、班戈、那曲、申扎、刚察、玛多、曲麻莱、杂多、达日、托托河、东乌珠穆沁旗、哈尔滨、通河、尚志、牡丹江、泰来、安达、宝清、富锦、海伦、敦化、齐齐哈尔、虎林、鸡西、绥芬河、桦甸、锡林浩特、二连浩特、多伦、富蕴、阿勒泰、丁青、索县、冷湖、都兰、同德、玉树、大柴旦、若尔盖、蔚县、长春、四平、沈阳、呼和浩特、赤峰、达尔罕联合旗、集安、临江、长岭、前郭尔罗斯、延吉、大同、额济纳旗、张掖、乌鲁木齐、塔城、德令哈、格尔木、西宁、克拉玛依、日喀则、隆子、稻城、甘孜、德钦
Ⅱ	寒冷地区	1月平均气温−11～0℃；7月平均气温18～28℃	承德、张家口、乐亭、太原、锦州、朝阳、营口、丹东、大连、青岛、潍坊、海阳、日照、菏泽、临沂、离石、卢氏、榆林、延安、兰州、天水、银川、中宁、伊宁、喀什、和田、马尔康、拉萨、昌都、林芝、北京、天津、石家庄、保定、邢台、沧州、济南、德州、定陶、郑州、安阳、徐州、亳州、西安、哈密、库尔勒、吐鲁番、铁干里克、若羌
Ⅲ	夏热冬冷地区	1月平均气温0～10℃；7月平均气温25～30℃	上海、南京、盐城、泰州、杭州、温州、丽水、舟山、合肥、铜陵、宁德、蚌埠、南昌、赣州、景德镇、吉安、广昌、邵武、三明、驻马店、固始、平顶山、上饶、武汉、沙市、老河口、随州、远安、恩施、长沙、永州、张家界、涟源、韶关、汉中、略阳、山阳、安康、成都、平武、达州、内江、重庆、桐仁、凯里、桂林、西昌*、酉阳*、贵阳*、遵义*、桐梓*、大理*
Ⅳ	夏热冬暖地区	1月平均气温>10℃；7月平均气温25～29℃	福州、泉州、漳州、广州、梅州、汕头、茂名、南宁、梧州、河池、百色、北海、萍乡、元江、景洪、海口、琼中、三亚、台北

注：带*号地区在建筑热工分区中属温和A区，围护结构限值按夏热冬冷地区的相关参数执行。

2 建筑传热与建筑节能

传热现象的存在是因为有温度差。凡是有温度差存在的地方就会有热量转移现象的发生，热量总是自发地由高温物体传向低温物体。

建筑热工的主要研究对象是围护结构，从室内冷热角度出发，外围护结构的主要作用是防热御寒使室内形成舒适的热环境。

2.1 传热方式

传热学是研究不同温度的物体，或同一物体的不同部分之间热量传递规律的科学。另外，在热量传递的同时，往往伴随着由密度差引起的质量传递，即质传递。传热过程是以热传导、热对流、热辐射三种方式进行，而且多数情况下都是两种或三种热量传递方式同时存在。

2.1.1 导热（热传导）

1. 定义

导热是指温度不同的物体直接接触时，靠物质微观粒子的热运动而引起的热能转移现象。导热是物体的固有属性，它可以在固体、液体和气体中发生。导热具有如下特点：

（1）必须有温差，只有在温度差的作用下，才能发生导热现象；

（2）物体直接接触；

（3）依靠分子、原子及自由电子等微观粒子热运动而传递热量；

（4）只有在密实的固体中才存在单纯的导热过程。

建筑材料总是有孔隙的，会发生其他方式的传热，但比例甚微，所以在热工计算中，认为在固体建筑材料中发生的是导热过程（有空气间层的例外）。

2. 傅立叶定律

在导热现象中，单位时间内通过给定截面的热量，正比例于垂直于该界面方向上的温度变化率和截面面积，而热量传递的方向则与温度升高的方向相反。

$$\Phi = -\lambda A \frac{\mathrm{d}t}{\mathrm{d}x} \tag{1-2-1}$$

式中 Φ——热流量，W；

λ——材料导热系数，W/(m·K)；

A——面积，m^2；

t——温度，K；

x——沿热流方向的位移，m。

单位时间内通过单位面积的热量称为热流密度，记为 q，单位为 W/m^2。

$$q=\frac{\Phi}{A}=-\lambda\frac{\mathrm{d}t}{\mathrm{d}x} \tag{1-2-2}$$

3. 材料的导热系数

导热系数的物理意义是指在稳定条件下，当温度梯度为1℃/m时，在单位时间内通过单位面积的导热量。导热系数越大，表明材料的导热能力越强。材料的导热系数均由实验确定。

材料的导热系数与其自身的成分、表观密度、内部结构以及传热时的平均温度和材料的含水量有关。一般来说，表观密度越轻，导热系数越小。但对于松散的纤维材料而言，当表观密度小于最佳极限值时，其导热系数会随表观密度的减少而增大。在材料成分、表观密度、平均温度、含水量等完全相同的条件下，多孔材料单位体积中的气孔数量越多，导热系数越小；松散颗粒材料的导热系数，随单位体积中颗粒数量的增多而减少；松散纤维材料的导热系数，则随纤维截面的减少而减少。当材料的成分、表观密度、结构等条件完全相同时，多孔材料的导热系数随平均温度和含水量的增大而增大，随温湿度的减小而减小。绝大多数建筑材料的导热系数介于0.023～3.49W/(m·K)之间，通常把导热系数较低的材料称为保温材料［我国国家标准规定，凡平均温度不高于350℃时导热系数不大于0.12W/(m·K)的材料称为保温材料］，而把导热系数在0.05W/(m·K)以下的材料称为高效保温材料。

4. 温度场、等温面和等温线

实际的温度往往都是变化的，各点的温度因位置和时间的变化而变化，即温度是空间和时间的函数。在某一瞬间，物体内部所有各点温度的总计叫温度场。若温度是空间三个坐标的函数，这样的温度场叫做三向温度场；当物体只沿一个方向或两个方向变化时，相应地称作一向或二向温度场。物体的温度随时间变化的温度场叫做不稳定温度场，反之称为稳定温度场。

同一时刻，温度场中温度相同的点连接起来所构成的面称为等温面。用一个平面与各等温面相交，在这个平面上得到一个等温线族，称为等温线。温度不同的等温面和等温线彼此不能相交。物体的温度场通常用等温面或等温线表示，如图1-2-1所示。

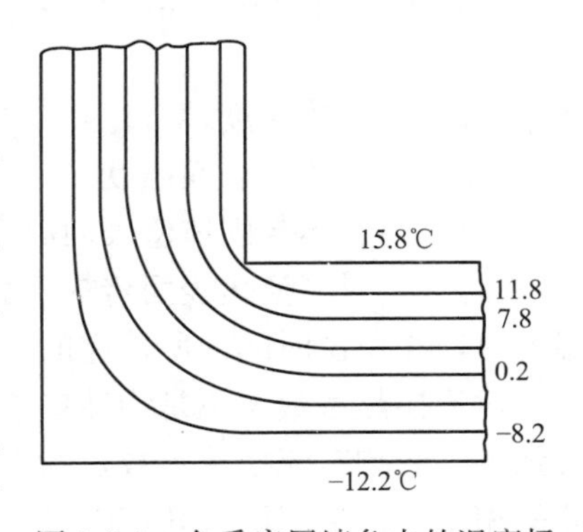

图1-2-1　冬季房屋墙角内的温度场

2.1.2　热对流

1. 定义

热对流是指由于流体的宏观运动，从而使流体各部分之间发生相对位移，冷热流体相互掺混所引起的热量传递过程。热对流仅发生在流体中，纯热对流很难发生，热对流的同时必伴随有导热现象。对流是液体和气体中热传递的特有方式，气体的对流现象比液体明显。

2. 对流换热

对流换热是指流体流过一个物体表面时的热量传递过程，称为对流换热，对流换热不是基本传热方式。工程中常见的对流换热是流体与固体壁间的换热。如图1-2-2所示，热流体通过对流换热将热量传递给高温侧固体壁面，低温侧固体壁面通过对流换热将热量传递给冷流体。

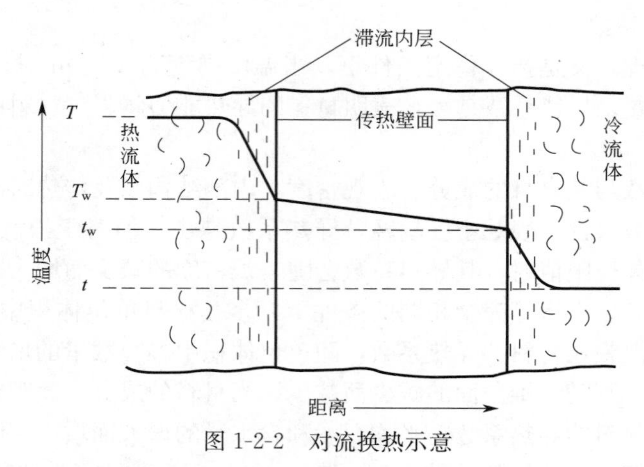

图 1-2-2　对流换热示意

对流可分自然对流和强迫对流两种。自然对流往往自然发生，是由于温度不均匀而引起的。强迫对流是由于外界的影响对流体搅拌而形成的。加大液体或气体的流动速度，能加快对流传热。

3. 对流换热的计算

对流换热的计算采用牛顿冷却公式，见下式：

$$q_c = \alpha_c (t - \theta) = \alpha_c \Delta t \tag{1-2-3}$$

式中　t——流体温度，℃；

θ——固体壁表面温度，℃；

Δt——流体与固体壁表面温度差，℃；

α_c——对流换热表面传热系数，其意义是指单位面积上，当流体同壁面之间为单位温差时，在单位时间内所传递的热量，$W/(m^2 \cdot K)$。

对流换热系数 α 不是物性参数，只是从数值的大小上反映对流换热在不同条件下的综合强度。影响对流换热系数 α 的主要因素有流动起因、流动状态、流体的热物理性质、流体的相变、换热表面的几何因素。对流换热系数 α 主要靠实验测定，并整理成经验公式。建筑热工中常用的对流换热系数的经验公式见表 1-2-1。

建筑热工中常用的对流换热系数的经验公式　　**表 1-2-1**

自然对流换热（围护结构内表面）			强迫对流换热	
垂直表面	水平表面（热流由下而上）	水平表面（热流由上而下）	内表面	外表面
$\alpha_c = 2.0\sqrt[4]{\Delta t}$	$\alpha_c = 2.5\sqrt[4]{\Delta t}$	$\alpha_c = 1.3\sqrt[4]{\Delta t}$	$\alpha_c = 2 + 3.6\upsilon$	$\alpha_c = 2 + 3.6\upsilon$（冬） $\alpha_c = 2 + 3.6\upsilon$（夏）

注：表中 υ——气流速度，m/s；α_c——对流换热表面传热系数，$W/(m^2 \cdot K)$。

2.1.3　热辐射

1. 定义

物体由于具有温度而辐射电磁波的现象，称为热辐射，是热量传递的三种方式之一。

一切温度高于绝对零度的物体都能产生热辐射，温度愈高，辐射出的总能量就愈大，短波成分也愈多。热辐射的光谱是连续谱，波长覆盖范围理论上可从 0 直至∞，一般的热辐射主要靠波长较长的可见光和红外线传播。由于电磁波的传播无需任何介质，所以热辐射是在真空中唯一的传热方式。

2. 物体对热辐射的反射、吸收和透射

当热辐射投射到物体表面上时，一般会发生三种现象，即反射、吸收和透射。他们与入射辐射的比值分别叫做物体对辐射的反射系数（又称反射率）ρ、吸收系数（又称吸收率）α 和透射系数（又称透射率）τ。

由图 1-2-3 可知，三种热量之间的关系由下式表示：

$$G=G_{\rho}+G_{\alpha}+G_{\tau} \tag{1-2-4}$$

以入射辐射为 1，则有下式的关系式：

$$\rho+\alpha+\tau=1 \tag{1-2-5}$$

3. 黑体、白体和透明体

为了便于研究，在理论上将对外来辐射全吸收的物体称为黑体，即它对所有波长热辐射的吸收比 $\alpha=1$。黑体是一种特殊的辐射体，在自然条件下并不存在，它只是一种理想化模型，但可用人工制作接近于黑体的模拟物。如图 1-2-4 所示，在封闭空腔壁上开小孔，任何波长的光穿过小孔进入空腔后，在空腔内壁反复反射，重新从小孔穿出的机会极小，即使有机会从小孔穿出，由于经历了多次反射而损失了大部分能量。对空腔外的观察者而言，小孔对任何波长电磁辐射的吸收比都接近于 1，故可看作是黑体。

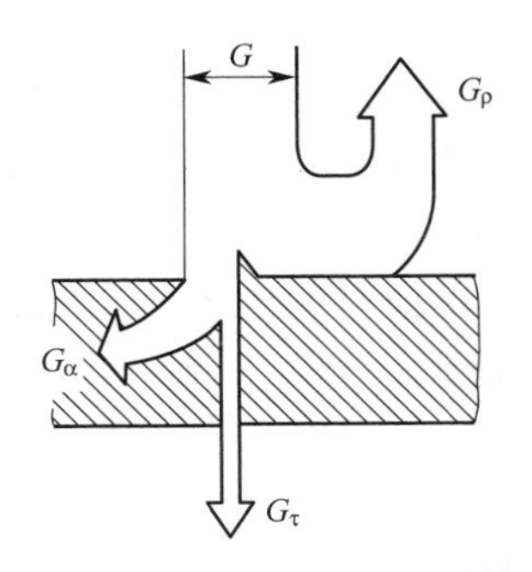

图 1-2-3 热辐射的反射、吸收和透射示意

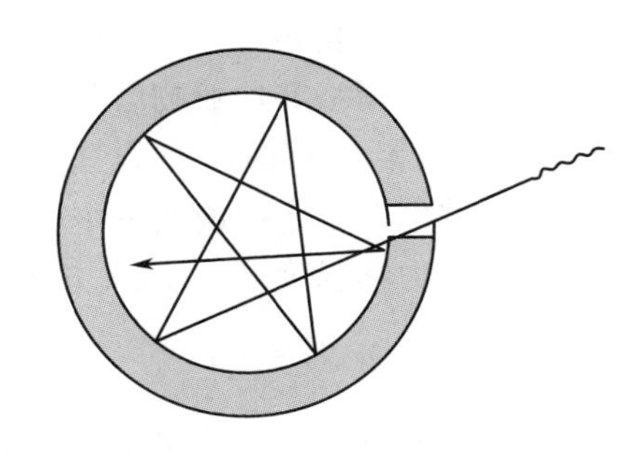
图 1-2-4 黑体模型

相对于黑体而言，对外来辐射全反射的物体称为白体，即它对所有波长热辐射的反射率 $\rho=1$；对外来辐射全透过的物体称为透明体，即它对所有波长热辐射的透射率 $\tau=1$。自然界中没有理论上的黑体、白体和透明体，自然界存在的物体都是介于黑体和白体之间，称为灰体。反射率 ρ、吸收率 α 和透射率 τ 的数值由物体的性质、温度和辐射的波长来决定。例如空气对热射线是透明体，但当空气中混杂有水蒸气或碳酸气时，它就变成了半透明介质。玻璃对于红外线、紫外线是不透明体，它只允许可见光透过，因此人们用玻璃来制作暖房。因为玻璃只允许可见光线将辐射能传入暖房，却不允许暖房的红外线辐射出去，因此暖房内温度不断升高。

同样，吸收和反射也由辐射的波长所决定。白表面只能反射可见光线（太阳光），例如夏天穿白色衣服，建筑物外表涂白灰色等，对于不可见的热射线，白布、白漆和黑布、黑漆一样能够吸收。对热射线的吸收和反射有重大影响的不是表面颜色，而是表面的粗糙程度，不管什么颜色，平滑面或磨光面，其反射率都要比粗糙面高好几倍。这是因为热射线射到凹凸不平的壁面上会形成多次反射和吸收而使总吸收量增大。

4. 辐射力和单色辐射力

单位时间内，物体的单位面积向半球空间所发射全波长的总能量，称为辐射力，用符号 E 表示，单位为 W/m^2。辐射力从总体上表征物体表面发射能量的能力。

单位时间内，物体的单位面积，向半球空间所发射波长 λ 的能量称为单色辐射力，用符号 E_λ 表示，单位为 $W/(m^2 \cdot \mu m)$。

5. 热辐射的基本定律

关于热辐射，其基本定律有 4 个：普朗克辐射分布定律、斯特藩—玻尔兹曼定律、维恩位移定律、基尔霍夫辐射定律。这 4 个定律，有时统称为热辐射定律。

（1）普朗克辐射分布定律

普朗克辐射分布定律，可用下式表示：

$$E_{b\lambda}=\frac{c_1\lambda^5}{e^{c_2/(\lambda T)}-1} \tag{1-2-6}$$

式中　λ——波长，μm；

T——黑体的绝对温度，K；

c_1——第一辐射常数，$3.742\times10^{-16}W \cdot m^2$；

c_2——第二辐射常数，$1.4388\times10^{-2}W \cdot K$。

（2）斯特藩—玻尔兹曼定律

斯特藩—玻尔兹曼定律（Stefan-Boltzmann Law），又称斯特藩定律，是热力学中的一个著名定律，由斯洛文尼亚物理学家约瑟夫·斯特藩和奥地利物理学家路德维希·玻尔兹曼分别于 1879 年和 1884 年各自独立提出。

斯特藩—玻尔兹曼定律说明一个黑体表面单位面积在单位时间内辐射出的总能量 E_b 与黑体本身的热力学温度 T 的四次方成正比。可用下式表示：

$$E_b=C_b\left(\frac{T}{100}\right)^4 \tag{1-2-7}$$

式中　E_b——黑体表面单位面积在单位时间内辐射出的总能量，W/m^2；

C_b——黑体辐射系数，$C_b=5.67W/(m^2 \cdot K^4)$；

T——黑体表面绝对温度，单位为 K。

（3）维恩位移定律

维恩位移定律是物理学上描述黑体电磁辐射能流密度的峰值波长与自身温度之间成反比关系的定律，可用下式表示：

$$\lambda_{max}T=2897.6 \tag{1-2-8}$$

式中　λ_{max}——辐射的峰值波长，m。

维恩位移定律说明了一个物体越热，其辐射谱的波长越短。譬如在宇宙中，不同恒星随表面温度的不同会显示出不同的颜色，温度较高的显蓝色，次之显白色，濒临燃尽而膨胀的红巨星表面温度只有 2000～3000K，因而显红色。太阳的表面温度是 5778K，根据维恩位移定律计算的峰值辐射波长则为 502nm，这近似处于可见光光谱范围的中点，为黄光。

与太阳表面相比，通电白炽灯的温度要低数千度，所以白炽灯的辐射光谱偏橙。至于处于“红热”状态的电炉丝等物体，温度要更低，所以更加显红色。温度再下降，辐射波长便超出了可见光范围，进入红外区，譬如人体释放的辐射就主要是红外线，军事上使用的红外线夜视仪就是通过探测这种红外线来进行“夜视”的。

本定律由德国物理学家威廉·维恩（Wilhelm Wien）于 1893 年通过对实验数据的经验总结提出的。

（4）基尔霍夫辐射定律

德国物理学家古斯塔夫·基尔霍夫于 1859 年提出的传热学定律，它用于描述物体的发射率与吸收比之间的关系。在同样的温度下，各种不同物体对相同波长的单色辐射发射率与单色吸收比的比值都相等，并等于该温度下黑体对同一波长的单色辐射发射率。基尔霍夫定律可用下式描述：

$$\varepsilon=\alpha \text{ 或 } \varepsilon_T=\alpha_T \tag{1-2-9}$$

式中 ε——发射率，为实际物体的辐射力与同温度下黑体的辐射力之比，即：

$$\varepsilon=\frac{E}{E_b} \tag{1-2-10}$$

6. 物体之间的辐射换热

自然界中的各个物体都在不停地向空间散发出辐射热，同时又在不停地吸收其他物体散发出的辐射热，这种在物体表面之间由辐射与吸收综合作用下完成的热量传递就是辐射换热。辐射换热是各种工业炉、锅炉等高温热力设备中重要的换热方式。

辐射换热具有如下的特点：

（1）辐射换热是一种双向热流同时存在的换热过程，即不仅高温物体向低温物体辐射热能，而且低温物体向高温物体辐射热能。

（2）辐射换热不需要中间介质，在真空中即可进行，而且在真空中辐射能的传递最有效，因此，又称其为非接触性传热。

（3）在辐射换热过程中，不仅有能量的转换，而且伴随有能量形式的转化。在辐射时，辐射体内热能转换为辐射能；在吸收时，辐射能转换为受射体内热能，因此，辐射换热过程是一种能量互变过程。

（4）物体的辐射能力与其温度性质有关。这是热辐射区别于导热、对流的基本特点。

7. 围护结构外表面所吸收的太阳热辐射

太阳是一直径相当于地球 110 倍的高温气团，其表面温度约 6000K 以上，内部温度高达 2×10^7K。太阳表面不断以电磁辐射方式向宇宙空间发射巨大的热能，地球接受的太阳辐射能量约为 1.7×10^{14}K，仅占其总辐射能量的二十亿分之一左右。

太阳辐射热量的大小用辐射强度 I 来表示。它是指 $1m^2$ 黑体表面在太阳照射下所获得热量值，单位为 W/m^2。太阳辐射热强度可用仪器直接测量。太阳射线在到达大气层上界时，垂直于太阳射线方向的表面上的辐射强度 $I_0=1353W/m^2$（I_0 亦称为太阳常数，是当太阳与地球距离为平均值时所量测的。）

由图 1-2-5 可知，太阳光谱主要由 0.2～3.0μm 的波长区域组成。太阳光谱的峰值位于波长 0.5μm 附近，到达地面的太阳辐射能在紫外区（0.2～0.4μm）占的比例很小，约为1%，可见光线区（0.4～0.76μm）和红外线区占主要部分。建筑热工中，大于3μm称为长波辐射，小于3μm称为短波辐射。

当太阳射线照射到非透明的围护结构外表面时，一部分被反射，一部分被吸收，二者的比例决定于表面的粗糙度和颜色，表面愈粗糙，颜色愈深，则吸收的太阳能辐射热愈多。而同一种材料对于不同波长的热辐射的吸收率（或反射率）是不同的，由图1-2-6可见，黑色表面对各种波长的辐射几乎都是全部吸收，而白色表面对不同波长则显著不同，对于可见光几乎90%都反射回去，所以在外围护结构上刷白或玻璃窗上挂白色窗帘可减少进入室内的太阳辐射热。

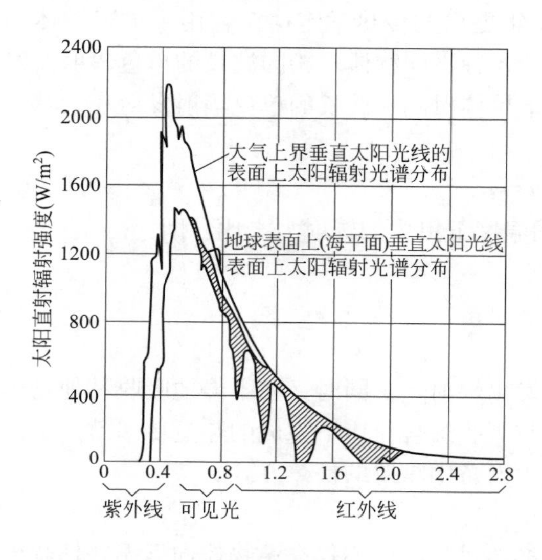

图1-2-5　大气上界太阳辐射光谱分布（晴天）

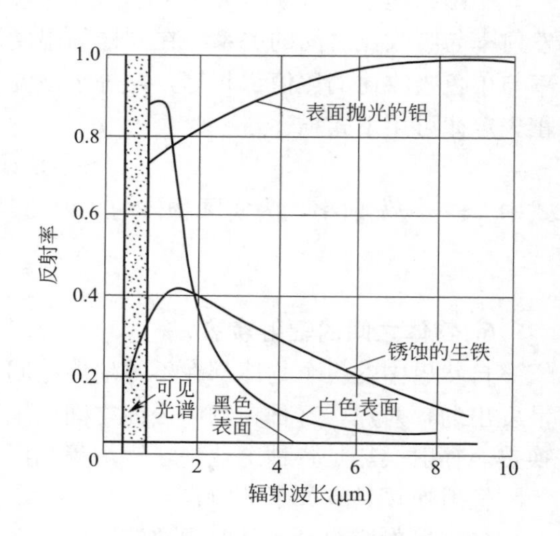

图1-2-6　各种表面在不同辐射波长下的反射率

2.2　传热过程

在建筑中，传热过程无处不在，包括围护结构的传热，即热量通过墙体、门窗、屋顶、地面等建筑围护结构从高温部位传至低温部位；室内的供暖设施散热给室内等。建筑物的传热过程大多是热传导、热对流和热辐射综合作用结果，如图1-2-7和图1-2-8所示。

2.2.1　围护结构的传热过程

室内外热环境通过围护结构而进行的热量交换过程，包含导热、对流及辐射方式的换热，是一种复杂的换热过程，称之为传热过程。无论冬季还是夏季，围护结构时刻受到室内外的热作用，均会发生传热。如图1-2-9所示，围护结构两侧空气及其他物体表面温度分别为t_i、t_e，假定$t_i>t_e$。室内通过围护结构向室外传热的整个过程，要经历三个阶段：

（1）内表面吸热（因$t_i>\theta_i$，对平壁内表面来说得到热量，所以叫做吸热），是对流换热与辐射换热的综合过程。

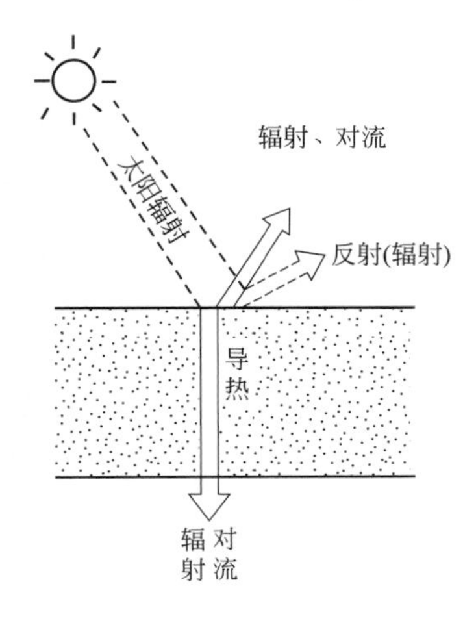

图 1-2-7 屋顶被太阳照射时的受热情况

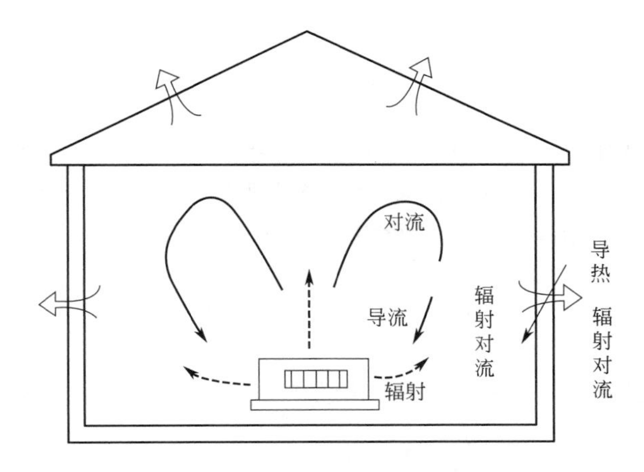

图 1-2-8 室内供暖设备在室内的热交换

（2）平壁材料层的导热，热量由结构的高温表面传向低温表面。

（3）外表面的散热（因 $\theta_e > t_e$，平壁外表面失去热量，所以叫做散热），与平壁内表面吸热相似，只不过是平壁把热量以对流及辐射的方式传给室外空气及环境。

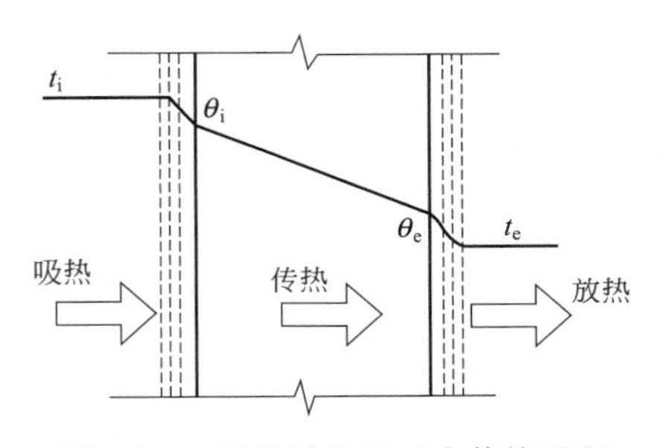

图 1-2-9 围护结构的三个传热过程

1. 表面换热

热量在围护结构的内表面和室内空间或在外表面和室外空间进行传递的现象称为表面换热。表面换热由对流换热和辐射换热两部分组成。表面换热量可用下式表示为：

$$q = q_c + q_r = \alpha_c(\theta - t) + \alpha_r(\theta - t) = (\alpha_c + \alpha_r)(\theta - t) = \alpha(\theta - t) \tag{1-2-11}$$

式中 q、q_c、q_r——表面换热量、对流换热量、辐射换热量，W/m^2；

α、α_c、α_r——表面换热系数、对流换热系数、辐射换热系数，W/(m^2·K)；

θ、t——固体壁表面温度、流体温度，K。

2. 平壁的稳定传热过程

温度场不随时间而变化的传热过程叫做稳定的传热过程，但现实中都是不稳定传热。尽管如此，在一些情况下，例如热负荷计算，可按稳定传热过程进行处理，误差不大，可减少计算量，提高工作效率。

假设一个由三层匀质材料构成的平壁围护结构，平壁厚度分别为 d_1、d_2、d_3，围护结构各层材料的导热系数为 λ_1、λ_2、λ_3，围护结构两侧空气及其他物体表面温度分别为 t_i、t_e，假定 $t_i > t_e$。通过该三层平壁围护结构的传热过程是属于一维稳定传热过程，通过各材料的热量都相等，可以用下式表示：

$$q=\frac{t_i-t_e}{\frac{1}{\alpha_i}+\frac{d_1}{\lambda_1}+\frac{d_2}{\lambda_2}+\frac{d_3}{\lambda_3}+\frac{1}{\alpha_e}} \tag{1-2-12}$$

式中　α_i——外表面对流换热系数，W/(m^2·K)；

α_e——内表面对流换热系数，W/(m^2·K)。

对于多层匀质材料构成的平壁围护结构，传热量可用下式表示：

$$q=\frac{t_i-t_e}{\frac{1}{\alpha_i}+\sum\frac{d}{\lambda}+\frac{1}{\alpha_e}}=K_0(t_i-t_e) \tag{1-2-13}$$

式中　K_0——围护结构的传热系数，W/(m^2·K)。

2.2.2　冷风渗透

在风力和热压造成的室内外压差作用下，室外的冷空气通过门、窗等缝隙渗入室内，被加热后逸出。这部分冷空气从室外温度加热到室内温度所消耗的热量，为冷风渗透耗热量。

2.2.3　外墙传热阻和传热系数

1. 外墙传热阻

热阻是指围护结构本身或其中某层材料阻抗传热能力的物理量，单位为（m^2·K)/W。常见材料的热阻可参见后面内容。

$$R_0=R_i+R+R_e=\frac{1}{\alpha_i}+R+\frac{1}{\alpha_e} \tag{1-2-14}$$

2. 外墙传热系数

传热系数是指在稳态条件和物体两侧的冷热流体之间单位温差作用下，单位面积通过的热流量，单位为W/(m^2·K)。

$$K=\frac{1}{R_0} \tag{1-2-15}$$

式中　R——围护结构热阻，(m^2·K)/W；

K——围护结构的传热系数，W/(m^2·K)。

(1) 围护结构的传热系数K越小，单位时间通过围护结构的热量值越小，建筑保温效果越好。

(2) 围护结构的传热量q与围护结构的面积A成正比，体形系数$S=A/V$，V为建筑体积。因此，体型复杂，体积小的建筑，体形系数较大，对节能不利；体型简单，体积大的建筑，体形系数较小，有利于节能。

(3) 提高保温性能的核心是控制围护结构的传热系数K。因此应选择传热系数较小的围护结构材料。

2.2.4　外窗传热系数

热量通过玻璃中心部位而不考虑边缘效应时，稳态条件下，玻璃的传热系数K值按下列公式计算：

$$\frac{1}{K}=\frac{1}{h_{\mathrm{e}}}+\frac{1}{h_{\mathrm{t}}}+\frac{1}{h_{\mathrm{i}}} \tag{1-2-16}$$

式中 h_{e}——玻璃的室外表面换热系数，W/(m^2 · K)；

h_{i}——玻璃的室内表面换热系数，W/(m^2 · K)；

h_{t}——多层玻璃系统内部热传导系数，W/(m^2 · K)。

多层玻璃系统内部传热系数按以下公式计算：

$$\frac{1}{h_t}=\sum_{s=1}^{N}\frac{1}{h_s}+\sum_{m=1}^{M}d_m r_m \tag{1-2-17}$$

式中 h_s——气体空隙的导热率，W/(m^2 · K)；

N——气体层的数量；

M——材料层的数量；

d_m——每一个材料层的厚度，m；

r_m——每一层材料的热阻率，(m · K)/W。

窗框的传热系数：

$$U_{\mathrm{f}}=\frac{L_{\mathrm{f}}^{\mathrm{2D}}-U_{\mathrm{p}}\cdot b_{\mathrm{p}}}{b_{\mathrm{f}}} \tag{1-2-18}$$

式中 U_{f}——窗框的传热系数，W/(m^2 · K)；

$L_{\mathrm{f}}^{\mathrm{2D}}$——截面的导热系数，W/(m · K)；

U_{p}——板的传热系数，W/(m^2 · K)；

b_{p}——窗框的投影宽度，m；

b_{f}——镶嵌板可见部分的宽度，m。

整窗的传热系数计算公式为：

$$U_{\mathrm{t}}=\frac{\sum A_{\mathrm{g}}U_{\mathrm{g}}+\sum A_{\mathrm{f}}U_{\mathrm{f}}+\sum \lambda_{\psi}\psi}{A_{\mathrm{t}}} \tag{1-2-19}$$

式中 A_{t}——整窗的面积，m^2；

A_{g}——窗玻璃面积，m^2；

A_{f}——窗框的投影面积，m^2；

λ_{ψ}——玻璃区域的周长，m；

U_{g}——窗玻璃中央区域的传热系数，W/(m^2 · K)；

ψ——窗框和窗玻璃之间的线传热系数，W/(m · K)。

2.3 农村建筑节能基本原理和节能途径

2.3.1 农村建筑的基本特点

我国农村住房建设一直属于农民的个人行为，国家没有统一的建筑标准，农村住房的设计、建造施工水平较低。近年来，随着我国农村经济的发展和农民生活水平的提高，农村的生活用能急剧增加，农村能源商品化倾向特征明显。北方地区，农村住房冬季供暖能耗约占生活耗能的80%。农村绝大部分住房未进行保温处理，建筑外门、窗热工性能和气密性较差，供暖设备简陋、热效率低，室内热环境恶劣，造成大量的能源浪费。农村住房建筑节能工作亟待加强，推进农房建筑节能已成为当前村镇建设的重要内容之一。

由于我国北方地区农村住房大多是单层独立建筑，室内供暖采用火炕、火墙、热水供暖系统等分散式供暖设施，城市居住建筑节能标准不适于在农村应用。考虑到农村住房围护结构形式多样化和节能技术适用性，为指导我国严寒和寒冷地区农村节能住房的设计、施工及管理，增强我国严寒和寒冷地区农村住房的围护结构的保温效果，提高农村供暖、照明、炊事设施的能源利用率，节省能源消耗，必须结合严寒和寒冷地区农村住房的现状和农村建筑节能技术发展现状，制定适合严寒和寒冷地区农村住房应用节能技术导则，从而推进我国严寒和寒冷地区农村住房的节能建造，改善农村住房的保温隔热效果，提高室内舒适性，促进节能技术在农村住房建设中的应用，提高农村住房建设技术人员的整体素质，并有利于加快农村危房改造和新农村建设的实施步伐。

2.3.2　农村建筑的节能原理

农村住房如图1-2-10所示，根据围护结构在建筑物中的位置，可分为外围护结构和内围护结构。外围护结构包括外墙、屋面、外窗、外门等，用以抵御风雨、温度变化、太阳辐射等，应具有保温、隔热、隔声、防水、防潮、耐火、耐久等性能。内围护结构如隔墙、楼板和内门窗等，起分隔室内空间作用，应具有隔声、隔视线以及某些特殊要求的性能。本书中的围护结构指的是外围护结构。围护结构分透明和不透明两部分，不透明围护结构有墙、屋顶和楼板等；透明围护结构有窗户、天窗和阳台门等。

图1-2-10　农村住房围护结构

如前所述，当建筑室内外存在温差或有外界环境等因素影响时，外墙、外窗、屋面和地面等部分通过热传递或冷风渗透等会引起能耗损失。居住建筑的能耗分为两部分：由通过围护结构的传热耗热量和通过门窗缝隙的空气渗透耗热量组成，其中，前者占主要部分。

影响建筑物能耗的因素很多，主要如表1-2-2所示。

影响农村居住建筑能耗的主要因素　　表 1-2-2

序号	因素	解释	与能耗的关系
1	体形系数	建筑物与室外	在各部分围护结构传热系数和窗墙面积比不变的条件下，耗热量随体形系数的增大而急剧上升
2	窗墙面积比	窗户洞口面积与建筑层高和开间定位线围成的房间立面单元面积的比值。无因次	在寒冷地区采用单层窗、严寒地区采用双层窗或双玻璃窗条件下，耗热量随窗墙面积比的增大而上升
3	建筑物的朝向		东西向多层建筑的耗热量比南北向的约增加 5.5%
4	围护结构传热系数	在稳态条件和物体两侧的冷热流体之间单位温差作用下，单位面积通过的热流量，单位为 $W/(m^2 \cdot K)$	在建筑物尺寸和窗墙面积比不变的条件下，耗热量随围护传热系数的减少而降低
5	建筑物的高度	—	不宜设计体形复杂、凹凸面较多的造型建筑
6	楼梯间	楼梯间开敞与否	多层建筑采用开敞式楼梯间时的耗热量，比有门窗的楼梯间增大 10%～20%左右
7	换气次数	单位时间内室内空气更换的次数	—

本书重点介绍了围护结构部分对建筑能耗的影响。

2.3.3 农村建筑节能途径

建筑围护结构组成部件（外墙、门窗、屋面、地面、隔热材料、密封材料和遮阳设施等）的设计对建筑能耗、环境性能、室内空气质量和用户热舒适感受有根本的影响。一般提高围护结构热工性能的费用仅为总投资的 3%～6%，而节能效果却可达 20%～40%。通过改善建筑物围护结构的热工性能，在夏季可减少室外热量传入室内，在冬季可减少室内热量的流失，使建筑热环境得以改善，从而减少建筑冷、热消耗。

北方地区农村居住建筑应采取下列节能技术措施：

（1）应采用有附加保温层的外墙或自保温外墙，选用新型墙体材料，如加气混凝土砖、保温复合墙等。

（2）屋面应设置保温层。

（3）应选择保温性能和密封性能好的门窗；应在保证采光要求的前提下，选择适当的窗墙比以改善窗户的保温性能；提高窗户气密性，减少冷风渗透。

（4）地面宜设置保温层。

第 2 部分

北方农村建筑节能技术要点

第1篇　北方农村建筑节能设计

1　农村建筑节能材料

农村居住建筑围护结构保温材料宜就地取材，宜采用适于农村应用条件的当地产品。

1.1　建筑材料的基本性质

1.1.1　材料物理性能指标

材料的物理性质表示材料物理状态特征的性质，包括以下内容：

1. 体积密度

体积密度为材料在自然状态下单位体积的质量。

2. 密度

密度为材料在绝对密实状态下单位体积的质量。

3. 堆积密度

堆积密度为散粒材料在规定装填条件下单位体积的质量。

密实状态下的体积是指构成材料的固体物质本身的体积；自然状态下的体积是指固体物质的体积与全部孔隙体积之和；堆积体积是指自然状态下的体积与颗粒之间的空隙之和。

4. 表观密度

表观密度为材料的质量与表观体积之比。表观体积是实体积和闭口孔隙体积之和，此体积即材料排开水的体积。

5. 孔隙率

孔隙率为材料中孔隙体积与材料在自然状态下的体积之比的百分率。

6. 开口孔隙率

开口孔隙率为材料中能被水饱和（即被水所充满）的孔隙体积与材料在自然状态下的体积之比的百分率。

7. 闭口孔隙率

闭口孔隙率为材料中闭口孔隙的体积与材料在自然状态下的体积之比的百分率。即闭口孔隙率＝孔隙率－开口孔隙率。

8. 空隙率

空隙率为散粒材料在自然堆积状态下，其中的空隙体积与散粒材料在自然状态下的体积之比的百分率。

9. 亲水性

当水与材料接触时，材料分子与水分子之间的作用力（吸附力）大于水分子之间的作用力（内聚力），材料表面吸附水分，即被水润湿，表现出亲水性，这种材料称为亲水材料。

10. 憎水性

当水与材料接触时，材料分子与水分子之间的作用力（吸附力）小于水分子之间的作用力（内聚力），材料表面不吸附水分，即不被水润湿，表现出憎水性，这种材料称为憎水材料。

11. 吸水性

材料吸收水分的能力称为吸水性，用吸水率表示。吸水率有两种表示方法：质量吸水率和体积吸水率。质量吸水率是材料在浸水饱和状态下所吸收的水分的质量与材料在绝对干燥状态下的质量之比。体积吸水率是材料在浸水饱和状态下所吸收的水分的体积与材料在自然状态下的体积之比。

12. 含水率

材料在自然状态下所含的水的质量与材料干重之比。

1.1.2　材料力学性能指标

1. 弹性变形

材料在外力作用下产生变形，当外力消除后，能够完全恢复原来形状的性质称为弹性，这种变形称为弹性变形。

2. 塑性变形

材料在外力作用下产生变形而不出现裂缝，当外力消除后，不能够自动恢复原来形状的性质称为塑性，这种变形称为塑性变形。

3. 强度

材料抵抗在应力作用下破坏的性能称为强度。强度通常以强度极限表示。强度极限即单位受力面积所能承受的最大荷载。对于以力学性质为主要性能指标的材料，通常按其强度值的大小划分成若干等级或标号。脆性材料（混凝土、水泥等）主要以抗压强度来划分等级或标号，塑性材料（钢材等）以抗拉强度来划分。强度值和强度等级或标号不能混淆，前者是表示材料力学性质的指标，后者是根据强度值划分的级别。

1.1.3　材料热物理性能参数

1. 干密度

单位体积中所含的保温材料的质量，单位为 kg/m^3。

2. 导热系数

在稳态条件和单位温差作用下，通过单位厚度、单位面积的匀质材料的热流量，也称热导率，单位为 W/(m·K)。

3. 蓄热系数

当某一足够厚度的单一材料层一侧受到谐波热作用时，通过表面的热流波幅与表面温度波幅的比值，可表征材料热稳定性的优劣，单位为 $W/(m^2 \cdot K)$。

4. 比热容

比热容是单位质量的某种物质升高单位温度所需的热量，单位为 J/(kg·℃)。

常用建筑材料的热物理性能计算参数取值见表 2-1-1。

常用建筑材料热物理性能计算参数取值 **表 2-1-1**

分类	材料名称	干密度 ρ_0 (kg/m³)	计算参数		
			导热系数 λ [W/(m·K)]	蓄热系数 S(周期 24h)[W/(m²·K)]	比热容 C [kJ/(kg·K)]
混凝土	钢筋混凝土	2500	1.74	17.20	0.92
	碎石、卵石混凝土	2300	1.51	15.36	0.92
		2100	1.28	13.57	0.92
	沥青混凝土	2100	1.05	16.39	1.68
	烧结陶粒混凝土	1351～1450	0.49	6.43	0.84
		1451～1550	0.57	7.19	0.84
		1551～1650	0.66	8.01	0.84
		1651～1750	0.76	8.81	0.84
		1751～1850	0.87	9.74	0.84
		1851～1950	1.01	10.70	0.84
	全轻混凝土	551～650	0.16	2.70	1.05
		651～750	0.18	3.09	1.05
		751～850	0.20	3.48	1.05
		851～950	0.23	3.96	1.05
		951～1050	0.26	4.44	1.05
		1051～1150	0.28	4.83	1.05
		1151～1250	0.31	5.31	1.05
		1251～1350	0.36	5.96	1.05
	泡沫混凝土	300	0.08	1.42	1.05
		400	0.10	1.81	1.05
		500	0.12	2.20	1.05
		600	0.14	2.59	1.05
		700	0.18	3.16	1.05
		800	0.21	3.64	1.05
		900	0.24	4.12	1.05
		1000	0.27	4.59	1.05
砂浆	水泥砂浆	1800	0.93	11.37	1.05
	混合砂浆	1700	0.87	10.75	1.05
	无机保温砂浆	≤330	0.07	1.26	1.05
		≤400	0.085	1.61	1.05
		≤500	0.10	1.95	1.05
		≤600	0.12	2.34	1.05
	胶粉聚苯颗粒保温浆料	180～250	0.06	0.95	—

续表

分类	材料名称	干密度 ρ_0 (kg/m³)	计算参数		
			导热系数 λ [W/(m·K)]	蓄热系数 S(周期24h)[W/(m²·K)]	比热容 C [kJ/(kg·K)]
砌块及砌体	普通烧结页岩空心砖砌体	800	0.54	—	1.05
	蒸压加气混凝土砌块	426～525	0.14	2.36	1.05
		526～625	0.16	2.75	1.05
		626～725	0.18	3.15	1.05
		726～825	0.20	3.54	1.05
	烧结页岩多孔砖砌体	1400	0.58	7.85	1.05
	节能型烧结页岩空心砌块(孔排数≥9排,孔洞率≥50%)砌体	≤800	0.25	3.90	1.05
		801～900		4.13	
	厚壁型烧结页岩空心砌块(外壁厚≥25mm,孔排数≥7排,孔洞率≥45%)砌体	801～900	0.30	4.53	1.05
	无机复合烧结页岩空心砖(规格:长200mm,宽190mm,厚115mm,填充厚度为40mm、密度等级为B03级及以下的泡沫混凝土)砌体	≤800	0.26	4.23	1.05
	烧结陶粒混凝土小型空心砌块砌体(孔排数≥3排)	801～900	0.28	4.37	—
建筑板材	防水珍珠岩板	150～200	0.06	1.06	1.32
	胶合板	600	0.17	4.57	—
	软木板	300	0.093	1.95	2.51
		150	0.058	1.09	1.89
	纤维板	1000	0.34	8.13	1.89
		600	0.23	5.28	2.51
	石膏板	1050	0.33	5.28	1.05
	纸面石膏板	1100	0.31	4.73	1.16
	纤维石膏板	1150	0.30	5.20	1.23
	水泥刨花板	1000	0.34	7.27	2.01
		700	0.19	4.56	2.01
	木屑板	200	0.065	1.54	2.10
	硬质PVC板	1400	0.160	—	—
	铝塑复合板	1380	0.450	—	—
	轻质硅酸钙板	500	0.116	—	—
	纤维增强硅酸钙板	≤950	0.20	—	—
		951～1200	0.25	—	—
		1201～1400	0.30	—	—
		>1400	0.35	—	—

续表

分类	材料名称		干密度ρ_0 (kg/m³)	计算参数		
				导热系数λ [W/(m·K)]	蓄热系数S(周期24h)[W/(m²·K)]	比热容C [kJ/(kg·K)]
建筑板材	岩棉板	平行纤维	≥140	0.040	0.70	1.22
		垂直纤维	≥100	0.048	0.75	1.22
	硅酸铝棉板		250～300	0.045	0.70	—
	复合酚醛泡沫板		≥60	0.040	—	—
	二氧化硅微粉真空隔热保温板		350～450	0.008	0.45	—
	难燃型膨胀聚苯板		18～22	0.041	0.27	1.38
			25～35		0.32	
	难燃型挤塑聚苯板		25～35	0.030	0.27	1.38
	复合硬泡聚氨酯板		≥35	0.024	0.29	1.38
			≥45		0.29	
	泡沫玻璃板		≤160	0.052	—	—
无机纤维材料	岩棉、矿渣棉		≤150	0.044	—	—
	玻璃棉板、毡		40	0.037	0.52	1.06
膨胀珍珠岩制品	水泥膨胀珍珠岩		400	0.16	2.49	1.17
			600	0.21	3.44	1.17
			800	0.26	4.37	1.17
	沥青、乳化沥青膨胀珍珠岩		300	0.093	1.77	1.55
			400	0.12	2.28	1.55
木材	橡木、枫树	热流方向垂直木纹	700	0.17	4.90	2.51
		热流方向顺木纹	700	0.35	6.93	2.51
	松木、云杉	热流方向垂直木纹	500	0.14	3.85	2.51
		热流方向顺木纹	500	0.29	5.55	2.51
其他材料	夯实黏土		2000	1.16	12.99	1.01
			1800	0.93	11.03	1.01
	加草黏土		1600	0.76	9.37	1.01
			1400	0.58	7.69	1.01
	轻质黏土		1200	0.47	6.36	1.01
	花岗石、玄武岩		2800	3.49	25.49	0.92
	大理石		2800	2.91	23.27	0.92
	砾石、石灰岩、砂岩		2400	2.04	18.03	0.92
	SBS改性沥青防水卷材		900	0.23	9.37	1.62
	APP改性沥青防水卷材		1050	0.23	9.37	1.62

续表

分类	材料名称	干密度 ρ_0 (kg/m³)	计算参数		
			导热系数 λ [W/(m·K)]	蓄热系数 S(周期24h)[W/(m²·K)]	比热容 C [kJ/(kg·K)]
其他材料	合成高分子防水卷材	580	0.15	6.07	1.14
	油毡纸	600	0.17	3.33	1.47
	石油沥青	1400	0.27	6.73	1.68
		1050	0.17	4.71	1.68
	紫铜	8500	407	324	0.42
	青铜	8000	64.0	118	0.38
	建筑钢材	7850	58.2	126	0.48
	铝	2700	203	191	0.92
	铸铁	7250	49.9	112	0.48
	玻璃钢	1800	0.52	9.25	1.26
	建筑隔墙用轻质条板（板厚≥120mm）	面密度(kg/m²)	传热系数 [W/(m²·K)]	—	—
		≤110	≤2.0	—	—

1.2　砌体材料

北方地区农村住房的墙体绝大多数采用砌体结构，多采用实心黏土砖墙，随着“禁实”工作在农村地区推进，新建农村住房逐渐开始使用烧结多孔砖、烧结空心砖、普通混凝土小型空心砌块等节能节材型砌体材料等，见图2-1-1。

实心黏土砖即机制黏土砖，是由黏土烧制而成，除个别需要外，其尺寸大部分为240mm×115mm×53mm，其优点是强度较高，抗压和抗折性能优于砌块，规格统一，可用于承重墙体，砌筑和粉饰施工方便，造价较低等。缺点是耗能高，保温性较部分砌块差，而且消耗大量土地资源等。目前，国家严格限制普通黏土砖的使用。砌块墙与普通砖墙的主要不同之处就是砌块强度低、墙体整体性能差，只能作为填充墙，个别强度高一些的砌块墙体，其砌体可砌筑部分围护墙体；普通砖的强度高，墙体整体性好，可作为承重墙体（如砖混结构的承重墙、独立砖柱），也可作为围护结构。

烧结多孔砖是目前农房建造常用的节能材料，以页岩、煤矸石、粉煤灰等为主要原料，经焙烧而成的砖，孔洞率≥15%，孔尺寸小而数量多，相对于实心砖，减少了原料消耗，减轻了建筑墙体自重，增强了保温隔热性能及抗震性能，用于砌筑承重墙体。多孔砖相对于实心砖，减少了原料消耗，减轻了建筑墙体自重，增强了保温隔热性能及抗震性能。砌筑时以竖孔方向使用，常见规格为240mm×90mm×115mm。抗压强度分为MU30、MU25、MU20、MU15、MU10五个强度级别。干密度为1100～1300kg/m³，当量导热系数为0.51～0.682W/(m·K)。

烧结空心砖是以页岩、煤矸石、粉煤灰等为主要原料，经焙烧而成的砖，孔洞率≥35%，孔尺寸大而数量少，孔洞采用矩形条孔或其他孔型，且平行于大面和条面，用于墙

(a) 烧结非黏土多孔砖

(b) 烧结非黏土空心砖

(c) 蒸压灰砂砖

(d) 普通混凝土空心砌块

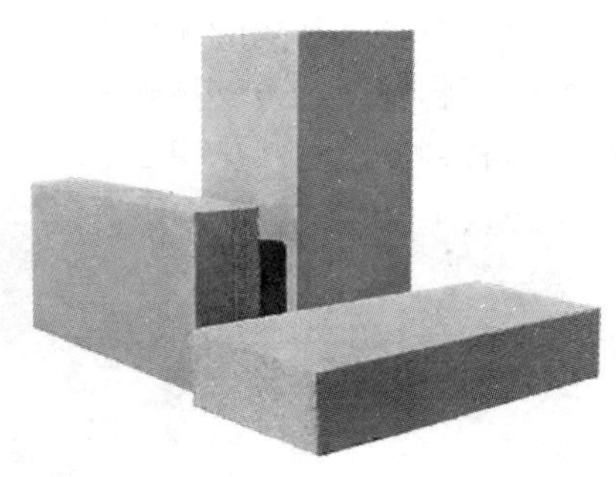
(e) 蒸压加气混凝土砌块

(f) 烧结注孔保温砌块

图 2-1-1 节能节材型砌体材料

体围护结构的非承重部位。常见规格为 240mm×190mm×115mm、390mm×190mm×115mm。抗压强度分为 MU10.0、MU7.5、MU5.0、MU3.5、MU2.5 五个强度级别，体积密度分为 800 级、900 级、1000 级和 1100 级，当量导热系数为 0.51～0.682W/(m·K)。

蒸压灰砂砖适用于内、外墙砌筑，以及房屋的基础，是替代烧结黏土砖的产品。常见规格为 240mm×115mm×53mm，与普通烧结砖一致。按颜色分为彩色和本色。抗压强度分为 MU25、MU20、MU15 和 MU10 四个强度等级。

普通混凝土空心砌块以水泥为胶结料，以砂石、碎石或卵石、重矿渣等为粗骨料，掺加适量的掺合料、外加剂等，用水搅拌而成，用于砌筑承重墙或非承重墙及围护墙。主要规格尺寸为 390mm×190mm×190mm，抗压强度分为 MU20、MU15、MU10、MU7.5、MU5.0 和 MU3.5 六个强度级别，干密度为 2100kg/m^3，当量导热系数单排孔的为 1.12W/(m·K)，双排孔为 0.86～0.91W/(m·K)，三排孔为 0.62～0.65W/(m·K)。

蒸压加气混凝土砌块与一般混凝土砌块相比，具有大量的微孔结构，质量轻、强度高，保温性能好，本身可以做保温材料，并且可加工性好，可做非承重墙及围护墙，按强度和干密度分级，常见规格为 600mm×240mm×200mm，干密度为 500～700kg/m^3，抗压强度为 0.8～10.0MPa，导热系数为 0.080～0.200W/(m·K)。

烧结复合保温砖分承重和非承重两种类型，适用于砌筑墙体。在孔中注入聚苯泡沫并在横向灰缝面和纵向灰缝面设有贯穿该灰缝的隔热带，阻断了灰缝热桥。规格有：190mm×190mm×290mm、190mm×190mm×190mm、190mm×190mm×90mm。

1.3　保温材料

保温材料一般都是体轻、疏松的物质，呈多孔状、纤维状或粉末状，内部含有大量静止的空气，由于空气是热的不良导体，这些密闭的空气起着良好的保温作用。但如果保温材料受潮，即水分侵入保温材料内部，则其中的一些空气被水分取代。水的导热系数要比静止的空气大 20 多倍，如果其中的水分再冻结成冰，则冰的导热系数要比静止的空气大 80 多倍。由此可见，受潮保温材料的导热性能明显增加，而保温性能则大为降低，材料的含湿率越高，保温性能越差。因此，保温材料在运输、储存和使用过程中，必须处于干燥状态，避免受潮。

北方地区农村住房常用的保温材料分为无机材料和有机材料，常用的无机保温材料包括岩棉与玻璃棉等。墙体有机保温材料种类众多，主要包括膨胀聚苯板、挤塑聚苯板、聚氨酯泡沫塑料等以及生物质保温材料，如草砖、草板等。各种保温材料见图 2-1-2。

(a) 模塑聚苯板(EPS)

(b) 挤塑聚苯板(XPS)

(c) 岩棉板

(d) 硬质聚氨酯泡沫塑料

图 2-1-2　保温材料（一）

(e) 憎水性膨胀珍珠岩板

(f) 胶粉聚苯颗粒保温砂浆板

(g) 膨胀玻化微珠轻质砂浆板

(h) 金属面硬质聚氨酯夹芯板

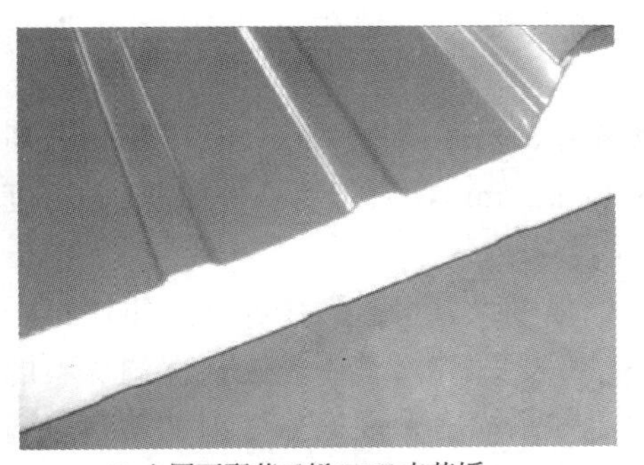

(i) 金属面聚苯乙烯(EPS)夹芯板

(j) 保温装饰一体化板

(k) 草砖

(l) 纸面草板

图 2-1-2 保温材料（二）

模塑聚苯乙烯泡沫塑料，简称EPS板，是农房外墙、屋面、地面保温常用的材料，按密度分为6类，工程中应用的主要为18～25kg/m^3，导热系数为0.035～0.041W/(m·K)。

挤塑聚苯板，简称XPS，用于屋面、地面保温，分带表皮和不带表皮，并按压缩强度（形变10%）分级，带表皮：X150～X500，不带表皮：W200、W300，导热系数为0.025～0.030W/(m·K)。

岩棉用于农房外墙、屋面保温，按制品形式分为棉、板、带、毡及管壳，密度为40～300kg/m^3，厚度为30～150mm，导热系数为0.035～0.050W/(m·K)。

硬质聚氨酯泡沫塑料按施工工艺分为喷涂硬质聚氨酯和硬泡聚氨酯板，密度为25～60kg/m^3，导热系数为0.018～0.026W/(m·K)。

憎水性膨胀珍珠岩板主要适用于平屋面保温工程，密度为200～350kg/m^3，导热系数为0.068～0.085W/(m·K)。

胶粉聚苯颗粒保温砂浆用于外墙保温，干表观密度为180～250kg/m^3，导热系数为0.045～0.060W/(m·K)，抗压强度≥200kPa。

膨胀玻化微珠轻质砂浆用于外墙保温，干表观密度为240～400kg/m^3，导热系数为0.060～0.085W/(m·K)，抗压强度≥200kPa。

金属面夹芯板用于农房外墙、屋面保温，分聚苯乙烯夹芯板、硬质聚氨酯夹芯板、岩棉（矿渣棉）夹芯板和玻璃棉夹芯板4类，厚度为50～200mm，传热系数为0.15～0.90W/(m^2·K)。

保温装饰一体化板用于外墙保温节能装饰及旧建筑物的外墙面翻新、改造。由装饰板和保温芯材组成，芯材有：岩棉、酚醛板、XPS板和EPS板，单位面积质量为15～40kg/m^2。保温性能以芯材的导热系数计算。

草砖用于填充框架结构外墙体。“三线”草砖规格为580mm×450mm×1100mm，质量为34～39kg；“两线”草砖规格为460mm×360mm×920mm，质量为23～27kg，密度为83.2～132.8kg/m^3，承压强度为1956kg/m^2。

纸面草板利用稻草和麦草秸秆制成，导热系数小、强度大，可直接用作非承重墙板。

不同保温材料的性能对比与经济性对比见表2-1-2和表2-1-3，其中，无机保温材料的导热系数要大于有机保温材料，保温效果略差。就保温效果而言，硬聚氨酯泡沫塑料保温性能较好，但是价格较贵。聚苯乙烯泡沫塑料板（俗称膨胀聚苯板）保温效果良好，同时造价适中，因此建议选用聚苯乙烯泡沫塑料板。

保温材料性能对比　　表2-1-2

保温材料类型	岩棉、玻璃棉板	硬聚氨酯泡沫塑料	全水基聚氨酯	聚苯乙烯泡沫塑料板	挤塑聚苯板
密度(kg/m^3)	80	30	8	20	<35
导热系数[W/(m·K)]	0.045	0.025～0.027	0.042	0.041	0.028
水蒸气渗透系数[ng/(Pa·m·s)]	13.6	6.5	≤1.9×10^{-7}	4.5	3.0
压缩强度(kPa)	—	100	—	100	150～250
尺寸稳定性(%)	—	≤0.5	≤1	≤3	≤2.0
吸水率(%)	—	—	≤5	—	≤1.5
燃烧性	不燃	B2	B2	B2	B2

不同保温材料经济性对比 表 2-1-3

保温材料名称	岩棉、玻璃棉板	硬聚氨酯泡沫塑料	全水基聚氨酯	聚苯乙烯泡沫塑料板	挤塑聚苯板
材料单价(元/m³)	200～300	300～700	700～1000	400～800	600～1000
辅料及安装单价(元/m²)	50～100	150～200	20～60	100～150	150～200
使用寿命	15 年	25 年	25 年	20 年	25 年

农村居住建筑常用的保温材料选用可参考表 2-1-4。材料保温性能会受到环境湿度和使用方式的影响，具体影响程度参见现行国家标准《民用建筑热工设计规范》GB 50176—1993。

表 2-1-4 中的普通草板不同于现行国家标准《民用建筑热工设计规范》GB 50176—1993 的稻草板，本表中普通草板的密度大于 112kg/m³，其热工性能与草砖基本一致。

常用的保温材料性能 表 2-1-4

保温材料名称		性能特点	应用部位	主要技术参数	
				密度 ρ_0 (kg/m³)	导热系数 λ [W/(m·K)]
模塑聚苯乙烯泡沫塑料板(EPS 板)		质轻、导热系数小、吸水率低、耐水、耐老化、耐低温	外墙、屋面、地面保温	18～22	≤0.041
挤塑聚苯乙烯泡沫塑料板(XPS 板)		保温效果较 EPS 好、价格较 EPS 贵、施工工艺要求复杂	屋面、地面保温	25～32	≤0.030
草砖		利用稻草和麦草秸秆制成，干燥时质轻、保温性能好，但耐潮、耐火性差，易受虫蛀，价格便宜	框架结构填充外墙体	≥112	≤0.072
膨胀玻化微珠		具有保温性、抗老化、耐候性、防火性、不空鼓、不开裂、强度高、黏结性能好，施工性好等特点	外墙	260～300	0.07～0.85
胶粉聚苯颗粒		保温性优于膨胀玻化微珠，抗压强度高，黏结力、附着力强，耐冻融，不易空鼓、开裂	外墙	180～250	0.06
草板	纸面草板	利用稻草和麦草秸秆制成，导热系数小、强度大	可直接用作非承重墙板	单位面积重量≤26kg/m²(板厚 58mm)	热阻>0.537 (m²·k)/W
	普通草板	价格便宜，需较大厚度才能达到保温效果，需作特别的防潮处理	多用作复合墙体夹心材料，屋面保温	≥112	≤0.072
憎水珍珠岩板		重量轻、强度适中、保温性能好、憎水性能优良、施工方法简便快捷	屋面保温	200	0.07
复合硅酸盐		黏结强度好、容重轻、防火性能好	屋面保温	210	0.064
稻壳、木屑、干草		非常廉价，有效利用农作物废弃料，需较大厚度才能达到保温效果，可燃，受潮后保温效果降低	屋面保温	100～250	0.047～0.093
炉渣		价格便宜、耐腐蚀、耐老化、质量重	地面保温	1000	0.29

农村居住建筑应选择适合当地经济技术及资源条件的建筑材料，常用的保温节能墙体砌体材料可按表 2-1-5 选用。

保温节能墙体砌体材料性能　表 2-1-5

砌体材料名称	性能特点	用途	主规格尺寸(mm)	主要技术参数	
				干密度 ρ_0(kg/m^3)	当量导热系数 λ[W/(m·K)]
烧结非黏土多孔砖	以页岩、煤矸石、粉煤灰等为主要原料，经焙烧而成的砖，孔洞率≥15%，孔尺寸小而数量多，相对于实心砖，减少了原料消耗，减轻了建筑墙体自重，增强了保温隔热性能及抗震性能	可做承重墙，砌筑时以竖孔方向使用	240×115×90	1100～1300	0.51～0.682
烧结非黏土空心砖	以页岩、煤矸石、粉煤灰等为主要原料，经焙烧而成的砖，孔洞率≥35%，孔尺寸大而数量少，孔洞采用矩形条孔或其他孔型，且平行于大面和条面	可做非承重填充墙体	240×115×90	800～1100	0.51～0.682
普通混凝土小型空心砌块	以水泥为胶结料，以砂石、碎石或卵石、重矿渣等为粗骨料，掺加适量的掺合料、外加剂等，用水搅拌而成	承重墙或非承重墙及围护墙	390×190×190	2100	1.12(单排孔)；0.86～0.91(双排孔)；0.62～0.65(三排孔)
加气混凝土砌块	与一般混凝土砌块比较，具有大量的微孔结构，质量轻、强度高、保温性能好，本身可以做保温材料，并且可加工性好	可做非承重墙及围护墙	600×200×200	500～700	0.14～0.31

2 外墙保温技术

在北方严寒和寒冷地区，由于农民自身的保暖意识增强，在新建居住建筑中，逐渐开始采用外墙保温技术。严寒和寒冷地区农村居住建筑宜根据气候条件和资源状况选择适宜的外墙保温构造形式和保温材料，保温层厚度应经计算确定。本章介绍了外墙热工性能要求和常见的几种外墙节能保温形式。

2.1 外墙热工性能要求

严寒和寒冷地区农村居住建筑外墙传热系数限值如表 2-2-1 所示。

农村居住建筑外墙传热系数限值　　表 2-2-1

建筑气候区	严寒地区	寒冷地区
外墙传热系数[W/(m²·K)]	0.50	0.65

严寒和寒冷地区农村居住建筑的围护结构传热系数限值是根据严寒和寒冷地区农村居住建筑调研结果，选取严寒和寒冷地区典型农村居住建筑，经计算得到。以典型农村居住建筑为例，以表 2-2-1 中数据计算得到的建筑能耗，与按目前农村居住建筑典型围护结构做法计算得到的建筑能耗值比较，节能率约在 50%左右，增量成本控制在建筑造价的 20%以内。

严寒和寒冷地区农村居住建筑多为单层或二层建筑，体形系数较大，规定限值下计算的节能率虽然为 50%，但热工性能指标仍远低于现行国家标准《严寒和寒冷地区居住建筑节能设计标准》JGJ 26—2010 中规定的小于或等于 3 层的居住建筑的相应指标。主要原因是节能措施实施以前，城市的建筑围护结构热工性能比农村好得多。

2.2 外保温技术

2.2.1 聚苯板外保温墙体系统构造

农村居住建筑墙体的主体材料绝大多数采用砌体结构，多采用实心砖墙，随着农村地区“禁实”工作的开展，逐渐开始以多孔砖或混凝土小型空心砌块这些节能节材型砌体材料代替实心黏土砖，在砌体墙体外部粘贴聚苯板保温层，外层压入耐碱玻纤网格布薄抹灰后涂涂料或粘贴面砖，如图 2-2-1 所示。聚苯板外保温在严寒和寒冷地区农村居住建筑中应用广泛。聚苯板厚度为 30～120mm 不等，主要跟所处的气候区域有关，严寒地区聚苯板保温层厚度在 80～120mm，寒冷地区的聚苯板保温层厚度为 30～70mm。

1. 保温墙体构成

EPS 板外墙外保温是采用模塑聚苯板（以下简称聚苯板）作为建筑物的外保温材料

图 2-2-1　实心砖墙聚苯板外保温系统

构成的复合保温墙体构造。目前，农村地区 EPS 板外墙外保温主要应用在砖墙或混凝土小型空心砌块外墙上，其构造由里至外依次为砖墙或混凝土小型空心砌块、胶粘剂、模塑聚苯板、锚栓、抹面胶浆复合耐碱网格布、饰面涂料或瓷砖。

建筑主体结构完成后，将聚苯板用专用粘结砂浆按要求粘贴上墙，如有特殊加固要求，可使用塑料膨胀螺钉加以锚固，然后在聚苯板表面抹聚合物水泥砂浆，其中压入耐碱涂塑玻纤网格布加强以形成抗裂砂浆保护层，最后为腻子和涂料的装饰面层（如装饰面层为瓷砖，则应改用镀锌钢丝网和专用瓷砖胶粘剂、勾缝剂）。

2. 主要保温材料

EPS 板（见图 2-2-2），全称聚苯乙烯泡沫塑料板，又名聚苯板或泡沫板。是由含有挥发性液体发泡剂的可发性聚苯乙烯珠粒，经加热预发后在模具中加热成型的具有微细闭孔结构的白色固体。EPS 板保温体系是由特种聚合胶泥、EPS 板、耐碱玻璃纤维网格布和饰面材料组成，集保温、防水、防火、装饰功能为一体的新型建筑构造体系。该技术将保温材料置于建筑物外墙外侧，不占用室内空间，保温效果明显，便于设计建筑外形。EPS 板薄抹灰外墙外保温具有优越的保温隔热性能，良好的防水性能及抗风压、抗冲击性能，能有效解决墙体的龟裂和渗漏水问题。

图 2-2-2　EPS 板

3. 技术分析

（1）系统构造优缺点

1）有良好的保温隔热性能

采用聚苯泡沫板置于外墙外侧避免墙体产生热桥，在冬天不造成额外的热损失，从而节约了热能，同时也解决了由于热桥而可能引起的墙体内表面潮湿、结露，甚至发霉。在夏季，外保温层能减少太阳辐射的进入，从而使墙体温度和室内空气温度得以降低。

2）保护建筑物主体结构

因气候改变引起墙体内部较大的温度变化发生在保温层内，使墙体温度变化较为平缓，热应力减少，因此主墙体内产生裂缝、变形或破损的可能性大为降低，从而延长了建筑物主体结构的寿命。

3）防水抗裂、性能优异

采用高分子聚合物专用粘结、抹面抗裂材料，并配以高强耐碱网格布，有效解决了传统墙体由于多种原因而产生的龟裂、渗水问题。

4）优良的防火性能

EPS板为阻燃自熄型，其余材料均为无机材料，较大程度地满足了工程对防火性能的要求。

5）适用范围广泛

EPS板不仅可用于新建筑外墙外保温，也可以用于老建筑节能改造，同时也可以用于屋面保温、冷库保温等。

6）EPS保温板缺点

由于板材自身的性质问题，其强度、承重能力相对于XPS较低，外贴面砖时需要进行加强处理；相对于XPS板，吸水性高，所以只适用于建筑外墙外保温，并且对施工时的天气要求高。板材出厂时要经过一段成熟期，需放置一段时间才可使用，如果熟化时间不足会影响板材的质量。

（2）技术性能参数与要求

EPS板外墙外保温由于EPS板导热系数小，约在0.038～0.041W/(m·K）之间，并且EPS板厚度一般不受限制，因此系统性能可满足严寒和寒冷地区节能设计标准要求。严寒地区和寒冷地区保温材料选用EPS板时，应严格控制厚度、密度、燃烧性能等主要技术参数。240mm厚多孔砖墙采用EPS板外墙外保温时，严寒地区EPS板厚度在70～80mm才能满足现行国家标准《农村居住建筑节能设计标准》GB/T 50824—2013对农村居住建筑外墙的传热系数限值的要求；寒冷地区EPS板厚度为50～60mm。190mm厚混凝土空心砌块采用EPS板外保温时，为满足现行国家标准《农村居住建筑节能设计标准》GB/T 50824—2013对农村居住建筑外墙的传热系数限值要求，严寒地区EPS板厚度应在80～90mm；寒冷地区EPS板厚度应在60～70mm。

4. 适用范围

EPS板外墙外保温适用于新建、扩建和改建的农村居住建筑，也适用于既有居住建筑的节能改造，尤其适用于严寒地区和寒冷地区。外墙墙体可以是各种砌体墙和混凝土墙。

5. 应用现状

EPS板外墙外保温在城市居住建筑中已普遍应用，该技术比较成熟，保温节能效果好，目前已逐渐向农村地区推广应用，逐渐被严寒和寒冷地区的农民所接受，在一些城市边缘的农村地区和经济条件好的农村地区开始广泛应用，应用相对较普遍。

常见的几种外墙外保温形式的选用参见表 2-2-2。

严寒和寒冷地区农村居住建筑外墙外保温构造形式和保温材料厚度　　　表 2-2-2

序号	名称	构造简图	构造层次	保温材料厚度(mm)	
				严寒地区	寒冷地区
1	多孔砖墙EPS板外保温	内 1 2 3 4 5 6 7 外	1——20mm 厚混合砂浆 2——240mm 厚多孔砖墙 3——水泥砂浆找平层 4——胶粘剂 5——EPS 板 6——5mm 厚抗裂砂浆耐碱玻纤网格布 7——外饰面	70～80	50～60
2	混凝土空心砌块EPS板外保温	内 1 2 3 4 5 6 7 外	1——20mm 厚混合砂浆 2——190mm 厚混凝土空心砌块 3——水泥砂浆找平层 4——胶粘剂 5——EPS 板 6——5mm 厚抗裂砂浆耐碱玻纤网格布 7——外饰面	80～90	60～70
3	非黏土实心砖(烧结普通页岩、煤矸石砖)	EPS 板外保温 内 1 2 3 4 5 6 7 外	1——20mm 厚混合砂浆 2——240mm 厚非黏土实心砖墙 3——水泥砂浆找平 4——胶粘剂 5——EPS 板 6——5mm 厚抗裂胶浆耐碱玻纤网格布 7——外饰面	80～90	60～70

2.2.2　保温装饰一体化外保温墙体

1. 保温墙体系统构造

保温墙体系统构造参见图 2-2-3。

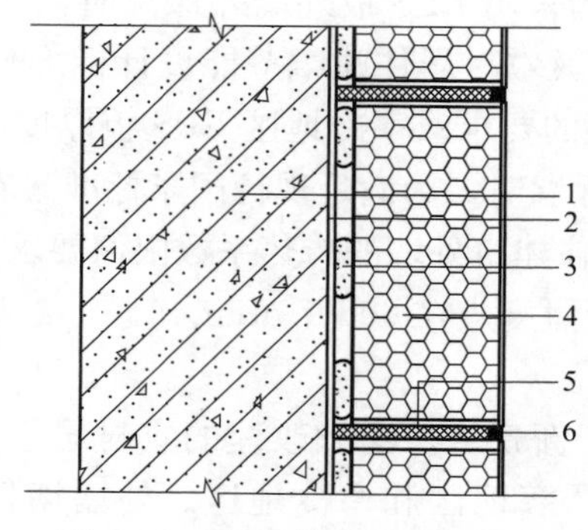

图 2-2-3　保温装饰板系统构造

1—基层；2—防水找平层；3—胶粘剂；4—保温装饰板；5—嵌缝条；6—硅酮密封胶或柔性勾缝腻子

2. 构造特点

保温装饰板由饰面层、衬板、保温层和底衬组成。保温层材料可采用 EPS 板、XPS

板或 PU 板，饰面层可采用涂料饰面，底衬宜为玻纤网增强聚合物砂浆。单板面积不宜超过 1m^2。

保温装饰板系统经耐候试验后，保温装饰板各层之间的拉伸粘结强度不得小于 0.4MPa，并且不得在各界面处破坏。

找平层与基层墙体的粘结强度应不低于 0.3MPa，并且粘结界面脱开面积应不大于 50%。找平层垂直度和平整度应符合现行国家标准《建筑装饰装修工程质量验收规范》GB 50210—2001 的规定。防水性能应符合现行行业标准《聚合物水泥防水砂浆》JC/T 984—2011 的规定。

保温装饰板应同时采用胶粘剂和锚固件固定，装饰板与基层墙体的粘结面积不得小于装饰板面积的 50%，拉伸粘结强度不得小于 0.1MPa。每块装饰板锚固件不得少于 4 个，且每平方米不得小于 8 个，单个锚固件的锚固力应不小于 0.60kN。

保温装饰板安装缝应使用弹性背衬材料填充，并用硅酮密封胶或柔性勾缝腻子嵌缝。

2.2.3 岩棉板外保温墙体

1. 系统构成

岩棉薄抹灰外墙外保温系统由固定层、岩棉板、抹面层和饰面层构成。固定层材料为胶粘剂和锚栓，抹面层材料为抹面胶浆，抹面胶浆中满铺增强网。饰面层材料可为涂料或饰面砂浆。岩棉板主要依靠胶粘剂和锚栓固定在基层上，岩棉板与基层墙体的粘贴面积不得小于岩棉板面积的 50%。

粘贴岩棉板系统的基层表面应清洁，无油污、脱模剂等妨碍粘结的附着物。凸起、空鼓和疏松部位应剔除并找平。找平层应与墙体粘结牢固，不得有脱层、空鼓、裂缝，面层不得有粉化、起皮、爆灰等现象。

岩棉薄抹灰外墙外保温系统基本构造见表 2-2-3。

岩棉薄抹灰外墙外保温系统基本构造　　表 2-2-3

构造示意图	系统的基本构造				
	①基层墙体	②固定层	③保温层	④抹面层	⑤饰面层
① ② ③ ④ ⑤	钢筋混凝土墙、各种砌体墙（砌体墙需用水泥砂浆找平）	胶粘剂和锚栓	岩棉板（带）	抹面胶浆复合玻纤网格布	涂料或饰面砂浆

注：使用抗拉强度等级为 TR7.5 的岩棉板时，锚栓盘应位于玻纤网外侧，使用岩棉带时的塑料圆盘直径应不小于 140mm。

在系统中所采用的附件，如密封膏、密封条、包角条、包边条、盖口条、护角、托架等，应与外保温系统相容，并分别符合相关标准的要求。

2. 主要保温材料

岩棉是以优质玄武岩或辉绿岩为主要原料，经高温熔融用离心等方法制成纤维，并施加雾化的酚醛树脂胶粘剂及憎水剂等，形成均匀棉毡，再经固化、压制、切割等工序制成的矿物棉硬质制品。按纤维排列方向，岩棉分为岩棉板与岩棉带两种制品，纤维分别平行于表面与垂直于表面。

岩棉具有不燃（燃烧性能为A级）、熔点高，遇火情况下无毒无烟，以及导热系数低、透气等特点，在欧洲，岩棉薄抹灰外墙外保温系统广泛用于学校、医院、高层建筑等对防火有特别要求的建筑外墙外保温系统。

3. 技术分析

岩棉薄抹灰外墙外保温系统性能指标见表2-2-4～表2-2-11。

岩棉薄抹灰外墙外保温系统性能指标　　表2-2-4

项目		性能指标
吸水量(g/m², 浸水24h)		≤500
抗冲击强度	普通型(P型)	3J级
	加强型(Q型)	10J级
抗风压值(kPa)		不小于工程项目的风荷载设计值，抗负风压安全系数≥1.5
耐冻融		表面无裂纹、空鼓、起泡、剥离现象。抹面胶浆与岩棉之间的拉伸粘结强度≥80kPa，或破坏在岩棉内
水蒸气湿流密度[g/(m·h)]		≥1.67
耐候性		表面无裂纹、粉化、剥落现象。抹面胶浆与岩棉之间的拉伸粘结强度≥80kPa，或破坏在岩棉内

岩棉板尺寸偏差　　表2-2-5

项目	允许偏差
厚度(mm)	±3
长度(mm)	+10　−3
宽度(mm)	+5　−3
直角偏离度(mm/m)	≤5
板面平整度偏差(mm)	≤6

注：本表的允许偏差值以1200mm长×600mm宽的岩棉板为基准。

岩棉带尺寸偏差　　表2-2-6

项目	允许偏差
厚度(mm)	±2
长度(mm)	+10　−3
宽度(mm)	±3

注：本表的允许偏差值以1200mm长×200mm宽的岩棉带为基准。

岩棉的分类及主要性能指标　　表2-2-7

试验项目	性能指标			
	岩棉板(纤维平行于墙面)			岩棉带(纤维垂直于墙面)
	TR7.5	TR10	TR15	TR80
导热系数[W/(m·K)](平均温度25±1℃)	≤0.040			≤0.048

续表

试验项目	性能指标			
	岩棉板（纤维平行于墙面）			岩棉带（纤维垂直于墙面）
	TR7.5	TR10	TR15	TR80
燃烧性能	A			
24h 部分浸泡吸水量（kg/m²）	≤1.0			
28h 部分浸泡吸水量（kg/m²）	≤3.0			
压缩强度（kPa）	≥40			
垂直于表面的抗拉强度（kPa）	≥7.5	≥10	≥15	≥80
尺寸稳定性（%）	≤1.0			
质量吸湿率（%）	≤1.0			
憎水率（%）	≥98.0			
酸度系数	≥1.6			

抹面胶浆的性能指标　　**表 2-2-8**

试验项目			性能指标
标准拉伸粘结强度（与岩棉）（kPa）	原强度		≥80，或破坏在岩棉内
	耐水	浸水 48h，干燥 2h	≥30，或破坏在岩棉内
		浸水 48h，干燥 7d	≥80，或破坏在岩棉内
耐冻融			≥80，或破坏在岩棉内
抗压强度/抗折强度			≤3.0
可操作时间（h）			1.5～4.0

胶粘剂的性能指标　　**表 2-2-9**

试验项目			性能指标
标准拉伸粘结强度（与水泥砂浆）（MPa）	原强度		≥0.6
	耐水	浸水 48h，干燥 2h	≥0.3
		浸水 48h，干燥 7d	≥0.6
标准拉伸粘结强度（与岩棉）（kPa）	原强度		≥80，或破坏在岩棉内
	耐水	浸水 48h，干燥 2h	≥30，或破坏在岩棉内
		浸水 48h，干燥 7d	≥80，或破坏在岩棉内
可操作时间（h）			1.5～4.0

耐碱玻纤网性能指标　　**表 2-2-10**

项目	指标
单位面积质量（g/m²）	≥130
耐碱断裂强力（经、纬向）（N/50mm）	≥750
耐碱断裂强力保留率（经、纬向）（%）	≥50
断裂伸长率（经、纬向）（%）	≤5.0

锚栓性能指标　　表 2-2-11

项目	指标
单个锚栓抗拉承载力标准值(kN)	≥0.30
单个锚栓对系统传热增加值[W/(K·m²)]	≤0.004

注：锚栓中的金属螺钉应采用不锈钢钉或经过表面防腐处理的金属钉，塑料钉和带圆盘的塑料膨胀套管应采用聚酰胺、聚乙烯或聚丙烯制成，制作塑料钉和塑料套管的材料不得使用回收的再生材料。应根据不同基层墙体选择适用的锚栓，有效锚固长度应不小于 30mm，使用于岩棉板时的塑料圆盘直径应不小于 50mm，使用于岩棉带时的塑料圆盘直径应不小于 140mm。

4. 适用范围

严寒地区、寒冷地区民用建筑的外墙保温工程，特别是要求保温材料燃烧性能为 A 级的建筑。

2.2.4　胶粉 EPS 颗粒保温浆料外保温墙体

胶粉 EPS 颗粒保温浆料外保温系统（以下简称保温浆料系统）由界面层、保温层、抹面层和饰面层构成。界面层材料为界面砂浆；保温层材料为胶粉 EPS 颗粒保温浆料，经现场拌合后抹或喷涂在基层上；抹面层材料为抹面胶浆，抹面胶浆中满铺增强网；饰面层为涂料或面砖。当采用涂料饰面时，抹面层中应满铺玻纤网；当采用面砖饰面时，抹面层中应满铺热镀锌电焊网，并用锚栓与基层可靠固定。

胶粉 EPS 颗粒浆料外保温系统基本构造见表 2-2-12。

胶粉 EPS 颗粒浆料外保温系统基本构造　　表 2-2-12

分类	构造示意图	系统的基本构造				
		①基层墙体	②界面层	③保温层	④抹面层	⑤饰面层
涂料饰面	① ② ③ ④ ⑤	钢筋混凝土墙各种砌体墙(砌体墙需用水泥砂浆找平)	界面砂浆	胶粉 EPS 颗粒保温浆料	抹面胶浆复合耐碱玻纤网格布(加强型增设一层玻纤网格布+弹性底涂，总厚度：普通型为 3～5mm，加强型为 5～7mm)	柔性耐水腻子(工程设计有要求时)+涂料
面砖饰面	① ② ③ ④ ⑤	钢筋混凝土墙各种砌体墙(砌体墙需用水泥砂浆找平)	界面砂浆	胶粉 EPS 颗粒保温浆料	第一遍抗裂砂浆+热镀锌金属网(四角电焊网或六角编织网)，用塑料锚栓与基层墙体锚固+第二遍抗裂砂浆(总厚度为 8～10mm)	面砖粘结砂浆+面砖+勾缝料

2.3　夹心保温技术

2.3.1　聚苯板（EPS 板）夹心保温墙体

1. 保温墙体构成

EPS 板夹心保温由内叶墙、EPS 板保温层、外叶墙构成，把 EPS 板放在两片墙体中间，并在内、外叶墙体中间设置钢筋拉接件，形成 EPS 板夹心保温复合墙体。EPS 板设在外墙体的中间，有利于发挥墙体材料本身对外界环境的保护作用，从而免去保温层、材料层的增强面层。EPS 板夹心保温复合墙体作为一种新型墙体，其墙体结构新颖、节能保温、外表美观、耐腐蚀等一系列优点正逐步得以应用和推广。

按照农村居住建筑墙体砌筑材料不同，分为砖墙 EPS 板夹心保温和砌块 EPS 板夹心保温。砖墙 EPS 板夹心保温的通常做法为：外侧墙体采用 240mm 厚实心砖墙，内侧墙体采用 120mm 厚实心砖墙砌筑，中间夹 EPS 板，如图 2-2-4 所示。随着承重多孔砖在农村地区的推广和应用，夹心保温墙体也可采用承重多孔砖砌筑。为达到现行国家标准《农村居住建筑节能设计标准》GB/T 50824—2013 的墙体传热系数限值要求，严寒地区农村居住建筑砖墙 EPS 板夹心保温中 EPS 板厚度不宜小于 70mm，寒冷地区 EPS 板厚度不宜小于 50mm。砌块 EPS 板夹心保温在内叶墙采用 190mm 厚承重混凝土小型空心砌块，外侧采用 90mm 自承重装饰空心砌块，保温材料 EPS 板置于两片砌块墙中间的空腔中，如图 2-2-5 所示。严寒地区农村居住建筑砌块 EPS 板夹心保温中 EPS 板厚度不宜小于 80mm，寒冷地区砌块夹心保温 EPS 板厚度不宜小于 60mm。

EPS 板夹心保温墙体构造形式见表 2-2-13。

图 2-2-4　砖墙 EPS 板夹心保温系统

2. 技术分析

EPS 板夹心保温墙体具有较好的保温隔热性能。EPS 板保温层夹在内、外叶砖墙之间，被内、外叶砖墙严密地保护起来，形成了一个封闭的空间。内叶墙同 EPS 板紧密连接在一起，外叶墙保护了保温层，防止了 EPS 板受阳光紫外线照射和空气中有害物质的侵袭，大大增加了 EPS 板保温性能和耐久性，同时免去了 EPS 外保温时保温层、材料层的增强面层，降低了造价，减少了施工工序。对于夹心保温墙体空腔的存在还提高了墙体

图 2-2-5　砌块墙体 EPS 板夹心保温系统

的保温性能。对于严寒地区，外侧墙体采用 240mm 厚实心砖墙，内侧墙体采用 120mm 厚实心砖墙砌筑，中间夹 60mm 厚 EPS 板，墙体热阻值可达 1.92(m^2 · K)/W，墙体传热系数为 0.485W/(m^2 · K)。对于寒冷地区，外侧墙体采用 240mm 厚实心砖墙，内侧墙体采用 120mm 厚实心砖墙砌筑，中间夹 40mm 厚 EPS 板，墙体热阻值可达 1.44(m^2 · K)/W，墙体传热系数为 0.63W/(m^2 · K)。

采用混凝土小型空心砌块 EPS 板夹心保温墙体，基本相当于外墙外保温，但又不同于传统的外墙外保温，混凝土小型空心砌块 EPS 板夹心保温墙体外叶墙的装饰层既具有装饰作用，又具有保护保温材料的作用，EPS 板保温层被外叶墙的装饰层严密的保护起来，形成了一个封闭的空间。内叶墙同 EPS 板紧密地连接在一起，外叶墙保护了保温层，防止了 EPS 板受阳光紫外线照射和空气中有害物质的侵袭，大大增加了 EPS 板的保温性能和耐久性。同时混凝土小型空心砌块 EPS 板夹心墙体空腔的存在还提高了墙体的保温性能。特别是当外侧墙面采用饰面砌块时，在墙体的砌筑过程中一举解决了外墙的装修问题，可减少工序、节约工时，并使外墙获得了耐久可靠的饰面层。混凝土小型空心砌块夹心墙体是集承重、保温和装饰为一体的墙体构造，具有结构新颖、节能保温、外表美观、耐久等一系列优点。

严寒和寒冷地区农村居住建筑外墙保温构造形式和保温材料厚度　　表 2-2-13

序号	名称	构造简图	构造层次	保温材料厚度(mm)	
				严寒地区	寒冷地区
1	混凝土空心砌块 EPS 板夹心保温	内　外　1 2 3 4 5	1——20mm 厚混合砂浆 2——190mm 厚混凝土空心砌块 3——EPS 板 4——90mm 厚混凝土空心砌块 5——外饰面	80～90	60～70
2	非黏土实心砖(烧结普通页岩、煤矸石砖)EPS 板夹心保温	内　外　1 2 3 4 5	1——20mm 厚混合砂浆 2——120mm 厚非黏土实心砖墙 3——EPS 板 4——240mm 厚非黏土实心砖墙 5——外饰面	70～80	50～60

续表

序号	名称	构造简图	构造层次	保温材料厚度(mm)	
				严寒地区	寒冷地区
3	草板夹心墙	内 7 6 5 4 3 2 1 外	1——内饰面(混合砂浆) 2——120mm 厚非黏土实心砖墙 3——隔汽层(塑料薄膜) 4——草板保温层 5——40mm 空气层 6——240mm 厚非黏土实心砖墙 7——外饰面	210	140

3. 适用范围

EPS板夹心保温墙体适用于严寒和寒冷地区单层农村居住建筑，但夹心保温构造外墙不应在地震烈度高于8度的地区使用，夹心保温构造的内外叶墙体之间应采取拉结措施。

4. 应用现状

目前严寒地区新建的农村居住建筑采用的节能保温墙体多为实心砖墙EPS板夹心保温，一是农民自己建房，对外保温技术掌握少，外饰面处理不好容易开裂，而内保温又容易引起内墙面裂缝，以及不能在墙上钉钉等。实心砖墙EPS板夹心保温在东北、内蒙古等地新建农村居住建筑中都有一定程度的应用。

对于混凝土小型空心砌块EPS板夹心保温墙体，由于承重混凝土小型空心砌块未在农村地区大规模推广和应用，该类型墙体只在少数农村节能建筑示范地区应用，如北京市平谷区等。

通过实践证明，在严寒地区，农民对夹心保温墙体结构比较认可，夹心保温材料多选用EPS板。保温层夹在砌体中，因此不存在外保温中饰面层与保温材料的粘结问题，墙体的耐久性较好。另外由于农户经常在内墙面上钉挂一些饰物及农具等，避免了内保温带来的生活不便。同时有利于供暖建筑冬季室内温度的热稳定性。但墙体中的热桥不易消除，墙体内部容易产生凝结水。

2.3.2 草板夹心保温墙体

1. 保温墙体构成

草板夹心保温墙体是由外叶墙（240mm厚承重砖墙）、内叶墙（120mm厚非承重砖墙）和草板保温层三部分组成的复合保温墙体，如图2-2-6所示。内叶砖墙和外叶砖墙之间用防锈的金属拉结件，提高墙体整体稳定性和结构强度。草板与外叶砖墙间留有40mm的空气间层，同时外叶砖墙均匀布置通气孔，使夹层中的草板与室外空气相通，避免受潮。草板保温层和内叶砖墙之间设置连续的隔汽层，防潮材料可选择塑料薄膜。草板夹心保温墙，以草板为保温材料形成夹心复合结构，适用于严寒和寒冷地区，新建单层农村住宅，且建筑所在地具有稻草等生物质资源，有草板加工厂。

2. 主要保温材料

北方广大农村多数盛产稻草，且有的地区具有生产草板的能力，草板是一种非常理想

图 2-2-6　草板夹心保温砖墙

的生态、可再生的绿色保温材料，它具有就地取材、资源丰富、可再生，节省运输、加工费用与能耗等优势，采用草板代替聚苯板作为夹心保温材料，并加设空气层、透气孔及防虫添加剂等，以防止草板、稻壳受潮和受虫蛀等问题。草板夹心保温砖墙技术施工简单，农民易操作，经实践检验效果很好。草板夹心保温墙体中的保温材料是普通稻草，与建筑用纸面草板不同，它是利用稻草和苇草挤压加工制成 70mm 厚，1200mm 宽的草板，长度不等，见图 2-2-7。利用农作物的废弃料加工草板，可就地取材，充分利用可再生资源，加工制作过程简单，价格便宜。草板是一种较好的保温材料，但需较大厚度才能达到保温效果，并需作特别的防潮处理。当草板的密度大于 112kg/m^3，其热工性能与草砖基本一致，其导热系数为 0.057～0.072W/(m・K)。

图 2-2-7　普通草板

3. 技术分析

草板夹心保温墙体，以草板为保温材料形成夹心复合结构，通常做法为：

20mm 厚水泥砂浆＋240mm 厚砖墙＋40mm 厚空气层＋280mm 厚（四层）草板＋120mm 厚砖墙＋20mm 厚石灰砂浆，草板夹心保温墙的热阻为 2.5～2.7(m^2・K)/W，传热系数为 0.35～0.39W/(m^2・K)。

20mm 厚水泥砂浆＋240mm 厚砖墙＋40mm 厚空气层＋140mm 厚（二层）草板＋120mm 厚砖墙＋20mm 厚石灰砂浆，草板夹心保温墙的热阻为 1.6～1.8(m^2・K)/W，传热系数为 0.50～0.55W/(m^2・K)。

采用草板作为夹心保温墙体的保温材料，热工性能增强，二层草板夹心保温墙的热阻值是普通 490mm 厚实心砖墙的 2.5～3 倍；四层草板夹心保温墙的热阻值是普通 490mm 厚实心砖墙的 3.5～4 倍。

4. 适用范围

草板夹心保温墙体适用于严寒和寒冷地区，新建单层农村建筑。建筑所在地具有稻草等生物质资源，有草板加工厂。

5. 应用现状

2003 年由哈尔滨工业大学和法国巴黎拉维兰特建筑大学、法国全球环境基金会联合在黑龙江省林甸县胜利村建设第一栋草板夹心保温墙农房后，受到当地农民的欢迎，逐渐在当地推广应用。

2.4　自保温技术

2.4.1　框架结构加气混凝土自保温墙体

1. 保温墙体构成

框架结构加气混凝土保温墙是由蒸压加气混凝土砌块自保温墙体，配套合理的热桥、剪力墙保温处理措施和交接面处理措施构成的外墙保温系统，如图 2-2-8 和图 2-2-9 所示。蒸压加气混凝土砌块采用专用砌筑砂浆砌筑、专用抹灰砂浆抹面，该墙体材料热阻能满足节能建筑对墙体热工性能的要求。这种自保温墙体可分为承重自保温墙体和非承重自保温墙体。

图 2-2-8　框架结构加气混凝土自保温墙体

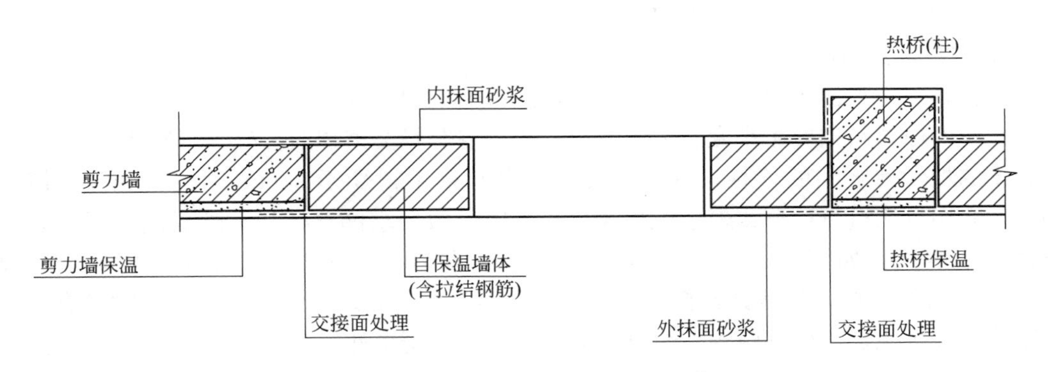

图 2-2-9　框架结构加气混凝土保温墙构成

2. 保温材料

蒸压加气混凝土砌块是用钙质材料（如水泥、石灰）和硅质材料（如砂子、粉煤灰、矿渣）的配料中加入铝粉作加气剂，经加水搅拌、浇筑成型、发气膨胀、预养切割，再经高压蒸汽养护而成的多孔硅酸盐砌块。

加气混凝土砌块制品的级别按照强度可分为A1.0、A2.0、A2.5、A3.5、A5.0、A7.5、A10共七个级别；按干密度可分为B03、B04、B05、B06、B07、B08六个级别。墙厚在200～500mm范围，级别与厚度叠加品种繁多，选择余地多样；墙体砌筑灰缝厚度可分为15mm和3mm两种。导热系数范围为0.1～0.2W/(m·K)。

3. 技术分析

加气混凝土墙作为单一保温节能墙体，在严寒地区和寒冷地区有相当优势，490mm厚加气混凝土墙的导热热阻约为2.2～2.3(m^2·K)/W，370mm厚加气混凝土墙的导热热阻约为1.7～1.8(m^2·K)/W。在使用过程中常出现一些裂缝，其主要表现在钢筋混凝土框架梁与加气混凝土砌块填充墙之间出现的水平裂缝，墙中间和柱边的垂直裂缝以及墙中的不规则裂缝。

4. 适用范围

加气混凝土单一墙体材料节能体系适用于框架结构的外墙；适用于非抗震地区或抗震设防烈度为6～8级的地区。在严寒和寒冷地区应用具有优势。

5. 应用现状

由于我国农村地区多为单层或三层以下建筑，很少采用混凝土框架结构（承重结构造价高），因此框架结构加气混凝土保温墙体在农村地区应用较少，只在局部的新建农村建筑示范工程中应用。

2.4.2　框架结构草砖自保温墙体

1. 保温墙体构成

草砖墙是近几年在东北严寒地区新兴的一种节能保温墙体，草砖墙以黏土砖或钢筋混凝土为主要承重部件，草砖填在框架中，只起保温作用，草砖墙厚度约为500mm，如图2-2-10所示。草砖墙是由草砖和抹灰层组成的墙体，完整的抹灰层能保护草砖，以免受到风雨和害虫的侵袭。利用草砖作为墙体砌筑材料，不仅可以消化农业生产的垃圾，对环境污染小，而且还具有良好的保温效果。

2. 主要保温材料

草砖是以干草为主要原料，经过挤压，捆绑而成的一种块状的墙体填充材料。

草砖的原材料主要是小麦、大麦、黑麦或稻谷等谷类植物的秸秆。草砖所用秸秆必须是谷物的根和穗之间的秸秆，制作草砖的秸秆长度不得少于25cm，而且湿度不得超过15%。利用打捆机将稻草或麦秸压缩成具有一定模数要求的草砖块，然后用14号铁丝或尼龙绳来捆扎，如图2-2-11所示。草砖尺寸通常为：长约89～102cm，宽46cm，高35cm。一块好的草砖是被紧紧打成块，既干又不含稻（麦）穗。草砖在干燥时具有质轻、保温性能好等优点，但其耐潮、耐火性能差，并且易受虫蛀。草砖导热系数与自身的湿度和密度有直接的关系。草砖含湿量应小于17%，密度应大于112kg/m^3。根据美国材料试验协会（ASTM）标准检测，当草砖的密度在83.2～132.8kg/m^3之间时，其导热系数为

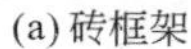

(a) 砖框架

(b) 草砖填充

图 2-2-10　框架结构草砖墙

0.057～0.072W/(m·K)。

3. 技术分析

砖框架草砖墙以实心砖墙为承重结构框架，以稻草、麦秸制作的草砖为基本建材建成，具有保温、保湿、造价低廉、抗震性强、透气性能好和减少二氧化碳排放、降低对大气污染、保护耕地等优点，是典型的资源节约型环保建设技术。

砖框架草砖墙相对于黏土砖墙具有经济适用、节能环保等优点。草砖作为墙体保温材料，其热工性能优于砖墙。500mm 厚草砖墙主体部分测试热阻值为 2.69(m^2·K)/W，测试传热系数为 0.352W/(m^2·K)。500mm 厚的草砖墙相当于 2179mm 厚的实心砖墙，是普通 490mm 砖墙的 4.48 倍。采用砖框架草砖墙建设农村房屋大大减少了砖用量，每平方米草砖墙比相同热工性能指标的实心砖墙体节省 1241 块砖，与 490mm 厚实心砖墙相比，节省 276 块实心砖，对保护土地资源起到了积极的作用，草砖墙充分利用废弃的可再生资源稻草和麦秸，减少了焚烧处理稻草和麦秸对大气的污染。

图 2-2-11　草砖

图 2-2-12　草砖墙表面皲裂

草砖房的墙面容易出现皲裂，如图 2-2-12 所示。外墙贴面砖易大面积脱落。而且草砖要注意不能垂直漏水，下侧不能返潮，窗台下凝结露水不能下渗，要做好防潮处理。在草砖的制作中要添加杀虫剂或石灰防止生虫。

4. 适用范围

砖框架草砖墙适用于严寒地区，新建单层农村居住建筑，建筑所在地应具有稻草、麦草等生物质资源。

5. 应用现状

草砖墙技术起源于美国19世纪90年代，已有100多年的历史。草砖墙建筑技术引入我国，是从1999年中国21世纪议程管理中心与安泽国际救援协会/中国（ADRA/China-Adventist Development Relief Agency）合作开始的，在我国北方地区选择了黑龙江省哈尔滨市、佳木斯市，辽宁省本溪市、开原市，吉林省白山市，内蒙古阿拉善盟、赤峰市翁旗和阿旗，分别开展了节能草砖建筑示范项目。由于黑龙江省平原农村地区具有丰富的稻草、麦草等生物质秸秆，草砖墙建筑技术得到了推广和应用，并深受住户及周围居民的欢迎。

2.4.3　烧结注孔保温砌块自保温墙体

1. 保温墙体构成

烧结注孔保温砌块墙主要以钢筋混凝土作为主要框架结构，以烧结注孔保温砌块为外墙围护结构，构成的自保温墙体，有围护墙体外包框架梁柱和砌体围护墙体嵌填在框架结构柱间的两种做法，分为承重墙体构造和非承重墙体构造，如图2-2-13所示。

图2-2-13　烧结注孔保温砌块墙

烧结保温砌块主体墙的构造做法是：1∶3水泥砂浆抹灰＋保温砌块＋混合砂浆抹灰，外墙厚度常见有290mm、210mm和190mm等。

2. 主要保温材料

烧结注孔保温砌块是在空心砌块的孔洞内采取自动化机械注入EPS预发颗粒，经焙烧窑余热回收锅炉产生的高温（110℃）、高压（0.5MPa）蒸汽成型为复合保温砌块，并在横向和竖向灰缝处设置贯穿隔热带，从而阻断灰缝热桥，增强了砌块、砌体的隔热保温性能，是建筑承重或非承重部位的墙体材料。注孔保温砌块材料防火等级一般为A级。

烧结注孔保温砌块产品抗压强度高、吸水率低、抗冻性能好、几何尺寸规整、耐久性能强、防火性好、热工性能和热稳定性好。表2-2-14给出了三种烧结注孔保温砌块的物性参数。

不同规格的烧结注孔保温砌块物性参数 表 2-2-14

烧结注孔保温砌块类型	尺寸	强度	表观密度
Kfz1 型	290mm×190mm×190mm	横孔：≥3.5MPa； 竖孔：≥10MPa	750kg/m^3； 填充 15～18kg/m^3 阻燃聚苯乙烯泡沫
Kfz2 型	190mm×190mm×190mm	横孔：≥3.5MPa； 竖孔：≥10MPa	760kg/m^3； 填充 15～18kg/m^3 阻燃聚苯乙烯泡沫
Kfz2 型	210mm×190mm×190mm	横孔：≥3.5MPa； 竖孔：≥10MPa	750kg/m； 填充 15～18kg/m^3 阻燃聚苯乙烯泡沫

3. 技术分析

烧结注孔保温砌块自保温系统具有以下优点：复合保温砖的使用寿命与建筑物完全相等，无墙体脱落现象；建筑施工周期相对较短，能降低施工成本；同时该系统也需要注重建筑门窗、梁、柱等关键节点部位的施工质量，避免热桥的发生等缺点。

以 EPS 颗粒内填充的注孔保温砌块，除各项技术性能完全符合现行国家标准《烧结空心砖和空心砌块》GB/T 13545—2014 和《烧结多孔砖和多孔砌块》GB 13544—2011 标准外，单一注孔保温砌块墙体无须外加保温层，热工性能完全符合现行国家标准《农村居住建筑节能设计标准》GB/T 50824—2013 的墙体传热系数指标要求。产品节能、环保、利废、节约土地资源，完全符合国家节能减排政策要求的目标。以 300mm 厚砌块墙体为例，其实测热阻为 2.31(m^2·K)/W，相当于 1880mm 厚的实心砖［导热系数为 0.814W/(m·k)］的热工性能。

该种墙体做法优点如下：(1) 使用寿命和后期维护方面，复合保温砖的使用寿命与建筑物完全相等，无墙体脱落现象；(2) 建筑施工周期相对较短，能降低施工成本。缺点如下：需要注重建筑门窗、梁、柱等关键节点部位的施工质量，避免热桥的发生。

4. 适用范围

适合于严寒和寒冷地区新建农村居住建筑。

5. 应用现状

烧结注孔保温砌块墙结构主要还在示范推广阶段，目前在吉林、陕西、甘肃等农村地区均有示范工程。

2.5 保温与结构一体化技术

2.5.1 EPS 空腔模块混凝土剪力墙

1. 保温墙体构成

EPS 空腔模块混凝土剪力墙是将工厂标准化生产的 EPS 墙体空腔模块经积木式错缝

插接拼装成空腔模块墙体，在其内按设计要求置入钢筋、浇筑混凝土，混凝土硬化后，与模块内表面燕尾槽形成机械咬合，由此所构成的保温承重一体化的房屋节能墙体，如图 2-2-14 所示。

图 2-2-14　EPS 空腔模块混凝土剪力墙

2. 主要保温材料

EPS 空腔模块是由可发性聚苯乙烯珠粒经加热发泡后，按节能标准、建筑构造、结构体系和施工工艺的需求，通过专用设备和模具将可发性聚苯乙烯珠粒加热成型而制得的具有闭孔结构、不同种类、不同规格、不同外观形状和外表面标注企业标识的聚苯乙烯泡沫塑料板材或构件。EPS 空腔模块的突出特点是：产品技术性能稳定，几何尺寸准确，符合建筑模数 $3M_0$，整体转角、矩形插接企口、内外表面有均匀分布的燕尾槽等，房屋建造完全体现积木式错缝插接和施工现场无需二次加工。

如图 2-2-15 所示，EPS 空腔模块包括直板墙体空腔模块、直角墙体空腔模块、T 形墙体空腔模块、扶壁柱墙体空腔模块、扶壁柱柱头墙体空腔模块等多种类型，并设有不同的尺寸规格，满足墙体不同位置建造的要求。

3. 技术分析

将密度为 $25kg/m^3$ 的 EPS 空墙模块经积木式错缝插接组合成空腔模块墙体，在空腔内植入钢筋，浇筑混凝土，再将其内外表面用不小于 20mm 厚的纤维抗裂砂浆抹面，加一层耐碱玻纤网布复合，按设计要求进行饰面处理，由此所构成的保温承重一体化的房屋外墙围护结构（复合墙体），其传热系数约为 $0.25W/(m^2 \cdot K)$。

EPS 空腔模块墙体在混凝土浇筑前是免拆的保温建筑模板，混凝土浇筑后即为复合墙体的内外保温层，实现了保温与建筑模板一体化和保温与建筑结构一体化。抗震节能房屋建造实现了标准化、工厂化、装配化、精细化，房屋设计、施工、验收完全标准化管理。模块内外表面独有的燕尾槽设计，实现了厚抹灰面层，提高了防火性能。高品质、低成本建造抗震节能房屋，节省了土地资源，建房不用砖已成现实。模块内外表面均匀分布的燕尾槽，使其与混凝土和纤维抗裂砂浆厚抹面层构成有机咬合，提高了复合墙体的抗冲击性、耐久性和防火性能，做到了 EPS 模块保温层与建筑结构同寿命。摒弃了传统墙体组砌工艺，完全替代了组砌结构墙体，房屋抗震等级大于 8 度（大震不倒、小震不裂），房屋节能标准提升了四个等级（复合墙体热工性能与 3.2m 厚黏土实心砖墙体等同），与

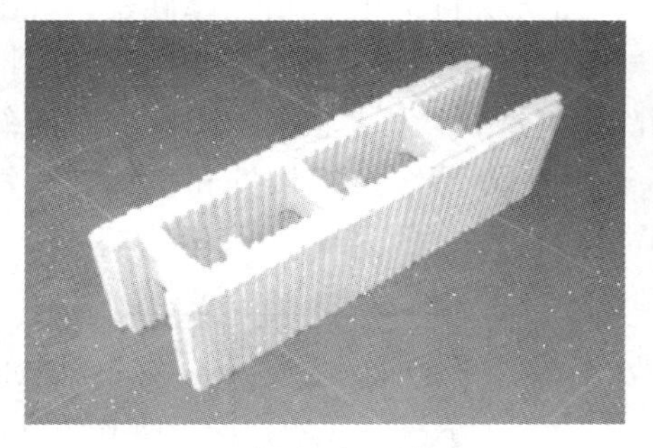

(a) 直板墙体空腔模块

(b) 直角墙体空腔模块

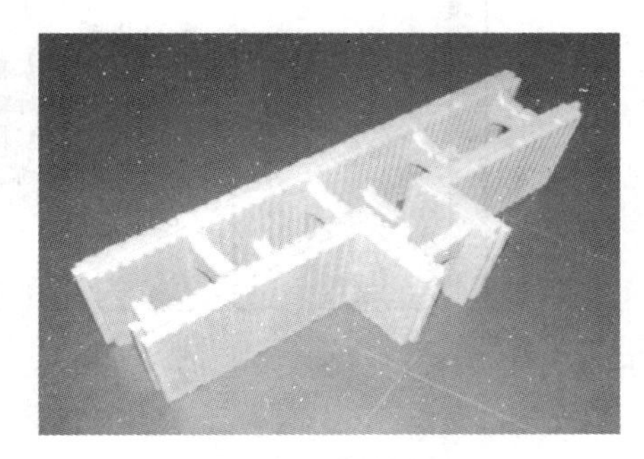

(c) T形墙体空腔模块

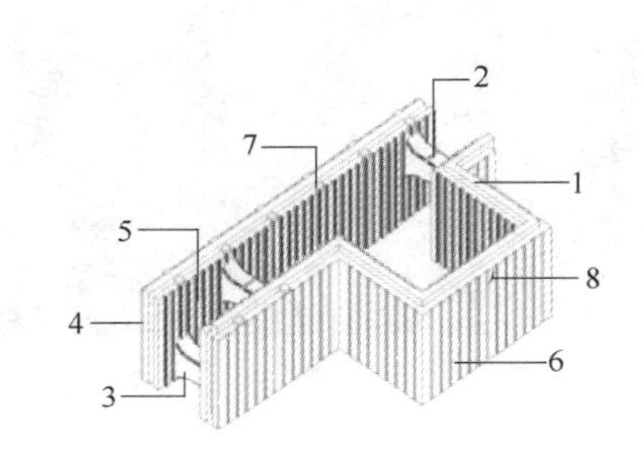

(d) 扶壁柱墙体空腔模块

图 2-2-15　EPS 墙体空腔模块

砖混结构相比房屋建造速度提高了 50%、建造成本降低了 15%，为我国在有地震设防地区建造抗震节能民居和节约土地资源提供了坚实的技术支撑。

4. 适用范围

EPS 空腔模块混凝土剪力墙由于墙体两侧均有 EPS 板保温，保温节能效果好，适用于严寒地区的农村新建居住建筑。

5. 应用现状

该节能与结构一体化的墙体技术已在我国黑龙江、吉林、宁夏、北京、内蒙古等地得到广泛应用，并取得了良好的经济效益和社会效益，深受用户的好评，发展前景十分广阔。

2.5.2　钢构架复合保温板墙

1. 钢构架轻质复合保温墙板

(1) 保温墙体构成

以钢构架承重，以复合保温墙板为外墙围护结构，构成自保温的墙体。目前节能复合保温墙板有多种类型，但都是由工厂预制而成，墙板内复合聚苯板等保温材料。墙板运到现场后，通过内置预埋件与钢构架现场连接。

(2) 主要保温材料

钢构架 KB 墙板（高强保温成品外墙板）为非承重的外围护墙板，如图 2-2-16 所示。KB 墙板由 EPS 板芯材，玻璃纤维网格布增强层、双面砂浆保护层三部分复合而成，墙板总厚度为 140mm，以 100mm 厚 EPS 板做芯材，面层材料采用 15mm 厚砂浆，标准墙板规格为 1200mm×3000mm。墙板内预埋铁件与主体钢结构现场焊接，镶嵌在钢骨架内；墙板两侧开凹槽，板缝内腔填发泡聚氨酯，消除板缝冷桥。板缝表面用 10cm 宽玻纤网格布和聚合物砂浆连接。墙板外侧刷质感涂料，采用粘贴 EPS 装饰构件和在钢柱、钢梁部位粘贴 100mm 厚 EPS 板，解决了建筑物的局部冷桥。

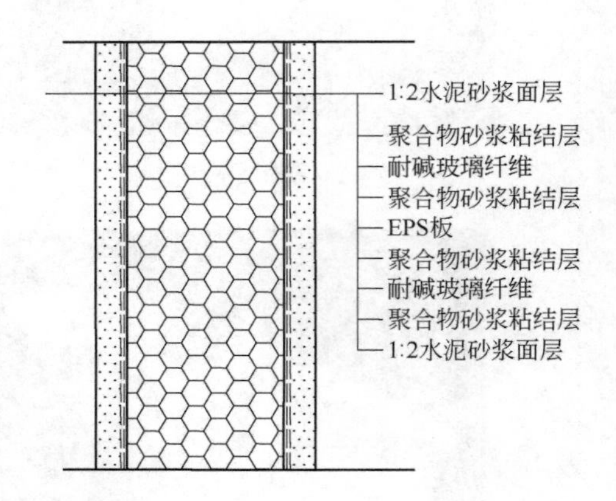

图 2-2-16　钢构架 KB 墙板

（3）技术分析

该节能保温墙体具有质轻、保温、隔热、隔声、防火、防水、耐冻、耐老化、耐候、施工速度快的优点，采用钢结构，自重轻有利于抗震，钢框架传力体系简捷明朗，采用轻质复合保温墙板（KB 板），取代红砖，环保节能，KB 墙板传热系数为 0.381W/(m^2·K)，满足了严寒和寒冷地区农村建筑墙体热工性能指标的要求，并具有隔声、保温、隔热功能。工厂化生产，现场组装，施工速度快，使住宅建设变为产业化。但墙板与结构固定必须牢固，墙板间接缝，墙板与基础、屋顶部分的接缝必须进行密闭处理，防止冷桥产生。由于宣传力度不够，新的建房观念没被农民接受。住宅拆除后大部分的材料可以回收，减少了建筑垃圾；性价比高、节约资源，住宅采用高效节能墙板，房屋节能 50%以上，减少了能耗，改善了居住环境。同时由于墙板仅 140mm 厚，房屋利用率达 90%以上，减少了占地面积，节约了资源。

（4）适用范围

适用于新建、扩建或改建农村居住建筑。

（5）应用现状

目前已经在四平市梨树县、吉林市永吉县和查干湖等地做了示范工程。正在向市场推广，目前做了 200 多栋建筑，得到用户一致好评。

2. 轻钢结构 ASA 板镶嵌节能墙体

（1）保温墙体构成

轻钢结构 ASA 板镶嵌节能墙体是以轻型钢结构作为主体结构，配以三轻 ASA 系列板材构成的一种独特的住宅建筑节能墙体。

（2）主要保温材料

主要特点在于墙板材料是采用工业固体废弃物粉煤灰加水泥和保温材料制造的 ASA

轻质复合保温板，采用工厂化预制，ASA轻质复合保温外墙板厚度为60mm、90mm、120mm，在板内设有保温材料。根据不同地区室外最低温度的条件，配以不同厚度外墙板的组合，以满足当地对住宅房屋墙体保温节能的要求。在寒冷地区该节能墙体通常采用双层ASA轻质复合保温板组合，厚度为90mm+120mm，在板内分别设有厚度为40mm和60mm的保温材料，其中的一层是镶嵌在钢框架中，与框架共同工作，构成结构的抗侧力系统，从而大幅度降低该体系的结构用钢量，另外一层板安装在钢框架的外侧，这样就可以有效阻断外墙在钢框架处出现的“冷热桥”问题，形成住宅产业化的现场装配化建筑节能墙体，如图2-2-17所示。

图2-2-17　轻钢结构ASA板镶嵌节能墙体

（3）技术分析

轻钢结构ASA板镶嵌节能墙体采用双层ASA轻质复合保温板组合，厚度为90mm+120mm，在板内分别设有厚度为40mm和60mm的保温材料。经测试其热阻为1.22(m^2·K)/W，传热系数为0.729W/(m^2·K)。

轻钢结构ASA板镶嵌节能墙体是一种装配墙体抗侧力节能体系，具有四轻（钢结构轻、墙体材料轻、屋面板轻、楼板轻）、抗风抗震性好、保温、隔热、隔声等各项建筑物理性能优良等特点，大大提高了室内的舒适度，节省了由于冬季供暖和夏季制冷所带来的能源的消耗。

（4）应用现状

该节能墙体已在北京、郑州、南京、大连等地区农村建筑中应用，低能耗，低价位，建造高品质、高舒适度房屋，受到国内外广大用户的欢迎。

2.5.3　钢构架建筑纸面草板墙

1. 保温墙体构成

钢构架建筑纸面草板墙采用横向间距为1200mm的轻钢龙骨为主体结构，即60mm×60mm×2mm钢管与基础埋件做可靠连接，轻钢龙骨设剪刀撑，以维持结构体系的稳定（见图2-2-18）。轻钢龙骨经稳定支撑后，内外各挂1200mm宽，58mm厚建筑纸面草板（见图2-2-19），内外草板间敷设岩棉板，以100mm长钻尾螺栓固定在轻钢龙骨上，两板间缝隙填密封材料。草板墙外粘贴耐碱玻纤网格布后，进行抹灰处理，形成饰面层。施工时草板距地坪 50mm 起安装。

图 2-2-18　轻钢龙骨结构

图 2-2-19　建筑纸面草板墙体

2. 主要保温材料

建筑纸面草板是采用废弃的稻秆或麦秆经过机械清除、整理、冲压、高温、挤压而成的人造板材，如图 2-2-20 所示，执行行业标准《建筑用纸面草板机》JC/T 1039—2007。目前，以稻草为原料制成的稻草板居多，它是以稻草为原料，经高温挤压，形成密实的板芯，表面用特制环保树脂胶粘结高强度护面，是利用可再生资源的新型环保建筑保温材料，具有较好的保温、隔声、阻燃、抗震性能。

图 2-2-20　建筑纸面稻草板

建筑用纸面稻草板的导热系数为 0.108W/(m·K)，远低于砖和混凝土，是实心砖导热系数［0.814W/(m·K)］的 0.133 倍，是模塑聚苯板导热系数［0.041W/(m·K)］的 2.63 倍，因而具有良好的保温隔热性能。稻草板厚度为 58mm，宽度为 1200mm，长度为 900～4100mm 不等（根据用户需要确定）。建筑用纸面稻草板重度低，为 340～440kg/m^3，单位面积重量为：20～25kg/m^2（58mm 厚）；耐久性好，国外对其使用已有近五十年历史，至今仍完好无损；强度高，挠度＜5mm；破坏荷载≥6000N；耐火极限≥1H，由于挤压密实，无空气，导热系数低，又加上原料本身 SiO_2 含量高，故板材具有良好的抗燃烧性；隔声≥30dB；建筑用纸面稻草板 SiO_2 含量高，可防虫蛀；58mm 厚的建筑用纸面稻草板完全可以作独立的室内分隔墙，58mm 厚草板＋60mm 厚岩棉＋58mm 厚草板形成的复合墙体构造，可以满足严寒地区农村住房墙体节能设计指标。

3. 技术分析

钢构架建筑纸面草板墙相对于黏土砖墙具有经济适用、节能环保等优点。建筑用纸面稻草板作为墙体材料，其热工性能优于砖墙，58mm 厚的建筑用纸面稻草板相当于 437mm 厚的实心砖墙。与常规的砖房相比，58mm 厚草板＋60mm 厚岩棉＋58mm 厚草板墙的热阻值是普通 490mm 砖墙的 2.82～3.56 倍。采用钢构架稻草板，建设农村住房大大减少了砖用量，每平方米稻草板复合墙体比相同热工性能指标的实心砖墙体节省了 1000 块红砖，对保护土地资源起到了积极的作用，不仅使丰富的稻草资源得到有效利用，而且避免了无序燃烧秸秆造成的环境污染。稻草板墙施工周期短，且施工进度快，比砖砌体快 3～5 倍，干作业安装，改善了施工环境，施工进度大大提前，能减少混凝土及砂浆用量，使墙体总造价降低 5%～10%。

4. 适用范围

钢构架建筑纸面草板墙适用于严寒和寒冷地区，新建单层农村住宅，也可用于野外作业用房、仓储用房、旧房加层等。房屋为钢框架结构，建筑所在地具有稻草资源，有稻草板供应渠道，价格具有优势。

5. 应用现状

钢构架建筑纸面草板墙是在黑龙江省通河县开始应用，并向周边地区推广。2007 年，通河县率先对该村实施泥草房改造试点。通过采取集中统建方式，为 24 户贫困户建成了 12 栋节能稻草板房。2008 年全村原有的 122 户泥草房全部完成了改造，彻底消灭了泥草房，其中 48 户入住了政府统建的节能稻草板房。用户反映使用草板墙后室内热环境显著改善，户内使用火炕等传统供暖方式即可使室温达到 20℃左右。节能稻草板房每平方米造价仅为 625 元，比当地砖瓦房每平方米节省建设成本约 280 元，采用稻草壳代替燃煤取暖，年取暖费用仅为 180 元。目前黑龙江地区已建成钢构架建筑纸面草板墙房屋近 3 万户。

3　门窗节能技术

3.1　门窗热工性能要求

现行国家标准《农村居建筑节能设计标准》GB/T 50824—2013 中严寒和寒冷地区农村住房外窗和外门传热系数限值，见表 2-3-1。

严寒和寒冷地区农村居住建筑外窗和外门传热系数限值［W/(m^2·K)］　**表 2-3-1**

建筑气候区	外窗		外门
	南向	其他向	
严寒地区	2.2	2.0	2.0
寒冷地区	2.8	2.5	2.5

农村居住建筑应选用保温性能和密闭性能好的门窗，不宜采用推拉窗，外门、外窗的气密性等级不应低于现行国家标准《建筑外门窗气密、水密、抗风压性能分级及检测方法》GB/T 7106—2008 规定的 4 级。

普通单层钢窗的气密性为 1 级，普通双层钢窗的气密性为 2 级，都不能满足节能要求。检测结果表明，制作和安装质量良好的推拉塑料窗，其气密性等级能达到 3 级，制作和安装质量良好的平开塑料窗和铝合金窗，其气密性等级可达到 4 级。均可满足节能标准对窗户气密性的要求。

3.2　节能门窗类型

3.2.1　节能门窗性能指标

门窗性能指标主要为传热系数和气密性。这两种性能是决定其保温节能效果优劣的主要指标。农村住房门窗的传热系数，应按国家计量认证的质检机构提供的测定值采用，如无测定值，可按表 2-3-2 和表 2-3-3 采用。

外门的传热系数　**表 2-3-2**

门框材料	门类型	传热系数 K［W/(m^2·K)］
木	单层木门	≤2.5
	双层木门	≤2.0
塑料	上部为玻璃，下部为塑料	≤2.5
金属保温门	单层	≤2.0

外窗的传热系数　　表 2-3-3

窗框型材	外窗类型	玻璃之间空气层厚度(mm)	传热系数 K [W/(m²·K)]
塑料	单层玻璃平开窗	—	4.7
	中空玻璃平开窗	6～12	3.0～2.5
		24～30	≤2.5
	双中空玻璃平开窗	12＋12	≤2.0
	单层玻璃平开窗组成的双层窗	≥60	≤2.3
	单层玻璃平开窗＋中空玻璃平开窗组成的双层窗	中空玻璃 6～12 双层窗≥60	2.0～1.5
铝合金	中空玻璃平开窗	6～12	5.3～4.0
	中空玻璃断热型材平开窗	6～12	≤3.2
	双中空玻璃断热型材平开窗	12＋12	2.2～1.8
	单层玻璃平开窗组成的双层窗	≥60	3.0～2.5
	单层玻璃平开窗＋中空玻璃平开窗组成的双层窗	中空玻璃 6～12 双层窗≥60	≤2.5

3.2.2　节能门窗框型材

对于门窗的型材而言，木窗是延续历史的传统门窗框材料，发展到现代出现了钢窗，并逐渐发展了铝合金窗、塑钢窗，随着对节能门窗的要求逐渐提高，门窗型材得到飞速发展。目前有铝合金断热型材、铝木复合型材、钢塑整体挤出型材以及 UPVC 塑料型材等一些技术含量较高的节能产品，其中使用较广的是 UPVC 塑料型材，它所使用的原料是高分子材料——硬质聚氯乙烯。

1. 木门窗框

木门窗作为建筑的重要构件，已经存在几千年，由于木门窗以手工制作为主，且各地工匠的制作工艺有所不同，导致木窗形态多样。随着制作窗户的新材料的不断涌现，国内木材的短缺，以及工业化生产的发展，以手工制作为主的传统木窗生产在市场上占据的比例日益减少，但在我国北方农村地区，木窗仍在部分使用。

门窗木材常用的树种有针叶树：红松、鱼鳞云杉、臭冷杉、杉木；高级门窗框料多选用阔叶树：水曲柳、核桃楸、柏木、麻栋等材质致密的树种。木门窗的选材标注，应符合表 2-3-4 的规定。

普通木门窗用木材的质量要求　　表 2-3-4

木材缺陷		门窗扇的立梃、冒头、中冒头	窗棂、压条、门窗及气窗的线脚、通风窗立梃	门心板	门窗框
活节	不计个数，直径	<15	<5	<15	<15
	计算个数，直径	≤材宽的 1/3	≤材宽的 1/3	≤30mm	≤材宽的 1/3
	任 1 延米个数	≤3	≤2	≤3	≤5
死节		允许，计入活节个数	不允许	允许，计入活节个数	

续表

木材缺陷	门窗扇的立梃、冒头、中冒头	窗棂、压条、门窗及气窗的线脚、通风窗立梃	门心板	门窗框
髓心	不露出表面的，允许	不允许	不露出表面的，允许	
裂缝	深度及长度≤厚度及材长的 1/5	不允许	允许可见裂缝	深度及长度≤厚度及材长的 1/4
斜纹的斜率（%）	≤7	≤5	不限	≤12
油眼	非正面，允许			
其他	浪形纹理，圆形纹理，偏心及化学变色，允许			

门窗木材的含水率要严格控制，如果木材含有的水分超过规定，不仅加工制作困难，常引起门窗变形和开裂，重则不能使用，轻则影响美观，为此，木门窗含水率应符合《木门窗》GB/T 29498—2013 的规定，即木门窗含水率应控制在 6%～13%，且比使用地区的木材年平衡含水率低 1%～3%。制作前随机抽样检验。

2. 塑钢型材（PVC-U）

塑钢型材是指用于制作门窗用的 PVC 型材，早在 20 世纪 50 年代末就已经在德国出现，我国从 1983 年才开始引进，在 20 世纪 90 年代末才开始普及应用。因为单纯用 PVC 型材加工的门窗强度不够，通常在型腔内添加钢材以增强门窗的牢固性，因此型材内部添加钢材制作的塑料门窗通常被称为塑钢门窗。随着塑钢门窗的广泛使用，用于制作塑钢门窗的 PVC 型材习惯上被称作塑钢型材，如图 2-3-1 所示。塑钢型材是以聚氯乙烯（PVC）树脂为主要原料，加上一定比例的稳定剂、着色剂、填充剂、紫外线吸收剂等，经挤压所成的型材。

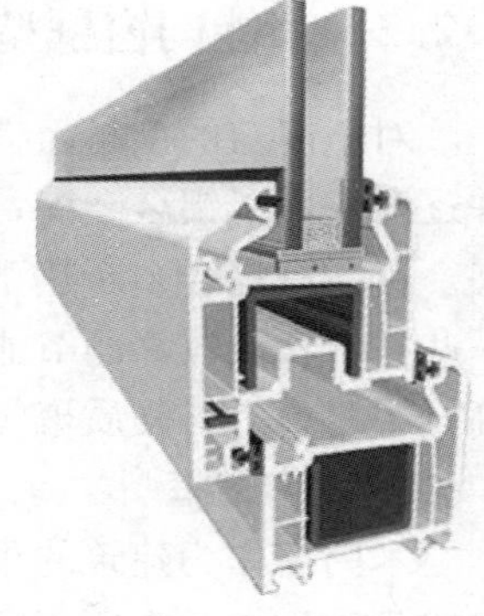

图 2-3-1　塑钢型材

塑钢型材之所以能大面积地推广适用，并逐步取代木制和铝门窗，和它的独特优势是分不开的。塑钢门窗较之铝和木制门窗有以下优势：

（1）价格便宜：塑料的价格远低于具有同等强度和寿命的铝，由于金属价格的大幅上升，这一优点愈发明显。

（2）色彩丰富：彩色塑钢型材的使用给建筑增添了不少姿色。以前使用木制门窗，为了达到门窗与建筑外观和谐一致，多在门窗表面喷涂油漆，油漆遇紫外线容易老化剥落，用不了几年就面目全非，与建筑物的寿命很不协调。后来发明了彩色铝门窗，但是价格昂贵，一般消费者承受不起。塑料门窗的使用完美地解决了这个问题，彩色贴膜型材甚至可以做出以假乱真的木纹效果。

（3）经久耐用：在型材型腔内加入增强型钢，使型材的强度得到很大提高，具有抗震、耐风蚀效果。另外型材的多腔结构，独立排水腔使水无法进入增强型钢腔，避免了型钢腐蚀，门窗的使用寿命得到了提高。抗紫外线成分的加入也使塑钢型材的耐候性得到了提高，即使紫外线很强的热带地区也能放心使用。

（4）保温性能好：塑钢型材本身导热性能远不及铝型材，另外多腔结构的设计更是达到了隔热的效果。

(5) 隔声性能好：安装中空玻璃密封良好的塑钢门窗具有卓越的隔声性能。隔声已经成为选择门窗的主要条件。塑钢门窗组装采用焊接工艺，加上封闭的多腔结构，对噪声的屏蔽作用十分明显。

随着塑钢型材的广泛使用，一些缺点也随之暴露出来。我国塑钢型材中的绝大部分劣质型材使用铅盐稳定剂，成品含铅量在0.6%～1.2%之间。铅是一种对人体有害的物质，当劣质型材老化时，会析出含铅粉尘，长期接触后会使血液中铅含量超标，甚至铅中毒。

3. 断热铝合金型材

断热铝合金型材是利用塑料型材（隔热性高于铝型材1250倍）将室内外两层铝合金既隔开又紧密连接成一个整体，构成一种新的隔热型的铝型材，如图2-3-2所示。用这种型材做门窗，其隔热性与塑（钢）窗在同一个等级，彻底解决了铝合金传导散热快、不符合节能要求的致命问题，同时采取一些新的结构配合形式，彻底解决了“铝合金推拉窗密封不严”的老大难问题。该产品两面为铝材，中间用塑料型材腔体做断热材料。这种创新结构设计，兼顾了塑料和铝合金两种材料的优势，同时满足了装饰效果和门窗强度及耐老性能的多种要求。超级断桥铝塑型材可实现门窗的三道密封结构，合理分离水汽腔，成功实现汽水等压平衡，显著提高了门窗的水密性和气密性。

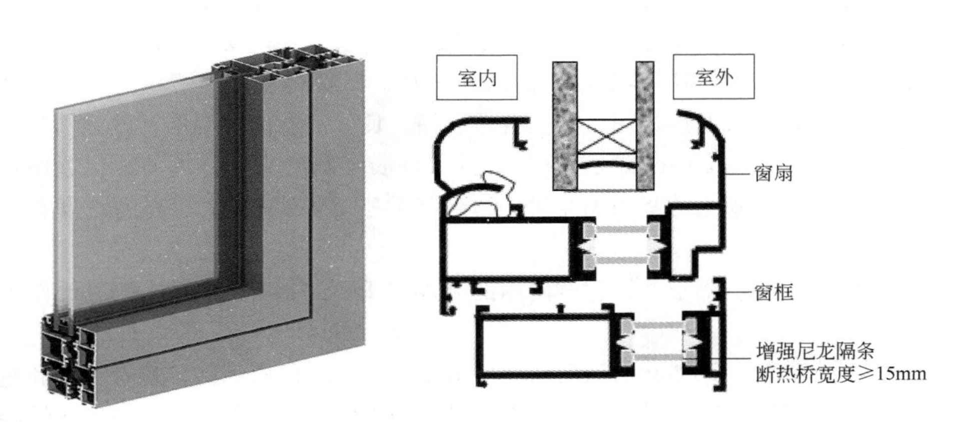

图2-3-2 断热铝合金型材

4. 铝木复合型材

铝木复合型材是利用天然的木材和铝合金两种材料，通过放入压合的方式，使铝、木两者有效地组合在一起，最终生产出的产品，如图2-3-3所示。与传统的铝合金型材相比，铝木复合型材有其相应的特点。一是铝木复合型材能够调节空气中的温度和湿度；二是铝木复合型材具有良好的隔声和光学性能，优异的隔热性能，耐老化能力强，绿色环保；三是铝木复合型材的观感良好，复合铝木型材室内复合木部分通过仿真木纹技术形成高耐蚀复合膜层，达到天然高档木材的装饰效果且基本免于维护，满足了人们亲近大自然的享受。

5. 钢塑整体挤出型材

钢塑整体挤出型材也称为钢塑共挤型材，从外到内分别为硬质塑料结皮、微发泡塑

图 2-3-3　铝木复合型材

料、铝衬，即以铝合金作为型材骨架在内层铝衬的外层包覆了一层 4mm 厚的发泡塑料作为保温层，在铝衬挤出的同时，将受热融化的塑料均匀地通过模具发泡包覆在铝衬上。钢塑共挤型材具有如下特点：

（1）强度高。钢塑共挤型材采用焊接和角码连接的方式，外部的发泡塑料部分采用焊接方式加工，内部的铝型材部分采用角码固定，角码使用加固方式连接，使用中不会发生角码脱落的现象，保证了门窗使用中的坚固性、耐久性及抗风压性能。

（2）保温性能优异。从钢塑共挤型材的断面结构上看，在内层铝衬的外层包覆了一层 4mm 厚的发泡塑料作为保温层，在铝衬挤出的同时，将受热融化的塑料均匀地通过模具发泡包覆在铝衬上，形成发泡均匀、密度合适、结合良好的发泡保温层；发泡塑料表面同时又形成了一层 0.5mm 以上的硬质塑料层，这层硬质塑料层又完整均匀地包覆住发泡塑料层，保证型材表面外观上的坚硬和光滑，达到与硬质 PVC 塑料窗相同的硬度和表面标准要求。

（3）隔声性能良好。钢塑共挤型材使用的微发泡 PVC 材料，对声波的减缓作用十分明显。

（4）外形时尚美观。钢塑共挤门窗的立面造型、质感、色彩等能与建筑立面和室内环境相协调，满足了建筑装饰效果的设计要求，且表面喷涂一层目前世界上耐老化性能最好的氟碳涂料，氟碳涂料由于其独特的分子结构决定了氟碳喷涂具有极好的耐酸、耐碱、耐盐雾腐蚀、耐热、耐紫外线、抗老化的优异性能，采用氟碳喷涂可提供多达 1260 种的颜色供客户选择。

3.2.3　节能玻璃

1. 中空玻璃

中空玻璃又称密封隔热玻璃，它是由两片或多片性质与厚度相同或不相同的平板玻璃，切割成预定尺寸，中间夹层充填干燥剂的金属隔离框，用胶粘结压合后，四周边部再用胶接、焊接或熔接的办法密封，所制成的玻璃构件，如图 2-3-4 所示。

（1）特点

中空玻璃具有与单层玻璃相同的采光性能，与单层玻璃相比，还具有节能（隔热保

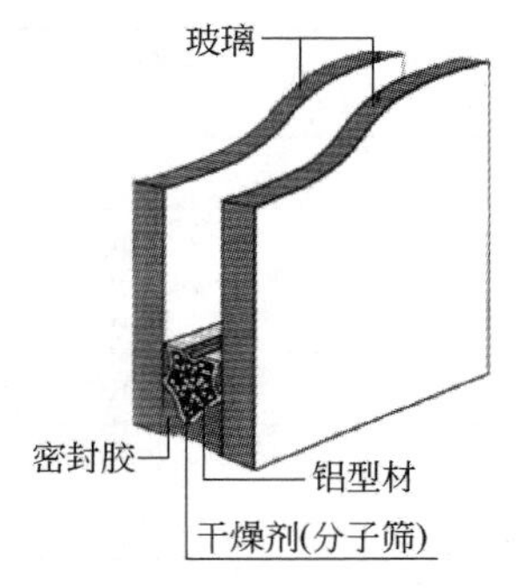

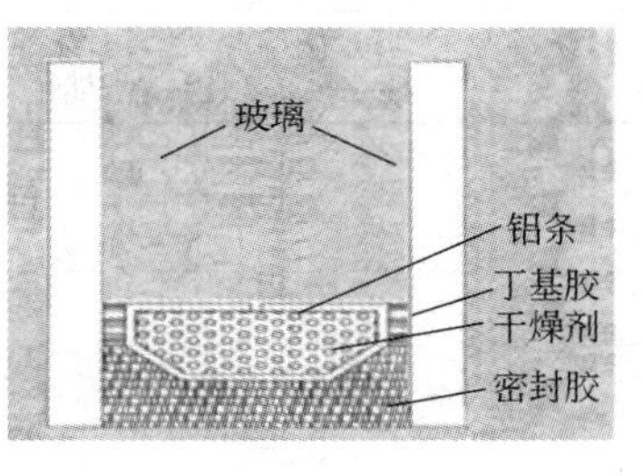

图 2-3-4　中空玻璃

温)、隔声、防结露、安全、美观等一系列优点。如在玻璃之间充以各种漫射光材料或电介质等，则可获得更好的声控、光控、隔热等效果。

中空玻璃 K 值（传热系数）一般不大于 3.2W/(m^2·K)，而 4mm 厚单层玻璃的 K 值为 5.8W/(m^2·K)，据测算，如果用 4mm＋12mm＋4mm（玻璃厚度＋隔离框厚度＋玻璃厚度）的中空玻璃取代 4mm 厚的单层玻璃，每年可节约燃煤 22.5kg/m^2（取暖），年节电 20(kW·h)/m^2。

我国北方地区建筑的门窗结露始终是一个很大的问题，有时即使采用了双层玻璃，也防止不了结露。如不及时清除，则继续至结冰，不但影响室内环境和采光，而且易损坏门窗。中空玻璃的内部露点低于－40℃，如采用 4mm＋12mm＋4mm 的中空玻璃，当室温为 20℃，相对湿度为 40％时，室外温度在－25℃时不结露；而使用 4mm 厚的单层玻璃，室外温度在－5℃时就结露了，采用中空玻璃，可有效降低结露温度。

（2）品种、规格和技术性能

中空玻璃层数主要有 2 层、3 层，玻璃种类有普通中空玻璃、吸热中空玻璃、热反射中空玻璃、钢化中空玻璃、夹层中空玻璃、夹丝中空玻璃、压花中空玻璃等，颜色有无色、茶色、蓝色、银色等，隔离框厚度有 6mm、9mm、12mm、16mm、18mm 等，玻璃原片厚度，有 3～18mm 数种。中空玻璃一般为正方形或长方形，也可做成异形（如圆形、半圆形）等。常用中空玻璃形状和最大尺寸见表 2-3-5。

常用中空玻璃的形状和最大尺寸　　　　表 2-3-5

玻璃厚度(mm)	中空厚度(mm)	长边最大尺寸(mm)	短边最大尺寸(正方形除外)(mm)	最大面积(m^2)	正方形边长最大尺寸(mm)
3	6	2210	1270	2.4	1270
	9～12	2110	1270	2.4	1270
4	6	2420	1300	2.86	1300
	9～10	2440	1300	3.17	1300
	12～20	2440	1300	3.17	1300
5	6	3000	1750	4.00	1750
	9～10	3000	1750	4.80	2100
	12～20	3000	1815	5.10	2100

续表

玻璃厚度(mm)	中空厚度(mm)	长边最大尺寸(mm)	短边最大尺寸(正方形除外)(mm)	最大面积(m^2)	正方形边长最大尺寸(mm)
6	6	4550	1980	5.88	2000
	9～10	4550	2280	8.54	2440
	12～20	4550	2440	9.00	2440
10	6	4270	2000	8.54	2440
	9～10	5000	3000	15.00	3000
	12～20	5000	3180	15.90	3250
12	12～20	5000	3180	15.90	3250

中空玻璃所用材料应满足中空玻璃制造和性能要求。采用玻璃原片应符合相应种类玻璃的国家标准。如浮法玻璃应符合现行国家标准《平板玻璃》GB 11614—2009 的规定，夹层玻璃应符合现行国家标准《建筑用安全玻璃　第 3 部分：夹层玻璃》GB 15763.3—2009 的规定。中空玻璃采用的弹性密封胶应符合现行国家标准《中空玻璃用弹性密封胶》JC/T 29755—2013 的规定。中空玻璃用塑性密封胶应符合有关规定。用塑性密封胶制成的含有干燥剂和波浪形铝带的胶条，其性能应符合相应标准。使用金属间隔框时应去污或进行化学处理。干燥剂的质量、性能应符合相应标准。中空玻璃的胶层厚度：单层密封胶厚度为 10mm，干燥、双道密封外层密封胶层厚度为5～7mm，胶条密封胶层厚度为 10mm+2mm。中空玻璃的外观不得有妨碍透视的污迹、夹杂物及密封胶飞溅现象。

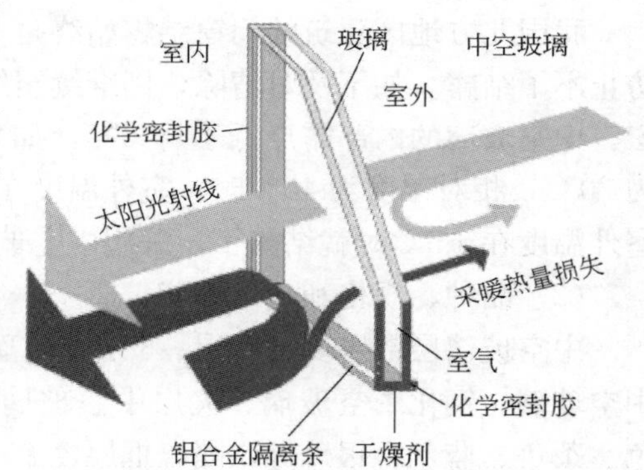

图 2-3-5　中空玻璃隔热原理示意

根据所选用的玻璃原片，中空玻璃可以具有各种不同的光学性能，可见光透射率范围为 10%～80%；光反射范围为 25%～80%；总透射率范围为 25%～50%。中空玻璃的隔热性能好，隔热原理如图 2-3-5 所示，透明中空玻璃的传热系数见表 2-3-6。中空玻璃的隔声性能一般可使噪声下降 30～44dB，交通噪声可降低 31～38dB，即可将街道汽车隔声降低到学校教室的安静程度。在通常情况下，中空玻璃接触室内高湿空气的时候玻璃表面温度较高，而外层玻璃虽然湿度低，但接触的空气湿度也低，所以不会结露，中空玻璃内部空气的干燥度是中空玻璃最重要的质量指标，中空玻璃应保证内部露点在－40℃以下。

透明中空玻璃的传热系数　　　表 2-3-6

玻璃类型	构造和厚度	传热系数 K[W/(m^2·K)]
透明中空玻璃	$F_6+A_6+F_6$	3.11
	$F_6+A_9+F_6$	2.91
	$F_6+A_9+F_6$	2.70
透明三层中空玻璃	$F_5+A_6+F_5+A_6+F_5$	2.30
	$F_6+A_{12}+F_6+A_{12}+F_6$	1.80

注：F 指浮法玻璃的代号，A 指玻璃间隔厚度。

2. 热反射玻璃

热反射玻璃是有较高的热反射能力而又保持良好透光性的平板玻璃，它是采用热解法、真空蒸镀法、阴极溅射法等，在玻璃表面涂以金、银、铜、铝、铬、镍和铁等金属或金属氧化物薄膜，或采用电浮法等离子交换方法，以金属离子置换玻璃表层原有离子而形成热反射膜，也称镀膜玻璃或镜面玻璃，有金色、茶色、灰色、紫色、褐色、青铜色和浅蓝色等各色，如图 2-3-6 所示。

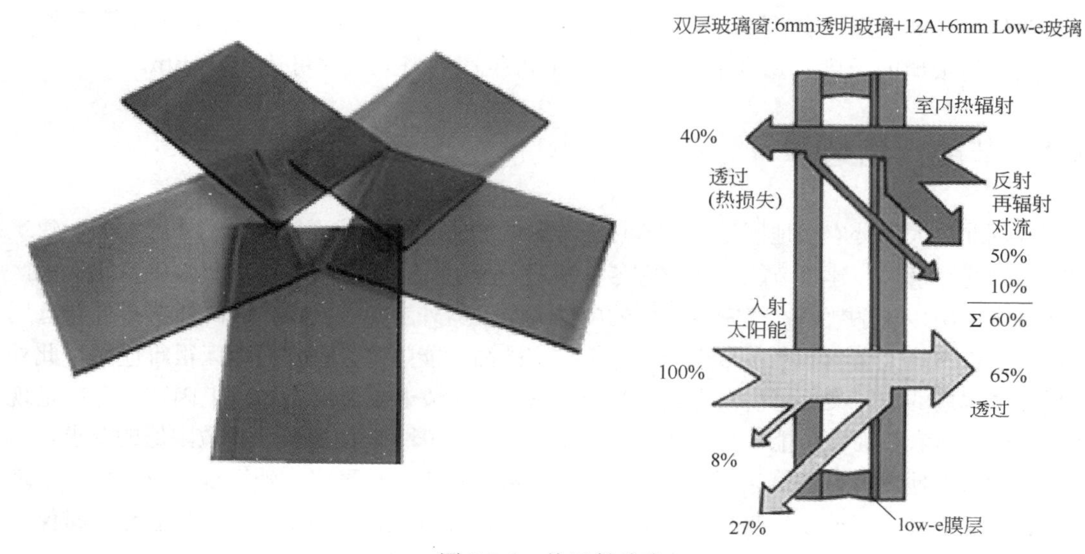

图 2-3-6　热反射玻璃

热反射玻璃对太阳光具有较高的热反射率和较低的总透射率，可以较好地隔绝太阳辐射能，并对可见光具有较高透射率。6mm 厚浮法玻璃的总反射热仅为 16%，同样条件下，吸热玻璃的总反射热为 40%，而热反射玻璃则可高达 61%，因而常用它制成中空玻璃或夹层玻璃，以增加其绝热性能。镀金属膜的热反射玻璃还有单向透像的作用，即白天能在室内看到室外景物，而室外看不到室内的景象。

（1）特点

热反射玻璃的太阳光反射比较高，遮蔽系数小、隔热性较好。热反射玻璃的太阳光反射比为 10%～40%（普通玻璃仅为 7%），太阳光总透射比为 20%～40%（电浮法玻璃为 50%～70%），遮蔽系数为 0.20～0.45（电浮法玻璃为 0.50～0.80）。因此，热反射玻璃具有良好的阻隔太阳辐射能的性能，可保证炎热夏季室内温度保持稳定，并可大大降低制冷空调能耗。

热反射玻璃具有良好的镜面效应和单向透视性。热反射玻璃的可见光反射比为10%～40%，透射比为 8%～30%（电浮法玻璃为 50%～70%），从而使热反射玻璃具有较低的可见光透射比，避免了强烈的日光，使光线柔和，能起到防止炫目的作用。

热反射玻璃具有较高的化学稳定性，在 5%的盐酸或 5%的氢氧化钠中浸泡 24h 后，膜层的性能不会发生明显的变化。

热反射玻璃具有较高的耐洗刷性。可用软纤维或动物毛刷任意洗刷，洗刷时可使用中性或低碱性洗衣粉水。

由于热反射玻璃具有良好的隔热性能，多用来制成中空玻璃或夹层玻璃。

（2）品种、规格和技术要求

热反射玻璃按颜色分类，有灰色、青铜色、茶色、浅蓝色、棕色、古铜色、褐色等；按性能分类，有热反射、减反射、表面导电、防无线电、中空、热反射及夹层热反射玻璃等。热反射玻璃的生产方法很多，产品性能与质量也相差很大，但以磁控真空阴极溅射法生产的，性能和质量最佳。

热反射玻璃按厚度分为 3mm、4mm、5mm、6mm、8mm、10mm、12mm 等 7 种规格。热反射玻璃的长度、宽度不做规定，目前可生产的最大尺寸可达 2000mm。

3.3　节能门窗选择

我国北方大部分农村地区处于建筑热工分区的严寒和寒冷地区，冬季室外温度低，建筑围护结构耗热量大，建筑节能主要考虑冬季保温。为了提高建筑冬季的保温效果，北方地区的建筑应采用传热系数低，气密性能好的门窗类型。另外考虑到农村地区的经济条件，选用门窗的造价不能太高，一些在城市居住建筑推广的高性能门窗，在农村地区很难应用，此外农村地区选用的门窗类型还需考虑当地是否具备生产和安装能力。考虑以上因素，并满足现行国家标准《农村建筑节能设计标准》GB/T 50824—2013 对门窗传热系数限值的要求，适合严寒和寒冷地区农村建筑应用的外窗类型为双层塑钢中空玻璃窗、塑钢双玻或三玻中空玻璃窗、断热铝合金双玻或三玻中空玻璃窗、双层木门窗，适合采用的外门类型为金属保温门、塑钢双玻中空玻璃门、断热铝合金双玻中空玻璃门、双层木门，如图 2-3-7 所示。

(a) 塑钢中空玻璃平开窗(单层)

(b) 塑钢中空玻璃平开窗(双层)

(c) 断热铝合金中空玻璃平开窗

(d) 双层平开木窗

图 2-3-7　适合北方地区农村建筑的外窗和外门（一）

(e) 金属保温门

(f) 塑钢中空玻璃平开门

(g) 断热铝合金中空玻璃平开门

(h) 双层木门

图 2-3-7　适合北方地区农村建筑的外窗和外门（二）

对于门窗的开启方式应采用平开方式，不应采用推拉方式。推拉门窗不是节能门窗，推拉门窗在窗框下滑轨来回滑动，上有较大的空间，下有滑轮间的空隙，窗扇上下形成明显的对流交换，热冷空气的对流形成较大的热损失，对流的大小、热损失的大小和窗扇上下空间成正比，用任何隔热型材作窗框都达不到节能效果。平开门窗，门窗扇和门窗框间一般均用良好的橡胶密封压条，在门窗扇关闭后，密封橡胶压条压得很紧，几乎没有空隙，很难形成对流。这种门窗型的热量流失主要是玻璃、门窗扇和门窗框型材的热传导和辐射散热，这种散热远比对流热损失少得多，平开门窗的节能效果远比推拉门窗具有明显的优势，平开门窗可以称为“节能门窗”。

3.4　门窗附加保温措施

1. 外窗附加保温措施

外窗节能最重要的是解决好其型材断热问题和选配热阻值小的玻璃问题，使其具有高强度、高气密性、高水密性、高精度性、优异的隔热、隔声性能。通过单层改双层、单玻改双玻等措施有效提高各项性能。

为了保证农村住房室内热环境需求和建筑节能要求，外门窗必须具有良好的气密性，避免房间与外界过大的换气量。在严寒和寒冷地区，换气量大会造成供暖能耗过高。根据农村居住建筑的特点及对门窗气密性的要求，选取现行国家标准《建筑外门窗气密、水密、抗风压性能分级及检测方法》GB/T 7106—2008 中的 4 级，即单位缝长分级指标值

q_1/[m³/(m·h)]满足：$2.0<q_1\leqslant2.5$ 或单位面积分级指标值 q_2/[m³/(m²·h)]满足：$6.0<q_1\leqslant7.5$。

建筑外窗是围护结构保温的薄弱环节，在夜间需要增加保温措施，阻止热量从外窗流失，可选措施如下：

(1) 安装保温板：保温板通常安装在窗的室外一侧，可以选用固定式或拆卸式。白天打开保温板进行采光、通风换气，夜间关闭以利于保温。

(2) 安装保温窗帘：保温窗帘常用在室内。它是将保温材料（如玻璃纤维等）用塑料布或厚布包起来，挡在窗户的内侧。为了节约造价，平常使用的窗帘也可以起到防风、保温的作用，但要选择质地厚重的材质。

2. 外门附加保温措施

由于外门频繁开启而导致农村居住建筑入口处热量流失严重，因此严寒和寒冷地区的农村居住建筑入口处应设置保温措施。可以通过单层改双层、加棉门帘、加门斗等措施有效减少外门的冷风侵入与冷风渗透。当墙体厚度足够时，可设置双层门（见图2-3-8），两道门之间宜留有一人站立的空间，以避免两道门同时开启，减少冷风侵入。当入口处设置门斗时（见图2-3-9），两道门之间距离大于1000mm才不影响门的开启，住户可以根据需要选择门的开启方向。

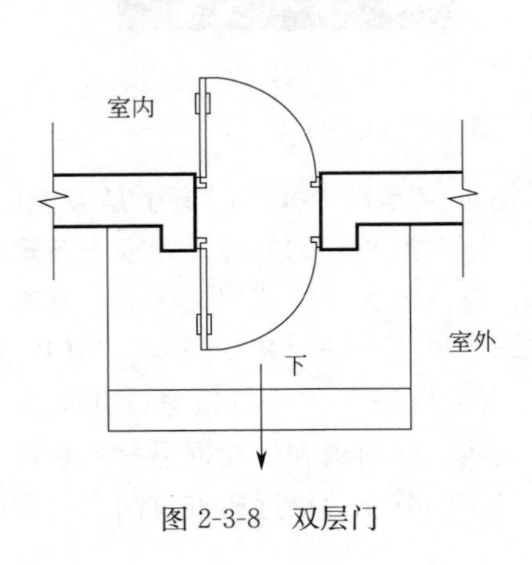

图2-3-8 双层门

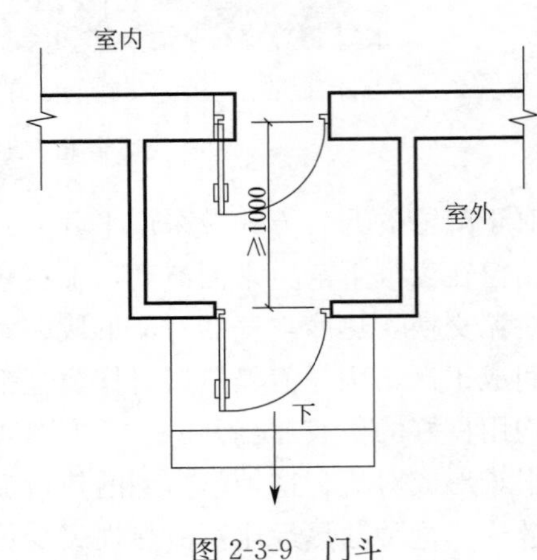

图2-3-9 门斗

4 屋面和地面的保温技术

4.1 屋面和地面热工性能要求

严寒和寒冷地区农村居住建筑屋面热工性能限值见表 2-4-1。

严寒和寒冷地区农村居住建筑屋面传热系数限值 **表 2-4-1**

建筑气候区	围护结构部位屋面的传热系数 K[W/(m^2·K)]
严寒地区	0.40
寒冷地区	0.50

严寒和寒冷地区农村居住建筑的屋面应设置保温层，屋架承重的坡屋面保温层宜设置在吊顶内，钢筋混凝土屋面的保温层应设在钢筋混凝土结构层上。

严寒地区农村居住建筑的地面宜设保温层，外墙在室内地坪以下的垂直墙面应增设保温层。地面保温层下方应设置防潮层。

4.2 屋面的保温技术

屋面的保温性能、防水性能直接影响到室内的热舒适度和居住环境，因此做好屋面的保温不仅是建筑节能的需要，也是改善室内热环境的需要。农村居住建筑的屋面有不同的类型，因此屋面的保温技术也有不同的形式。

4.2.1 屋面类型

1. 屋面形式

屋面是建筑物最上层起覆盖作用的承重和围护部分，由于农村建筑多为低层建筑，屋面占外围护结构面积的比例较大，是主要的围护结构传热部分。农村建筑的屋顶形式有两种：坡屋面和平屋面，如图 2-4-1 所示。坡屋面通常是指屋面坡度大于 10%的屋顶，通常坡度范围为 10%～60%；平屋面通常是指屋面坡度小于 5%的屋顶，通常坡度范围为 2%～3%。坡屋面的主要优点是屋面排水通畅、屋面不积水、房屋不漏水，严寒地区不宜积雪，有多种造型，外形美观；平屋面可上人，可晾晒粮食，但保温和排水性能不如坡屋面。我国农村建筑的屋面形式以坡屋面为主，也有部分平屋面，北方地区农村建筑多为双坡面，在跨度小的农村建筑中也有单坡屋面。

2. 屋面承重结构

农村建筑屋面主要承重结构形式有四种：

（1）木屋架

木屋架是指屋面的主要承重构件，是由木材构成，采用木屋架的农村建筑主要是坡屋顶和圆囤顶平屋顶，这两种木屋架的构造稍有不同。

(a) 平屋面

(b) 双坡屋面

(c) 单坡屋面

图 2-4-1　北方地区农村建筑屋面形式

1）木屋架坡屋面

亦称木桁架，承受屋顶荷重并将荷重传递到墙体或立柱的三角形或多边形木结构。在建筑工程中三角形木屋架最常见，一般由上弦杆、下弦杆、斜撑和拉杆组成。下弦杆主要承受拉力。屋架与屋架之间设有加强稳定性的横向杆件，屋架之上铺有檩条，檩条之上铺有椽或望板，望板之上是防水层、挂瓦条和屋面瓦。如图 2-4-2 所示，木屋架在城市新建工程中已不多见，在农村建筑中尚有使用。随着木材被限制以及使用和结构形式的演变，木屋架使用将越来越少。架空木屋架成单坡或双坡，形成空气隔层，利于通风、保温。

(a) 木屋架外部

(b) 木屋架内部

图 2-4-2　木屋架坡屋面

2）圆囤顶平屋面

圆囤顶屋顶略成弧形，前后稍低、中央稍高，房屋左右两侧的山墙高出屋顶，高出部分被砌成弧形，囤顶民居排水效果比平顶民居好，还可以防御风沙，一般分布在北方，在辽西、辽南、河北等地比较集中。圆囤顶平屋面的木屋架由柁、檩条和椽子构成，如图 2-4-3 所示，柁是纵向的主要承重构件，相邻两柁上架设横向檩条，一般为圆木，间距 1m 左右，相邻檩条上架设椽子，间距为 200～300mm，椽子上覆盖苇板或秸秆，再铺 200～300mm 厚的麦秆或稻草，最后覆盖 30～50mm 的黏土或草泥保温，通常每隔 2～3 年增设一次 30～50mm 厚的草泥层。一些农户新盖的屋面在黏土下面铺设一层塑料布，起到隔潮、隔汽作用，使屋面保温性能相对稳定。

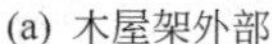

(a) 木屋架外部　　(b) 木屋架内部

图 2-4-3　圆囤顶平屋面

木屋架造价低，取材方便，热工性能较好，是我国北方地区农村建筑主要采用的一种屋顶构造形式，但施工麻烦，浪费木材，强度有限，可在农村继续推广使用。

（2）钢屋架

钢屋架以轻钢制成的钢框架作为坡屋顶的承重结构，如图 2-4-4 所示。相比木屋架，钢屋架承重能力强，抗震性能好，但通常价格比较高，用得相对较少。

(a) 钢屋架外部　　(b) 钢屋架内部

图 2-4-4　钢屋架坡屋面

（3）预制混凝土屋面

预制混凝土屋面利用预制混凝土板作为屋面的主要承重结构。预制混凝土屋面造价较现浇混凝土低，施工工艺简单、效率高，是我国 20 世纪 90 年代平房建筑主要采用的一种屋顶构造形式，但其结构安全系数低，抗震能力较低，热工性能较差，现已不再作为推广使用的屋顶类型。

（4）现浇混凝土屋面

现浇混凝土屋面利用现浇混凝土作为屋面的主要承重结构，安全系数高，抗震能力较强，施工工艺简单、效率高，易大面积施工，是我国农村新建住房的一种屋顶构造形式，但造价相对较高，保温性能也比较差。现浇混凝土屋面如图 2-4-5 所示。

(a) 现浇混凝土平屋面

(b) 现浇混凝土坡屋面

(c) 混凝土屋面支模

(d) 屋面去除支模后

图 2-4-5　现浇混凝土屋面

4.2.2　木屋架坡屋面内保温技术

木屋架坡屋面在农村居住建筑中较为常见。传统的木屋架坡屋面保温有两种形式，一种是采用当地自产的生物质材料作保温，如草木灰、草板、木屑、稻壳、膨胀珍珠岩等散装材料，新建建筑也有采用聚苯板代替原始的保温材料，保温材料通常设在木屋架的水平棚板上，棚板可以采用木板拼接或草板，棚板铺设在木屋架的下弦板上，这种做法在东北严寒地区用得比较多，如图 2-4-6 所示。另一种是在木屋架的坡屋面上铺秸秆、苇帘等作为保温材料，再覆上黏土挂瓦，但这种保温方式的保温效果较差，随着农民保温意识的增强，开始采取二次装修的方法在吊顶上利用高效保温材料代替一般常用保温材料，提高保温效果，如图 2-4-7 所示。木屋架平屋面的保温做法与第二种坡屋面的保温做法基本相同。

木屋架坡屋面的保温层宜设置在吊顶上，不仅可以避免屋顶产生热桥，而且方便施工。严寒和寒冷地区木屋架坡屋面的保温材料厚度可按照现行国家标准《农村居住建筑节能设计标准》GB/T 50824—2013 选用，见本书表 2-4-2，屋面保温采用草木灰、草板、木屑、稻壳、珍珠岩等散装保温材料时，严寒地区和寒冷地区的保温层厚度分别为 250mm、200mm；屋面保温采用 EPS 板保温材料时，严寒地区和寒冷地区的保温层厚度分别为 110mm、90mm。

当选用散材类保温材料时，一定要做好保温材料的防潮措施。对于散材类保温材料要每年进行一次维护，及时填补保温材料缺失的部位，如屋顶四角处。

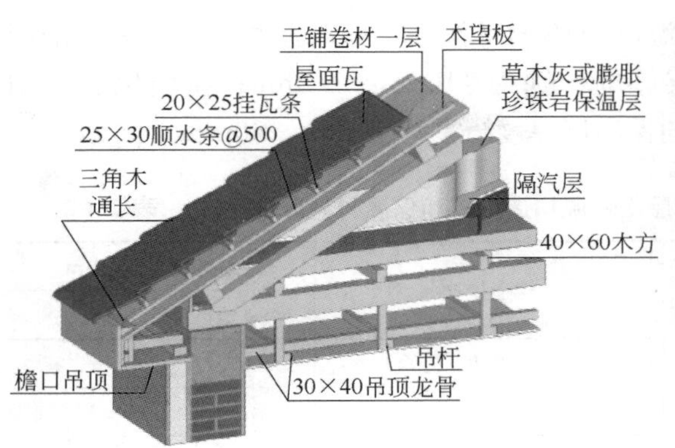

图 2-4-6　保温层设在棚板上

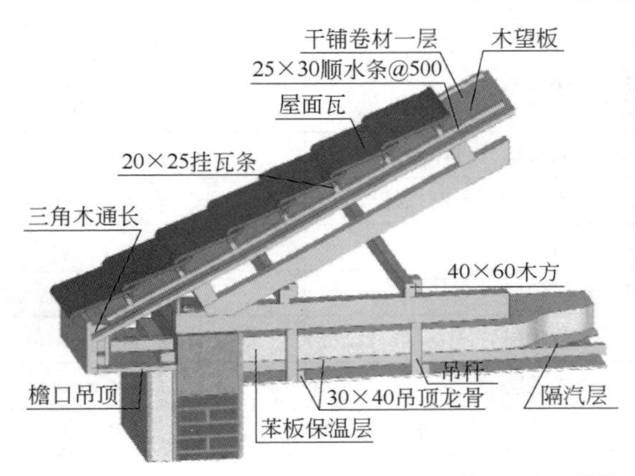

图 2-4-7　吊顶上铺设 EPS 板

4.2.3　钢筋混凝土屋面外保温技术

随着农村经济条件的改善，农村地区新建建筑开始采用现浇钢筋混凝土作为屋面结构层，保温层通常铺设在钢筋混凝土屋面结构层的上方，可以保护结构层免受自然界的侵袭，如图 2-4-8、图 2-4-9 所示。屋面保温材料宜选择憎水性保温材料，如模塑聚苯乙烯塑料板或挤塑聚苯板。

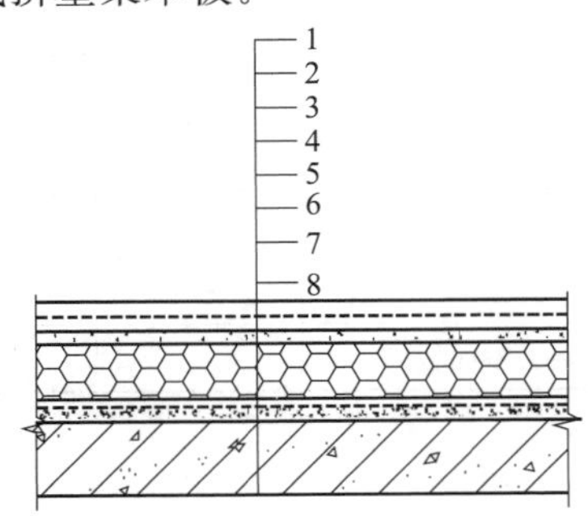

图 2-4-8　钢筋混凝土平屋面保温构造示意

1—保护层；2—防水层；3—找平层；4—找坡层；5—保温层；6—隔汽层；7—找平层；8—现浇钢筋混凝土屋面板

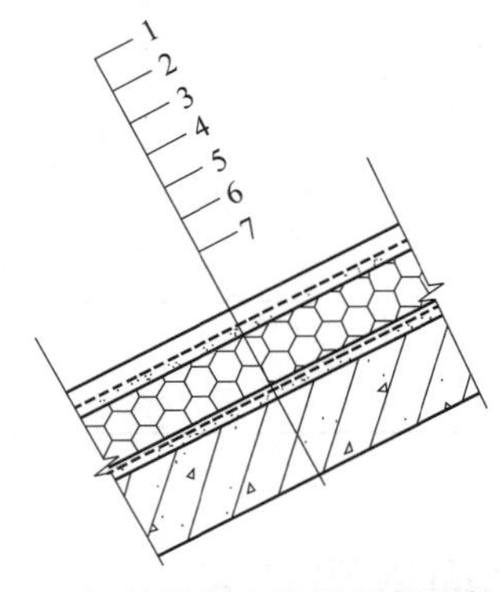

图 2-4-9　钢筋混凝土坡屋面保温构造示意

1—保护层；2—防水层；3—找平层；4—保温层；5—隔汽层；6—找平层；7—现浇钢筋混凝土屋面板

严寒和寒冷地区钢筋混凝土屋面的保温材料厚度可按表 2-4-2 选用，屋面保温采用 EPS 板时，严寒地区和寒冷地区的保温层厚度分别为 110mm、90mm；屋面保温采用 XPS 板保温材料时，严寒地区和寒冷地区的保温层厚度分别为 80mm、60mm。

严寒和寒冷地区农村居住建筑屋面保温构造形式和保温材料厚度　　表 2-4-2

序号	名称	构造简图	构造层次		保温材料厚度(mm)	
					严寒地区	寒冷地区
1	木屋架坡屋面	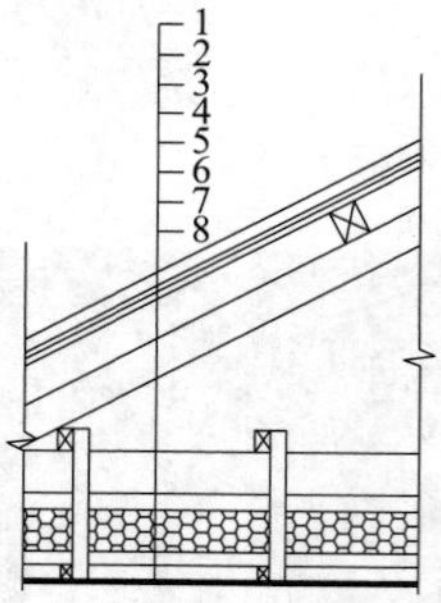	1——面层(彩钢板/瓦等)		—	—
			2——防水层		—	—
			3——望板		—	—
			4——木屋架层		—	—
			5——保温层	锯末、稻壳	250	200
				EPS 板	110	90
			6——隔汽层(塑料薄膜)		—	—
			7——棚板(木/苇板/草板)		—	—
			8——吊顶		—	—
2	钢筋混凝土坡屋面 EPS/XPS 板外保温	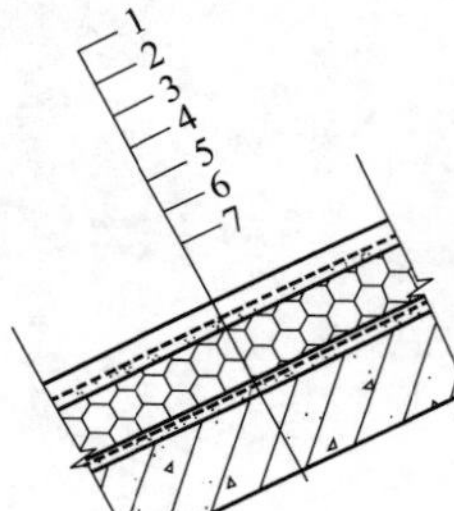	1——保护层		—	—
			2——防水层		—	—
			3——找平层		—	—
			4——保温层	EPS 板	110	90
				XPS 板	80	60
			5——隔汽层		—	—
			6——找平层		—	—
			7——钢筋混凝土屋面板		—	—
3	钢筋混凝土平屋面 EPS/XPS 板外保温	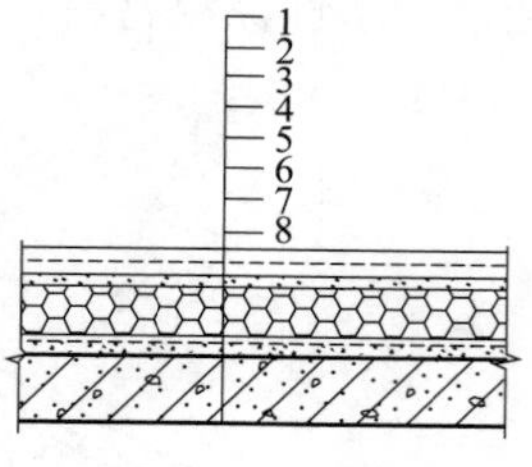	1——保护层		—	—
			2——防水层		—	—
			3——找平层		—	—
			4——找坡层		—	—
			5——保温层	EPS 板	110	90
				XPS 板	80	60
			6——隔汽层		—	—
			7——找平层		—	—
			8——钢筋混凝土屋面板		—	—

4.3　地面保温技术

地面的保温有两个含意：一是使地面吸热量少，即其吸热指数数值越小越好；二是使地表面的温度越高越好。冬季我国供暖居住建筑地面的表面温度较低，特别是靠近外墙部分的地面温度常常低于露点温度。由于地面表面温度低，结露较严重，致使室内潮湿、物品生霉较严重，从而恶化了室内环境。

北方地区农村建筑多为单层，地面面积所占围护结构的比例比城镇建筑大。农村建筑的地面大多建在地坪上，设有地下室的建筑较少。地面的主要材料为硬土夯实，老建筑的地面多没有面层，一般为黏土砖铺贴、黄土硬化，后来发展为水泥地面、铺砖地面、水磨石地面等。随着农村经济的发展，农村建筑逐渐开始注重室内装修，逐渐向城市接近，新建建筑多采用地砖、大理石和木地板等作为地面的装饰面层材料。

农村建筑室内地面很少设有保温层。地面位于冻土层上面，没有保温层，室内热量会通过传导方式从地面大量流失，在室内即使穿棉鞋，也会感觉冻脚。目前严寒地区的农民节能保温意识增强，新建房屋开始注重保温，有的新建住房开始在地面设置保温层，保温材料大多为炉渣，也有使用聚苯板等保温材料。

农村建筑地面保温常见做法有如下几种：

（1）地面下铺设碎石、灰土保温层。此法施工方便、造价低廉，但对保温效果难以进行有效控制。

（2）结合装修进行处理，如使用浮石混凝土面层、珍珠岩砂浆面层或使用各类木地板铺装等。此法可以通过使用不同的保温材料以及不同的保温厚度对节能效果进行控制，但受室内装修材料选择影响，只可在特定建筑场所内使用。

（3）根据不同地面面层的构造，在面层以下设置保温层。由于地面均需承受一定的荷载，因此保温材料均需选用抗压强度较高的产品，如炉渣、挤塑聚苯板、硬泡聚氨酯等，地面保温构造如图 2-4-10 和图 2-4-11 所示。

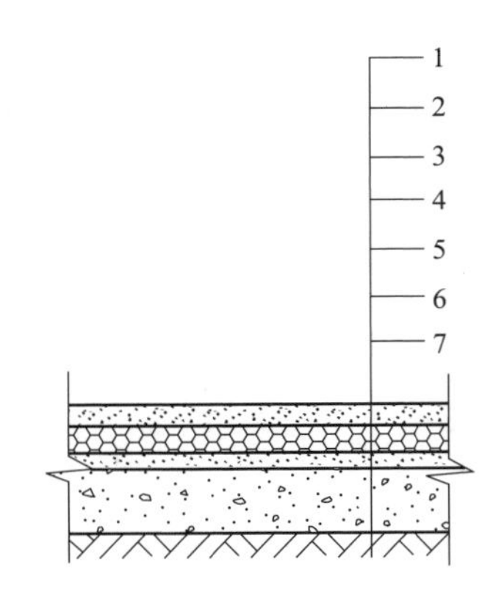

图 2-4-10 聚苯板保温地面做法示意

1—40mm 厚 C20 细石混凝土；2—聚苯板保温层；3—20mm 厚 1∶3 水泥砂浆找平；4—水泥砂浆一道（内掺建筑胶）；5—100mm 厚 C10 混凝土垫层；6—垫层；7—素土夯实层

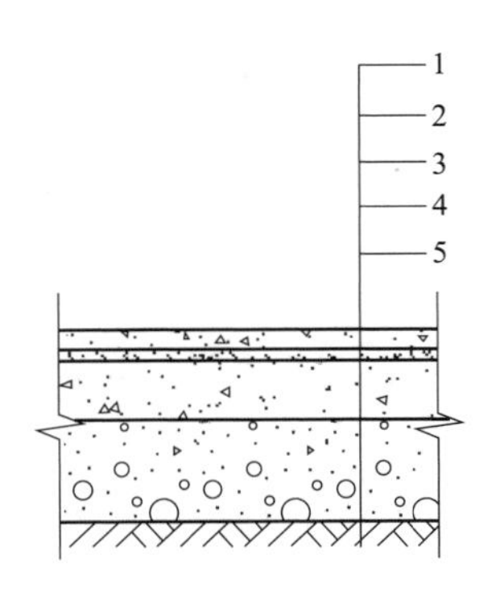

图 2-4-11 炉渣保温地面做法示意

1—40mm 厚细石混凝土；2—水泥砂浆一道（内掺建筑胶）；3—100mm 厚 C10 混凝土垫层；4—500mm 厚炉渣垫层；5—素土夯实

建筑室内地面下部土壤温度的变化不大，但是在房屋与室外空气相邻的四周边缘部分的地下土壤温度变化很大，冬天，它受室外空气以及房屋周围低温土壤的影响，有较多的热量由该部分传递出去。因此对于北方地区农村建筑直接接触土壤的周边地面（从外墙内侧算起 2.0m 范围内）、建筑物外墙的室内地坪以下的垂直墙面应增设保温层，其热阻不应小于外墙的热阻，保温材料可选用聚苯乙烯泡沫塑料板，如图 2-4-12 所示。

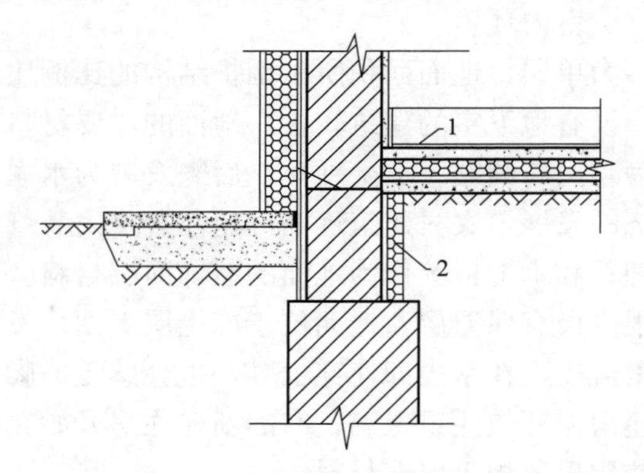

图 2-4-12　室内地坪以下墙面保温做法示意

1—室内地坪；2—沿周边布置保温层

5　建筑用能系统节能技术和设备

房屋的节能性能除了与围护结构的保温性能有关外，还与供暖、通风、照明、炊事等用能系统设施选型和运行方式有关。

用能系统运行状况将直接影响建筑的能耗和居住舒适性，用能系统或设施采用节能技术和设备，将有效降低能源消耗。本章将介绍目前北方农村建筑内的用能系统和设施的节能技术。

5.1　供暖节能技术和设备

农村居住建筑供暖设计应与建筑设计同步进行，应结合建筑平面和结构，对灶、烟道、烟囱、供暖设施等进行综合布置。严寒和寒冷地区农村居住建筑应根据房间耗热量、供暖需求特点、居民生活习惯以及当地资源条件，合理选用火炕、火墙、火炉、热水供暖系统等一种或多种供暖方式，并宜利用生物质燃料。

目前北方农村建筑供暖的主要形式有火炕、土暖气、火墙、小型煤炉供暖等形式，随着农村经济条件的改善和农民对建筑供暖节能和舒适性需求的日益增长，北方地区农村自发地形成了一些节能供暖设施，一些企业也面向农村地区开发了一些供暖节能设备，科研单位也相继研发了一些适用于农村建筑供暖的节能技术和装置等。

5.1.1　节能火炕

1. 架空炕

从 20 世纪 70 年代，我国开始关注农村的供暖和能源问题，并组织一些专家和技术人员对传统落地式火炕进行了革新，发展出架空式火炕，如图 2-5-1 所示。该种炕，底部架空一般高于地面 20～30cm，在炕底板上放置支柱用于支撑炕面板，形成高度为 20cm 左右的烟道，炕板的材料有石板、土坯、混凝土和黏土沙等。

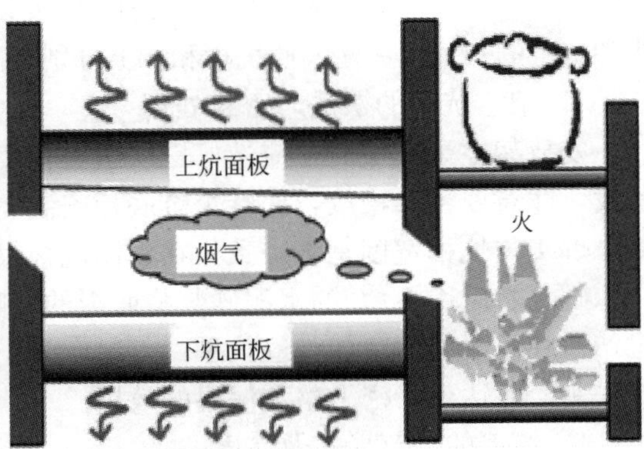

图 2-5-1　架空炕

（1）特点

与旧式落地炕相比，架空炕主要有以下特点：

1）取消炕洞底部垫土，底部架空，使炕体由原来的一面散热改为上、下两面散热，散热面积大；

2）取消了炕烟道内人为设置的炕洞阻隔，使换热过程在整个炕体内，这样增加了烟气与炕体的换热面积；

3）在排烟口和灶门处分别安装了挡烟板，防止炕体所获得的热量在停火后迅速通过烟道散失；

4）炕灶的综合效率由45％提高到70％～80％左右。

架空炕虽然有了很大的改善，但也有自身的局限性：

1）火炕位置受限，炕的尺寸不宜过大，且尽可能两面或者仅一边靠墙。火炕是以辐射散热方式为主，下炕板与地面之间距离小，如果下炕板只有一面通风，其散热量很难进入人员活动区而主要以辐射散热的方式传递给地面，热量最终通过地面损失。架空炕应尽可能三面或两面通风，能使散发热量进入人员活动区。

2）架空炕蓄热能力不足，热得快，凉得也快。如果建筑物的围护结构不好，所散发的热量会很快通过围护结构传递到室外，适合热负荷小的房间。火炕内部是单烟道，烟道宽，人体头脚的温差较大。架空炕适合热负荷小或者能够配合供暖炉持续加热的房间。

（2）建造技术要点

1）架空炕下地面的处理要求

架空炕的底板主要靠立柱支撑，若立柱与地面接触处处理不实，会导致出现下沉的现象，使炕体出现裂缝，影响火炕供热效果。因此，搭建时必须处理好基础，避免出现下沉，这是决定架空炕供热效果和使用寿命的关键环节。在建新房或为旧房砌筑架空炕时，应将锅灶排烟口和烟囱进烟口留好，待养护坚固后即可搭架空炕。

2）架空火炕底板支柱的放线与砌筑方法

放线方法：在砌筑架空炕时，首先要用尺量出每块炕板的长、宽尺寸，在地面上画好九块炕板的位置，确定放线位置，要求立柱要砌筑在炕板交叉点的中心位置上。

砌筑要求：架空炕底板支柱的中心线应对准炕板之间的缝隙，中间支柱整个平面恰好支撑四个炕板的一个板角上，支柱尺寸一般为120mm×120mm×350mm～370mm×370mm×370mm（长×宽×高）。在砌筑时要根据炕底板位置拉线，炕梢和炕上的灰口比炕头和炕下的灰口大一些，使炕梢和炕上分别略高于炕头和炕下，其高差在20～30mm之间。

3）架空炕板的摆法与密封处理

安放架空炕底板时，应选好三块边直棱角齐全的水泥炕板放在外侧，从里角开始逐一摆放，注意要稳拿稳放，使整个炕底板安装完成后平稳，不能出现撬动现象。摆放完毕后测量炕头与炕梢宽度是否一致。在水泥炕板最外侧要用线将底脚拉直，为砌炕墙和抹面打好基础。然后用1∶2的水泥砂浆将底板的缝隙抹严，再使用按5∶1比例配成和好的草砂泥，在底板上层普遍抹一遍找平，其厚度为10mm，然后再将筛好的干细炉渣放在上面刮平踩实，以达到严密平整和保温的效果。

4）炕墙的砌筑形式及高度

架空炕炕墙形式分为两种，即平板式、上下出沿中间缩进式。砌筑前要先将红砖浸湿，确定炕墙的类型和高度，炕梢的砌筑高度为 240mm，炕头的砌筑高度为 260mm。砌炕墙必须拉线砌，一般用 1∶2 的水泥砂浆立砖砌筑。若要在炕墙表面镶瓷砖，要事先根据炕墙尺寸选好使用的瓷砖尺寸，以使二者相符。

5）炕内支柱砖的布局与尺寸要求

炕面板的尺寸决定了炕内支柱砖的多少。一般应在炕底板上放一层干细炉渣灰找平后再摆放炕内支柱砖。炕头支柱砖的尺寸为 120mm×120mm×180mm，炕梢支柱砖的尺寸为 120mm×120mm×160mm，炕内中间的支柱砖可比两侧的支柱砖稍低 10～15mm，并同时砌筑炕内围墙，使其同样起到支撑的作用，又可作为冷墙体的保温墙体。

6）炕内冷墙部分墙体的保温处理

为避免因上霜、挂冰、上水和透风等现象影响火炕燃烧效果，应在炕内的冷墙部分增设保温层，在砌筑时可在外墙与冷墙之间留出 50mm 宽的缝隙，里面放入珍珠岩或干细炉灰渣等保温耐火材料，并用木棍捣实，再用细草砂泥将上面抹严，这样可以有效减少热损失，提高火炕保温性能。

7）炕内后阻烟墙的作用及尺寸要求

为防止炕梢烟气不直接进入烟囱，使烟囱进口处的烟气由急流变成缓流，在架空炕的炕梢部位应增设后阻烟墙，采用缓流式人字分烟墙的处理，这样可以延长烟气在灶炕梢部位的停留时间，降低排烟温度，并且可使炕头和炕梢的烟气向两侧流动和扩散，排除了炕梢上下两个不热的死角，同时也减小了炕头与炕梢的温差。架空炕炕梢人字阻烟墙可用水泥做成预制件，也可用红砖人工砌成。其尺寸为 420mm×160mm×50mm，内角为 150°左右，两端与炕梢墙体的距离在 270～340mm 之间。为防止跑烟，可将阻烟墙顶面与炕面接触的部分用灰浆密封严。

8）炕梢出烟口处烟插板的安装要求

在炕梢出烟口处宜设置烟插板，以减少热量损失，增强火炕的保温效果。首先将选好的烟插板放在炕梢出烟口处，用水泥沙灰将其底部垫平，在砌筑炕内围墙时用砖将其两边轻轻挤住，烟插板的顶部高度应低于两边围墙高度，一般略低 5mm 左右。烟插板的两头接触点要求水平，其拉杆可从炕墙处引到外侧，为便于推拉使用，可将拉杆做成环形或丁字形。安装完后不应乱动，以免因松动影响水泥凝固的效果。

9）炕面板的摆法与密封处理

为避免因炕面板周围不严密导致漏烟，应对架空炕炕面板做好密封处理。一般选择在炕面板上和炕内围墙涂抹一层草砂泥，厚度大约为 10mm，使所有与炕面板接触的部位都有泥，并在炕面板上再涂抹一层炕面泥找平，达到炕面板四周稍翘起和严密的效果。在安装炕面板时，切记要轻拿轻放，一般炕头略低于炕梢，中间稍低，炕下略低于炕上，同时炕面板搭在支柱上的位置不得出现搭偏和翘动现象。

10）炕面泥的配比与厚度要求

架空炕炕面泥的制作原料主要是沙子和黏土，在配比时要求沙为过筛子的粗中沙，黏土要用筛子筛好，无黏块，或用粗筛子筛好。炕面泥要和得均匀，应事先和好待用。炕面泥要抹两遍，第一遍泥为底层泥，是用粗中沙和黏土按 5∶1 混合而成的，炕头厚度为 55mm 左右，炕梢厚度为 35mm 左右，抹泥时要找平压实；第二遍泥在底层泥八成干时开始涂抹，厚度为 5mm 左右，可加少量白灰，要求抹泥后平整光滑，没有裂痕和缝隙。

根据试验测试可知，架空炕炕面材料为沙泥，且炕头抹泥厚度为60mm，炕梢抹泥厚度为40mm，平均厚度为50mm时，其供热时间长，保温效果最佳。

2. 火墙式火炕

火墙式火炕从外观看与普通落地炕一样，也是由灶、炕本体及烟囱组成，炕体高出地面550～670mm，建筑材料以实心砖、钢筋混凝土为主。炕本体结构与普通火炕不同，是由炕洞和炕火墙烟道两部分组成的，这也是火墙式火炕的主要特点，如图2-5-2所示。炕火墙的出烟口通向炕洞，炕火墙与火炕共用一个烟囱，最终烟气统一由火炕出烟口排放至烟囱内，无需另外设置烟囱，使得一铺火炕同时具备火炕与火墙的特点。

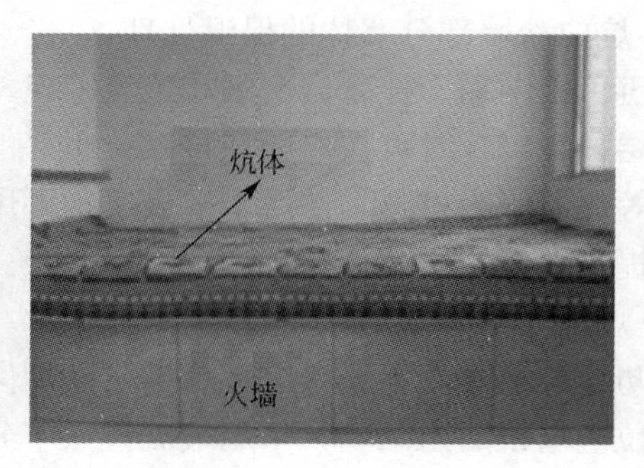

图2-5-2　火墙式火炕及灶的实体图

（1）工作原理

如图2-5-3所示，火墙式火炕本体的炕洞部分与普通落地炕相同，使做饭时产生的带着余热的烟气，由炕的烟气进口进入炕体内，经过炕体内部时，对炕体进行加热，最后经过烟囱排出。炕火墙这部分则是柴直接在炕火墙燃烧室内部燃烧，产生烟气，在炕火墙内部流动，把热量传递给炕墙，提高炕墙温度，在炕梢即炕火墙烟气出口进入火炕大烟道内，烟气最后同样由烟囱排到室外。烟囱一方面是根据热压作用，抽出烟气，对炕内部烟气流动提供动力，另一方面在炕内造成负压，避免烟气渗透室内，破坏室内的空气品质。而且火墙烟气出口在炕梢部位，炕火墙排烟温度还很高，进入炕洞后可以加热炕梢，提高炕面均匀性。

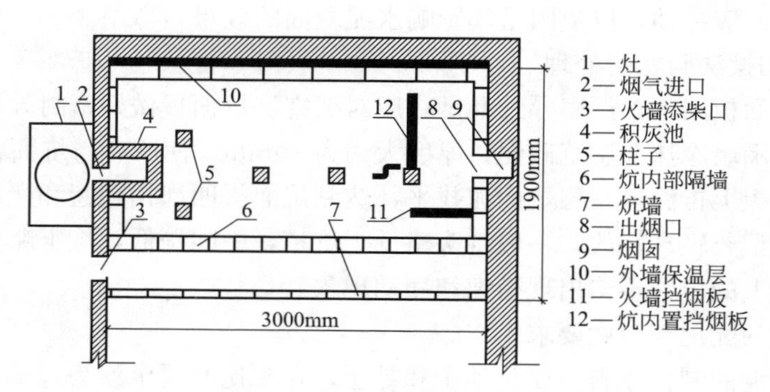

图2-5-3　火墙式火炕示意图

（2）结构形式

火墙式落地炕主要由灶台、炕体、火墙（也是燃烧室）、烟囱等几部分组成，对于烟囱设置在山墙的一种结构形式如图2-5-4所示。

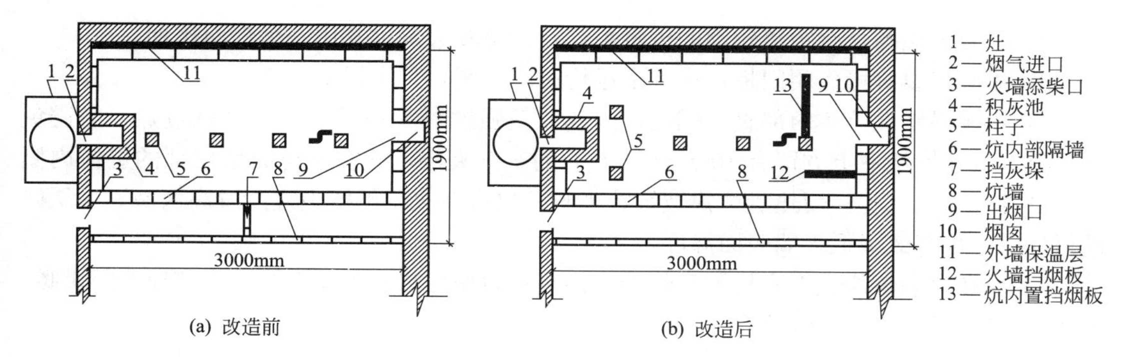

(a) 改造前　　(b) 改造后

图 2-5-4　火墙式火炕结构实例图

火墙式火炕对炕洞进行了简化，去掉了旧式炕使用的分烟板，炕面使用大混凝土板，减少了用于支撑面板的支撑柱，增加了烟气与炕板的换热面积。炕火墙烟道正上方设置一层混凝土板，避免造成使用炕火墙时其正上方炕面板温度过高的现象。

（3）特点

火墙式火炕在传统火炕中增加了火墙结构，解决了在寒冷冬季由于使用柴灶火炕系统供暖，炕热但室内温度不高且分布不均匀的难题，它能够迅速提高室内温度，并且供暖效果较好，是一种比较理想的新型节能炕，能够有效解决农村供暖问题。

1）燃料直接在炕洞内燃烧，不但提高了炕墙的表面温度，增加了火炕的散热面积，并且提高了火炕的散热能力，具有显著的供暖效果。

2）火墙的烟气在炕梢处进入火炕烟道中，流经整个炕梢部位，高温烟气将热量传递给炕梢部位的炕面后，由火炕的烟囱排出至室外。不但不需要另外设置烟囱，同时还使炕面温度更加均匀，避免了炕头热、炕梢凉的现象。

3）生物质燃料在火墙燃烧室内直接燃烧放出的热量可通过炕墙直接散到房间内，炕墙表面能够迅速通过对流换热的方式将热量散发到室内，提高室内空气的温度，其即热性很强，使用方便灵活。因此冬季时，农民可以在每天早晨通过燃烧炕火墙来快速提高房间温度，或者满足其他时候需要迅速提高室内温度的需求。

4）室内舒适性提高：传统落地炕散热面主要是炕上面的炕板，火炕上方的空气温度能得到保证，但是火炕下方及远离火炕的室内空气温度不高，室内地面非常凉，温度非常低，在炕沿边上或炕下活动的时候经常会感觉很冷。火墙式火炕就能够很好地解决这个问题，通过火墙的对流散热和辐射散热有效地提高了室内地上空间的温度。

5）初冬时，室内热负荷较小，紧靠炊事产生烟气的余热就可以满足室内供暖需求。但是随着天气逐渐变冷，其向室内散发的热量已经不能满足供暖要求，如果增加在灶端的烧柴量，不但对提高室内温度不会有太大的作用，还会造成炕头过热等室内温度不均匀的现象，而且也会造成不必要的热量损失。此时可通过燃烧火墙来提高室内温度，若火炕和火墙联合使用，则能够有效提高生物质燃料的热效率，优化能源结构，提高室内热舒适度。

（4）建造技术要点

1）火墙燃烧室是火炕的一部分，为直洞式，其高度应根据燃料种类和添柴量确定，一般为 300～400mm，保证不压火，并在燃烧室与炕面中间设置空气夹层，其厚度在50～100mm 之间，同时在炕体内部侧壁上应设置炕内通气孔。

2）适合烟囱与灶台距离较远的供暖系统，火墙和火炕可共用一个烟囱排烟。

3）添柴口设置可启闭门板，火墙不运行时应关闭，具有保温效果。

4）由于燃料在炕体内部直接燃烧，因其放热强度较大易导致局部区域过热，为避免此现象，可在燃烧室上方留有 100mm 厚左右的空气夹层，或在靠近火墙尾部的炕体内侧壁上设置炕内通气孔，使热量尽快被炕腔吸收，也可在火墙侧壁上温度过高区域贴一层砖进行加厚，可有效降低火墙表面温度。

5）可在火墙燃烧室上方设置集热器，构成重力循环热水供暖系统，为其他房间供暖。火墙式火炕燃烧室如图 2-5-5 所示。

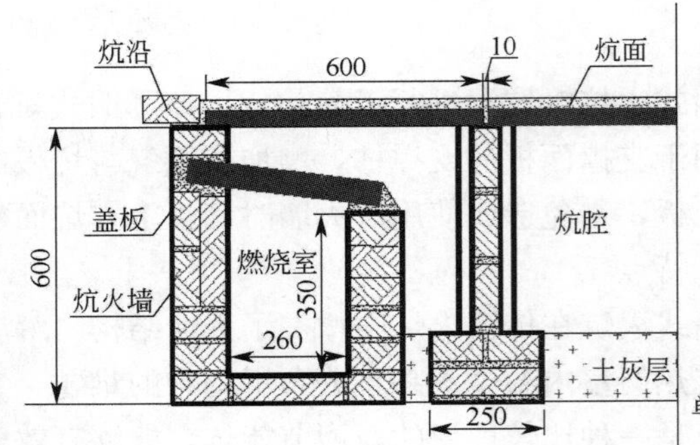

图 2-5-5　火墙式火炕燃烧室局部结构图

3. 相变蓄热火炕

（1）构造及特点

相变蓄热火炕由火炕本体和相变蓄热炕面构成，如图 2-5-6 所示。火炕本体采用架空炕，相变蓄热炕面是将石蜡封装在设有预制凹槽的混凝土炕面板上，如图 2-5-7 所示，为了防止液化后的石蜡向下渗透到混凝土结构内，预制混凝土炕面板的沟槽内嵌入 0.3mm 厚的镀锌板，封装完石蜡相变材料后，上部用长条木板盖好，木板缝隙再用混凝土找平，上部铺 20～30mm 的草泥灰，就形成了相变蓄热炕面，如图 2-5-8、图 2-5-9 所示。

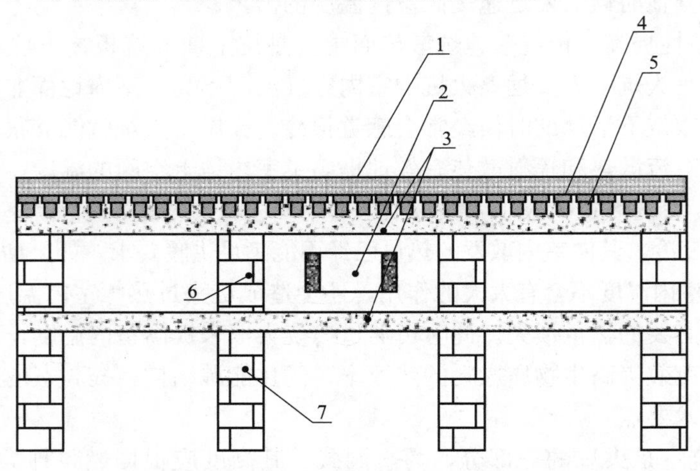

图 2-5-6　相变蓄热火炕结构构造示意

1—砂泥抹灰层；2—烟气入口；3—混凝土预制板；4—木板覆盖层；
5—相变材料封装层；6—炕内支柱；7—炕下支柱

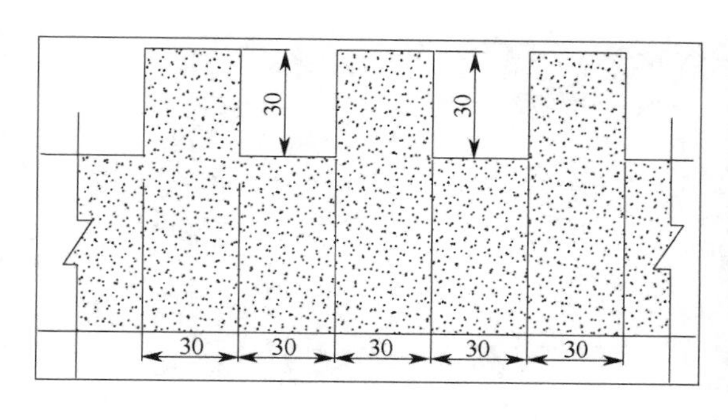

(a) 预制凹槽尺寸示意图

(b) 预制凹槽成品

图 2-5-7 预制凹槽炕面板

图 2-5-8 相变材料与炕体的结合

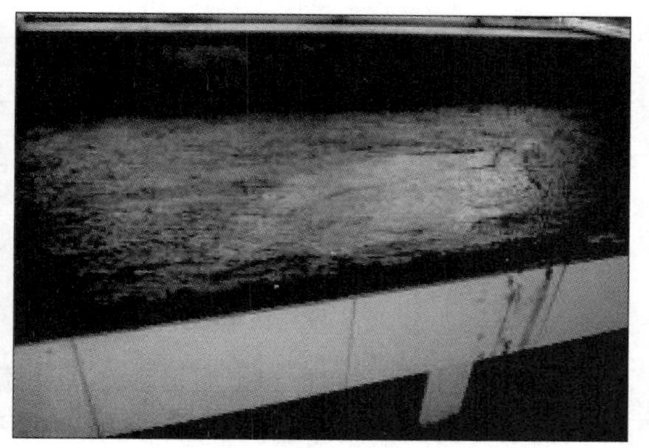

图 2-5-9 相变蓄热炕面外观

相变蓄热火炕充分利用加入炕面板中相变蓄热材料的蓄换热性能，一方面可以减少建筑能耗，另一方面可以改变建筑环境的空气品质，另外利用相变火炕进行储能，把多余热量转换成热能储存起来，使用少量的材料就可以储存大量的热量，这些热量在炕面板温度下降到不能为房间供暖时释放，实现了能量的转移，可以起到削峰填谷的作用。同时炕面板和室内之间的热流波动幅度被减弱，作用时间被延迟，从而降低建筑物供暖的热负荷，为居民节省能源，达到节能的目的，还营造了良好的人居环境。

(2) 建造技术要点

1) 预制钢筋混凝土炕板内部钢筋摆放如图 2-5-10 左侧所示，预制完成的炕板如图 2-5-10右侧所示。炕体上部与下部各摆放 9 块预制钢筋混凝土炕板，一共预制 18 块。

2) 架空炕搭建步骤如下：

① 提前 25 天预制钢筋混凝土炕板；

② 提前一周折除旧炕，将地面夯实，由内向外做出 3‰的坡度，表面用细混凝土抹光，做好养护；

③ 修砌炕下支柱，炕下支柱摆放如图 2-5-11 所示，支柱尺寸 120mm(长)×120mm(宽)×350m～370mm(高)，支柱的高度炕头为 350mm，炕梢为 370mm，中间支柱的高度用拉线的方法（如图 2-5-12 所示）确定。

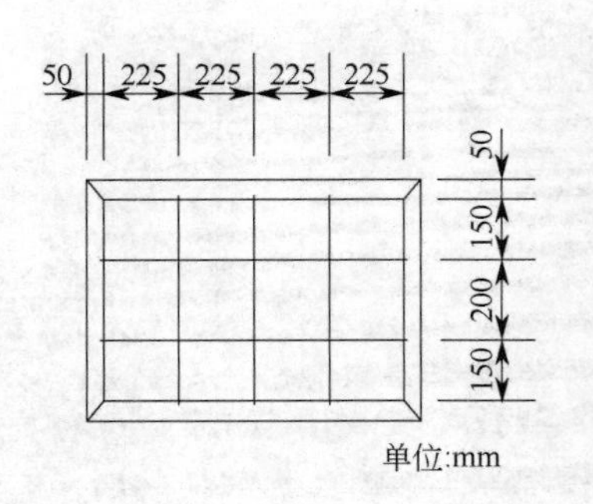

图 2-5-10　炕面板钢筋摆放示意及成品图

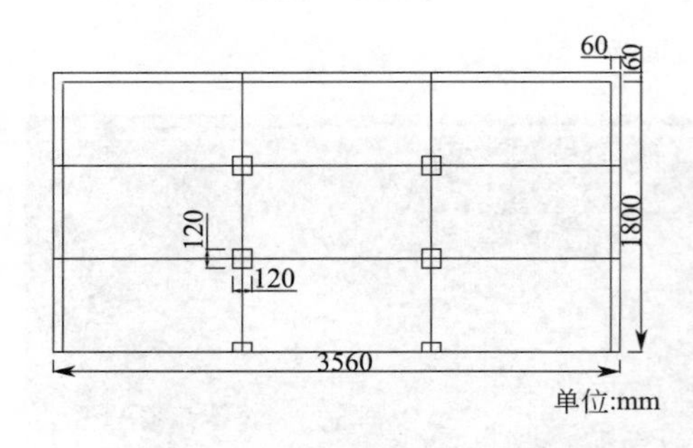

图 2-5-11　炕下支柱摆放示意图

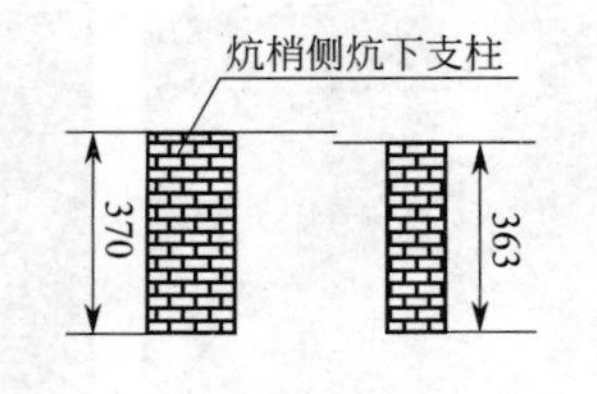

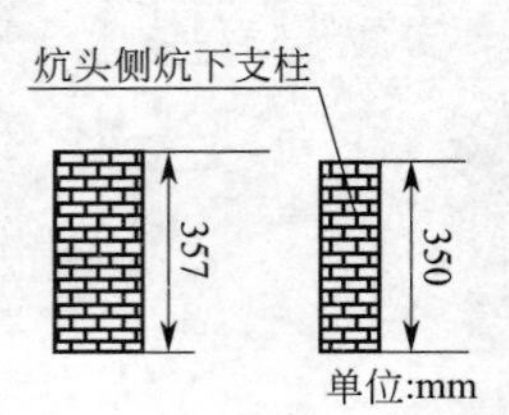

图 2-5-12　炕下支柱放线方法示意图

3）安装炕体底部预制炕面板，将 9 块预制混凝土炕板按图 2-5-13 所示安装，与炕底部支柱结合良好，确保连接牢固，不松动、不晃动。

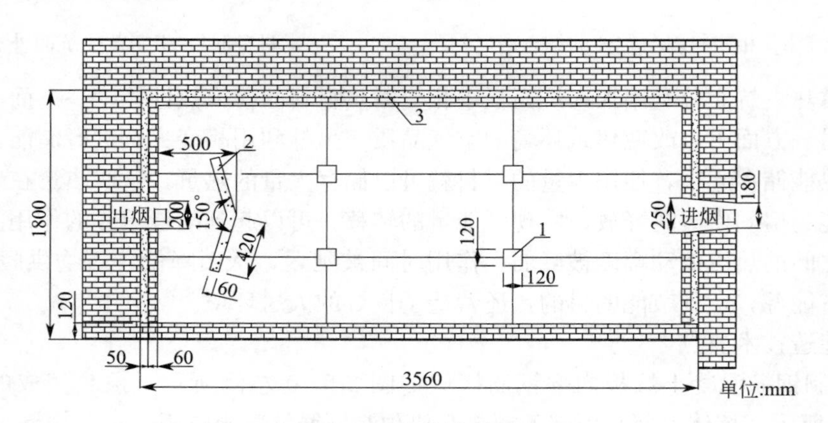

图 2-5-13　炕内结构

1—炕内支柱；2—人字分烟墙；3—炕内保温层

4）砌炕墙与炕内部，用红砖在炕体内侧砌高度为 210mm 的炕墙。其余四侧修砌 60mm(宽)×210mm(高)的炕内墙，炕内墙与围护结构留有 50mm 的间隙，间隙内填充满细炉渣灰，起保温作用。炕内修砌四个 120mm(长)×120mm(宽)×210(高)的炕内支柱，作安装炕面板之用。炕梢一侧修砌人字分烟墙，人字分烟墙的尺寸为 420mm(长)×60mm(宽)×210mm(高)，内角为 150°，人字分烟墙可使炕梢烟气不能直接进入烟囱内，使炕梢烟气，尤其是烟囱进口的烟气由急流变成缓流，延长了炕梢烟气的散热时间，降低了排烟温度，也排除了炕梢上下两个不热的死角。

5）安装炕体上部炕板，安装时确保牢固，炕板无松动，整体安装完毕后用混凝土勾缝，确保无缝隙。这样架空炕就搭建完成了，大约 2～3 天后炕体有一定强度再封装相变材料。

6）修砌混凝土凹槽，凹槽尺寸突起部分为 30mm（宽）×30mm（高），缩进尺寸为 30mm（宽）×30mm（深），具体型式如图 2-5-7 所示。

7）凹槽修砌好后，把挤压成型的镀锌钢板嵌入到凹槽内，镀锌钢板连接处焊接严实，确保无缝隙，然后把 48 号石蜡融化后放入凹槽内，沟槽结构封装 48 号石蜡后如图 2-5-8、图 2-5-9 所示。

相变材料可采用管道封装或直接置于预制炕面板上部设置的凹槽内，并应做好密封设计和防渗透处理设计。

相变材料具有腐蚀性，当采用管道封装时，所选材料应具有耐腐蚀性，以免发生泄漏。管道直径宜为 15～20mm，管道长度应留出相变材料的膨胀空间，管道布置宜为平行布管方式，也可采用回转型方式。如图 2-5-14 所示。

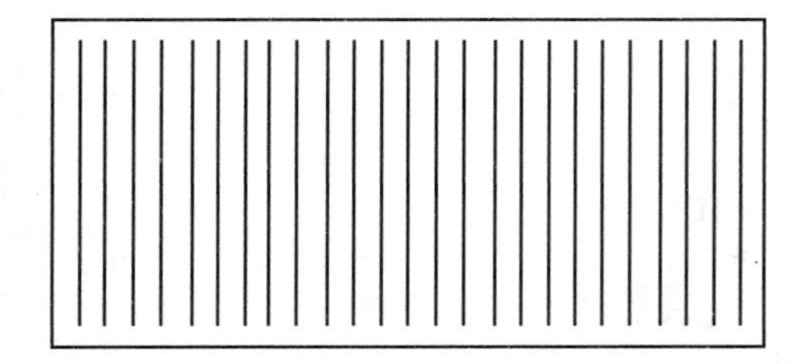

(a) 平行布管方式

(b) 回转型布管方式

图 2-5-14 盘管布管方式

8）相变材料放好后，上部用长条木板封盖好，缝隙用混凝土填充找平，木板上应抹炕面泥两遍。炕面泥宜为加入植物纤维的 4∶1 或 5∶1 砂泥，第一遍炕面泥的厚度炕头处宜为 55mm，炕梢处宜为 35mm。第二遍炕面泥采用筛好后的细砂、细黏土，加适量白灰或水泥按 3∶1 比例合成，在第一遍泥干燥程度约为 80%时宜抹第二遍炕面泥，并压光。第二遍炕面泥厚度宜为 5mm。

（3）初投资分析

普通传统农村住宅，配有两铺火炕，每铺火炕表面均铺有相变材料，所需的初投资见表 2-5-1。

相变蓄热炕初投资表 **表 2-5-1**

材料名称	数量	计算依据	金额(元)
火炕	2 铺	800 元/铺	1600
48 号石蜡	0.1t	8000 元/t	800
镀锌钢板	6 张	110 元/张	660
加工费	—	—	400

续表

材料名称	数量	计算依据	金额(元)
镀锌钢管	DN32,36m	10元/m	360
施工费	2人,2天	200元/(人·天)	800
合计	—	—	4620

(4) 运行费用

由于采用的都是传统的生活方式即每天生火三次，每次约45分钟，与普通火炕相比，相变蓄热火炕的运行费用基本相同，但是相变蓄热火炕室内温度波动性小，炕面温度均匀，极大地提高了农民居住环境的舒适性。

(5) 维护管理要点

炕体完成后无需定期维护管理，可在全寿命周期内简单清灰即可。

4. 太阳能辅热火炕

(1) 系统构成

太阳能炕供暖系统是由太阳能集热器、蓄热水箱、火炕本体、辅助热源、循环水泵、管线、控制设备和末端供暖毛细管网组成，将太阳能集热技术、低温辐射供暖技术及相关配套技术结合，如图2-5-15所示。

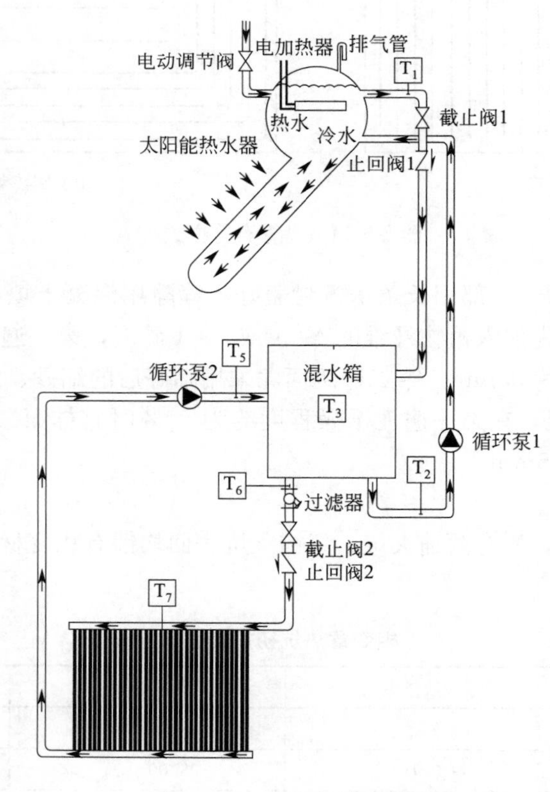

图2-5-15 太阳能炕系统图

太阳能热水器的作用是将太阳能转化为热能，加热集热器内的水，通过集热循环系统将低温热水输送到混水箱，提高混水箱内水的温度。太阳能热水器具有蓄热功能，将太阳能转化的热能即热水储存起来，是保证太阳能炕供暖系统稳定运行的重要设备，保证太阳能辐射弱时，依然具备良好的供暖效果。它是整个供暖吸收太阳能热量的最重要环节，其吸收太阳能的多少直接影响整套太阳能炕供暖系统的供暖效果。

混水箱的作用有利于太阳能炕供暖系统分别控制集热循环和供热循环，确保系统运行稳定；太阳能热水器所提供热水的水温不稳定，因此设置混水箱有调控温度的作用，从而确保供水温度达到末端供暖系统的设计要求。

末端供暖系统将每日做饭的余热加热炕体，同时太阳能热水输送毛细管网加热炕面，两者联合的加热量通过导热、辐射、对流等传热方式与室内各个部分进行换热，提高室内温度，达到供暖效果，满足用户的要求。末端供暖系统是整个供暖系统的关键环节，直接影响吸收的太阳能能否充分地传递到室内以达到供暖效果，同时也是保证太阳能炕供暖系统供暖效率的重要环节。

（2）特点

目前我国农村太阳能热水器普及率高达 40%以上，而太阳能热水器规格是按洗浴用量选择的，通常日常使用存在很大的热量富裕，引入毛细管网末端后，将在很少的额外能源（循环动力）输出条件下大大改善农村建筑室内热舒适性，既节省了能源，又保护了环境。结合分析太阳能与毛细管网新技术的特点可以发现二者联合使用的明显技术优势：太阳能供暖系统供水温度在 27～37℃，平均温度为 34.16℃，回水温度在 24～35℃，平均温度为 29.94℃。供、回水温度相对稳定，基本上符合毛细管网低温供热设计要求。太阳能集热管只需将热水加热到 30℃以上，毛细管网便可有效散热，不仅太阳能集热效率上升，而且太阳能蓄热水箱及输配管路热损失也将大为减少，实现了可再生能源的高效利用。

（3）建造技术要点

1）太阳能集热器面积设计

根据《太阳能供热采暖工程技术规范》GB 50495—2009，太阳能集热器用于供暖、供应热水的面积的计算公式为：

$$A_{c1}=\frac{86400Q_{H}f}{J_{T}\eta_{cd}(1-\eta_{L})} \tag{2-5-1}$$

式中 A_{c1}——集热器总面积，m^2；

Q_H——需要太阳能的供暖负荷，W；

J_T——太阳平均日辐照量，J/m^2；

f——太阳能保证率，%；

η_{cd}——太阳能集热器的集热效率，0.25%～0.5%；

η_L——系统的热损失率，0.2%～0.3%。

2）蓄热水箱容积的选取

蓄热水箱的容积以集热器的种类和面积作为依据，根据集热器面积、系统功能采用的配比推荐值见表 2-5-2 和表 2-5-3。

家用太阳能热水系统蓄热水箱与集热器配比推荐选用值　　表 2-5-2

系统类型	每平方米太阳能集热器对应的水箱容积(L/m^2)
平板太阳能集热器(三季使用)	80～100
全玻璃真空管集热器	70～90
热管真空管集热器	80～100

太阳能热水系统蓄热水箱与系统功能配比推荐选用值　　表 2-5-3

系统类型	太阳能热水系统	短期蓄热太阳能供热、供暖系统	季节蓄热太阳能供热、供暖系统
每平方米太阳能集热器对应的水箱容积(L/m^2)	40～100	50～150	1400～2100

3）火炕本体建好后，炕面上铺设毛细管网，填充层采用沙：水泥：黏土＝4：1：1的混合材料制成，为加快水化反应，用30℃左右的温水拌合，填充层要压实抹严，不能出现空鼓、漏气现象。为加快制作进度，填充层的抹平工作结束后，隔一段时间洒少量水泥吸收表面的水分，加快填充层表面的干燥速度。如图2-5-16所示。

图 2-5-16　毛细管网安装

4）填充层做好4小时后，待填充层表面没有游离水分时，开始进行抹面工作。由于面层较薄，此时进行抹面工作，既保证填充层和面层分层清晰，又使两者间具有一定的粘结力，从而提高整体强度。为提高水化反应效率，同样采用30℃左右的温水进行拌合。抹面结束后进行压光处理，使炕面平整、美观大方。

（4）系统初投资

参见表2-5-4。

初投资费用表　　表 2-5-4

材料名称	用量	计算依据	价格(元)
火炕	2铺	800元/铺	1600
太阳能热水器	1台	2800元/台	2800
循环水泵	1台	200元/台	200
毛细管网	$2.8\times1.8m^2$(2个)	300元/个	600
储水箱	1个	200元/个	200

续表

材料名称	用量	计算依据	价格(元)
其他阀门管件	—	—	200
运输费安装费	—	—	700
合计			6300

(5) 运行费用

由于太阳能的自身特点，太阳能的后期运行不需要额外的费用，与传统供暖相比，虽然太阳能炕的成本增加，但根据相关的技术参数，太阳能炕提高了室内的温度及舒适度，改善了农村的生活环境。

5.1.2 重力循环热水供暖系统

1. 系统构成

农村居住建筑内安装的散热器热水供暖系统通常采用重力循环方式，如图 2-5-17 所示。重力循环热水供暖系统的作用压力由两部分构成，一是供暖炉加热中心和散热器散热中心的高度差内供、回水立管中水温不同产生的作用压力；二是由于水在管道中沿途冷却引起水的容重增大而产生的附加压力。重力循环热水供暖系统的作用压力越大，系统循环越有利。在供回水密度一定的条件下，散热器散热中心与供暖炉加热中心的高差越大，系统的重力循环作用压力就越大；供水干管与供暖炉中心的垂直距离越大，管道散热及水温的沿途改变所引起的附加压力也越大。重力循环系统运行时除耗煤等燃料外，不需要其他的运行费用，节能、安全、运行可靠。考虑到以上因素，农村居住建筑中设置的热水供暖系统应尽可能利用重力循环方式。

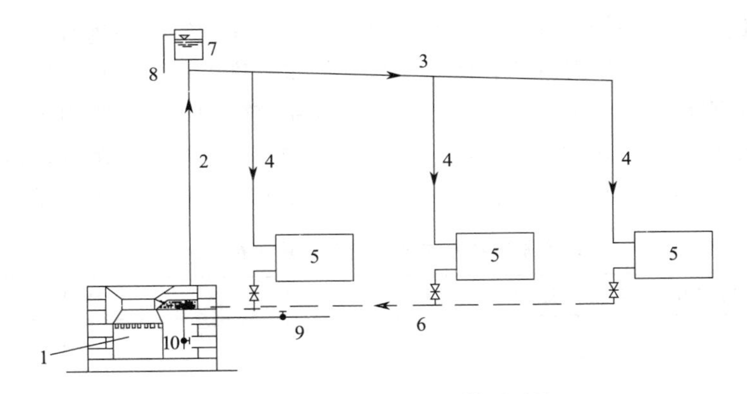

图 2-5-17　重力循环热水供暖系统

1—供暖炉；2—供水总立管；3—供水干管；4—供水立支管；5—散热器；6—回水干管；7—膨胀水箱；8—溢流管；9—自来水供水管；10—排污管

2. 管路形式

考虑到农村居住建筑重力循环热水供暖系统的作用压力小，管路越短，阻力损失越小，对循环有利，因此宜选择异程式管路形式，即离供暖炉近的房间散热器的循环环路短，离供暖炉远的房间散热器的循环环路长。农村居住建筑内供暖房间较少，系统循环环路较少，可通过提高远处散热器组的安装高度来增大远处立管环路的重力循环作用压力，适当增加远处立管环路的管径来减少远处立管环路的阻力，并在近处立管的散热器支管上安装阀门，增加近处立管环路的阻力损失等措施使异程式系统造成的水平失调降低到最小。

对于单层农村居住建筑，由于安装条件所限，散热器和供暖炉中心高度差较小，作用压力有限，如采用水平单管式系统，整个供暖系统只有一个环路，热水流过管路和散热器的阻力较大，系统循环不利；采用水平双管式系统时，距离供暖炉近的环路短，阻力损失小，有利于循环，只是远端散热器环路阻力大，可以通过提高末端散热器的高度来增大作用压力；采用水平双管式系统，供水干管位置可以设置很高，以提高系统循环的附加作用压力。农村居住建筑的建筑面积越来越大，多个房间内安装散热器，而实际上不能每个房间都住人，冬季为了节煤，不住人房间的散热器可以关闭，或者将阀门关小，减少进入该房间散热器的流量，其向房间的散热量只需保持房间较低温度，避免水管等冻裂即可。因此，对于单层农村居住建筑的热水供暖系统形式宜采用水平双管式。

对于二层及以上的农村居住建筑，上层房间的散热器安装高度与供暖炉高度差加大，上层散热器系统的循环作用压力远大于底层散热器系统的作用压力，如果采用垂直双管式或水平式系统就会造成上层和底层的系统流量不均，出现严重的垂直失调现象，即同一竖向房间冷热不均。垂直单管顺流式系统的作用压力是由同一立管上各层散热器组的安装高度共同确定的，整个环路的循环作用压力介于采用垂直双管系统中底层散热器环路的作用压力和顶层散热器环路的作用压力之间，可有效提高底层系统的作用压力，也缓解了上层作用压力过大的缺点。因此，二层及以上农村居住建筑的热水供暖系统形式宜采用垂直单管顺流式。

3. 作用半径

重力循环热水供暖系统的作用半径是指供暖炉出水总立管与最远端散热器立管之间水平管道长度。在考虑重力循环热水供暖系统供、回水密度差产生的作用压力和水在管道中沿途冷却产生的附加压力共同作用的条件下，建立系统作用压力与阻力损失平衡关系，通过实际测试获得重力循环热水供暖系统中主、干管的热水实际流速范围，最后计算得到系统的作用半径与供暖炉加热中心和散热器中心高度差的对应数值关系，见表 2-5-5。

重力循环热水供暖系统的作用半径（m）　　表 2-5-5

供暖炉加热中心和散热器散热中心高度差		作用半径
单层住房	0.2	3.0
	0.3	5.5
	0.4	8.0
	0.5	11.0
	0.6	13.5
	0.7	16.0
	0.8	18.5
	0.9	21.5
	1.0	24.0

续表

供暖炉加热中心和散热器散热中心高度差		作用半径
二层住房	1.5	33.5
	2.0	46.5
	2.5	59.5

注：表中的作用半径数值是在供水干管高于供暖炉加热中心 1.5m 的垂直高度下计算得到的。

4. 供暖炉选择和设置

（1）选择铁质供暖炉。铁制炉具外形美观、体积小，由专业厂家成批制造，性能指标上都经过严格的标定验收；内部构造复杂，换热面积大；炉体普遍采用蛭石粉、岩棉进行保温，散热损失小，炉胆内壁可挂耐火炉衬或烧制耐火材料；搬家移动拆装方便。

（2）用户应根据采用的燃料选择相应的供暖炉类型。采用蜂窝煤时，应根据使用要求选择单眼、双眼或多眼的蜂窝煤供暖炉；燃烧散煤时，由于煤的化学成分不同，燃烧特点各异，为适应不同煤种的需要，炉具尺寸，如炉膛深度和吊火高度，也要适当变化。一般来说，烟煤大烟大火，炉膛要浅，以利通风，炉膛深多在 100～150mm 之间。烟火室要大，吊火高度（炉口至锅底距离）要高，以利于烟气形成涡流，在烟火室多停留一段时间，有利于烧火做饭；燃烧秸秆压块的用户，可选用生物质气化炉。

但一般来讲，燃煤型供暖炉效率很难高于 40%，污染大，废渣处理较难，应逐渐减少使用。

（3）供暖炉通常设置在厨房或单独的锅炉间内，这些房间往往不需供暖或需热量很少，如果炉体的散热损失过大，有效送入供暖房间的热量就会减少，因此用户在选择供暖炉时，应选择保温好的炉子，提高供暖炉的实际输热效率。

（4）烟煤大烟大火，烟气带走的热量较多，为了便于回收烟气余热，提高供暖系统的供热效率，燃烧烟煤的用户宜选择带排烟热回收装置的供暖炉（见图 2-5-18）或在供暖炉排烟道上设水烟囱或水烟脖等热回收装置，如图 2-5-19 所示。

（5）供暖炉尽量布置在专门锅炉间内，燃煤供暖炉不能设置在卧室或与其相通的房间内，以免发生煤气中毒事件；供暖炉间宜设置在房屋的中间部位，避免系统的作用半径过大；为增加系统的重力循环作用压力，应尽可能加大散热器和供暖炉加热中心的高度差，

图 2-5-18　带排烟热回收装置的供暖炉

图 2-5-19　水烟囱

即提升散热器和降低供暖炉的安装高度。散热器在室内的安装高度受到增强对流散热、美观等方面的要求限制，位置不能设置太高，通常散热器的底端距地面 0.2～0.5m，应尽可能降低供暖炉的安装高度，最好能低于室内地坪 0.2～0.5m；供暖炉尽可能靠近房屋的烟道，减少排烟长度和排烟阻力，利于燃烧。

5. 散热器的布置

在农村居住建筑中，常能见到因房间外窗距供暖炉太远或因外窗台较低而造成散热器中心低等原因，使系统的总压力难以克服循环的阻力而使水循环不能顺利进行，同时回水主干管也无法直接以向下的坡度连至供暖炉，即出现所谓回水“回不来”的情况。在这种场合下，散热器不适合安装在外窗台下，可将散热器布置在内墙面上，距供暖炉近一些，管路短些，利于循环，同时因不受窗台高低的限制，可以适当抬高散热器中心，从而室内温度也得以提高。现在农村新建居住建筑的外窗户基本都采用双玻中空玻璃窗，其保温性和严密性好，冷空气的相对渗透量少。散热器安装在内墙上所引起的室内温度不均匀的问题就不会很突出。

6. 供水干管安装位置

重力循环热水供暖系统的供水干管距供暖炉中心的垂直距离越大，附加压力也越大，越有利于循环。所以供水干管应设在室内天花板下面尽量高的位置上，但系统中需要设置膨胀水箱和排气装置，供水干管的安装位置也会受到膨胀水箱和排气装置的限制，设计时，必须充分考虑三者的位置关系后，再确定供水干管的安装高度。

单层农村居住建筑的重力循环热水供暖系统中，膨胀水箱通常安装在供暖炉附近的回水总干管上，便于加水，而自动排气阀通常安装在供水干管末端。为了保证系统高点不出现负压，考虑压力波动，膨胀水箱底部的安装高度应高出供水总干管 30～50mm。为了便于供水干管末端集气和排气，自动排气装置应高出系统的最高点，考虑到压力波动，供水干管末端的自动排气装置的安装点应高出膨胀水箱上端 50～80mm，如图 2-5-20 所示。在供水干管、膨胀水箱和自动排气装置三者的安装高度关系中，应先确定自动排气装置的安装高度，再反推出膨胀水箱和供水干管的安装位置高度。

单层农村居住建筑室内吊顶后的净高约为 2.7m，考虑膨胀水箱的安装高度，供水干管的安装标高宜为 2.0m 左右，散热器中心通常的安装高度为 0.5～0.7m，因此，提出供水干管宜高出散热器中心 1.0～1.5m 安装。

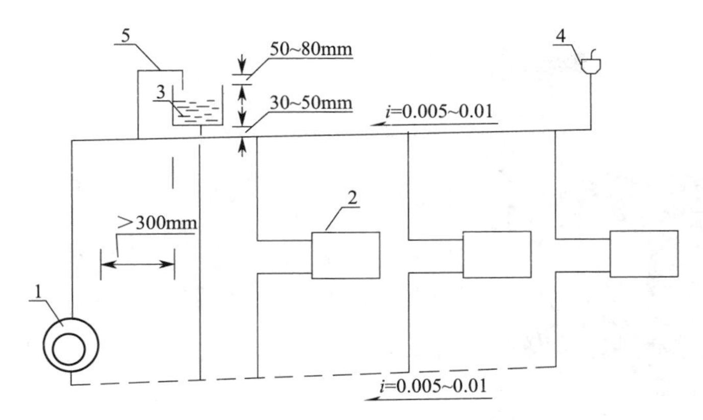

图 2-5-20 单层农村居住建筑供水干管的安装位置高度关系示意图

1—供暖炉；2—散热器；3—膨胀水箱；4—自动排气阀；5—排气管

5.1.3 火炕与热水供暖复合系统

1. 系统构成

对严寒和寒冷地区农村建筑中常用的火炕和热水供暖系统（俗称土暖气）进行组合，构成火炕和热水供暖复合系统，同时为厨房、卫生间等提供少量生活热水。在农村建筑的火炕内设置热水集热器代替热水供暖系统的供暖炉，在燃烧农作物秸秆等生物质燃料进行烧炕，满足有炕房间供暖需求的同时，加热炕内热水集热器产生热水，通过供水管路进入设置在供暖房间的散热器或其他供暖末端装置散热，为房间供暖，在农村建筑的厨房和卫生间内设置热水换热器，炕内热水集热器产生的热水在热水换热器内加热生活给水，为厨房和卫生间提供少量生活热水。系统主要有火炕、炕内热水集热器、散热器或其他供暖末端装置、热水换热器、加水箱、排气装置及管道构成，如图 2-5-21 所示。如果农村建筑供暖面积较大，系统连接的散热器或其他供暖末端装置较多，作用半径较大时，依靠重力无法实现循环时，需要增设循环水泵，由水温控制器控制循环水泵间歇运行，节约水泵耗电，如图 2-5-22 所示。

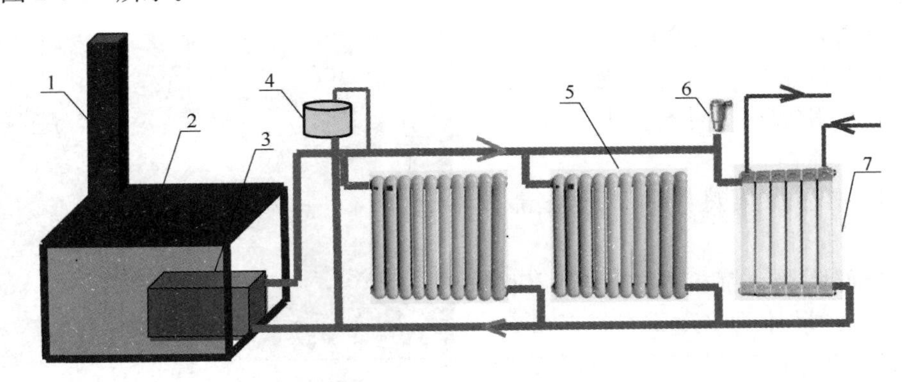

图 2-5-21 火炕和热水供暖系统及热水供应复合系统构成（重力循环）

1—烟囱；2—火炕；3—炕内热水集热器；4—加水箱；5—散热器；6—自动排气阀；7—热水换热器

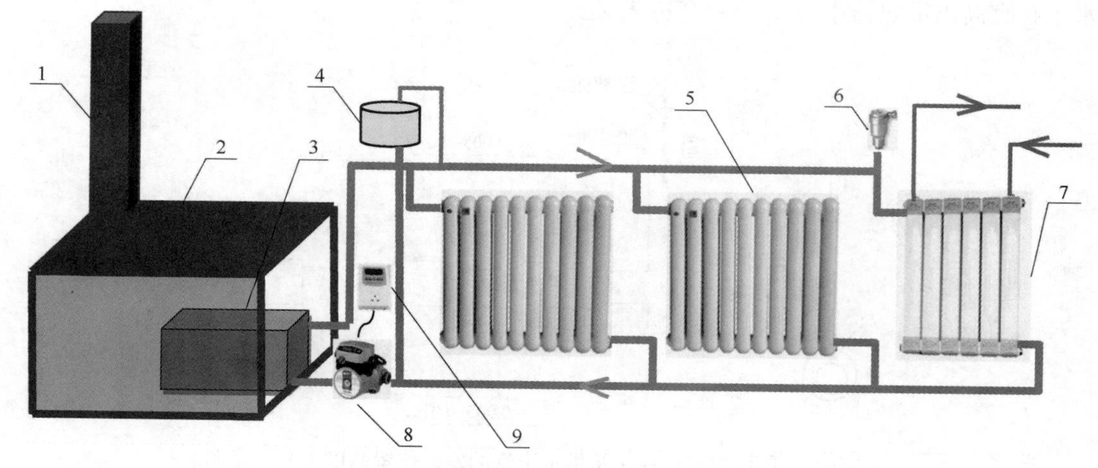

图 2-5-22　火炕和热水供暖系统及热水供应复合系统构成（机械循环）

1—烟囱；2—火炕；3—炕内热水集热器；4—加水箱；5—散热器；
6—自动排气阀；7—热水换热器；8—小型循环水泵；9—水泵水温控制器

2. 技术特点

（1）火炕与热水供暖复合系统改变了只设火炕产生的炕热供暖而室内温度低的状况，同时也可以为无炕的房间供暖，提高室内的热舒适性。

（2）利用燃烧秸秆的集热装置代替燃煤供暖炉作为热水供暖系统的热源，节省商品能源消耗；有效利用农村过剩的、不需花钱购买的农作物秸秆等生物质燃料，并能够快速而持续地保证室内温度，使用灵活，具有较大的节能效果。

（3）热水集热器安装在火炕内，由于火炕具有较好的蓄热性，当停止烧火后，火炕能继续保持热水集热器的温度，不会持续下降，提高热水供暖系统的蓄热性。

（4）解决了当燃料燃烧过量后，火炕炕面温度过高的问题。

该系统适用于严寒和寒冷地区能接受设置火炕供暖的农村建筑，可同时满足多个房间的供暖需求。建筑面积低于 $80m^2$ 的农村建筑可只设火炕和炕内热水集热器供暖，建筑面积大于 $80m^2$ 的农村建筑，系统可增设供暖炉作为辅助供暖热源，保持不烧炕时，系统仍能继续散热供暖。

3. 炕内置热水集热器介绍

火炕内置热水集热器为一钢制的定型产品，其外形和结构尺寸分别见图 2-5-23 和图 2-5-24。

火炕内置热水集热器由以下各部分组成：

（1）上部联箱：钢板焊制而成，钢板壁厚 2.5mm，尺寸为 900mm×380mm×50mm（长×宽×高），上部联箱前高后低，有 1%～2%的坡度，便于上部联箱的水流出。

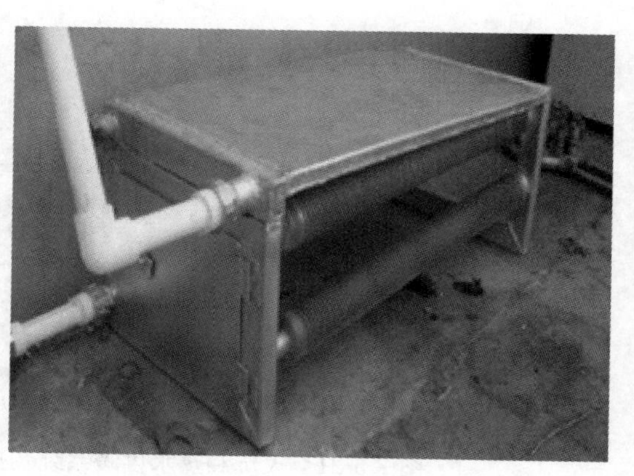

图 2-5-23　火炕内置热水集热器外观

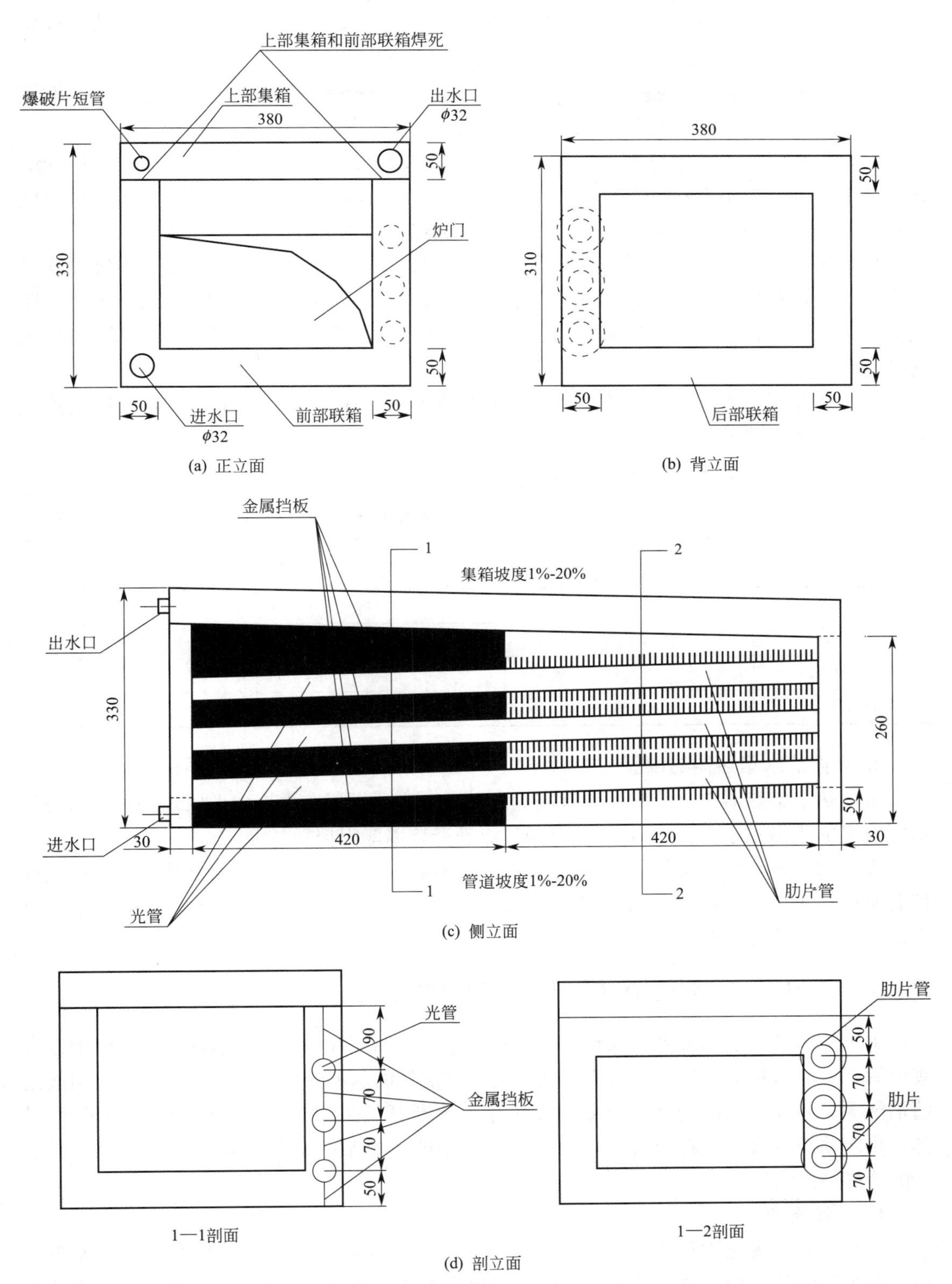

图 2-5-24 火炕内置热水集热器的外形和结构尺寸（单位：mm）

（2）前部联箱：钢板焊制而成，钢板壁厚2.5mm，前部联箱成U形框状，框宽50mm，框厚50mm，前部联箱和上部联箱焊死，不连通。

（3）后部联箱：钢板焊制而成，钢板壁厚2.5mm，后部联箱成U形框状，框宽50mm，框厚50mm，后部联箱和上部联箱连通。

（4）加热管：采用无缝钢管，共3根，壁厚0.35mm，内径25mm，管间距70mm，加热管前半部分采用光管，光管之间焊接金属挡板，加热管后半部分采用肋片管，肋片壁厚1mm，肋片高度10mm，肋片间距10mm，加热管沿水流有1%～2%的坡度。

（5）进、出水口：前部联箱上开孔，焊接一段50mm长、*DN*32的带有螺纹的连接短管，当热水集热器布置好后，与室内热水供暖系统管道连接。进水口距前部联箱底部距离为120mm，出水口设于上部联箱上，出水口管中心距上部联箱顶端和侧端的距离为25mm。

（6）防爆阀件连接管：为防止集热器超压爆炸，在上水套上接出连接防爆阀的连接管，通常采用安装爆破片的形式。

火炕内置热水集热器的性能参数见表2-5-6。

火炕内置热水集热器的性能参数　　表2-5-6

外围尺寸	1000mm×380mm×330mm（长×宽×高）	850mm×380mm×330mm（长×宽×高）	700mm×380mm×330mm（长×宽×高）
水容量	18.9kg	16.6kg	14.3kg
供热量	7.5kW	6.0kW	4.5kW
热效率	65%	65%	65%
本体重量	34.2kg	30.4kg	26.6kg

4. 炕内热水集热器的设置

炕内热水集热器在火炕中的位置应远离烟囱，避免烟气在火炕内形成短路，热水集热器距炕墙的距离不小于300mm，避免烟气流动受炕墙侧阻挡。

火炕与添柴口所在房间的隔墙上应开孔或预留孔洞，用于安装热水集热器，开孔或预留孔洞尺寸为380mm×330mm，孔洞底端应与添柴口所在房间的室内地坪齐平，添柴口下部可设置炉箅和灰斗。

5.1.4　太阳能和常规能源复合地板辐射供暖系统

太阳能和常规能源复合地板辐射供暖系统是以太阳能源为系统集热热源，同时辅以常规能源系统，采用低温地板辐射方式供应建筑物能量的新型节能供暖方式。由于太阳能是清洁能源，在北方寒冷地区的新农村建设中，逐渐开始采用该复合系统形式。太阳能供热、供暖系统的设计应符合现行国家标准《太阳能供热采暖工程技术规范》GB 50495—2009的有关规定。

1. 工作原理

太阳能和常规能源复合地板辐射供暖系统的工作原理是：太阳能集热器接受太阳辐射，并加热集热器内介质，将太阳辐射能转化为热能，并储存在蓄热水箱中，水箱中的水在循环泵的作用下，进入末端地面辐射盘管进行房屋供暖，当太阳能供热量不足时，采用常规辅助能源（燃煤、燃生物质、燃气锅炉、电加热）进行辅助加热。系统原理如图2-5-25所示。

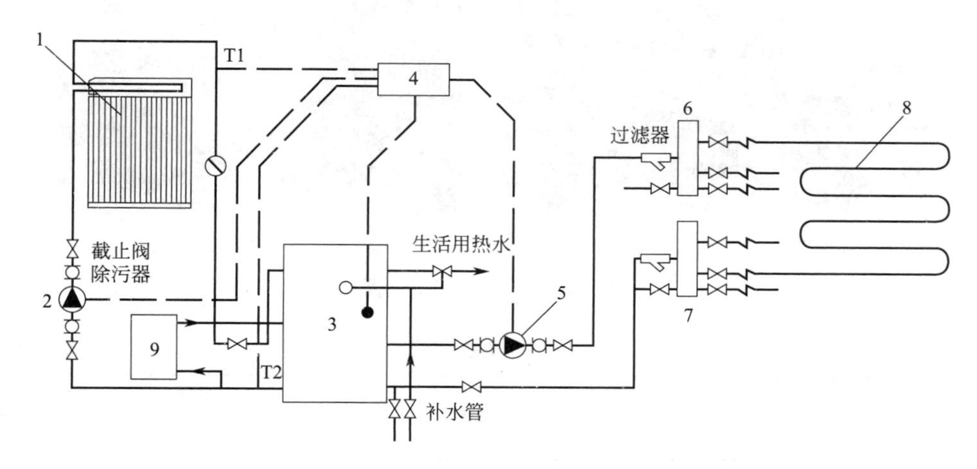

图 2-5-25 太阳能与常规能源复合地板辐射供暖原理图

1—太阳能集热器；2—集热侧循环泵；3—储热水箱；4—控制器；5—供暖用循环泵；6—分水器；7—集水器；8—地板供暖辐射板；9—辅助热源

2. 系统构成

太阳能和常规能源复合地板辐射供暖系统由太阳能集热系统、辅助能源保障系统、低温热水地板辐射供暖系统及生活热水供应系统四部分组成。

（1）太阳能集热系统主要由太阳能集热器、储热水箱、控制器、系统管道等组成。太阳能集热器是用来将太阳能源转换为热能以加热液体的设备，储热水箱是用来储存太阳能集热器产生的热水设备，控制器是用来控制太阳能集热系统自动运行的控制装置，系统管路是用来连接太阳能集热器和储热水箱为一系统的部件。

目前国内使用的太阳能集热器类型主要有平板型太阳能集热器、真空管太阳能集热器、热管真空管太阳能集热器、U形管真空管太阳能集热器。平板型太阳能集热器保温性能不如真空管太阳能集热器，适合在春、夏、秋三季使用；真空管太阳能集热器在－25℃的低温条件下，仍可产生热水，可一年四季使用，冬季利用太阳能的效率最高；热管真空管太阳能集热器可在零下50℃条件下使用，但热管冷凝端（加热端）表面积仅是真空管的百分之一，易结水垢，换热效果不如真空管，且使用效果直接受到热管本身质量和寿命的影响，部分热管出现质量下降和衰减问题，不容易被发现，且成本高；U形管真空管太阳能集热器是在真空管的内壁插入了一根U形的铜管，利用传热介质在U形铜管内流动将真空管吸收的太阳能热能带走，因而可封闭带压循环，不存在炸管泄漏问题，但由于U形管怕冻，因此必须采用防冻液介质循环，成本相对也高。综上所述，不同类型的产品各有其优缺点。随着技术的进步和产品的不断完善，实际选择产品时需综合考虑。目前全玻璃真空管太阳能集热器和平板型太阳能集热器是比较普遍使用的产品，如图2-5-26所示。太阳能集热器的性能应符合现行国家标准《平板型太阳能集热器》GB/T 6424—2007、《真空管型太阳能集热器》GB/T 17581—2007和《太阳能空气集热器技术条件》GB/T 26976—2011的有关规定。具体各类型集热器选用见表2-5-7。

(a) 全玻璃真空管太阳能集热器

(b) 平板型太阳能集热器

图 2-5-26　太阳能集热器

集热器类型选用　　表 2-5-7

选用要素		平板型	集热器类型	
			全玻璃真空管型	热管真空管型
运行期内最低环境温度	高于0℃	可用	可用	可用
	低于0℃	不可用[a]	可用[b]	可用
集热效率[c]		低	中	高
运行方式		承压、非承压	非承压	承压、非承压
与建筑外观结合程度		好	一般	较好
易损程度		低	高	中
价格		低	中	高
结垢对集热效率的影响		大	不大	大

注：a 采用防冻措施后可用；

b 如不采用防冻措施，应注意最低环境温度值及阴天持续时间；

c 本项指全国范围内全年的集热效率。在环境温度常年高于0℃的地区，或只在夏季使用的系统，平板型集热器效率略高于全玻璃真空管型。

(2) 辅助能源保障系统可由各种类型的常规能源组成，作为太阳能集热系统的补充，在连续阴雨天气或其他特殊供暖需求时启动，以满足系统供热需求。辅助能源保障系统可采用电加热管、燃煤或燃生物质供暖炉、壁挂燃气供暖炉等。

(3) 太阳能集热器属中低温热源设备，因而应针对其效率特性曲线进行散热端的选择，以达到系统的整体高效性。一般太阳能供暖系统均采用低温地板辐射散热系统，其设计的热媒为40～50℃的低温热水，这使利用太阳能集热系统始终工作在高效率区域。

3. 系统特点

太阳能和常规能源复合地板辐射供暖系统相比，传统供暖方式不存在污染和安全问题，具有节能和环保的特点；在供暖房间的垂直高度上，热量分布均匀，舒适、卫生，符合人体生理特点；便于进行分户热计量；便于调节和控制。太阳能地板辐射供暖系统具有节能与环保等突出优点，是一种绿色的供暖方式，但成本投资相对较高。随着人们对生活质量要求的提高，在经济条件较好的农村地区，太阳能地板辐射供暖系统必将会得到越来越广泛的应用。

5.2 炊事节能技术和设备

5.2.1 省柴灶

1. 省柴灶的结构原理

（1）灶膛（燃烧室）

灶膛是省柴节煤灶的核心部位，是炉箅子以上供燃料燃烧的地方。灶膛的选型和制作材料的选配直接影响柴灶的热性能，它关系到燃料能否充分燃烧和热能能否充分利用，因此其大小的控制尤为重要。灶膛主要是用来容纳燃料的，燃料点燃后与自炉箅子处的空气混合均匀后充分燃烧，使火焰直扑锅底，同时还可以储存炭火和部分灰渣。灶膛尺寸不易过大，其直径一般以锅口直径的五分之三为宜，这样能够提高燃料的燃烧温度，使燃烧产生的热量相对集中。但灶膛也不宜过小，灶膛太小会使其容纳的燃料减少，不但会增加添柴次数，还会影响灶内的通风效果。灶膛里留有一定的燃烧空间，有利于对流传热。一般农村家用的柴灶会在灶膛内设置一个小的紧凑的燃烧室，称为炉芯，这样可以提高燃烧效果。其形状一般为下大上小形或坛性，其大小一般由铁锅的大小决定，通常为锅直径的一半，高为 140～200mm。预制炉芯的材料有水泥、黄黏土、烟煤渣，按 1∶1∶3 的比例混合，再掺加 3%的食盐即可制成。省柴节煤灶要求同时满足省柴、省时、好烧的特点，切不可为了提高柴灶热效率随意减小灶膛或吊火高度，必须要保证使用人员的方便性。

（2）炉箅及吊火高度

炉箅又叫炉栅、炉桥，其作用是能够使新鲜空气均匀进入灶膛，为灶膛内燃料的完全燃烧提供充分的氧气；排除部分灰渣，以保证灶膛内一定的燃烧和对流空间。炉箅在柴灶内安装位置的确定一般以锅脐为中心，朝出烟口方向长度为整个炉箅长的三分之一，其余部分背向出烟口。朝灶门方向的炉箅略高于里面，一般成 9°～12°的夹角，这样有利于柴草的架空燃烧。炉箅尺寸与炉条间隙应根据燃烧燃料的种类确定，一般烧柴灶的炉箅尺寸为120mm×140mm，炉条间隙为 7～9mm，炉箅有效面积一般为 25%～30%；烧秸秆的炉箅有效面积应达到 50%左右，炉箅间隙为 10～12mm；烧草灶的炉箅尺寸要适当大一些，间隙为 13～18mm，炉箅有效面积要达到 75%左右。为了达到较好的燃烧效果，省柴灶的炉箅多为横放，这样可以使空气均匀进入灶膛内部与燃料混合，增加了紊流形成的机会，有利于促进对流传热，并且能够防止添柴时炭火下漏，能够有效减少不完全燃烧造成的热损失。吊火高度是一种重要的参数，它表示炉箅到锅底中心（也叫锅脐）的距离，见图 2-5-27。其大小一般以火焰高温区恰好在锅底部为宜。吊火高度也是根据燃烧燃料的种类确定的，烧草灶的吊火高度为 160～180mm，烧硬柴灶的吊火高度为 120～140mm，烧煤灶的吊火高度为 80～120mm。

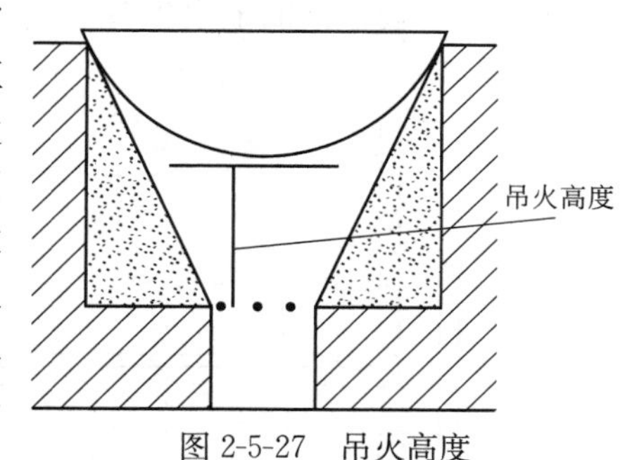

图 2-5-27 吊火高度

（3）拦火圈

拦火圈的主要作用就是调整火焰和烟气流动方向、流速大小，可使燃料燃烧集中，延长可燃气体在灶内的停留时间，提高燃烧效果，见图2-5-28。

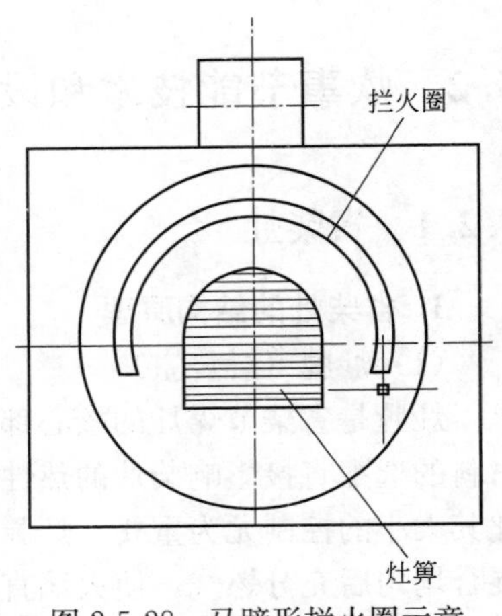

图 2-5-28　马蹄形拦火圈示意

（4）进风道（地风道）

进风道位于炉栅以下的空间，一般设置在灶门下方，形状多为长方形或梯形（上窄下宽），其作用是为灶膛内进风提供氧气，促进燃料燃烧，并能够储存灰渣。同时能够对进入灶膛内的冷空气进行预热，即利用热灰中的小火星和余热以及炉箅间隙灶膛内部的辐射热量，将冷空气在进入灶膛之前被预热，这样可以保证灶膛内的燃烧温度。家用柴灶的进风道高度一般为锅直径的一半，宽度为160～240mm。有些进风道内部还砌成斜坡形，这样可以使进风通畅，从而增加引风效果。

（5）聚热辐射层（聚热反射圈）

聚热辐射层位于灶膛以上的部位，由回烟道、拦火圈（墙）、排烟道组成，其作用是可有效调整火苗的分布，有利于火苗集中，不但能保证锅底受热均匀，并且可使锅底的吸热面积达到最大，同时还能够增加辐射传热的机会和对流传热面积，使可燃气体充分燃烧，延长火焰和高温烟气在锅底的停留时间，有效提高热能的利用率。聚热辐射层有锅底形和波浪形两种形式。对于有炉芯的柴灶，聚热辐射层与锅底的距离为：靠出烟口一侧为10～20mm，靠灶门口一侧为25～35mm；对于无炉芯的柴灶，其与锅底的距离可适当大一些，一般为60～80mm。排烟道一般位于聚热辐射层的上部与锅圈接触部分，拦火圈则位于锅圈和炉芯上部、铁锅下部的间隙部分，拦火圈与铁锅的间隙随位置变化，在靠出烟口方向为3～5mm，出烟口对面间隙为25～35mm，中间部分由出烟口到其对面位置逐渐增大。回烟道和排烟道位于拦火圈两侧，宽为50～150mm，深为50～150mm。一般可通过试烧来检查拦火圈与锅底的间隙留得是否合适，通过试烧调准，使其间隙大小适中。

（6）回烟道

回烟道一般在锅的上沿四周，高温烟气一般在此处回旋，以使废气余热得到充分利用，见图2-5-29、图2-5-30。

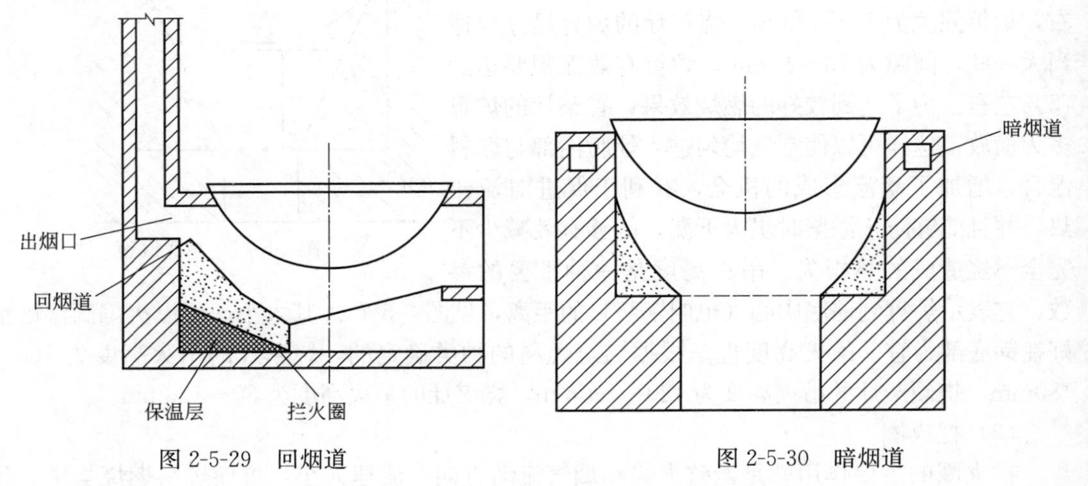

图 2-5-29　回烟道

图 2-5-30　暗烟道

（7）出烟口

出烟口也叫烟喉，烟气排出门户的位置。出烟口尺寸要适中，其太小会导致排烟不通畅，容易出现倒烟、火势减弱等现象；若出烟口太大，会造成灶膛内热量散失过多，浪费燃料。因此家用省柴灶出烟口的尺寸一般为高 60mm，宽 80mm，烧草灶出烟口的尺寸可适当放大一些。因此出烟口的大小要合适，使其既保证排烟通畅，又不造成热量损失。

（8）灶门

灶门是添加燃料、观察灶膛内火势和清除灶膛内灰渣的部位。灶门的尺寸和位置都会直接影响燃烧效果。灶门的位置一般设置在低于出烟口 30～40mm 处。若灶门过大，则会使大量冷空气进入灶膛内部，降低灶膛内的燃烧温度，影响燃料充分燃烧；若灶门太小，又会造成添柴不方便。灶门口一般会做成喇叭形（外大内小），这样能够便于添加燃料，内口高为 120～140mm，宽为 130～150mm，烧草灶可略大一些。一般灶门的尺寸在操作方便的前提下尽量缩小。为避免冷空气直接从灶门口进入灶膛，可安装带有观察孔的灶门或挡板。

（9）烟囱

烟囱的主要作用是将燃烧产生的烟气排出室外，保证室内环境。同时可产生一定的抽力，促进柴灶内燃料的燃烧，使排烟通畅，并能够减少压火沤烟造成的热损失，与灶膛、炉箅、进风道构成了一个烟气对流系统。烟囱的高度和其内部横截面积尺寸要适中，若烟囱高度过高会导致抽力过大，造成热能损失，若高度不够，则又会抽力不足，阻碍燃料燃烧。家用省柴节煤灶的烟囱要高出屋脊，一般为 3～4m 高。烟囱内部的横截面积也要适当，要保持通风适量，保证排烟通畅，其内径一般为 180mm 左右。烟囱要牢固严密，笔直且内部光滑无阻，这样才能保证排烟畅通。

（10）出灰洞

是储存灰和出灰的部位，一般出灰洞口也要装上活动门，停止燃烧时关门，有保温效果。

（11）风闸门

又可称为插板。一般安装在烟道部位，在柴灶燃烧时可根据情况调节进风量，关上时就能保持灶内余热，是省柴灶的“节柴关”。其大小应与烟道内径一致，开关大小可调节 2～3 档。

（12）余热利用装置

烟气余热再利用是一种有效提高热效率的方法，可在烟囱一侧或回烟道上安装 2 个贮水罐。

（13）保温隔热层

为了减少燃料燃烧时产生的热散失，可在灶膛四周与灶壁之间填充保温材料，保温层厚度一般为 50mm 左右，保温材料一般为糠壳灰、草木灰、珍珠岩或石棉粉等，这样可有效减少灶膛向灶体的热传导，从而提高灶膛温度。

（14）灶身

灶身具有一定的保温作用，它能够保持其内部结构的完整性，并支撑铁锅（包括水和食物重），同时还能够使灶体外形美观大方。

综上可知，省柴灶是一个紧密联系并且不可分割的整体，其各部件的作用虽然不同但却相互影响、相互制约。因此，在推广以及搭建省柴灶的过程中，我们应熟知省柴灶的主要部件和作用以及其之间的联系，并按要求砌筑，使其同时达到省柴、省时、好烧的目的。

2. 省柴灶的建造技术

（1）选择省柴灶的位置尽量做到小而紧凑，尽可能利用墙的边角的位置，并要求美观大方。

（2）在省柴灶的中心位置，将铁锅锅口朝下放置画出其圆环线，再按尺寸画出灶壁轮廓线。

（3）在画线位置砌筑灶壁，灶台高度为750～800mm，根据要求控制灶膛大小及吊火高度。

（4）省柴灶整体结构完成后，先修正灶膛内部，然后进行试烧，观察火势，以火苗直立并洒满锅底为宜。若灶门出现燎烟，则需加大出烟口尺寸，若火苗偏向烟囱方向，则需把出烟口缩小。

（5）将灶膛内部完全烘干，进行正式烧火试验。农村可用“三个十法”测试，即用0.5kg（10两）柴草加热锅中5kg（10斤）水，若锅水能在10分钟内沸腾，则说明省柴灶搭建合格。

（6）在完成测试后，可用砂、白石灰、水泥混合砂浆等粉刷省柴灶四周，并在灶台面上镶上白瓷砖，这样省柴、美观、卫生、方便的省柴灶就搭建完成了。

3. 技术分析

（1）省柴灶常见的毛病及其原因

1）灶门倒烟

灶门倒烟的原因有很多，一种是由于省柴灶的灶膛过小，导致稍微多添加一些柴草就会影响内部空气的流通，降低灶内温度；第二种可能是因为柴草太湿，在刚点燃后的灶内温度较低；第三种可能是拦火圈与锅壁的间隙及回烟道的尺寸太小，使得阻力较大影响排烟；第四种可能是二连灶的副锅烟道排烟不畅，烟气从烟道排出受阻。以上这些原因都容易造成灶门倒烟的现象。

2）烟囱抽力不足

烟囱抽力不足可能有两个原因，一是烟囱不严密，有漏气的地方；二是烟囱高度不够，内部截面积过大等。

3）烧水时一边开锅，一边不开

其原因有三，一是灶内燃烧火力集中点位置不合适，应尽量使其正对着锅底部分；二是出烟口处的拦火圈与锅壁间隙太小；三是锅壁一周与灶膛之间的距离不一样，距离小的部位先开锅，距离大的部位不易开锅。

4）烧水不容易开锅

其原因可能是灶膛太大，导致吊火高度过高，火苗外焰不能集中加热锅底；还有可能是拦火圈太低，没有起到聚集火势的作用，火被烟囱直接抽走，造成灶膛内热量流失。

使用省柴灶，必须要少添勤添，不能为了方便一添就是一大把。若烧柴量过多，灶膛内的空气不够，会导致增加燃料不完全燃烧的热损失，会降低灶膛内的温度；若添柴过少，则也无法保证灶膛内的温度，若此时空气进入量过大，会明显降低其热效率。因此，同样的炉灶，烧火方法决定了其热效率的高低，即所谓的“三分灶七分烧”就是这个道理。

（2）省柴灶的改进特点

省柴灶几处成功的改进：

1）灶体的改进

传统柴灶灶体均为实心的，这样既浪费建筑材料又不能使厨房的空间得到充分的利用。省柴灶将灶体下部改为空心的，主要用于储存柴草。砌筑方法是：按照灶体宽度先竖砌两排砖，在两排砖之间装好木模板，按 150mm×150mm 的尺寸布置直径为 6mm 的钢筋，再浇筑厚 150mm 的混凝土，待混凝土达到设计强度后拆去模板，继续在其上部砌筑省柴灶。对于不加钢筋不浇筑混凝土的柴灶，可直接在木板上砌筑灶体。对于单体省柴灶，储柴室可设置在省柴灶正面；若为二锅一门的二连，其开口可设在省柴灶的侧面，以便于存取柴火。

2）进风道的改进

设置储柴室后，可将进风道大致做成 150mm×150mm×250mm 的长方通道，在其内加设一只自制的储灰盒，形状似抽屉，可获得良好效果。可用锡焊或点焊机点焊，将拉手、挡板与盒体连接。

3）灶门的改进

传统柴灶一般不设灶门，即使是安装灶门的，也会因采用推拉式而不便启闭，效果不好。现将灶门改为开启式，不但使用方便，而且容易施工。制作方法是：在砌筑灶口左侧时，在砖缝内插入两根“耳子”，在粉刷灶壁时，在灶口右侧嵌入一块小磁铁；灶体砌筑完成后，将做好的灶门卷筒部分放在两“耳子”之间，并用转轴穿入其间。“转轴”、“耳子”可用粗铁丝自制。

改进后的省柴灶具有的几个特点：

1）热效率高

按《民用柴炉、柴灶热性能测试方法》NY/T 8—2006 测试，单体省柴灶热效率一般在 35%以上，高的可达 40%，升温速度为 5.9℃/min，蒸发速度为 0.18kg/min，回升速度为 0.92℃/min。

2）可控制调节火力

可通过调节储灰盒在进风道内的插入深度来控制灶内空气进入量，进而调节炉膛内的火力。若需要小火，可将储灰盒全部关闭，灶门也同时关闭，使灶膛内的火全部熄灭；若需要大火，只要将储灰盒抽出，打开灶门上的观火孔，恢复灶膛内的燃烧，方便有效。

3）整洁卫生

柴草储存在储柴室内可为厨房节省空间；燃烧产生的灰渣储存在储灰盒中，能使厨房整洁卫生，从而获得了美观大方、美化环境的效果。

经测试表明：省柴节煤灶与旧式柴灶相比，可节省柴草 67%左右，省柴节煤炕与旧式炕相比，可节省柴草 50%左右。总之，省柴节煤灶炕具有灶膛内部结构合理、具有良好的通风效果，并且点火容易起火快、热效率高、安全卫生、保温性能好等优点，是农村住宅炊事的不二之选。

4. 投资与运行费用

连炕省柴节煤灶的使用要根据农户家中人口数确定，选择好锅的尺寸、体外灶门、铁炉箅等。砌筑材料一般为水泥2袋，红砖150～200块，粗中沙0.5m^3，黏土0.2m^3，细炉渣等。经济条件好的农户可为达到美观效果，在锅台面上镶上瓷砖。其搭建费用与一般柴灶差不多，但其运行费用要比传统柴灶节省很多。连炕省柴节煤灶的热效率达到30%以上，每年可节省柴草1400公斤，相当于标准煤700公斤，大大减少了农户购买燃料的费用。

5. 设计施工技术要点

（1）农村省柴灶的技术关键

1）做到“三小”

省柴灶的灶膛要小，灶膛直径以锅口直径的五分之三为宜；灶门要小，一般灶门高为180mm、宽为140mm；出灰洞门要小，其尺寸可等同于灶门大小或略大一些。做到这些，可以使灶膛内燃料燃烧集中，灶内温度高，热量散失少，锅体底部吸热量增大。

2）有“三门”

在灶口处要设置铁制灶门，出灰洞口处要设置活动的铁板门，烟囱上要有一个闸门。灶口的活动铁门，为了减少灶膛内热量的散失，在添好柴后要将其关上。出灰洞口活动铁门，在停止烧火时应将其关闭。烟囱处的闸门可调节烟囱抽力大小，在停止烧火时也将其关闭，以保证灶膛内的温度。

3）有合理的吊火高度

为使火焰的外焰部分即火苗高温区正处于锅底部位，烧草灶的吊火高度一般为160～180mm，烧硬柴灶的吊火高度一般为120～140mm，烧煤灶的吊火高度一般为80～120mm。

4）有合适的炉箅（又称炉栅）

炉箅的尺寸一般与燃料的种类有关。以烧柴为主的灶，由于炉箅上柴灰不多，并且其通风效果较好，一般选用炉条小而密的炉箅，尺寸为140mm×160mm，间隙为5～8mm；以烧草为主的灶，由于草灰较多，且通风性能较差，一般选用炉条大而稀的炉箅，尺寸为220mm×180mm，间隙为12～15mm。

5）有较高的烟囱

烟囱高度一般为3～4m，其内部截面尺寸为120mm×120mm，内外壁要无缝光滑，上下笔直且截面相等，否则影响烟囱的抽力，进而影响柴灶效率。

6）有大小合适的铁锅

一般5～6口人的家庭选用直径为450～500mm的铁锅，4口人以下的家庭选择直径为400～450mm的铁锅比较合适。

7）有余热利用装置

此装置的选择应根据水质来确定。在硬水地区，一般选择钢筋锅作为余热利用装置，将其安装在省柴灶靠近烟囱处。由于硬水煮沸后会在锅壁上留下很多水垢，因此口径大的钢筋锅口便于清除水垢。而在软水地区，则可选择安装节能水箱。余热利用装置能够充分利用灶膛内上部烟气的余热，可有效提高灶的热效率，夏天每天可额外获得生活用热水20多公斤。

(2) 灶体高度及吊火高度如何确定

灶体的大小主要由锅的直径，以及锅和汤罐的数量决定。多锅的锅台面要大于单锅的锅台面。同时还应在以考虑操作人员使用方便和生活习惯为主的前提下合理布局，力求美观大方。灶体的高度主要取决于锅的深度，吊火高度和通风道的高度，并且要考虑到炊事人员的操作舒适度，一般灶体高度为650～850mm。北方农户一般都是炕连灶的结构，因此要求灶体高度不能超过炕高，否则会导致灶门出现倒烟的现象，灶体高度见图2-5-31。

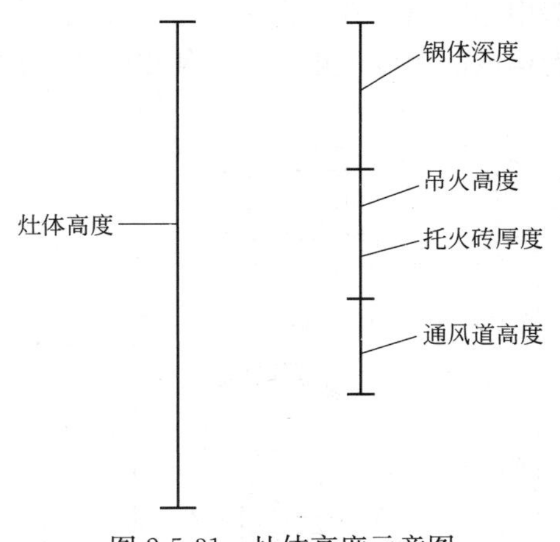

图2-5-31　灶体高度示意图

吊火高度是指炉箅至锅底中心（也叫锅脐）的距离。吊火高度会直接影响灶内热性能和热效率，因此在砌筑灶膛之前就要确定。吊火高度主要由燃料种类和锅的大小确定。根据不同燃料火焰特点不同以及火焰的外焰温度最高原理，经过不断对各种柴灶的测试可知，一般农户使用铁锅的直径在500～600mm时，烧玉米秸秆和高粱秸秆的柴灶的吊火高度为160～200mm；烧草灶的吊火高度为160～180mm，并且炉箅要横放；烧木柴灶的吊火高度为130～150mm；烧煤灶的吊火高度为120mm左右。如果锅的直径小于上述数值，则吊火高度要随之增大，反之则需要减小。

(3) 省柴灶平面图

省柴灶的平面图就是其俯视图［见图2-5-32(a)］，从节柴灶的平面图上，可得到如下数据：

1) 省柴灶的外部轮廓尺寸

在平面图的外围通常会标注三道尺寸线。最外边的尺寸线标注的是省柴灶的总宽度(包括烟囱在内)；其次是标注灶台面的长、宽尺寸；最后一道尺寸线标注的是灶门、进风口及出烟道宽度尺寸，工人要根据这个尺寸建筑灶门、进风道口和出烟道。

2) 灶膛内部结构参数

平面图上会标注出省柴灶灶膛内部的座锅圈、拦火圈、燃烧室的尺寸，以及灶门、出烟口和炉箅的位置，还有其他配件的位置和尺寸。

3) 省柴灶烟囱的位置和尺寸

省柴灶的构造和尺寸见图2-5-32。

(4) 搭建炕灶的施工放样方法

在搭建炕灶时，要进行放样工作，其目的是能够更好地掌握和控制柴灶各部分几何尺寸，力求搭建出符合设计要求的省柴灶。施工放样方法有两种，即水平放样和立体放样。水平放样的作用是能够准确确定锅具、烟囱、余热器以及其他构件的平面位置，见图2-5-33。具体方法是：首先选择搭建柴灶的位置，将锅、余热器、烟囱等按设计位置摆好，留足相互之间的距离，然后将锅口朝下画出一个圆圈，在中心位置钉一个木桩作为中心桩，从中心桩向远离出烟口方向引线并量取1/5～1/3炉箅长度，钉一个小木桩作为偏心桩，此点即为偏心点，此距离称为偏心距离。根据图纸设计尺寸，在偏心桩两侧画出进风道线，然后在锅圈线以外100mm处画出灶体外围轮廓线。如果是双锅单烟囱灶，则两锅中心距离为其各自半径与中间隔墙厚度之和。搭建时应尽量是灶膛、出烟口与烟囱这三者构成的角度最小，力求使出烟道与烟囱的距离最近。

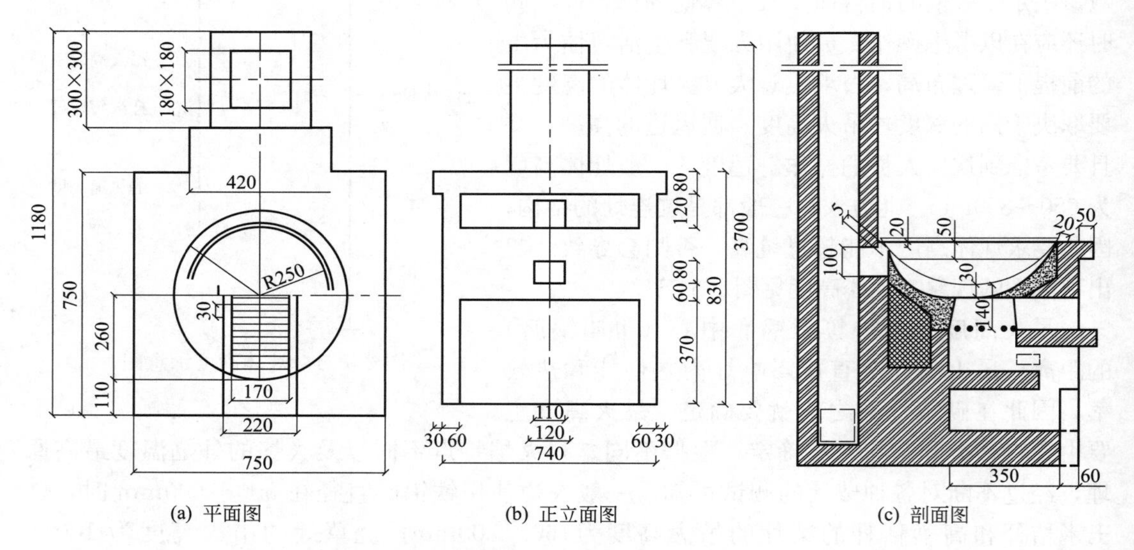

图 2-5-32　省柴灶的结构尺寸（单位：mm）

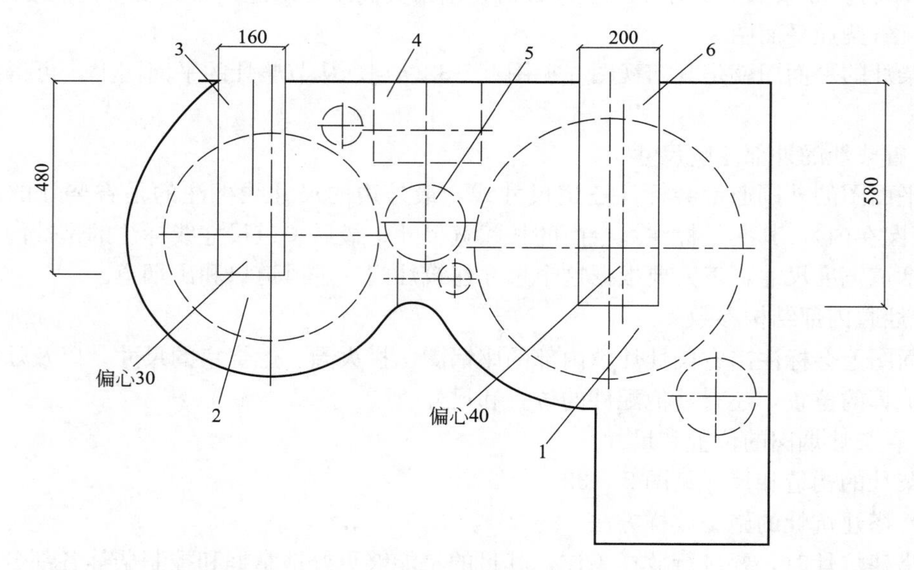

图 2-5-33　水平放样的示意图（单位：mm）

1、2—锅；3、6—进风道；4—烟囱；5—余热室

平面放样中的有关控制参数可参照以下几点：

1）铁锅的锅口边线与房屋的墙边线距离为60～80mm。

2）铁锅锅口边线与余热室的口沿相隔30～40mm。

3）铁锅锅边线与瓮坛的上口沿相距20～30mm。

4）灶膛、炉箅的中心按烟囱相反方向偏离铁锅中心30～50mm。

立体放样主要是为了在施工过程中确定省柴灶各部位的高度，方法有两种，即标杆法和画线法。

1）标杆法：在铁锅中心或炉箅中心的位置立一根标杆，按照设计要求的尺寸，从下到上在标杆上标出尺寸和记号，如进风道高度、托火砖厚度、吊火高度和铁锅深度等，也可从上至下标记。一般施工时是按照从下而上的顺序和尺寸砌筑的。

2）画线法：这种方法比较简便，即在离搭建柴灶最近的墙壁上用粉笔从下至上依次标出各部位的立面高度。

立体放样见图 2-5-34。

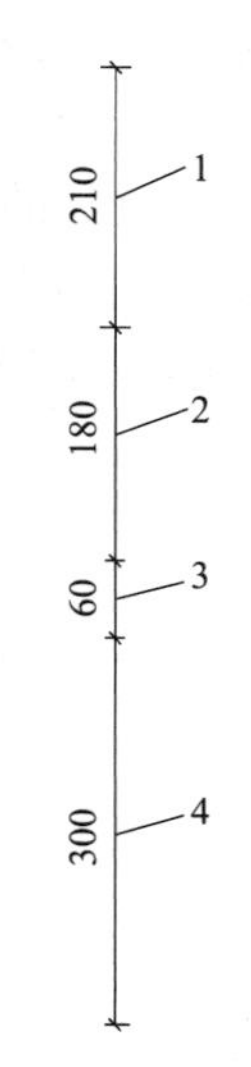

图 2-5-34 立体放样示意图（单位：mm）

1—锅深；2—吊火高度；3—托火钻厚度；4—进风道高度

（5）燃烧室设计及施工要求

燃烧室指的是灶箅与拦火圈之间的部位。燃烧室特有的几何形状可以改变热气流的对流和辐射作用，可提高灶膛内的温度，提高烟气向铁锅的传热量。燃烧室尺寸要适中，太大则浪费燃料，并且火力不集中，太小则容纳的燃料少，影响通风效果，造成燃料不完全燃烧。一般五口之家的灶的燃烧室容积可根据燃料种类的不同取 0.015～0.025m^3。燃烧室形状可分为两种：一种是长方形，适合燃烧薪柴，见图 2-5-35。灶炉箅周围的上方砌成 120mm 宽，60～80mm 高的长方形，上口内缘与锅底之间要留有 50～60mm 的间隙；另一种是圆筒形，其特点是由于其弧形壁的导向反射，使灶膛内部温度较高，而且可使火力集中加热对锅，使灶的热效率较高，并且便于使用模具进行工业化生产。大多数烧草的灶都靠烧火过程存积灰渣形成的临时燃烧室而不另设燃烧室，这样既可以缩小灶膛容积，又能防止灶膛内热量散失，具有保温作用。

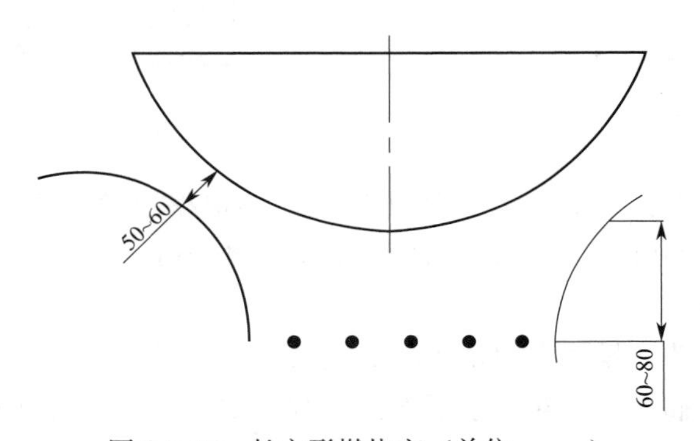

图 2-5-35 长方形燃烧室（单位：mm）

砌筑燃烧室的材料一般宜选择当地建材，如红砖、蓝瓦、混合泥等，这些材料取材方便，并且制作方便简洁，在性能上也能够满足灶的一般要求。用砖或瓦砌成的燃烧室，内衬一面的砖棱或瓦沿必须靠紧，把八字缝留在保温层一侧，外侧缝隙用混合泥充填满饱，以防止使用一段时间后因砖或瓦发生松脱而导致燃烧室破损。在施工过程中，为了不耽误施工，不影响整体结构的性能，应将燃烧室的底面制作与炉箅的安装工作同时进行。

（6）二次进风与强制机械通风技术措施

二次进风：有的省柴灶在燃烧室外层安装有二次进风管，主要是用于补充氧气，在控制一次进风量的条件下，配合二次进风可使燃料得到充分燃烧。二次进风应先进行空气预热，以免降低灶膛温度，导致燃料不充分燃烧，见图 2-5-36。

机械通风灶的通风道设置在火床下方，其位置与吹风进口和集风斗入口相适应。通风道一般设在锅台的左侧或右侧，若使用手摇吹风机，则设于灶口的左侧或右侧，见图 2-5-37。机械风灶须在火床下部设集风斗，集风斗的形式有以下几种：

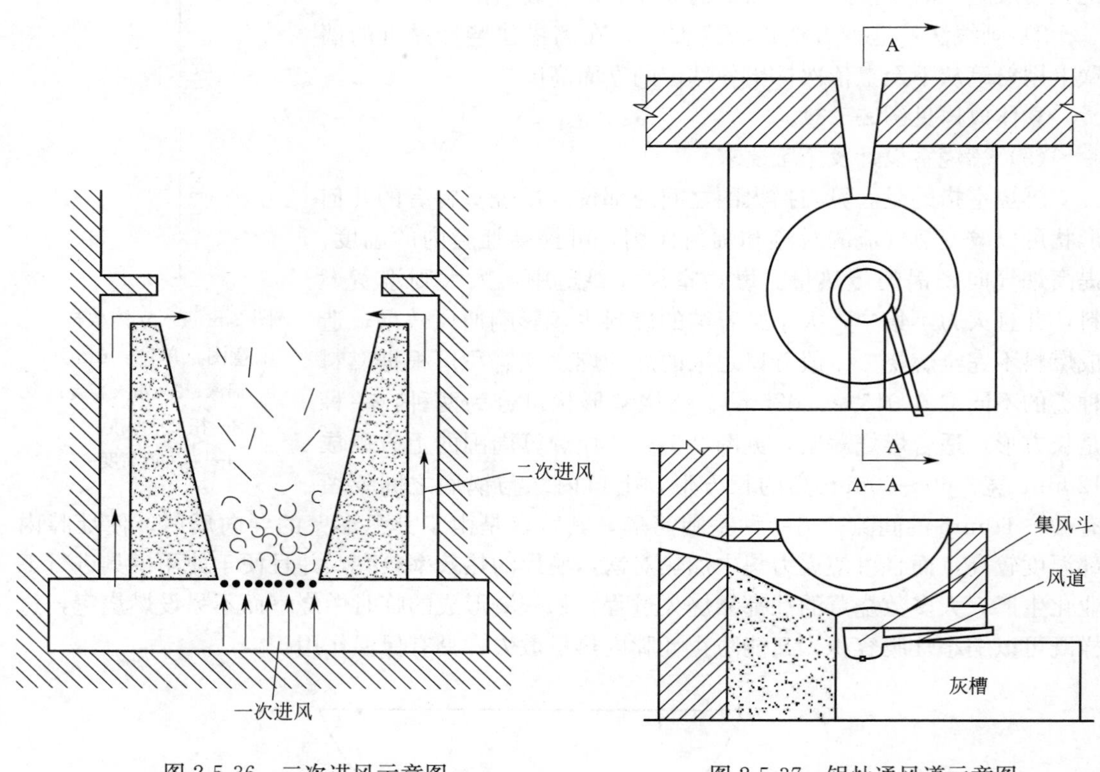

图 2-5-36　二次进风示意图　　　图 2-5-37　锅灶通风道示意图

1）铁制花盆式风斗：铁制花盆式风斗的规格要根据锅的大小来确定，见图 2-5-38。花盆式风斗两侧伸出的铁体，应离开灶箅子周边 5～10mm。使用时，如有灰渣堵塞，可从上部把炉箅取下清扫。

2）砖砌花盆式风斗：规格类似铁制花盆式风斗。

3）插板式风斗：插板式风斗用于不连接火炕的锅灶，其位置在火床向下两层砖底皮以下留梢，设铁制插板。插板式风斗也可与吹风机配套。停电时可将插板抽出进行自然通风。

4）活动风斗：活动风斗是铁制的，长度一般大于锅台半径，可燃烧工业可燃废渣或木粉等，与手摇吹风机配套。

（7）省柴灶的砌筑施工要求

1）因锅定灶

砌灶前先根据所使用锅的尺寸初步确定灶体平面尺寸，再根据当地生活习惯和使用的方便性确定灶的高度，并由此估算出所需的砖、泥等用量。单灶高度一般在 800mm 左

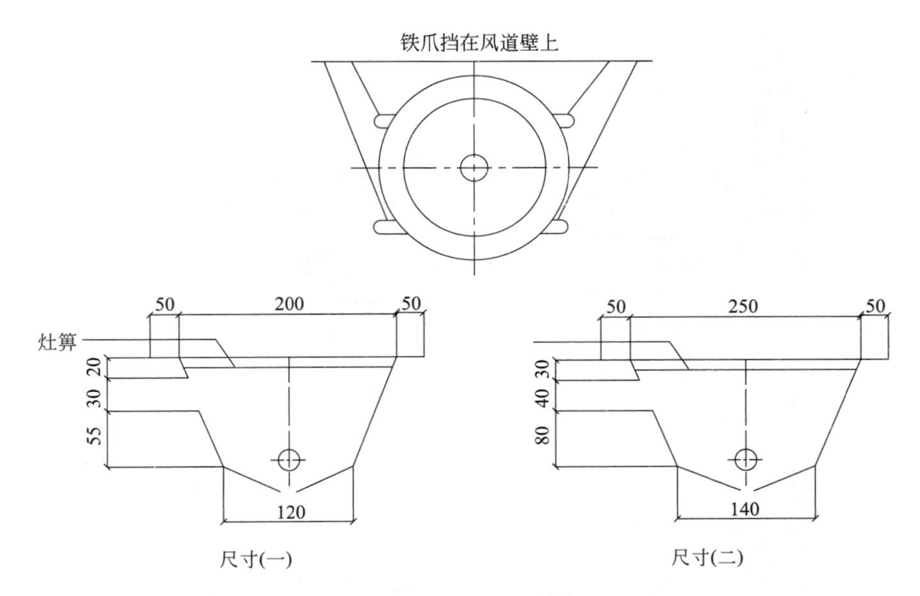

图 2-5-38 花盆式风斗（单位：mm）

右。锅台的大小主要根据锅直径大小和用户的需要而定，同时还要考虑美观，合理布局。如果是连炕的灶，其灶台高度会受炕高的限制。若柴灶高于炕面，则会影响烟气的流动，会出现倒烟的现象，一般都是“七层锅台八层炕”。灶的高度为进风道高度、吊火高度和锅的深度三者之和，若这个高度不符合炕面高度或使用高度要求，则需将进风道设置在地下，使地上部分高度满足要求。

2）进风道

进风道位于炉箅子以下的部位。它可为灶膛内提供氧气助燃，并且可以储存灰渣。进风道高度一般和锅的直径相近，宽度为锅直径的一半左右。进风道可设置在灶门下方或垂直于灶门，即侧向进风道。其形状一般为长方形或梯形（上窄下宽），有些进风道为了增强引风作用，可在内部砌成斜坡式。采用机械通风的省柴灶，可在进风道与炉箅子之间安装炉具。单用风箱灶的进风道体积可以缩小，它只起到存灰渣的作用，但风机与炉具之间的风道要砌好，内壁要光滑以减小摩擦，风道内径比风机出风口外径大 5mm 左右。为了保证风机吹出来的风直接吹到炉箅中心，风道要采取适当的斜度，同时要尽量减小风道长度，并且保证风道的严密性，尤其是手拉的风箱，其风道的砌筑直接影响鼓风效果。各种类型的进风道见图 2-5-39。

3）炉箅子的安装

炉箅子安装位置的选择尤为重要，它将直接影响火在锅底的分布情况和通风助燃的效果。炉箅子的安装位置要依据烟囱抽力的大小和烟囱的位置来确定，一般以锅脐为中心，把炉箅整长的 1/3 朝向烟囱，2/3 朝向灶门方向，且外面要高于里面，一般安装成 12°～18°的夹角，当烟囱和灶门在同一方向时，这个夹角要小于 12°或者将炉箅平放，如风箱灶的炉箅一般都是平放的。烧草灶的炉箅子在灶膛内要横放，而烧煤灶和风箱灶的炉箅子应顺放，这样便于炉钩钩出灰渣。炉箅子上的炉条间隙要根据燃料种类确定。烧煤的和烧碎柴的炉箅间隙宜窄，烧草的则宜宽，也有的烧草灶不用炉箅，在安装炉箅的位置做成一个

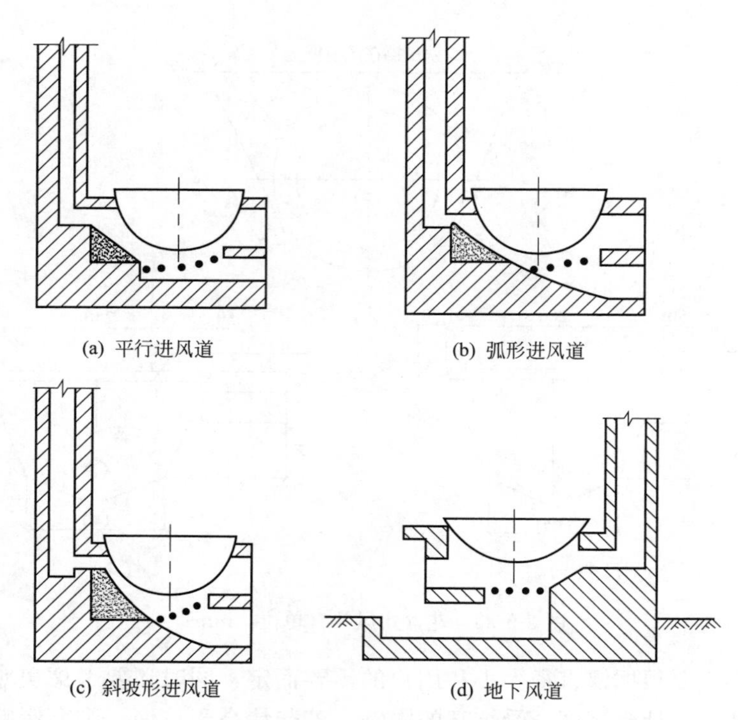

(a) 平行进风道　(b) 弧形进风道　(c) 斜坡形进风道　(d) 地下风道

图 2-5-39　各种类型的进风道

圆洞，中间放一、二条 $\phi 8$ 钢筋。柴灶与锅的面积比例一般为 1∶6（大锅）～1∶8（小锅）。炉箅子的安装见图 2-5-40 和图 2-5-41。

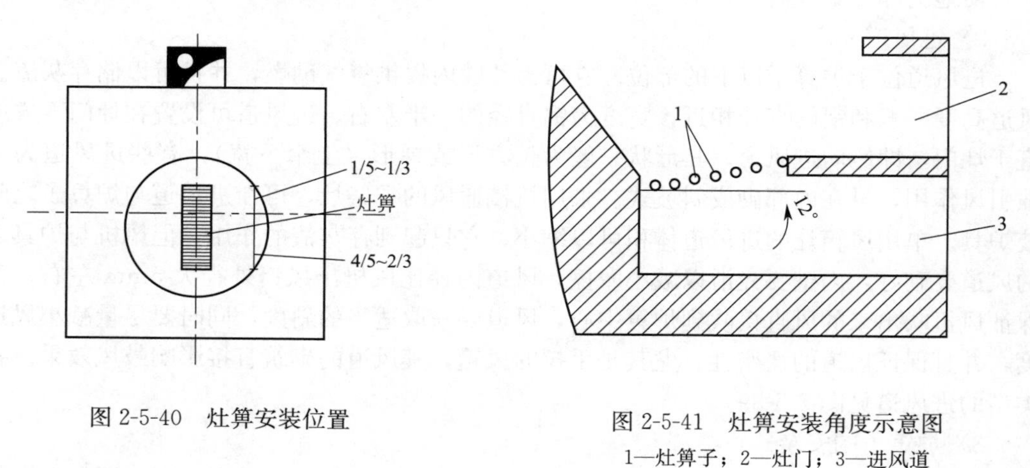

图 2-5-40　灶箅安装位置

图 2-5-41　灶箅安装角度示意图

1—灶箅子；2—灶门；3—进风道

4）灶膛

灶膛是省柴灶最重要的部位，柴灶的省柴与其热效率的高低主要决定于其内部结构的合理性，还有其与其他部位关系的恰当性。在砌筑灶膛各部分之前首先应确定吊火高度，一般烧草灶吊火高度为 140～160mm，烧硬柴灶吊火高度为 120～140mm，烧煤灶吊火高度为 100～120mm。灶膛的砌筑步骤如下：

① 火盆：烧硬柴灶和烧煤灶一般在炉箅上方都砌个火盆，这样可以聚集火力，使火

苗能隆起扑向锅底。火盆尺寸要适宜，太大浪费燃料，而且使火力不集中；太小则容纳燃料少，并且影响通风效果，燃料燃烧不充分。一般火盆内口上部距锅底边 50～600mm，其宽度略大于炉箅宽度，长度为炉箅长与到灶门距离之和。烧草灶一般不设置火盆。

② 拦火墙（圈）、烟道及出烟口：拦火墙虽然形式主要有马蹄型、锅底型和葫芦型三种。拦火墙一般用黏土掺麻刀或头发和成硬泥做成。在靠近烟囱方向上，拦火墙上部与铁锅底的间隙要保留 5～10mm，向灶门方向逐渐增大到 15～20mm，见图 2-5-42。这个距离留得是否合适要通过试烧来检查。如果灶膛内火不旺、黑烟多而且灶门口有燎烟的现象，说明拦火墙过高、间隙太小，应改低一点；如果火苗偏向烟囱方向，不是集中在锅底中心，说明拦火墙低、间隙太大，应加高一些，尤其是在靠烟囱方向应加高一些。拦火墙与炉箅的边缘要抹成光滑的圆弧形而连成一整体，有火盆口的要与火盆口连成一体。拦火墙外壁与灶体内壁之间可形成一种明烟道，其靠烟囱方向的间隙为 50～80mm，向两侧逐渐减小到 30～50mm。还有一种烟道是暗烟道，它位于灶膛外面的灶体两侧，与烟囱连通，在外表上是看不见的，通过出烟孔与灶膛内部连通。一般家用省柴灶暗烟道尺寸为 120mm(宽)×130～140mm(深)。为方便清除烟道中的积灰，暗烟道两端的堵头一般不砌死。灶膛内的出烟孔有两孔和多孔之分。两孔多布置在远离烟囱方向灶膛的上缘；多孔是围绕着灶膛上缘均布，一般在烟囱方向的出烟孔要小一些，向两边逐渐增大，每个出烟孔都与灶体暗烟道连通，灶膛内的烟气由出烟孔进入两侧暗烟道后，经烟囱排到室外。出烟孔大小是否合适也是通过试烧来检查的。一般省柴灶设有暗烟道则不设拦火墙，其烟气的流通主要靠出烟孔的位置和大小来调节，使热量能够在整个锅底分布均匀。在设计出烟口时（包括明、暗烟道的出烟口），应保证出烟口的截面积总和等于或略大于炉箅子的面积，尤其是抽（吸）风灶，要保证出烟口的尺寸不影响烟囱的抽力，要使通风给氧和排除烟气通畅。

③ 灶门口：灶门口的作用是添加燃料和观察火势，其砌筑要与灶膛同步。灶门的尺寸和位置将影响燃料的燃烧效果，因此灶门口位置一般应低于出烟口 60～120mm，若过

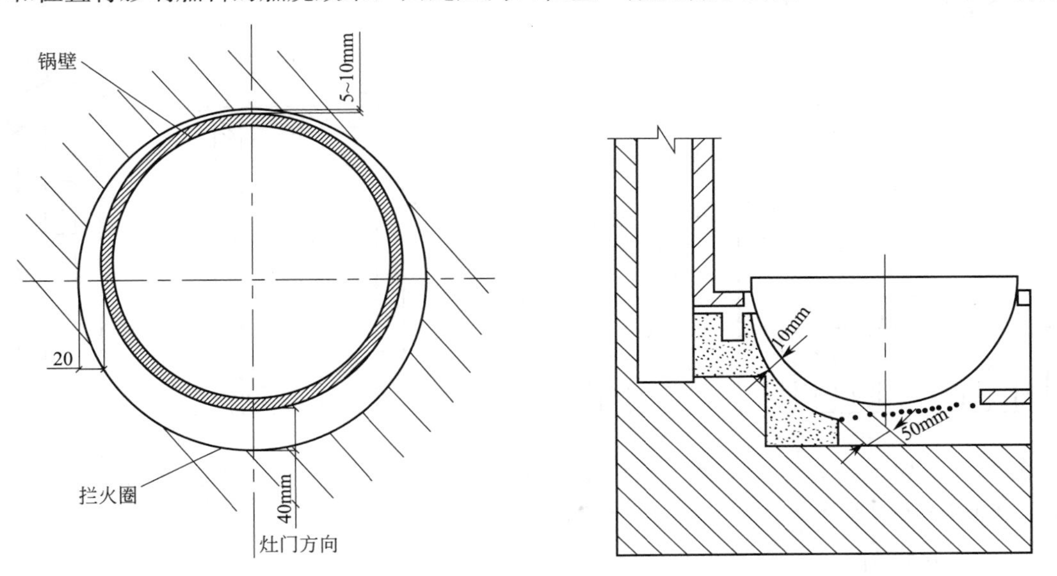

图 2-5-42　拦火圈与锅壁间隙示意图

高则会出现燎烟现象；其大小一般为120mm(高)×140mm(宽)，烧草灶可略大一些，烧煤灶可缩小一些，对于大灶一般也不宜超过180mm×200mm，灶门口过大会使大量冷空气进入灶膛内部，降低膛内的燃烧温度，造成燃料不充分燃烧，大量热能散失，可在灶门口安装活动的带有观察孔的挡板，在添柴后将其关闭，减少冷空气直接进入灶膛；若灶门口过小，会使操作不便，添柴次数会明显增加。

④ 要尽量扩大锅的受热面积：锅与灶体接触面积过大会导致其受热面积减小。一个直径为500mm的锅，若其与灶体接触面积过大，则其只有直径为400mm大小的受热面积。因此，在灶体可以支撑锅重的前提下，应尽量减小锅与灶体的接触面积，以增大其受热面积。

⑤ 灶膛的保温：为了使燃料能够充分燃烧，要力争提高灶膛内的温度，防止热量损失。燃料燃烧时所放出的热能，一方面是给锅加热，一方面是加热灶体，并通过传导和辐射的方式将热量散失到灶周围的空气中，因此减少这方面热能损失，将会大大提高柴灶的热效率。可在灶膛和灶体之间留出一定空间，通过在其内添放炉灰渣、草木灰、稻壳灰或珍珠岩等保温材料，来减少灶膛内部向外部的散热量。

⑥ 二次进风：有的省柴灶为了给灶内补充氧气，使燃料充分燃烧，在灶膛的外面设有通向灶膛内部的二次进风管。

5）烟囱

烟囱是燃烧废气排出室内的通道，具有一定的抽力。一个结构合理的系统其通风量适当，排烟通畅，在燃烧过程中可以听到灶膛内“呼呼”的响声。烟囱的高度决定其抽力大小，为防止因其抽力过大而导致热量损失，一般家用省柴灶的烟囱高度，要求高出屋脊500mm，内径为180mm×180mm左右，并且要求密闭性要好，内部要光滑笔直。为使烟囱的抽力可调，可在烟囱上增设可转动的闸板，根据天气和需要对闸板的开度进行调节，来控制调节烟囱的抽力大小，当停火时将关闭闸板，可以提高柴灶的保温性能。烟囱的布置和安装见图2-5-43～图2-5-45。

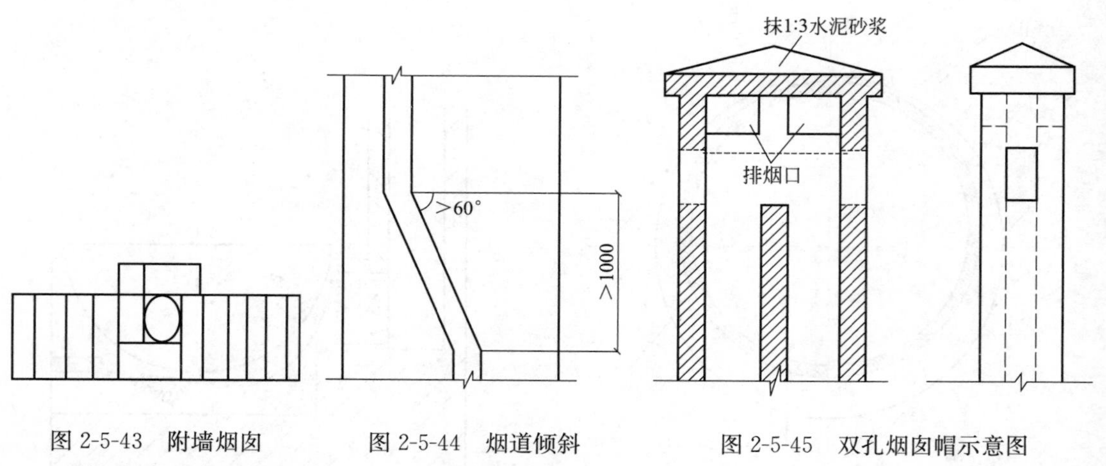

图2-5-43　附墙烟囱平面加宽示意图

图2-5-44　烟道倾斜角度示意图

图2-5-45　双孔烟囱帽示意图

6）余热利用

不影响主锅热效率的前提下，可在烟囱基部或进烟道处安装水箱或水管，收集和利用排烟中的余热，但不能减小烟囱和进烟道的截面积，以免影响烟气流通，导致柴灶不好烧。

7）试烧

通常要通过试烧和测试的方式来检验新建省柴灶是否符合设计要求，根据发现的问题进行修改。试烧中主要需观察的内容有要看火是否直扑锅底，水是否从锅中心开锅，烟气是否只在灶门口内上部旋转而不冒出灶门，烟（指烟囱喷出的烟）、灰、火是否达到三白。以上条件都满足，则说明炉箅子的安装和拦火圈适宜，烟囱抽力适当，燃料燃烧比较充分。若哪部分达不到要求，则需立即进行修改。

省柴灶的各部分结构参数之间是相互影响和制约的。由于各地生活习惯以及所使用燃料的种类不同，灶的结构参数将会有所变化，因此，需要经过反复实践和不断摸索才能砌好一个适合当地的省柴灶。

（8）砌筑省柴灶前需准备的材料

1）砌筑材料

砌筑省柴节煤灶前应准备以下材料：选择铁锅、炉箅和灶门各1个。铁锅的大小要根据人口数和使用情况确定，选择铁锅时，为保证使用效果，要选锅沿厚、锅底薄而匀、锅脐小而平的铁锅。需准备的砌筑材料有：325号水泥2袋，红砖150～200块，粗中沙$0.5m^3$，套灶膛用的黏土$0.2m^3$，细炉渣灰等。为了美观还需准备好镶锅台面的瓷砖。准备就绪后即可找工人按照设计图纸施工。

2）保温材料

通过保温，可以减少不必要的热损失，以提高热效率。省柴灶的保温，包括保温材料的选择和保温层厚度的确定。

保温材料即指热导率小的材料。热导率越小，则保温性越好。但是考虑到高级保温材料的取材和成本问题，由于农村柴灶数量相对较多，因此在选择保温材料时应选择来源广泛、价格便宜、可就近取材的材料。常用保温材料的技术经济指标如表2-5-8所示。

常用保温材料的技术经济指标 **表2-5-8**

材料名称	容重(kg/m^3)	导热系数[W/(m·K)]
炉渣	900～1000	0.26～0.29
干草	100	0.047
稻壳	120	0.06
木屑	250	0.093

保温层越厚，则灶体散失的热量就越少。但是，由于保温材料本身也要蓄热，保温层太厚会导致灶体的吸热量增加，这样也会造成灶膛内的热量损失。同时保温层太厚使灶体庞大，经济上也不合理，所以保温层的厚度要适当。若选用珍珠岩粉作保温材料，保温层厚度一般取30～50mm即可，若选用草木灰、谷壳灰、炉渣等保温材料，其厚度可取50～80mm。

（9）常用砌筑水泥的正确选购

在选购砌筑炕灶用的水泥时需注意以下问题：

1）水泥质量的鉴定：

水泥的质量直接关系到瓷砖的粘贴强度，所以在购买时一定要注意水泥质量的鉴别。

生产日期：购买水泥时，一定要看生产日期，若超过30天，则水泥的性能会有所下降。储存3个月后的水泥其强度下降10％～20％，6个月后降低15％～30％，一年后降低25％～40％。

优质水泥的鉴别：

① 水泥的纸袋包装上应有如下标识：工厂名称、生产许可证编号、水泥名称、注册商标、品种（包括品种那个代号）、标号、包装年、月、日和编号。不同品种水泥采用不同的颜色标识，硅酸盐水泥和普通硅酸盐水泥用红色，矿渣水泥用绿色，火山灰水泥和粉煤灰水泥用黑色。

② 用手指捻水泥粉，感到有少许细、砂、粉的感觉，表明水泥细度正常。

③ 色泽为深灰色或者深绿色的水泥是优质水泥。

④ 无受潮结块现象。

劣质水泥的鉴别：

① 水泥纸袋包装上的标识项目不完全，国家标准规定水泥包装标识中水泥品种、标号、工厂名称和出厂编号不全属于不合格产品。

② 开口检查，若有受潮结块现象则为劣质水泥。

③ 用手指捻水泥粉，感到有粗砂粉较多，且有不少粗硬粒子，说明该水泥细度较粗，不正常。

④ 色泽发黄、发白的水泥强度比较低。发黄说明熟料是生烧料，发白说明矿渣掺量过多。

2）水泥购买地点的选择：水泥最好在正规的建材超市购买，以保证其质量，并且购买时，一定要看其生产日期。

3）水泥标号：一般农民建房使用的水泥为32.5号，32.5是新标号，旧标号是425，但其性能是一样的，如果买到的水泥标号是425号，则说明是很久之前生产的水泥，要特别注意看其是否过期。

6. 维护管理要点

（1）试烧试验与修改

试烧的目的是检验手工搭建的省柴灶是否符合设计要求，若在试烧中发现问题应及时修改。

在试烧中主要观察是否火直（火焰直扑锅底）、火旺、中心开（柴草燃烧时若锅壁周围均匀受热，水沸腾时中心开锅），烟气是否只在灶门口内上部旋转而不冒出灶门，即不倒烟，烟（指烟囱喷出的烟）、灰、火是否达到三白。烟囱冒黑烟则燃烧差，冒黄烟则湿度大，冒白烟则燃烧好。储灰室是白灰则说明燃烧充分。根据火焰颜色可判断柴灶内的燃烧情况，一般说要求火焰发亮，若火焰暗红色或带黑烟都属于不完全燃烧。表2-5-9是火焰颜色与温度对照表，以此判断灶膛的燃烧情况。

火焰颜色与温度对照　　**表2-5-9**

颜色	暗红	浅红	红	明红	橙	黄	明黄	白	炽白
温度(℃)	600	650～750	800～850	900	1000	1050	1150	1250	1500

如果是火直、火旺、中心开锅、灶门不倒烟并且火焰发亮，烟囱冒白烟或灰坑落白灰，这都说明砌筑的省柴灶是符合要求的。若哪里出现问题则需对症下药排除故障。

调试的部位主要有吊火高度、锅与灶膛各部位的配合间隙、出烟口的位置、形状及大小等。若发现火力不旺，烟囱抽力小，灶门倒烟，则需检查锅壁与拦火圈的间隙是否过小，或者出烟口是否过小，针对情况调整锅壁与拦火圈的间隙和出烟口的高度；如果发现火力“旺”，但就是不开锅，则需检查烟囱抽力是否过大，锅壁与靠近出烟口处的拦火圈间隙是否过大，没有起到拦火的作用，还有可能是出烟口太大，则应适当缩小锅壁与拦火圈之间的间隙，或者缩小出烟口，降低出烟口高度；如果发现火力虽“旺”，但火焰只能接触到锅底，则说明吊火高度过高，应适当降低其高度；如果发现火力不旺、火焰不受力，则应适当增加吊火高度。总之，试烧过程是不断排除故障的过程，以不断完善省柴灶的燃烧效果。待灶凉后，可按三个“十”的测试方法进行测试，即锅中放入5kg（10斤）水，用500g（10两）柴草，若在10min之内将水烧开，则说明所建省柴灶合格。测三次，取其平均值来评定手工搭建的省柴灶是否达到标准。

（2）节能灶炕的合理使用

省柴节煤灶的性能主要体现在“三分改，七分烧”。科学的烧柴方法是：烧火先缓后急，长柴短烧，粗柴劈细，湿柴晒干，少添勤添，勤挑勤看，添完柴后要关灶门。

若架空火炕与省柴灶联合使用，则科学的烧煤方法是：少加勤加煤，加煤手要快，减少热损失，煤层不成堆，煤渣要燃尽。

灶门应设置挡板，在停火后关闭灶门挡板和烟道出口闸门，以减少热量损失，使其只能通过炕体表面向室内散发热量，以提高系统的供热能力。烟道出口闸门应在燃料燃尽后再关闭，以免因燃料不完全燃烧造成煤气中毒或室内烟气污染。

（3）常见问题分析与排除方法

柴灶存在的问题与解决措施见表2-5-10。

柴灶存在的问题与解决措施 **表2-5-10**

问题	原　因	解决措施
灶门倒烟	1)省柴灶的灶膛容积比较小,柴草一次不能添太多。添的太多就会增加空气流动的阻力而降低灶膛温度,就有可能出现灶门倒烟。 2)柴草太湿,在刚点燃后烟温低,也容易出现灶门倒烟。 3)拦火圈与锅壁间隙太小,烟气流动受阻,因为不能通畅地从烟囱排走,出现灶门倒烟的现象。 4)连二灶的副锅烟道不畅,烟气从烟囱排不出去,也容易引起灶门倒烟。 5)烟囱处在大树和高大建筑物之下,遇到风向不对,也容易出现倒烟现象	1)修改不合适尺寸; 2)在烟囱底部点火排除湿气,升高烟囱温度; 3)清除出火烟道里的各种残留物; 4)正确操作; 5)堵塞漏气缝隙
烟囱抽力不足	1)检查烟囱是否有不严密漏气的地方,有没有发生堵塞,若有这些现象都会使烟囱抽力不足或无抽力; 2)如果烟囱的横截面积过大,烟囱高度不够,也会出现抽力不足; 3)在靠近出烟口处的拦火圈与锅壁的间隙太小,烟气流动受阻力太大,不但烟囱没抽力,同时还会出现灶门倒烟	1)堵塞漏气缝隙; 2)增高烟囱; 3)适当扩大烟囱截面并使其上下一致; 4)修改不适尺寸

续表

问题	原　因	解决措施
火力不旺、偏开锅	1)灶膛太小,吊火太低; 2)灶箅安装位置不当; 3)回烟道堵塞或过小; 4)拦火圈上沿与锅壁间隙不均匀,造成火热偏流; 5)添柴操作不正确	1)扩大灶膛,加大吊火高度; 2)合理调整灶箅的位置; 3)检查修改回烟道; 4)调整拦火圈上沿与锅壁间隙,最好模具化,保证各部位尺寸均匀; 5)注意中心加柴
新灶点火困难,点燃后难烧	1)灶膛太湿; 2)灶箅间隙大,进风室过大	1)烘干灶膛; 2)控制进风口,开始点火时减少进风量; 3)适当减少拦火圈上沿与锅壁间隙; 4)适当调整灶箅间隙,调节烟囱闸板
升温速度慢、烧水不宜开锅	1)拦火圈太低,火直接被烟囱抽走了; 2)拦火圈上沿与锅壁间隙太小,是燃料燃烧不完全; 3)吊火高度太大,燃烧高温区不能充分利用; 4)灶膛保温性能差、导热储热损失太大; 5)进风量过小,致使燃烧不完全; 6)锅底机会太多	1)适当加高拦火圈; 2)调整拦火圈上沿与锅壁间隙; 3)适当降低吊火高度; 4)适当扩大灶箅有效进风面积或清除扎室积灰; 5)更换灶膛保温材料; 6)及时清除锅底积灰
炉灶使用一段时间后热效率降低	1)使用过程中不注意,把燃烧室拦火圈捣坏或灶膛修筑材料不好造成干裂; 2)拦火圈上沿与锅壁间隙被烟灰占据而减少,回烟道、出烟道存入烟灰过多; 3)锅底灰太厚,影响传热效果; 4)回烟道断面太小或拦火圈上沿与锅壁间隙不均匀	1)及时检修燃烧室与拦火圈; 2)及时清除各处烟灰; 3)及时清除锅底灰; 4)修理对应部位
回烟道不完全回烟	1)灶箅与燃烧室相对位置有偏差; 2)回烟道断面不均匀或某处存留杂物	1)调整它们之间的相对位置; 2)修理回烟道各个断面尺寸,均匀清除留存物
柴灶使用一段时间后出现燎烟	1)烟囱内因某种原因湿度加大(特别是有一段时间未用的灶); 2)锅底积灰太厚,各部间隙、烟道积灰使烟气流速减慢	1)用引火柴在灶内烧几分钟,并敞开灶门,加大进风量; 2)及时清除锅灰,清除各处积灰
燃料燃烧不完全,不易起火	多发生在前拉风灶上,原因是灶箅太向后,有效进风面积太小,空气量不足	调整灶箅位置,适当加大通风量

5.2.2　内置热水集热器一体化柴灶

1. 结构构成

内置热水集热器一体化柴灶的整体外观呈倒置圆台形，整个灶体由灶口、内部集热水管、铸铁箅子、灶内通风管、烟通道、集灰盒、供水管组成，如图2-5-46和图2-5-47所示。锅灶前设有灶口，灶口下有集灰盒，集灰盒内设有灶内通风管，向炉膛内提供新鲜空气。炉膛内周围设有集热水管，灶体后侧设有烟通道。炉膛内四周安装有集热水管，与灶体上方的供水管相通，集热水管经过烟通道外与室内供暖设施相连接，烟通道通过室内炕体的下部，与炕相连通。锅体安装在锅台上，与灶体接触部分用泥巴堵封，灶台表面有用隔热材料涂成防热间层。该锅灶燃烧效率高，隔热效果好，节能成本低，集做饭、供暖、烧炕于一体，适合北方广大农村地区使用。

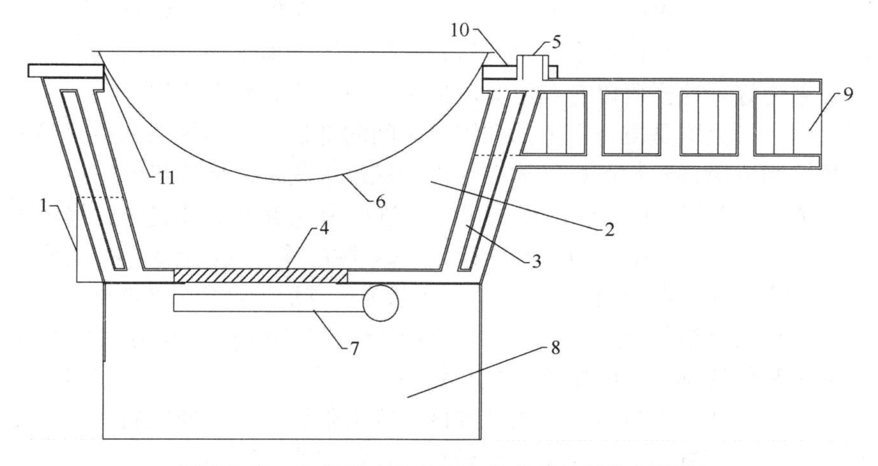

图 2-5-46 内置热水集热器一体化柴灶结构剖面图

1—灶口；2—炉膛；3—集热水管；4—铸铁箅子；5—供水管；6—锅；7—灶内通风管；8—集灰盒；9—烟通道；10—防热间层；11—泥巴封堵

图 2-5-47 内置热水集热器一体化柴灶外观图

内置热水集热器一体化柴灶各组成部分如下：

（1）灶膛。灶膛是燃料燃烧的地方，还可储存炭火和部分灰渣，是内置热水集热器柴灶的心脏部位。灶膛尺寸要适宜，不能太大也不能过小，灶膛太大会使燃料燃烧的热量不集中，影响燃烧效果，太小则容纳的燃料少，若多添加燃料就会影响通风，从而影响柴灶热效率，若少加燃料则会增加添柴次数，造成使用不便。因此，灶膛内要保持一定的燃烧位置，留有适当的对流空间。放置 10 印锅的柴灶的灶膛一般分为两部分，上半部分为长方体形，其尺寸为 740mm×720mm×140mm（长×宽×高）；下半部分为梯台形，梯台上底尺寸为 740mm×720mm，下底尺寸为 500mm×500mm，高为 175mm。

（2）炉箅及吊火高度。炉箅能够使新鲜空气进入灶膛，为灶膛内燃料的燃烧提供足够的氧气，并能够排除部分余灰以保持灶膛内有一定的空间。一般会在灶膛底部装一个 280mm×280mm（或 250mm×250mm）的长方形炉箅，是用生铁铸成。炉箅中间均匀布置铁制炉条，彼此间隙为14mm。炉箅与锅底中心（也叫锅脐）之间的距离叫吊火高度。最佳的高度是燃烧火苗的高温区正好到达锅的底部。内置热水集热器柴灶一般可燃烧柴草、秸秆、硬柴等，其吊火高度一般为14mm。内置热水集热器柴灶的炉箅安装位置，以锅脐为中心，将炉箅中心与锅脐中心对齐后，使炉箅沿远离排烟方向移动40～50mm。炉箅多以横放效果为好，这样可以有利于对流传热，减少不完全燃烧损失。

（3）拦火圈。拦火圈是燃烧室上部和锅壁之间的部位，其作用是调整火焰和烟气的流动方向，合理控制流速，延长可燃气体在灶内的燃烧时间，以提高热效率。

（4）进风道。炉箅以下的空间叫做进风道。进风道能够向灶膛进风，提供氧气，有助于燃料充分燃烧，以及储存灰渣。同时能够将进入灶膛的冷空气进行预热，有利于保持灶膛的燃烧温度。进风道一般设在灶门的下方，其形状为长方形，尺寸为200mm×120mm。

（5）灶门。灶门是添加燃料地方，并能够观察灶膛内的火势和清除灶膛内的存灰余渣。灶门的大小和位置都会影响柴草的燃烧效果。灶门口上方应低于出烟口40mm。灶门大小要适宜，过大会造成大量空气进入灶膛内，降低灶膛温度，使燃料燃烧不充分；但灶门过小又会造成添柴不方便。为便于添加燃料，灶门口高150mm，宽200mm。为避免冷空气直接从灶门口进入灶膛，在灶门口处安装一个活动铁门。当停止烧饭或不添柴时，关闭铁门，防止灶膛内的热量散失。

（6）出烟口。出烟口也叫烟喉，是烟气排出的门户。由于烟囱的作用是使喉口处的烟气流速加快，加大对流换热的效果，因此出烟口的大小要适宜，太小会导致废烟排不出去，出现倒烟和火势减弱的现象；太大又会散失灶膛内的热量，一般出烟口宽260mm，高140mm。

（7）灶身。内置热水集热器柴灶灶身是由内外两部分铁板焊接而成，中间留有18～20mm的空隙，在使用时此间隙充满水，依靠灶膛内的燃料燃烧来提高水的温度，即起到集热器的作用，同时还有支撑铁锅的作用。灶身从外形上看可分为三部分，上部分的长方体，外部尺寸为780mm×760mm×160mm，内部尺寸为740mm×720mm×140mm；中间部分的梯台形，外部尺寸为：上底780mm×760mm、下底540mm×540mm、高190mm，内部尺寸为：上底740mm×720mm、下底500mm×500mm、高175mm；下部为长方体，外部尺寸为540mm×540mm×200mm。

（8）集热管。在灶膛内部，设有连接灶体上下部分的钢管，称为集热管。集热管的直径为25mm，集热管上下不是垂直连接的，而是随着柴灶的形状弯曲的。集热管下端与灶体的接口位置为，以炉箅中心点为中心，在直径为500mm的圆周上均匀布置12根钢管；集热管上端与灶体的接口位置为，以锅中心点为中心，在直径为660mm的圆周上均匀分布对应的12根钢管。集热管不仅分布在灶膛内部，还均匀排布在出烟口处，其上下均与灶体连接，以吸收排烟热量。所有的集热管与灶体的内外夹层都是连通的，水在其内部循环。

（9）供水管与回水管。在灶体的上部分别设有供水管和回水管。供水管位于柴灶出烟口上方，柴灶内部集热器中的水被加热后，从供水管进入供暖系统内，以满足室内供暖需求；经过换热后，温度降低后的水从供暖系统的回水管道回到柴灶的回水口处，后进入柴灶内继续加热，如此循环下去，在燃烧柴灶的过程中不断向室内提供热量。每个柴灶都设有一个供水管和两个回水管，回水管分别位于柴灶灶门两侧的底部，距离灶膛底边50mm

处，其直径均为32mm。回水管的使用可根据房间布置及用户使用需求任选其一，另一个可用堵头封死。

（10）吹风管。吹风管的作用是通过鼓风机为灶膛内补充风量和氧气。其位于灶膛下方，主要由一根直径为50mm的粗钢管和四根直径为25mm的细钢管连接而成，粗钢管横穿整个灶膛下部，与灶体相连，在距离粗钢管一端190mm的位置开始连续焊接四根细钢管，其间隔分别为64mm、48mm、64mm。吹风管的一端连接鼓风机，一端用铁片焊接严密。四根细钢管正位于炉箅下方，在其上方均匀地开一排小孔，使其能够均匀地向灶膛内提供风量和氧气，促进燃料均匀快速、充分燃烧。

（11）锅台盖板。锅台盖板位于灶体上部，表面光滑，可移动。其与灶体之间有一定空间，其主要作用是避免操作人员被灶体表面划到，同时也是为了柴灶外形的美观。其边缘为长方形，尺寸为840mm×820mm，厚度为20mm。中间有一大圆孔，直径为600mm。距离820mm长边侧50mm处有一供水管预留圆孔，直径为40mm。

（12）隔热筋板条。隔热筋板条焊接于柴灶上表面，位于锅台盖板与柴灶上表面之间，作用是支撑锅台盖板，使其与灶体保持一定空间。

2. 技术分析与费用

（1）制作及使用技术要点

如图2-5-48所示，锅灶底面，集热水管3圆周排列于炉膛2内，并靠近灶壁，在灶口1的正对面烟通道9连接炉膛2，集热水管3上部贯穿经过整个烟通道9形成整体水套，削弱炉膛2与锅台表面的传热作用，集热水管3与室内供暖设施相连接用于供暖，在灶台上表面有供水管5连接集热水管3，用于供水；烟通道9与卧室内炕相连，烟气余热用于烧炕；炉膛2内燃料燃烧灰烬通过锅灶底面的铸铁箅子4落入集灰盒8中，保证炉膛2内有足够的燃烧空间；铸铁箅子4下安装有灶内通风管7为炉膛内燃料燃烧提供足够的氧气，提高燃烧效率；在灶台上表面有用隔热材料安装的防热间层10，减少炉膛2内的热量向外面散失，锅6安装在灶体的上部，与灶台接触的圆周用泥巴堵封11，防止灶体漏烟。

生火前，将集热水管3与室内供暖设施连接的水泵打开，使集热水管3里的水处于循环状态，并在锅6里加适量的水，将燃料从灶口1放在铸铁箅子4上，然后即可开始生火；燃料燃烧后，在加热锅6中水的同时，也加热了集热水管3中的水，另外，集热水箱3在烟通道9中也吸收了烟气余热，集热水箱3连接室内供暖设施构成水循环，可以用于供暖期供暖；燃料燃烧的烟气经烟通道9，给炕提供热量，最后经烟筒排出室外。

锅灶设计新颖，灶内通风管7的安装，使得燃料在炉膛2内能充分燃烧。集热水管3在炉膛2内布置匀称，并经过烟通道9，使烟气余热得到充分的吸收，达到高效节能作用，另外集热水管3所形成的整体水套极大削弱了炉膛2内热量与灶台的传热作用，使得隔热效果更好。本锅灶集烧水做饭、房间供暖、烧炕为一体，使能源集中利用，高效节能。

在日常使用过程中需要注意，集热器最好不要长时间干烧，夏季可以采取加挡板的方式减少集热器得热量。夏季不建议将集热器中的水放空，防止集热器腐蚀。为防止集热器集热量过大，可采取在柴灶内腔抹泥的方式进行处理。

柴灶内置或炕内集热器出水温度较高，宜接散热器进行供暖；散热器出口温度通常也

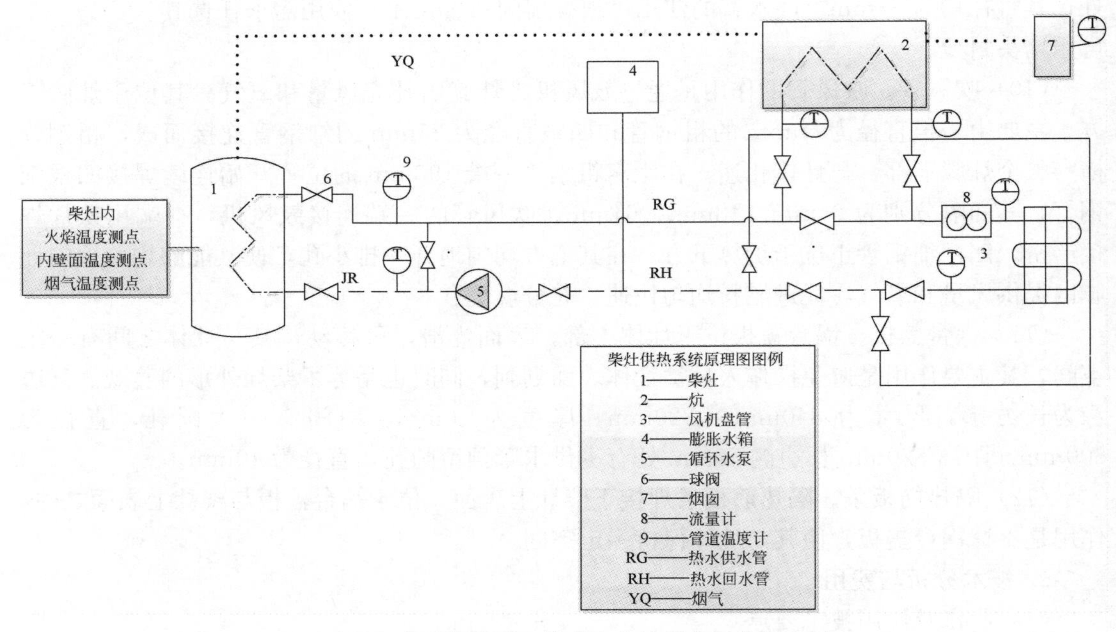

图 2-5-48 内置集热器一体化省柴灶供热系统原理图

较高，可以采用散热器和地板供暖相串联的方式，此时需要采用机械循环方式。此方案也与柴灶运行时间短正好匹配，在短时间内将燃烧放热充分利用，避免了重力循环供暖系统间歇运行时，水流动启动慢带来的热量不能及时释放的问题。太阳能热水出水温度较低，宜结合地板辐射供暖使用，另外由于太阳能集热系统考虑到全年运行需要，宜利用其进行淋浴洗澡等生活热水供应结合，厨房柴灶间可以利用制备的高温热水进行间接换热满足冬季洗菜、清洁等临时生活热水供应。

综上所述，柴灶—火炕—热水供热复合系统设计选用时的形式与使用注意要点如表2-5-11所示：

系统方案选择要点　　**表 2-5-11**

系统组成部分	方案形式	优　点	使用注意要点
热源	柴灶（内置集热器）	炊事的同时即可供暖，降低排烟温度，提高燃料利用效率，无需额外运行操作	提供热量受炊事限制，无供热时不宜使用
	自带灶膛火炕（内置集热器）	运行灵活，操作简便	提供热量受炕面温度不能过热的限制，受炕面高度和集热器限制，灶膛高度较低
	火墙（内置集热器）	运行灵活，操作简便，可长时间连续供热	室内空间占用受到影响
	柴灶（内置集热器）—火炕	炊事同时进行热水供热，余热进入火炕供暖，热效率高	火炕烟道和面积不宜过大，需保证进炕烟气温度，排烟温度不能过低，无供热需求时不宜使用
	柴灶—普通火炕（内置集热器）	火炕表面温度更均匀	换热面积和供热能力受到限制，热源位置较高

续表

系统组成部分	方案形式	优　点	使用注意要点
热源	柴灶—火墙式火炕(火墙部分内置集热器)	运行灵活,能源利用效率高,供热能力较大	热源高度较高,注意散热器安装选用
	柴灶(内置集热器)—火墙式火炕(内置集热器)	运行灵活,能源利用效率高,供热能力较大	柴灶非供热季节不宜使用
循环动力	自然重力循环	无运行控制,系统简单,无电耗,动力较小	供热半径有限,注意热源高度限制
	水泵机械循环	换热效率高,系统供热延迟时间短,供热系统设置灵活	额外电耗
末端形式	普通散热器	运行简便,可采用自然循环	—
	地板供暖	热源温度要求低,供热效果好,可与地面蓄热结合	入口温度不可过高,循环阻力大
	散热器与地板供暖串联	系统能源利用率提高,阻力高,克服水温过热造成系统“开锅”现象	注意防冻,长时间不供暖的房间不可使用

(2) 优缺点

优点：柴灶整体为倒置圆台形，有利于构成燃烧室形状，适应多种燃料，炉膛结构尺寸合理，灶体结构简单，节省材料。灶体为整体水套，充分利用了燃料燃烧热量。整体水套的上部水套，起到了隔绝炉膛与锅台表面的传热作用。炉膛内的集热管可以直接连接到上部水套，结构合理，工艺简单。在柴灶内的铸铁箅子下面设置分风管，为柴灶引入新风，提高燃料燃烧效率。锅灶排烟口内设置集热管和水套，进一步吸收烟气余热。柴灶实用性强，耐久性强，结构性能好，使用灵活、外形美观，热效率高。

缺点：使用时若想达到燃烧效果，提高热效率，则必须勤添柴，添柴次数多给炊事人员带来不便。

(3) 适用范围

在北方的广大农村地区，柴灶一般只用来烧水做饭，冬季白天取暖还要生专门的炉火，人们在寒冷的晚上睡在炕上，烧炕时都是用专有的火源加热，因此，平时烧水做饭、室内取暖、晚上睡觉对能源的需求量很大，而且传统的方式使得能源的利用分散不集中，造成能源的很大浪费。内置热水集热器柴灶燃烧效率高、隔热效果好，是集烧水做饭、供暖、烧炕于一体的多功能锅灶，属农村节能柴灶利用领域，适用于玉米秸秆等生物质燃料产量相对较多的地方，减少了对商品能源的使用。

图 2-5-49　太阳能灶

5.2.3 太阳能灶

太阳能灶就是把太阳能收集起来，用于做饭、烧水的一种器具，如图 2-5-49 所示。太阳灶的关键部件是聚光镜，不仅有镜面材料的选择，还有几何形状的设计。最普通的反光镜为镀银或镀铝玻璃镜，也有铝抛光镜面和涤纶薄膜镀铝材料等。

5.3　照明节能技术

1. 选用节能型光源代替白炽灯

照明用电节能可以从合理选用照明光源和灯具来考虑。目前，市场上有很多节能型光源，如图2-5-50所示。这些灯具的共同特点是功率小，且照明亮度高，这些灯具应作为首选。如果以功率为11W的节能灯代替60W的白炽灯，不仅减少耗电80%，亮度还能提高20%～30%。如果使用LED节能灯，节电的效果更好，LED节能灯是用高亮度白色发光二极管做发光源，光效高、耗电少、寿命长。LED与白炽灯、节能灯节能比较，在同等使用效果下，LED比白炽灯节能90%，比节能灯节能60%。

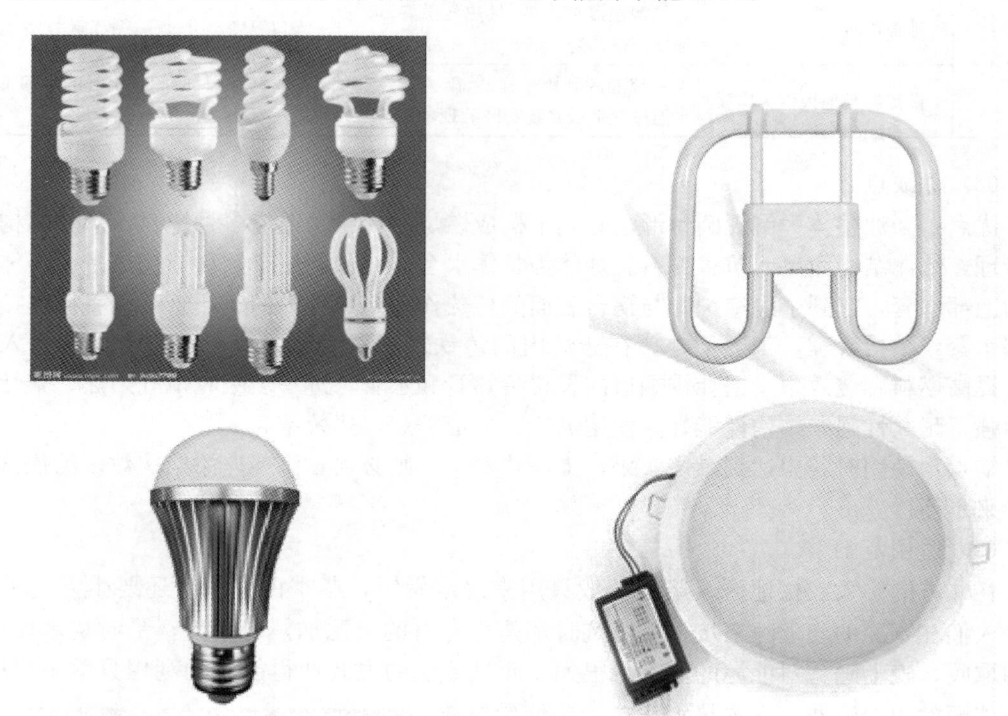

图2-5-50　农村建筑常用的节能灯

2. 选择能调节亮度的灯具

在选用灯具时，还应注意选购能有效调节照明亮度的灯具如LED光源、三基色荧光灯，这种灯具可以根据人们对所需灯光的亮度进行随意调节，从而达到节电的目的。

3. 选择透光性好的灯罩

为了节约用电，农村家庭在选用灯具时，尽可能少用乳白色玻璃罩和磨砂玻璃罩灯具，因为光源的光线通过这类灯罩后亮度会大大降低。本来40W的日光型环形灯，加上罩子后光线变得十分阴暗，有的干脆将罩子取下不用。

4. 定期清洁灯泡、灯具

当灯泡积污时，其光通量可能降到正常光通量的一半以下，灯泡、灯具、玻璃、墙壁不清洁时，其反射率和透光率也会大大降低，为了保证灯泡的发光效果，应定期清洁灯泡、灯具和墙壁。

5. 养成良好的行为节能习惯

照明用电节能与每个家庭紧密联系，而多数家庭对照明用电节能不够重视，认为照明电器的用电量不大。其实不然，一般家庭一年四季天天都在用电，用的时间最长的是照明用电，照明用电不仅仅是帮助人们度过漫长的黑夜，即便在白天，如阴天下雨的时候，人们也常常要打开电灯用来弥补日光的不足。若每天都节约照明用电，那么一年来累积节约的用电量将会令人大吃一惊。照明用电节约应从随手关灯的习惯做起，避免厨房和卫生间的灯变成长明灯。

6 可再生能源利用技术

农村居住建筑利用可再生能源时，应遵循因地制宜、多能互补、综合利用、安全可靠、讲求效益的原则，选择适宜当地经济和资源条件的技术实施。有条件时，农村居住建筑中应采用可再生能源作为供暖、炊事和生活热水用能。

6.1 太阳能利用技术

太阳能利用方式的选择，应根据所在地区气候、太阳能资源条件、建筑物类型、使用功能、农户要求，以及经济承受能力、投资规模、安装条件等因素综合确定。

太阳能利用技术包括太阳能光热利用和太阳能光电利用。限于经济条件和生活水平的制约，太阳能光伏发电投资高，运行维护费用大，因此，除市政电网未覆盖的地区外，太阳能光伏发电不适宜在农村地区利用，而太阳能热水在农村已经普遍应用，尤其是家用太阳能热水系统。太阳能供暖在农村已经实施多项示范工程，是改善农村居住建筑冬季供暖室内热环境的有力措施之一。因此，在农村居住建筑中，太阳能利用应以热利用为主，选择的系统类型应与当地的太阳能资源和气候条件，建筑物类型和投资规模等相适应，在保证系统使用功能的前提下，使系统的性价比最优。

6.1.1 太阳能光热系统

选用太阳能热水系统时，宜按照家庭中常住人口数量来确定水容量的大小，考虑到农民的生活习惯和经济承受能力，设定人均用水量为30～60L。

在农村居住建筑中，普遍使用家用太阳能热水系统提供生活热水。至2007年，农村中太阳能热水器保有量达4300万m^2（约为2150万户）。随着家电下乡的热潮，其在农村的使用变得更加广泛，但是由于产品良莠不齐，造成的产品纠纷以及安全隐患也在增加，所以，应选择符合现行国家标准《家用太阳能热水系统技术条件》GB/T 19141—2011的产品。

紧凑式直接加热自然循环的家用太阳能热水系统是最节能的，集热管（板）直接与储热水箱连接的紧凑式，无需管路或管路很短，从而减少集热部分损失；集热管（板）中水与储热水箱中水连通的直接加热，换热效率高；自然循环系统无需水泵等加压装置，减少造价和运行费用，较适宜农村居住建筑使用。

在分散的农村居住建筑中，采用生物质能或燃煤作为供暖或炊事用热时，太阳能热水系统与其结合使用，保证连续的热水供应。当太阳能家用热水系统仅供洗浴需求时，不必再设置一套燃烧系统增加系统造价。

由于建筑物的供暖负荷远大于热水负荷，为了得到更大的节能效益，在太阳能资源较丰富的地区，宜采用太阳能热水供热供暖技术或主被动结合的空气供暖技术。

太阳能热水供热供暖技术采用水或其他液体作为传热介质，输送和蓄热所需空间小，与水箱等蓄热装置的结合较容易，与锅炉辅助热源的配合也较成熟，不但可以直接供应生活热水，还可与目前成熟的供暖系统如散热器供暖、风机盘管供暖和地面辐射供暖等配套应用，在辅助热源的帮助下可以保证建筑全天候都具备舒适的热环境。但是，采用水或其他液体作为传热介质也为系统带来了一些弊端，首先，系统如果因为保养不善或冻结等原因发生漏水时，不但会影响系统正常运行，还会给居民的财产和生活带来损失；其次，系统在非供暖季往往会出现过热现象，需要采取措施防止过热发生；系统传热介质工作温度较高，集热器效率较低，系统造价较高。

与热水供热供暖系统相比，空气供暖系统的优点是系统不会出现漏水、冻结、过热等隐患，太阳得热可直接用于热风供暖，省去了利用水作为热媒必需的散热装置；系统控制使用方便，可与建筑围护结构和被动式太阳能建筑技术很好结合，基本不需要维护保养，系统即使出现故障也不会带来太大的危害。在非供暖季，需要时通过改变进、出风方式，可以强化建筑物室内通风，起到辅助降温的作用。此外，由于采用空气供暖，热媒温度不要求太高，对集热装置的要求也可以降低，可以对建筑围护结构进行相关改造使其成为集热部件，降低系统造价。

建筑物的供暖负荷远大于热水负荷，如果以满足建筑物的供暖需求为主，太阳能供热供暖系统的集热器面积较大，在非供暖季热水过剩、过热，从而浪费投资、浪费资源以及因系统过热而产生安全隐患，所以，太阳能供热供暖系统必须注意全年的综合利用，供暖期提供供热、供暖，非供暖期提供生活热水、其他用热或强化通风。此外，太阳能供热、供暖技术一般可与被动式太阳能建筑技术结合使用，降低成本。

现行国家标准《太阳能供热采暖工程技术规范》GB 50495—2009 基本解决了以上技术问题，目前已取得了良好效果。该标准在设计部分对供热、供暖系统的选型、负荷计算、集热系统设计、蓄热系统设计、控制系统设计、末端供暖系统设计、热水系统设计以及其他能源辅助加热、换热设备选型都做出了相应的规定，农村居住建筑太阳能供热供暖系统设计应执行该标准。

太阳能是间歇性能源，在系统中设置其他能源辅助加热、换热设备，既要保证太阳能供热供暖系统稳定可靠运行，又可降低系统的规模和投资，否则将造成过大的集热、蓄热设备和过高的初投资，在经济性上是不合理的。辅助热源应根据当地条件，优先选择生物质燃料，也可利用电、燃气、燃油、燃煤等。加热、换热设备选择生物质炉、各类锅炉、换热器和热泵等，做到因地制宜、经济适用。

6.1.2 太阳能光热产品与建筑结合方式

太阳能光热系统集热器安装示意如图 2-6-1。本书主要介绍了平屋面集热器安装和坡屋面集热器安装。

1. 平屋面集热器安装

平屋面集热器安装预埋件要采用可焊性良好的钢材，钢筋采用一级钢，焊条采用 E43，焊缝厚度均应大于或等于焊件厚度。图 2-6-2～图 2-6-5 是太阳能集热器在平屋面的安装图。

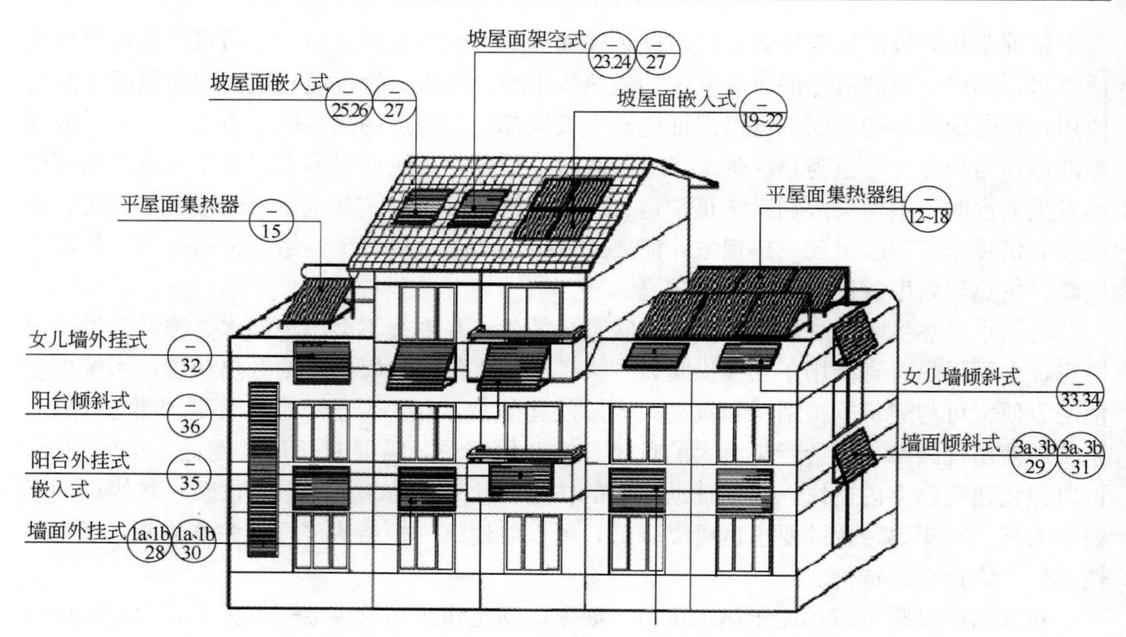

图 2-6-1　太阳能光热系统集热器（热水器）安装示意图

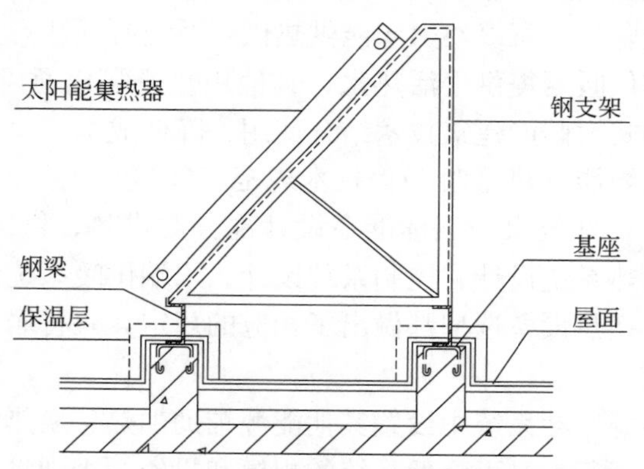

图 2-6-2　太阳能集热器安装侧面示意图

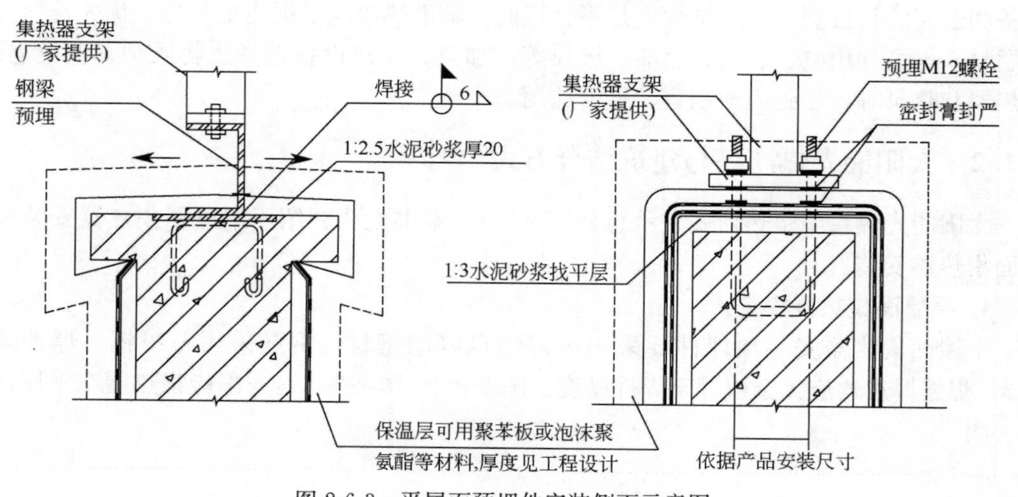

图 2-6-3　平屋面预埋件安装侧面示意图

图 2-6-4 平屋面预埋件安装图

图 2-6-5 平屋面集热器安装

2. 坡屋面集热器安装示意图

图 2-6-6、图 2-6-7 是太阳能集热器在坡屋面的安装图。

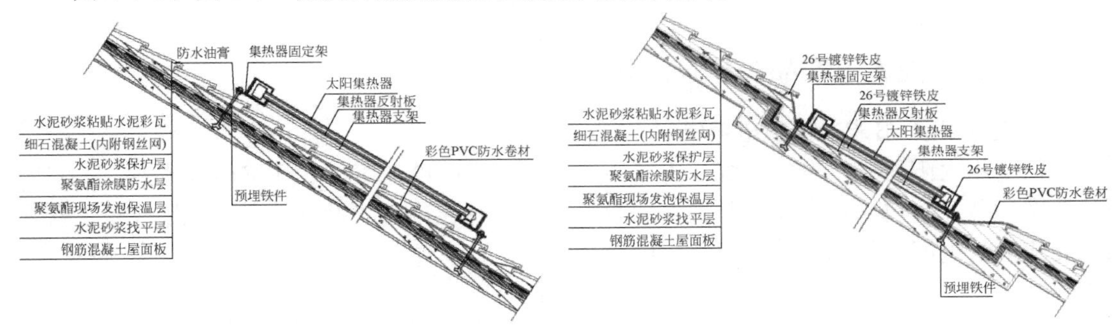

图 2-6-6 顺坡架空设置图　　图 2-6-7 坡屋面上太阳集热器顺坡镶嵌设置

6.1.3 太阳能光电技术

太阳能光伏发电系统由太阳电池组件、控制器、蓄电池、逆变器、直流负载和交流负载组成，见图 2-6-8 与图 2-6-9。

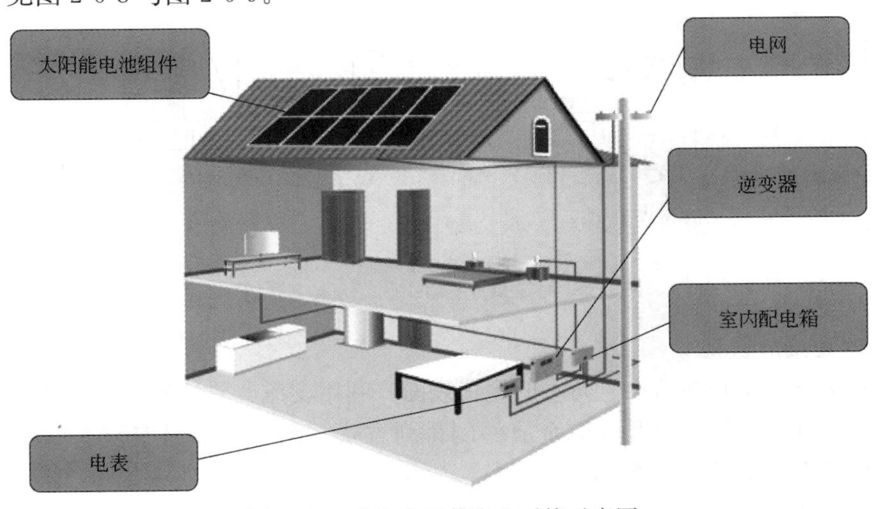

图 2-6-8 太阳能光伏发电系统示意图

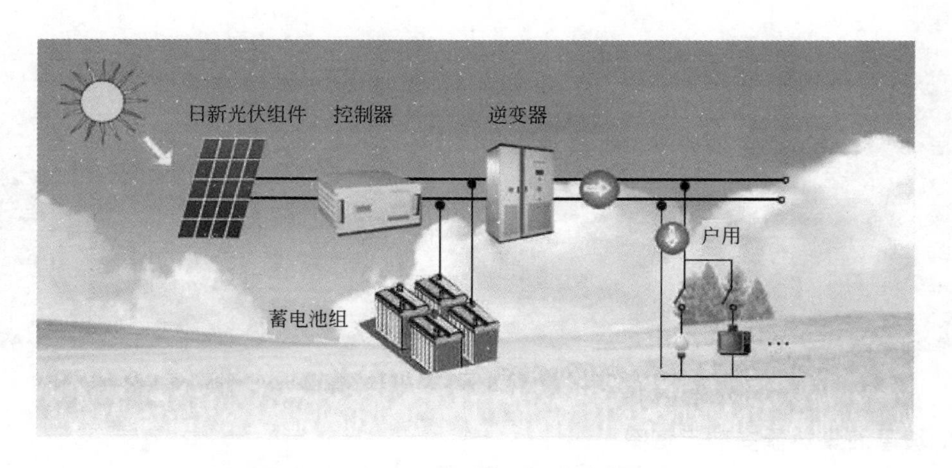

图 2-6-9　并联型太阳能光伏发电系统示意图

6.1.4　太阳能光电产品与建筑结合方式

1. 住宅用太阳能光伏发电系统

住宅用太阳能光伏发电系统，由屋顶上安装的太阳电池组件、在室内（或室外）安装的功率调节器（包含逆变器和并网保护装置等）以及连接这些设备的布线及接线箱、安装在交流侧的电度表等构成，见图 2-6-10。

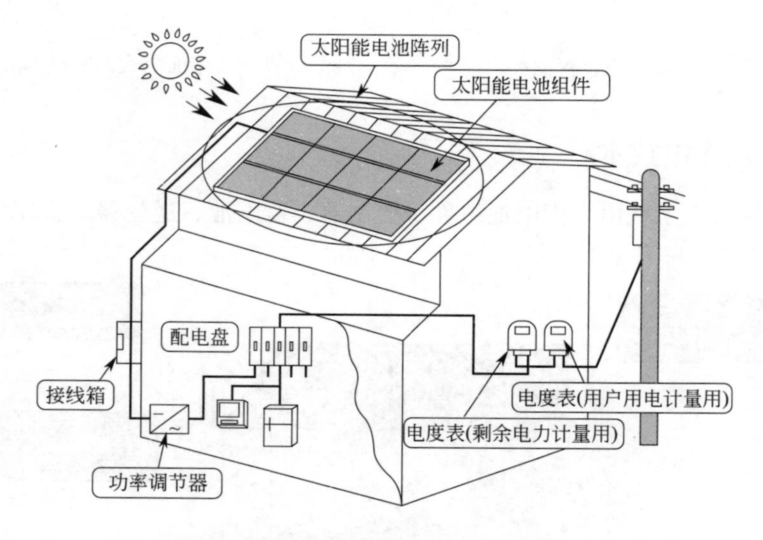

图 2-6-10　住宅用太阳能光伏发电系统

2. 屋顶直接放置型

屋顶直接放置型是在防火、防水的屋顶表面，利用支撑金属件安装太阳电池组件的方式，见图 2-6-11。图 2-6-12 是支撑金属件的排列方式。图 2-6-13 是安装支撑金属件的方法。图 2-6-14 是屋顶直接放置形式。

太阳能光伏发电系统适用于我国西部偏远的农村地区，主要由于太阳能资源丰富、建

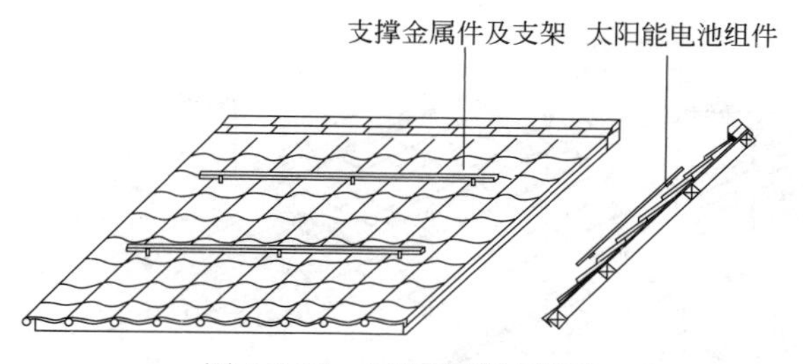

图 2-6-11 屋顶直接放置型

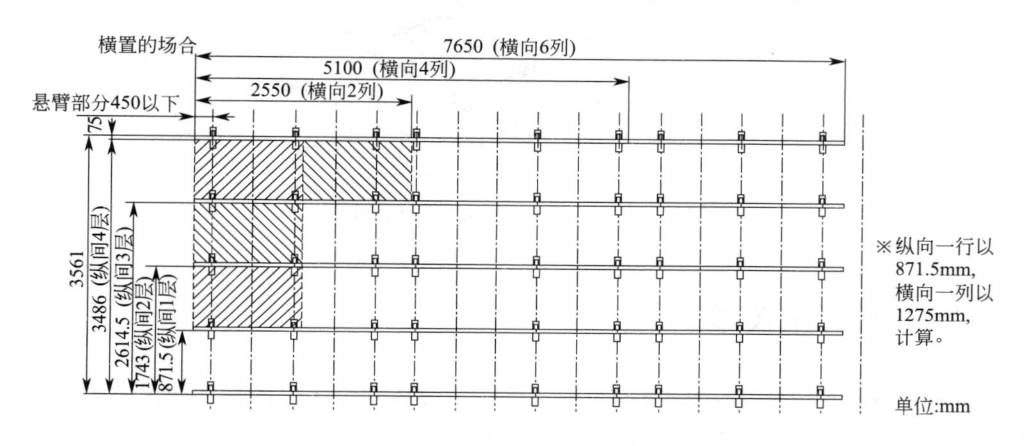

图 2-6-12 支撑金属件的排列

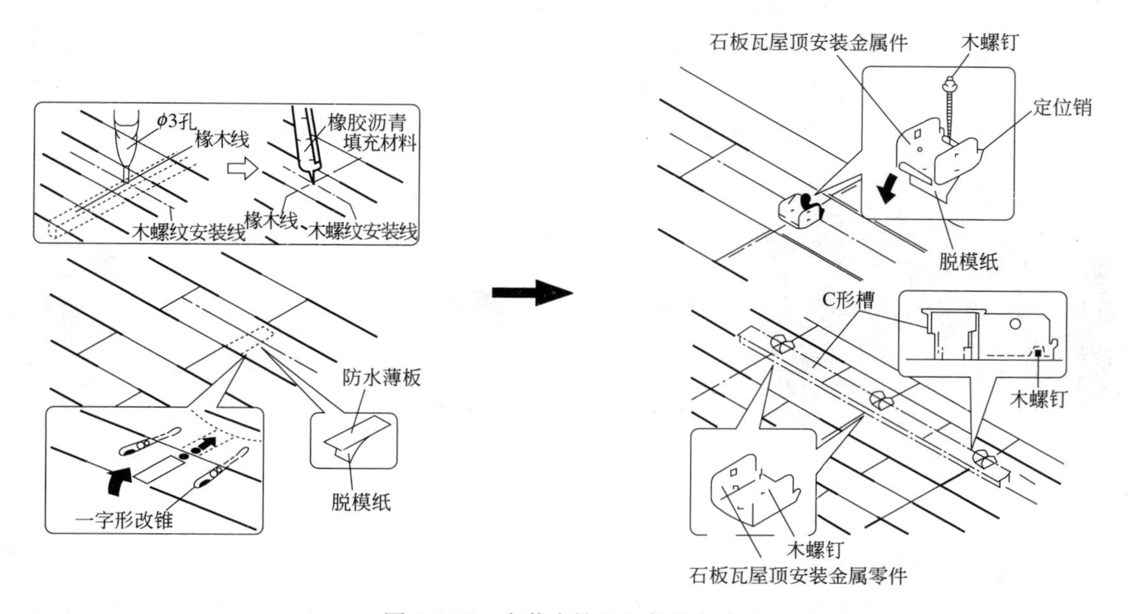

图 2-6-13 安装支撑金属件的方法

筑密度低，有充足的集热器摆放位置、偏远地区缺少供电基础设施等。确定采用太阳能光伏发电系统前，需要经过详细的技术经济分析。

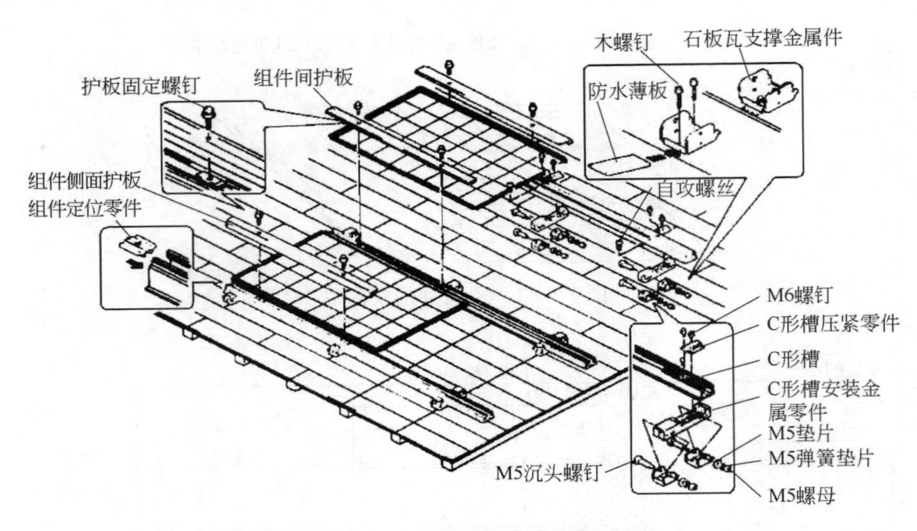

图 2-6-14　屋顶直接放置型构成图

6.2　地热能利用技术

地热能利用方式的选择，应根据当地气候、资源条件、水资源和环境保护政策、系统能效以及农户对设备投资运行费用的承担能力等因素综合确定。

地源热泵系统是浅层地热能应用的主要方式。地源热泵系统是以岩土体、地下水或地表水为低温热源，利用热泵将蓄存在浅层岩土体内的低温热能加以利用，对建筑物进行供暖空调的系统。由水源热泵机组、地热能交换系统、建筑物内系统组成。根据地热能交换系统形式的不同，地源热泵系统分为地埋管地源热泵系统（又称土壤源热泵系统）、地下水地源热泵系统和地表水地源热泵系统，见图 2-6-15～图 2-6-18 所示。

(a) 土壤源热泵空调系统

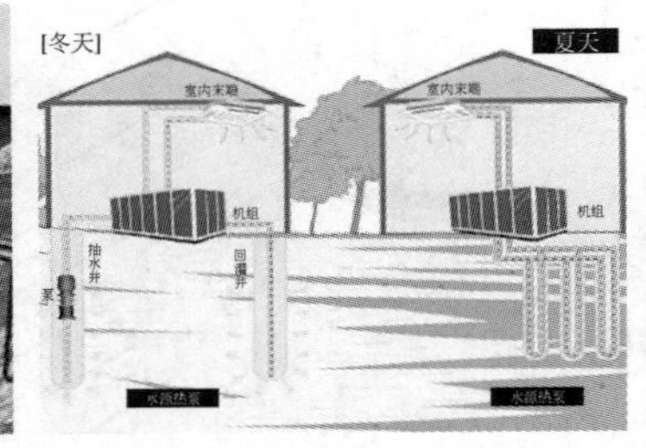

(b) 地下水地源热泵系统

(c) 地表水地源热泵系统

图 2-6-15　地源热泵系统类型

1. 地埋管地源热泵系统

地埋管地源热泵系统（见图 2-6-16）包括一个土壤地热交换器，它是以 U 形管状垂直安装在竖井之中，或是水平地安装在地沟中。不同的管沟或竖井中的热交换器成并联连接，再通过不同的集管进入建筑中与建筑物内的水环路相连接。北方地区应用时应特别注意防冻问题。

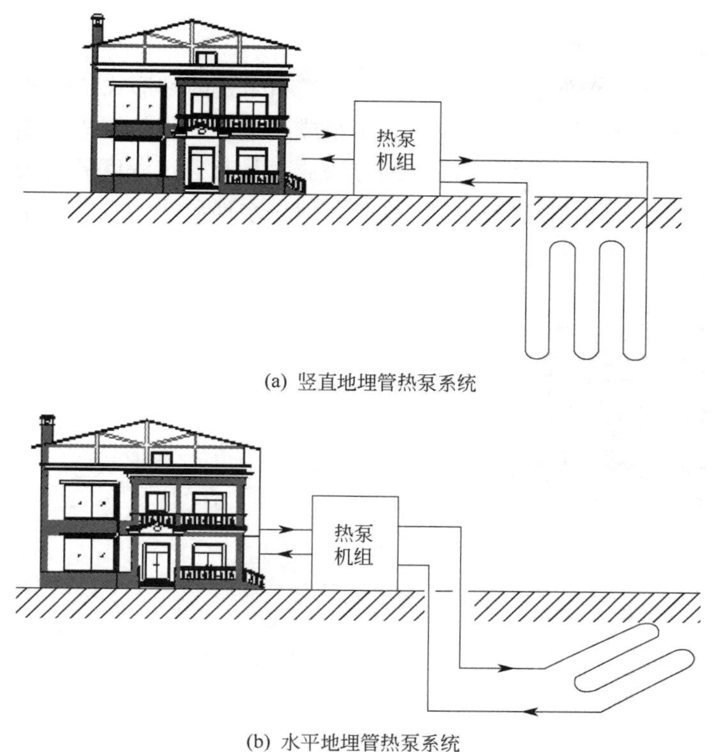

(a) 竖直地埋管热泵系统

(b) 水平地埋管热泵系统

图 2-6-16 地埋管地源热泵系统示意图

2. 地下水地源热泵系统

地下水地源热泵系统（见图 2-6-17）分为两种，一种通常被称为开式系统，另一种则为闭式系统。开式地下水地源热泵系统是将地下水直接供应到每台热泵机组，之后将井水回灌地下。闭式地下水地源热泵系统是将地下水和建筑内循环水之间用板式换热器分开。深井水的水温一般约比当地气温高 1～2℃。我国东北北部地区深井水水温约为 4℃，中部地区约为 12℃，南部地区约为 12～14℃；华北地区深井水水温约为 15～19℃；华东地区深井水的水温约为 19～20℃；西北地区浅井水水温约为 16～18℃；深井水水温约为 18～20℃；中南地区浅井水水温约为 20～21℃。地下水地源热泵系统应用时，应确保地下水

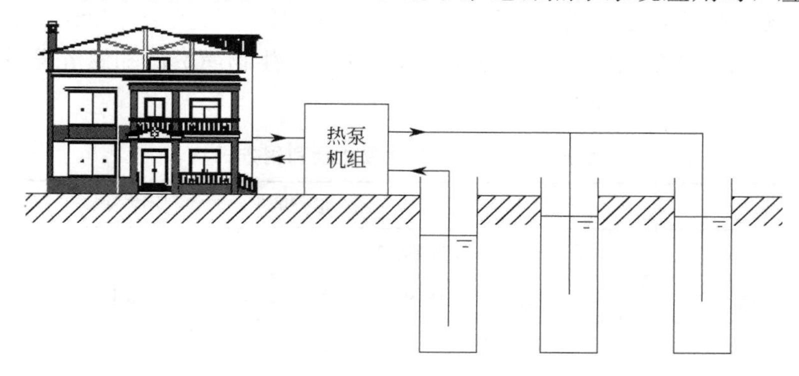

图 2-6-17 地下水地源热泵系统示意图

全部回灌到同一含水层。

3. 地表水地源热泵系统

地表水地源热泵系统（见图 2-6-18）分为开式和闭式两种形式。开式系统指地表水在循环泵的驱动下，经处理直接流经水源热泵机组或通过中间换热器进行热交换的系统；闭式系统指将封闭的换热盘管按照特定的排列方法放入具有一定深度的地表水体中，传热介质通过换热管管壁与地表水进行热交换的系统。地表水地源热泵系统应用时，应综合考虑水体条件，合理设置取水口和排水口，避免水系统短路。

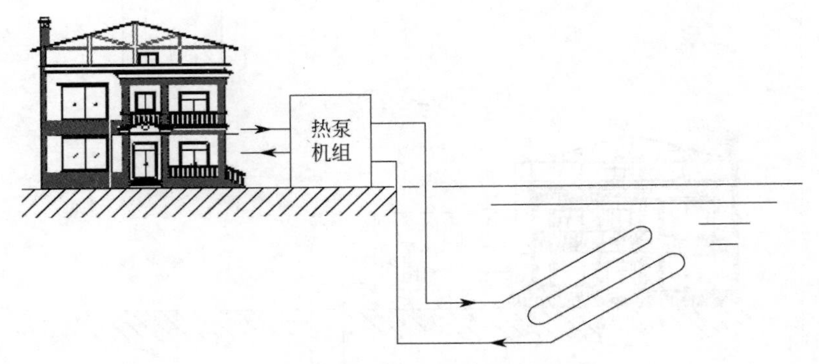

图 2-6-18　地表水地源热泵系统示意图

6.3　生物质能利用技术

生物质能利用方式的选择，应根据所在地区生物质资源条件、气候条件、投资规模等因素综合确定。

生物质资源主要包括农作物秸秆和畜禽粪便，不包括专为生产液体燃料而种植的能源作物。传统的生物质直接燃烧方式热效率低，同时伴随着大量烟尘和余灰，造成了生物质能源的浪费和居住环境质量的下降。因此，在具备生物质转换条件（生物质资源条件、经济条件及气候条件）的情况下，宜通过各种先进高效的生物质转换技术（如生物质固化成型技术等），将生物质资源转化成各种清洁能源（如沼气、生物质固化燃料等）后加以使用。

生物质资源条件决定了本地区可利用的生物质能种类，气候条件和经济水平制约了生物质能的利用方式。结合我国北方各地区的气候条件、生物质资源和经济发展情况，适宜采用的生物质能利用方式见表 2-6-1。

各地区适宜采用的生物质能利用方式　　**表 2-6-1**

地区	推荐的生物质能利用方式
东北地区	生物质固体成型燃料
华北地区	户用沼气、规模化沼气工程、生物质固体成型燃料
黄土高原区、青藏高原区	节能柴灶
蒙新区	生物质固体成型燃料、生物质沼气

6.3.1 生物质固化成型燃料技术

随着农村经济的发展和生活水平的提高，北方农村供暖用煤呈现较大增长趋势，我国有限煤炭资源已不能满足现有的需求，近年来，煤炭的价格逐渐升高，大多数地区的煤价已超过农民的经济承受能力，因此应寻求新的可再生能源来替代煤炭，即降低农村地区的供暖用煤量，又满足农民的经济条件。我国农村地区地域广阔，拥有非常丰富的农作物秸秆等生物质能资源，超过了7亿t薪材、秸秆等生物质能作为我国农村的传统能源燃料，20世纪80年代初期在农村能源消费比例中超过了70%，近年来，其使用比例逐步下降，主要原因是基本以直接燃烧作为利用方式，能量转化效率低，不易储存、燃烧卫生条件差，并且不能用于土暖气供暖炉燃烧，在很多农村地区，多余的农作物秸秆多直接在田地里进行焚烧，造成资源浪费，污染大气环境。正是生物质固化成型燃料的出现，解决了煤炭供应不足问题。

生物质固化成型燃料技术是在一定温度和压力作用下。将各类分散的，没有一定形状的农林生物质经过收集、干燥、粉碎等预处理后，利用特殊的生物质固化成型设备挤压成规则的、密度较大的棒状、块状或颗粒状等成型燃料，提高生物质的比重，延长燃烧时间，便于储存、运输，可代替煤、木材等燃料，如图2-6-19和图2-6-20所示。生物质致密固化燃料的原料范围广泛，包括苜蓿草、玉米秸、豆秸、麦秸、油菜秸、甘蔗梢、谷草、羊草、花生秧、棉籽皮等。生物质固化成型燃料是一种洁净低碳的可再生能源，可作为农村炊事或供暖炉燃料，它的燃烧时间长，强化燃烧炉膛温度高，而且经济实惠，同时对环境无污染，是替代常规化石能源的优质环保燃料。生物质固化成型燃料根据原料、工艺的不同，价格在300～600元之间不等。

图2-6-19 生物质固化成型燃料生产设备

我国生物质固化成型燃烧技术起步较晚，但发展迅速。生物质固化成型技术发展至今，已开发了许多成型工艺和成型机械。目前北京、河南、河北、山东、江苏、安徽、辽宁、吉林、黑龙江等省、直辖市推广生物质固化成型燃料技术较多。

生物质固化成型燃料作为北方农村地区炊事和供暖能源代替传统生物质和煤炭具有如下优势：

（1）绿色能源、清洁环保。生物质固化成型燃料燃烧时无烟无味、清洁环保，其含硫

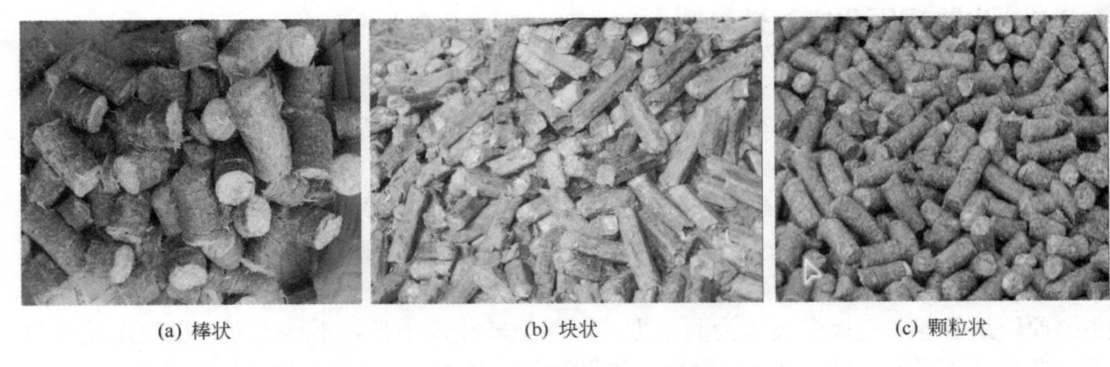

(a) 棒状　(b) 块状　(c) 颗粒状

图 2-6-20　生物质固化成型燃料

量、灰分、含氮量等远低于煤炭、石油等，是一种环保清洁能源。

（2）密度增大、储运方便。成型后的成型燃料体积小，比重大，密度大，便于加工转换、储存，运输与连续使用；生物质固化成型燃料所需存储空间小，使用生物质固化成型燃料代替原生生物质资源，可以解决农村环境“脏、乱、差”中的柴火乱堆问题。

（3）成本低廉、经济可行。通过建立生物质原料的收购体系，保证控制秸秆等原料的价格在150元/吨以内是可行的；生物质固化成型燃料的加工费用为200元/吨左右，可控制生物质固化成型燃料在400元/吨以内。生物质固化成型燃料的热值为5～7MJ/kg，而价格在400元/吨的煤炭的热值约为18MJ/kg，虽然现阶段生物质固化成型燃料的热值价格比稍高于煤炭，但生物质固化成型燃料是清洁能源，且煤炭的价格逐渐上扬，所以在一定范围内以生物质固化成型燃料代替煤是经济可行的。

（4）热值高，使用成本远低于石油能源，是国家大力倡导的代油清洁能源，有广阔的市场空间。

（5）高效节能。生物质固化成型燃料挥发分高，碳活性高，灰分只有煤的1/20，灰渣中余热极低，燃烧率可达98%以上。

秸秆等生物质资源的用途广泛，生物质固化成型燃料的生物质原料只能是原生生物质中的一小部分，因此生物质固化成型燃料的生产应重点在以下区域展开：

（1）商品粮集中生产区。这类地区秸秆丰富，经常出现农民就地焚烧秸秆的现象。

（2）林区林产和薪柴生产区。这类地区林业加工剩余物量大、易得。

（3）生态保护区、河川源头地区和生态环境脆弱地区。此类地区的水土流失对生态环境影响巨大，成型燃料热利用率高，少量的生物质资源加工成型燃料就可以满足居民生活使用，可以有效避免乱砍滥伐现象。

农村能源建设是提高农民生活质量的关键手段，在沼气、生物质气无法从根本上解决农村尤其是北方农村冬季取暖问题的情况下，生物质固化成型燃料则可以解决炊事、取暖用能。生物质固体成型燃料炉的种类众多，根据使用燃料规格的不同，可分为颗粒炉和棒状炉；根据燃烧方式的不同，可分为燃烧炉、半气化炉和气化炉；根据用途不同，可分为炊事炉、供暖炉和炊事供暖两用炉。在选取生物质固体成型燃料炉时，应综合考虑以上各因素，确保生物质固体成型燃料的高效利用。生物质固体成型燃料炉如图2-6-21所示。

(a) 生物质半气化炊事炉

(b) 生物质成型颗粒燃料炊事炉

(c)生物质供暖炉

(d)生物质供暖炊事两用炉

图 2-6-21 生物质固化成型燃料炉

6.3.2 沼气技术

沼气作为能源利用已有很长的历史。我国的沼气最初主要为农村户用沼气池，20 世纪 70 年代初，为解决沼气综合利用的秸秆焚烧和燃料供应不足的问题，我国政府在农村推广沼气事业，沼气池产生的沼气用于农村家庭的炊事逐渐发展到照明和取暖。目前，户用沼气在我国农村仍在广泛使用。我国的大中型沼气工程始于 1936 年，此后，大中型废水、养殖业污水、村镇生物质废弃物、城市垃圾沼气的建立拓宽了沼气的生产和使用范围。随着我国经济发展和人民生活水平的提高，工业、农业、养殖业的发展，大废弃物发酵沼气工程仍将是我国可再生能源利用和环境保护的切实有效的方法。

沼气是可再生的清洁能源，既可替代秸秆、薪柴等传统生物质能源，也可替代煤炭等商品能源，而且能源效率明显高于秸秆、薪柴、煤炭等。农村地区利用沼气作为生活用能具有如下重要意义：

（1）沼气不仅能解决农村能源问题，而且能增加有机肥料资源，提高质量和增加肥效，从而提高农作物产量，改良土壤。

（2）使用沼气，能大量节省秸秆、干草等有机物，以便用来生产牲畜饲料和作为造纸原料及手工业原材料。

(3) 兴办沼气可以减少乱砍树木和乱铲草皮的现象，保护植被，使农业生产系统逐步向良性循环发展。

(4) 兴办沼气，有利于净化环境和减少疾病的发生。这是因为在沼气池发酵处理过程中，人畜粪便中的病菌大量死亡，使环境卫生条件得到改善。

(5) 用沼气煮饭照明，既节约家庭经济开支，又节约家庭主妇的劳作时间，降低劳动强度。

(6) 使用沼肥，提高农产品质量和品质，增加经济收入，降低农业污染，为无公害农产品生产奠定基础。常用的物质循环利用型生态系统主要有种植业、养殖业、沼气工程三结合，养殖业、渔业、种植业三结合以及养殖业、渔业、林业三结合的生态工程等类型。其中种植业、养殖业、沼气工程三结合的物质循环利用型生态工程应用最为普遍，效果最好。

1. 户用沼气

农村户用沼气池生产的沼气主要用来做生活燃料。修建一个容积为 10m³ 的沼气池，每天投入相当于 4 头猪的粪便发酵原料，它所产的沼气就能解决一家 3～4 口人点灯、做饭的燃料问题。

要使沼气池正常启动，首先，要选择好投料的时间，然后准备好配比合适的发酵原料，入池后原料搅拌要均匀，水封盖板要密封严密。一般沼气池投料后第 2 天，便可观察到气压表上升，表明沼气池已有气体产生。最初，要将产生的气体放掉（直至气压表降至零），待气压表再次上升时，在灶具上点火，如果能点燃，表明沼气池已经正常启动。如果还不能点燃，按照上述方法再重试一次，还不行，则要检查沼气的料液是否酸化或其他原因。经检查沼气池的密封性能符合要求即可投料。沼气池投料时，先应按要求根据发酵液浓度计算出水量，向池内注入定量的清水，将准备的原料先倒一半，搅拌均匀，再倒一半接种物与原料混合均匀，照此方法，将原料和菌种在池内充分搅拌均匀，净沼气池密封。农村沼气发酵的适宜温度为 15～25℃。因而，在投料时宜选取气温较高的时候进行，北方宜在 3 月份准备原料，4～5 月份投料，等到 7～8 月份温度升高后，有利于沼气发酵的完全进行，充分利用原料。

沼气发酵是厌氧发酵，发酵工艺要求沼气池必须严格密封，水压式沼气池池内压强远大于池外大气压强。密封性不好的沼气池不但会漏气，而且会使水压式沼气池的水压功能丧失殆尽，所以必须做好沼气池的密封。图 2-6-22 为沼气工程的工艺流程。

由于沼气成分与一般燃气存在较大差异，故应选用沼气专用灶具，以获得最高的利用效率（见图 2-6-23）。沼气管路及其阀门管件的质量好坏直接关系到沼气的高效输送和人身安全，因此，其质量及施工验收必须符合国家相关标准规范。

在沼气发酵过程中，温度是影响沼气发酵速度的关键，当发酵温度在 8℃以下时，仅能产生微量的沼气。所以冬季到来之前，户用沼气池应采取保温增温措施，以保证正常产气。通常户用沼气池有以下几种保温增温措施：

(1) 覆膜保温，在冬季到来之前，在沼气池上面加盖一层塑料薄膜，覆盖面积是池体占地面积的 1.2～1.5 倍。还可以在池体上面建塑料小拱棚，吸收太阳能增温。

(2) 堆物保温，在冬季节到来之前，在沼气池和池盖上面，堆集或堆沤热性作物秸秆

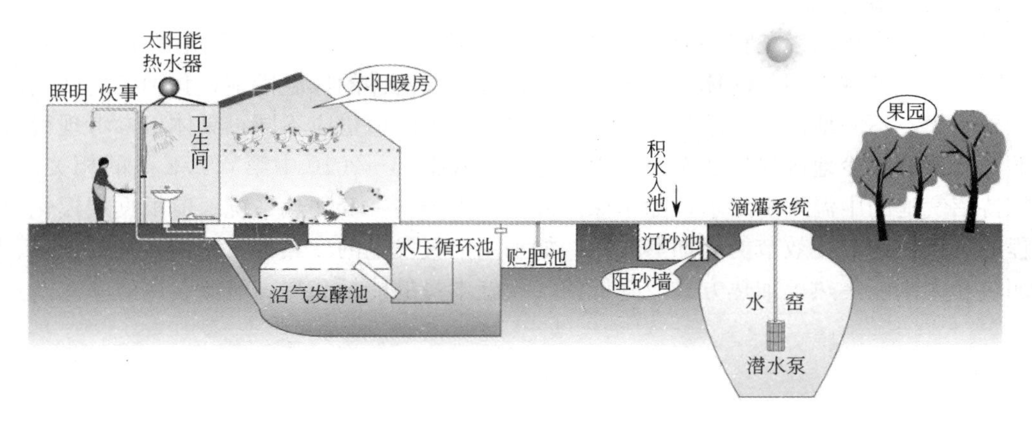

图 2-6-22 沼气工程工艺流程示意图

图 2-6-23 沼气池、沼气管道系统和灶具

(稻草、糜草等)和热性粪便(马、驴、羊粪等),堆沤的粪便要加湿覆膜,这样既有利于沼气池保温,又强化堆沤,为明年及时装料创造了条件。

(3) 建太阳能暖圈,在沼气池顶部建一猪舍(牛、羊舍),一角处建一厕所,前墙高 1.0m,后墙高 1.8~2.0m,侧墙形成弧形状,一般建筑面积为 16~20m^2,冬季上覆塑料薄膜,形成太阳能暖圈,一方面促进猪牛羊生长,另一方面有利于沼气池的安全越冬。

2. 规模化集中沼气

我国的规模化沼气工程一般采用中温发酵技术，即维持沼气池内温度在 30～35℃之间。因此，为了减少沼气池体的热损失，应做好沼气池体的保温措施，我国各地区气候条件差异较大，不同地区沼气池的围护结构传热系数上限值也应不同，具体可参考现行行业标准《严寒和寒冷地区居住建筑节能设计标准》JGJ 26—2010 中第 4.2.2 条的相关规定。为维持沼气池的中温发酵要求，除了保温外，还需配备一套加热系统。应根据规模化沼气工程的特点，选取高效节能的加热方式，如利用沼气发电的冷热电三联供系统的余热、热泵加热和太阳能集热等加热方式，降低沼气设施本身的能耗和提高能源利用效率。

第2篇　北方农村建筑节能施工

7　外墙保温施工技术

7.1　外墙外保温施工技术

7.1.1　EPS薄抹灰外墙外保温系统

1. 系统构造

EPS薄抹灰外墙外保温系统是以模塑聚苯板（EPS板）作为保温材料，采用胶粘剂将保温材料粘贴在基层墙体上，必要时可使用锚栓加强系统与基层墙体连接；用抹面胶浆和增强用玻纤网复合而成的薄抹灰防护层，表面根据设计要求选用涂料或面砖饰面，是置于建筑物外墙外侧的保温和饰面系统。其基本构造见表2-7-1和表2-7-2。

涂料饰面EPS板薄抹灰外墙外保温系统构造　　**表2-7-1**

① 基层墙体	系统基本构造				构造示意图
	② 粘结层	③ 保温层	④ 防护层	⑤ 饰面层	
砖墙（实心、多孔砖）	胶粘剂	EPS板	抹面胶浆，复合耐碱玻纤网格（可加锚栓）	弹性底漆、柔性腻子、涂料	基层墙体 胶粘剂 EPS板 抹面胶浆复合玻纤网格布 弹性底漆,柔性腻子 涂料

面砖饰面EPS板薄抹灰外墙外保温系统构造　　**表2-7-2**

① 基层墙体	系统基本构造				构造示意图
	② 粘结层	③ 保温层	④ 防护层	⑤ 饰面层	
砖墙（实心、多孔砖）	胶粘剂	EPS板	抗裂砂浆，复合热镀锌钢丝网，加锚栓	面砖粘结砂浆，面砖填缝剂、面砖	基层墙体 胶粘剂 EPS板 锚栓 抗裂砂浆复合热镀锌电焊网 面砖粘结砂浆 面砖

2. 材料介绍

（1）主要组成材料

EPS板：阻燃性保温材料，出厂前应在自然条件下陈化42天，或在60℃蒸汽中陈化5天；每块板宽度不宜大于1200mm，高度不宜大于600mm。

胶粘剂：用于EPS板与基层墙体粘贴的专用粘结剂。粘结性能应符合系统性能要求。

抹面胶浆和耐碱玻纤网布：薄抹于EPS板表面与玻纤网布共同形成防护层。

锚栓及其他附件：用于加固或辅助系统的材料和构件。

饰面材料：与EPS板薄抹灰系统相容的材料或制品。

（2）系统的性能要求

该系统EPS板导热系数小，约在0.038～0.041W/（m·K）之间，并且EPS板厚度一般不受限制，可满足现行国家标准《农村居住建筑节能设计标准》GB/T 50824—2013的要求，EPS板薄抹灰外墙外保温系统的技术性能应符合表2-7-3的规定。

EPS板薄抹灰外墙外保温系统性能要求　　表2-7-3

项目	技术要求
耐候性	经耐候性试验后，不得出现饰面层起泡或剥落、保护层空鼓或脱落等破坏，不得产生渗水裂缝。具有薄抹面层的外保温系统，抹面层与保温层的拉伸粘结强度应不小于0.1MPa，并且破坏部位应位于保温层内
抗风荷载性能	系统抗风压值不小于风荷载设计值；保温系统的安全系数 K 不应小于1.5
抗冲击性	建筑物首层墙面以及门窗口等易受碰撞部位：10J级； 建筑物二层以上墙面等不易受碰撞部位：3J级
吸水量，浸水24h	≤500g/m^2
耐冻融性能	30次冻融循环后，保护层无空鼓、脱落，无渗水裂缝；保护层与保温层的拉伸粘结强度不应小于0.1MPa，破坏部位应位于保温层内
热阻	复合墙体热阻符合设计要求
抹面层不透水性	2h不透水
保护层水蒸气渗透阻	符合设计要求
水蒸气湿流密度	≥0.85g/(m^2·h)

EPS板薄抹灰外墙外保温系统施工应遵循的标准及依据见表2-7-4。

EPS薄抹灰外墙外保温系统遵循的标准及设计依据　　表2-7-4

标准号	名　称
JG 149—2003	《膨胀聚苯板薄抹灰外墙外保温系统》
JGJ 144—2004	《外墙外保温工程技术规程》
RISN-TG001—2005	《建筑外墙外保温技术导则》
10J121	国家建筑标准设计图集《外墙外保温建筑构造》

3. 施工工序

（1）涂料饰面系统的施工流程

涂料饰面系统的施工流程见图 2-7-1。

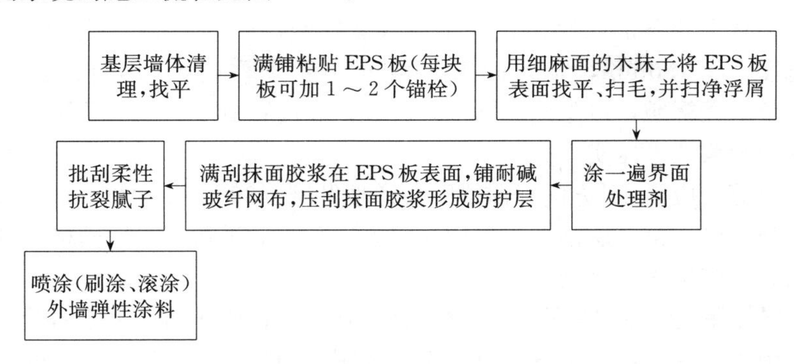

图 2-7-1　涂料饰面系统的施工流程

（2）面砖饰面系统的施工流程

面砖饰面系统的施工流程见图 2-7-2。

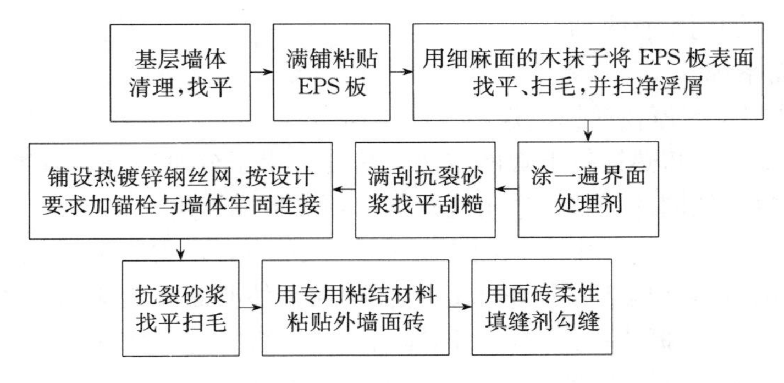

图 2-7-2　面砖饰面系统的施工流程

4. 施工技术要点

（1）基层墙体清理、找平

基层墙体表面清油污、脱模剂等阻碍粘结的附着物。凸起、空鼓和疏松部位应剔除并找平。

（2）满铺粘贴 EPS 板

用 EPS 专用胶粘剂在 EPS 背面四周刮一圈胶，在板中分散布置 8～10 个胶点；然后横贴 EPS 板长边沿水平方向自下而上、上下错缝，板与板之间对缝严密（不用抹胶），表面平整，可用 2m 靠尺找平。每块 EPS 板上可加 1～2 个锚栓，作定位和加固用。

（3）界面处理

用细麻面的木抹子将 EPS 板表面找平、扫毛，并扫净浮屑。用界面处理剂对表面喷涂处理。

（4）防护层和饰面层施工

1）涂料饰面系统

① 涂刮抹面胶浆，压入耐碱玻纤网

耐碱玻纤网长度 3m 左右，尺寸预先裁好。抹面胶浆一般分两遍完成，总厚度约 3～

5mm。涂抹面胶浆后应立即用铁抹子压入玻纤网。玻纤网之间搭接宽度不应小于50mm，按照从左至右、从上至下的顺序用铁抹子压入玻纤网，严禁干搭。阴阳角处也应压茬搭接，其搭接宽度大于150mm，应保证阴阳角处的方正和垂直度。玻纤网要夹在抹面胶浆中，铺贴要平整、无褶皱，可隐约见网格，胶浆饱满度达到100%。局部不饱满处应随即补抹第二遍抹面胶浆找平压实。

在门窗洞口等处应沿45°方向提前增贴一道玻纤网（300mm×200mm）加强；首层墙面应铺贴双层玻纤网，第一层铺贴应采用对接方法，然后进行第二层网格布铺贴，两层网格布之间抹面胶浆应饱满，严禁干贴。

建筑物首层外保温应在阳角处双层网格布之间设专用金属护角，护角高度一般为2m。

抹面胶浆施工完成后，应检查平整、垂直及阴阳角方正，不符合要求的应用抹面胶浆进行修补。严禁在此面层上抹普通水泥砂浆腰线、窗口套线等。

② 刮柔性耐水腻子、涂刷饰面涂料

抗裂层干燥后，刮柔性耐水腻子（多遍成活，每次刮涂厚度控制在0.5mm左右），涂刷饰面涂料，应做到平整光洁。

2）面砖饰面系统

① 抹抗裂砂浆，铺压热镀锌电焊网（简称钢网）

防护层施工前应先将热镀锌电焊网按建筑高度用钳子分段裁好，将钢网裁成长度3m左右的网片，并尽量使网片平整，边角处的钢网预先折成直角。

抹第一遍抗裂砂浆时，厚度应控制在2～3mm左右，不得有漏抹之处。抗裂砂浆固化后，开始进行铺钉钢网施工，U形卡子卡住钢网，使其紧贴抗裂砂浆表面，然后用塑料锚栓按双向@500mm梅花状分布将钢网锚固在基层墙体上，有效深度不得小于25mm，局部不平整处，用U形卡子压平。

钢网边相互搭接宽度应在40mm左右（3格网格），搭接部位以不大于300mm的距离用镀锌铅丝将两网绑扎在一起，阴阳角网应压住对接网片。窗口侧面、女儿墙、沉降缝等钢网收头处应用水泥钉加垫片将钢网固定在主体结构上。

钢网铺贴完毕后，再抹第二遍抗裂砂浆，并用钢网包裹，抗裂砂浆的总厚度宜控制在8～10mm。

② 铺贴面砖

抗裂砂浆施工完一般应适当喷水养护，约7天后即可进行饰面砖粘贴工序。饰面砖粘贴施工按照《外墙饰面砖工程施工及验收规程》JGJ 126—2015执行。面砖粘结砂浆厚度宜控制在3～5mm。用柔性填缝剂按生产厂操作说明对砖缝进行嵌填、刮平。

EPS板外墙外保温系统部分施工示意见图2-7-3。

7.1.2　保温装饰一体化外保温技术

保温装饰板外保温（简称保温装饰板系统）由胶粘剂、保温装饰板、嵌缝材料、密封材料和辅助固定件构成。施工时，先在基层墙体上做防水找平层，采用以粘为主、粘锚结合的方式将保温装饰板固定在基层上，并采用保温嵌缝材料封填板缝。保温装饰板外保温系统基本构造见表2-7-5。

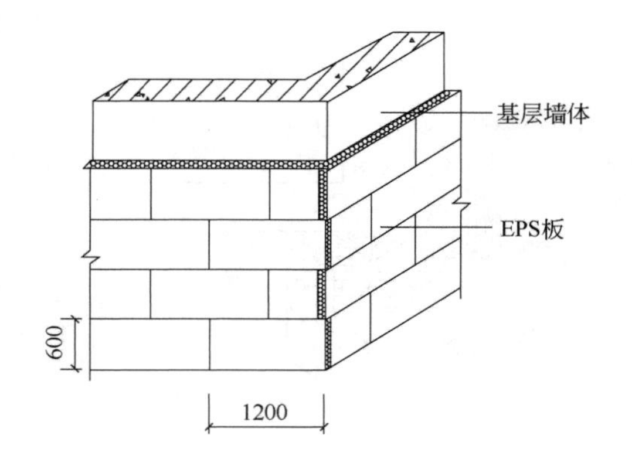

(a) EPS板的搭接图

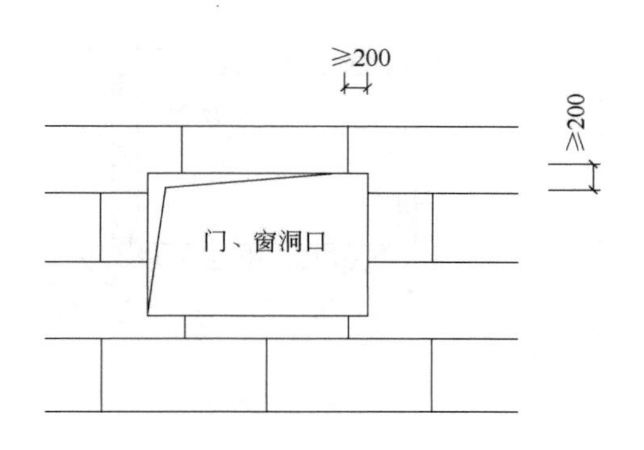

(b) 门窗洞口EPS板的排列

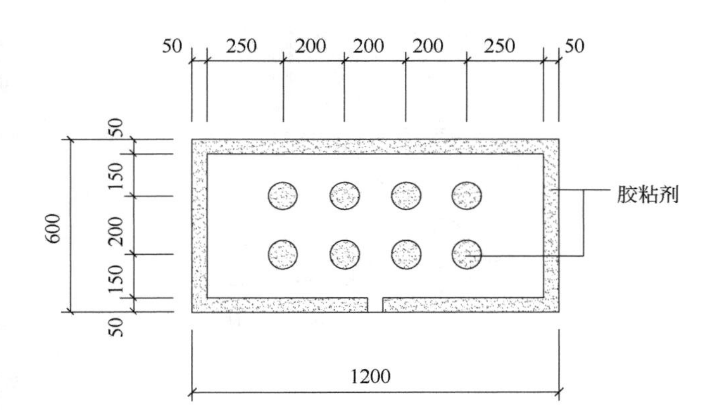

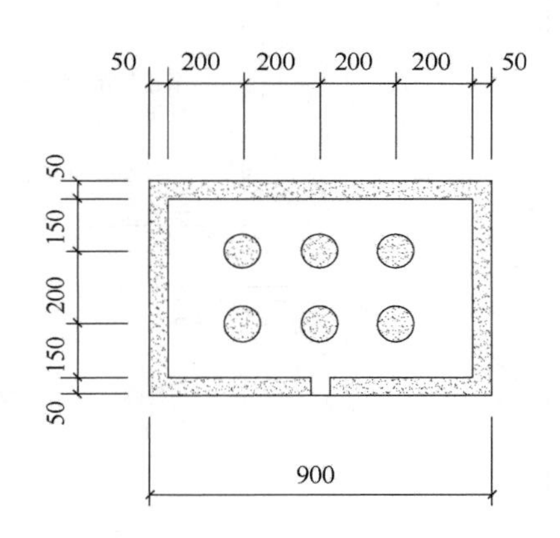

(c) EPS板的点粘法

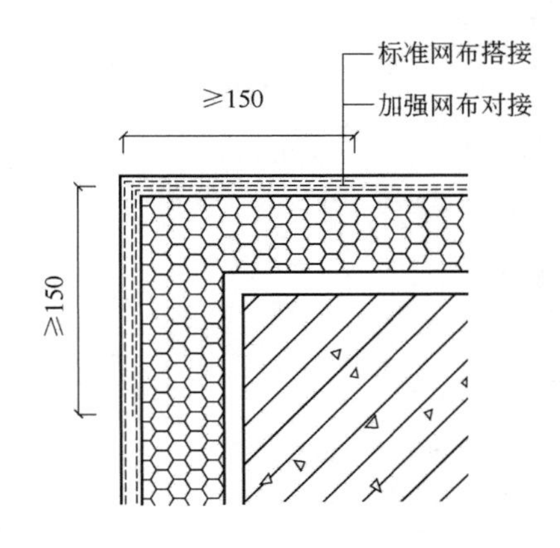

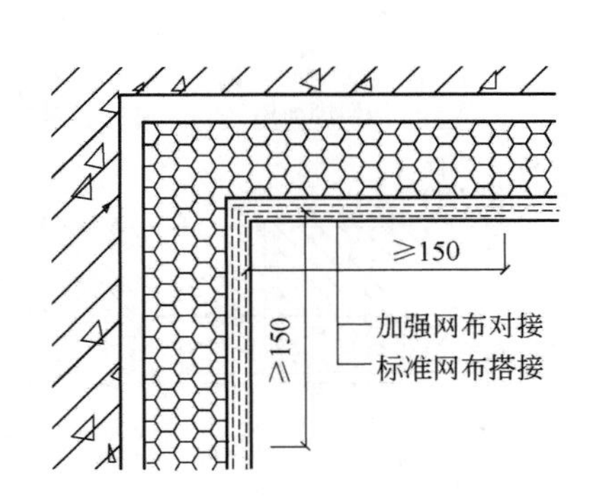

(d) 加强型网格布的铺设

图 2-7-3 EPS 板外墙外保温系统部分施工局部示意（单位：mm）(一)

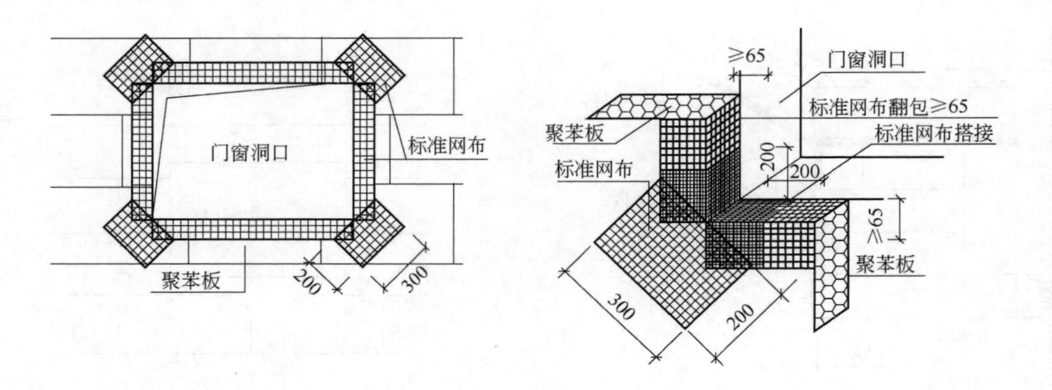

(e) 门窗洞口四角网格布的加强

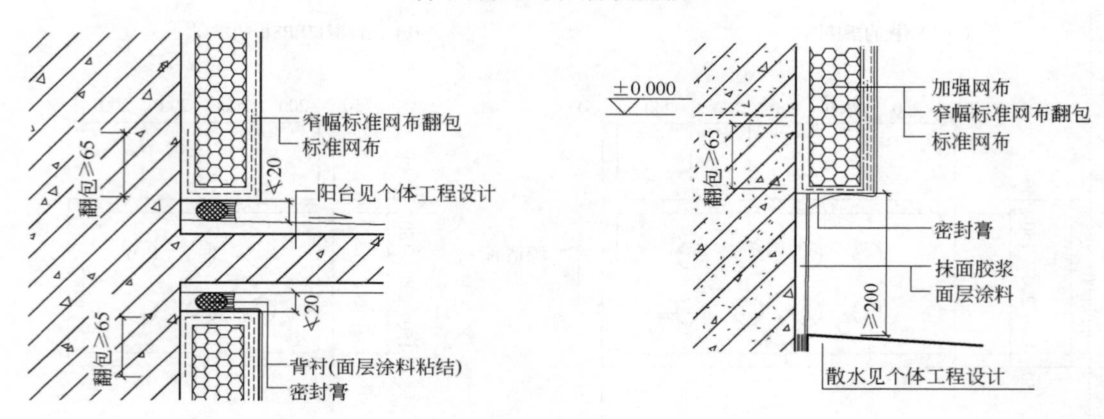

(f) 转角部位的网格布的搭接

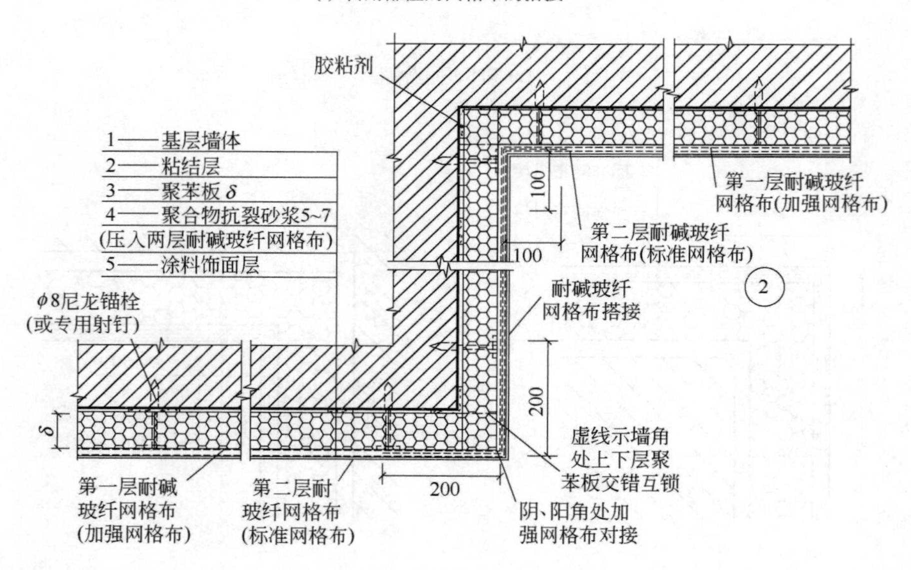

(g) 首层墙体及墙角的构造

图 2-7-3　EPS 板外墙外保温系统部分施工局部示意（单位：mm）（二）

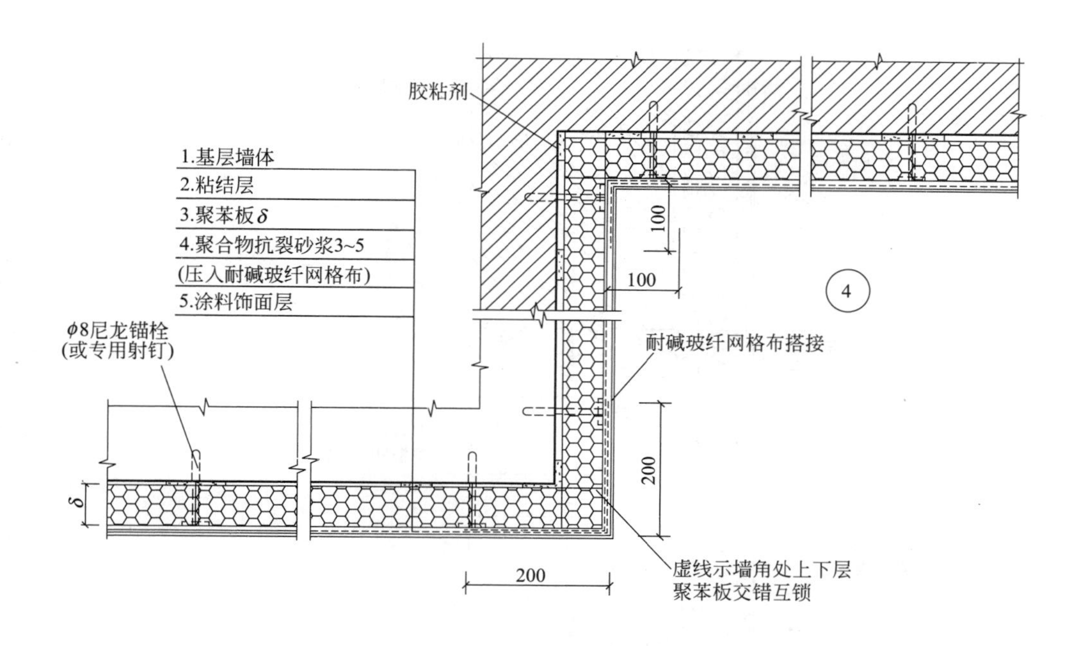

(h) 2层及2层以上墙体及墙角的构造

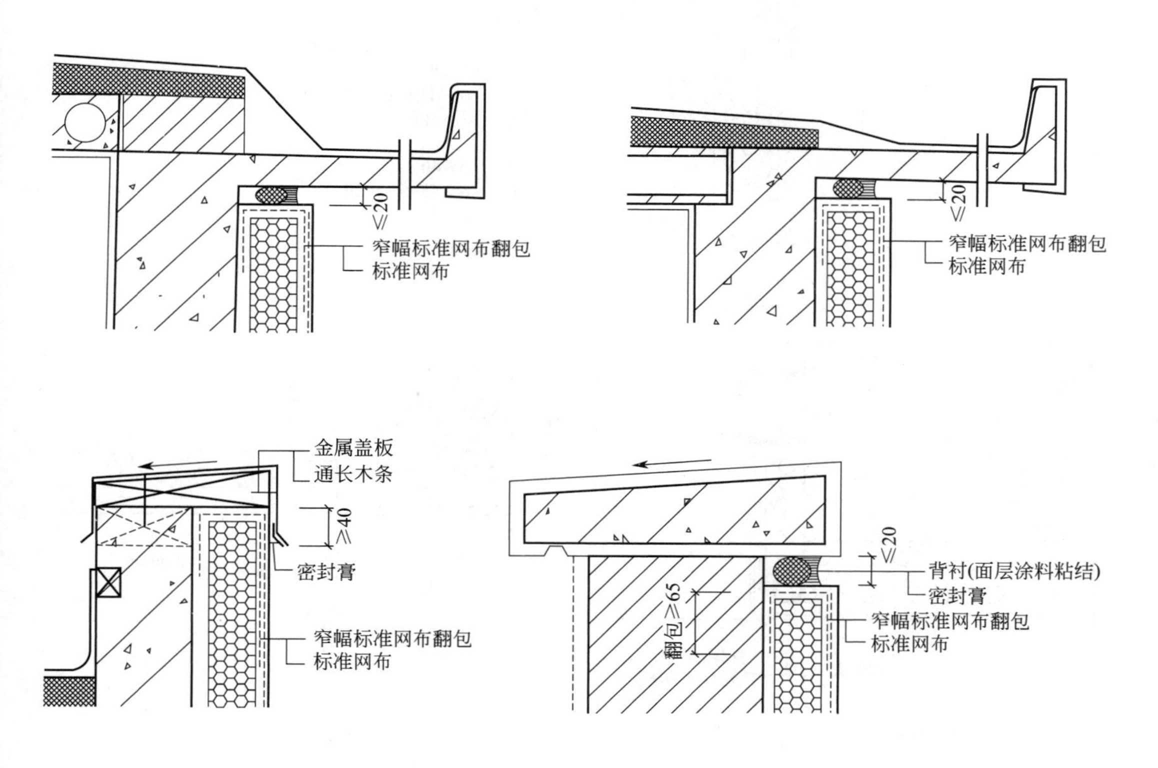

(i) 檐口及女儿墙的构造

图 2-7-3　EPS 板外墙外保温系统部分施工局部示意（单位：mm）（三）

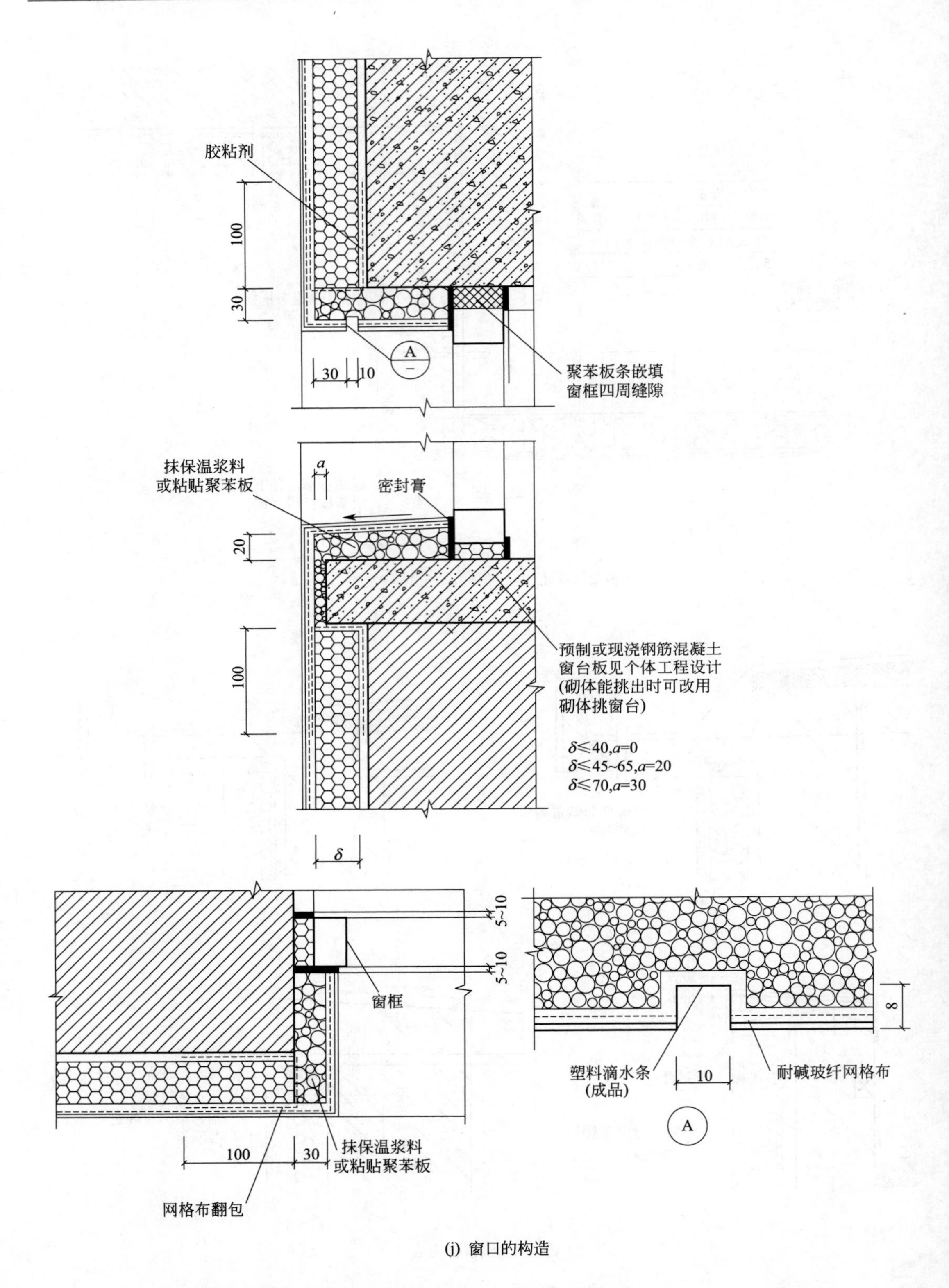

(j) 窗口的构造

图 2-7-3　EPS 板外墙外保温系统部分施工局部示意（单位：mm）（四）

保温装饰板外保温系统基本构造 表 2-7-5

构造示意图	系统的基本构造				
	①基层墙体	②防水找平层	③粘结层	④保温装饰板	⑤安装缝
① ② ③ ④ ⑤	钢筋混凝土墙 各种砌体墙	1∶3 水泥砂浆 找平层	胶粘剂＋锚栓	饰面层（涂料或薄石材） ＋ 衬板 ＋ 保温层（EPS、XPS、PUR） ＋ 底衬（玻纤增强聚合物砂浆）	弹性背衬材料填充 ＋ 硅酮密封胶 或柔性勾缝腻子

保温装饰板由饰面层、衬板、保温层和底衬组成。保温层材料可采用 EPS 板、XPS 板或 PU 板，饰面层可采用涂料饰面。

保温装饰板性能要求见表 2-7-6。

保温装饰板性能要求 表 2-7-6

检测项目		性能指标
单位面积质量（kg/m^2）		≤20
拉伸粘结强度（MPa）	标准状态	≥0.10，破坏发生在保温材料中
	耐水	≥0.10
	耐冻融	
保温材料		符合本书附录 2 附表 A.0.1 的要求
非金属面板厚度（mm）		首层不小于 6.0
		其他层不小于 3.0
抗冲击强度		首层不小于 10.0J 其他层不小于 3.0J
保温材料导热系数		符合相关标准要求

保温装饰板安装缝应使用弹性背衬材料填充，并用硅酮密封胶或柔性勾缝腻子嵌缝。

1. 硬泡聚氨酯保温装饰板组成材料的特点

底衬增强水泥基卷材由硅酸盐水泥、乳液等组成。

保温材料硬泡聚氨酯是采用异氰酸酯、多元醇及发泡剂等添加剂，经反应而形成的硬质泡沫体。作为热固型保温材料，遇火时不产生熔滴，在板表面形成碳化结焦层，能阻止火势蔓延，不具有火焰传播性。其导热系数低，保温效果与其他的保温材料相比较有明显的优势。

保温装饰板的衬板宜采用密度大于 1.40g/cm^3 的硅酸钙板。

保温装饰板饰面材料有涂料饰面、薄石材饰面。

硬泡聚氨酯保温装饰板是利用聚氨酯自粘结性能，将硬泡聚氨酯保温材料与增强卷材和衬板（硅酸钙板）或具有饰面功能的板材（薄石材板）通过发泡粘结而成，是集保温和装饰于一体的新型墙体保温材料。按饰面材料分主要有硅酸钙板刷涂料、薄石材板，如图 2-7-4 所示。

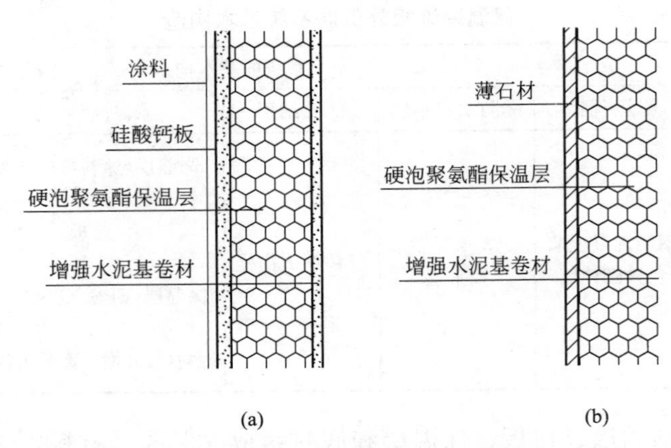

图 2-7-4　硬泡聚氨酯保温装饰板保温系统的构造

2. 硬泡聚氨酯保温装饰板保温系统的构造与特点

硬泡聚氨酯保温装饰板外墙外保温系统由胶粘剂、硬泡聚氨酯保温装饰板、金属固定件、嵌缝材料（聚乙烯泡沫棒、PU泡沫棒等弹性材料）、硅酮耐候密封胶等组成。硬泡聚氨酯保温装饰板在板的背面辅以增强水泥卷材，不仅可以抑制保温板的变形，还可以增强板材与墙体的粘结力。保温层厚度根据设计要求确定，见表 2-7-7。

严寒和寒冷地区居住建筑 PUR 板厚度选用表　　表 2-7-7

外墙传热系数 $K[W/(m^2 \cdot K)]$	PUR 板厚度(mm)				
	钢筋混凝土墙(200)	混凝土空心砌块墙(190)	灰砂砖墙(240)	黏土多孔砖	
				DM(190)	KP1(240)
0.25	*	*	*	170	165
0.30	*	*	130	125	120
0.35	115	110	100	95	90
0.40	95	90	80	75	75
0.45	75	75	70	65	60
0.50	65	60	60	55	50
0.55	55	50	50	45	45
0.60	50	45	40	40	35
0.70	40	35	35	30	30

注：1. 本表传热系数为平均传热系数，平均传热系数依据《严寒和寒冷地区居住建筑节能设计标准》JGJ 26—2010 规定计算，基于二维传热的计算方法。
2. 表中“*”表示不宜采用该外保温系统，应选用其他类型的保温系统。

7.1.3　岩棉板外保温技术

施工技术要点：

（1）粘剂的粘贴有效面积应不小于50%。

（2）必须用锚栓固定，锚栓的用量应不小于 6 个/m²。在高层建筑受负风压较大的部位，宜增加到 8～10 个/m²。

（3）岩棉板的长度不宜大于 1200mm，宽度不宜大于 600mm。粘贴岩棉时，胶粘剂应涂在岩棉背面，在基层平整度小于 5mm/2m 时，优先使用条粘法进行粘贴，胶条应呈水平方向。如图 2-7-5 所示。

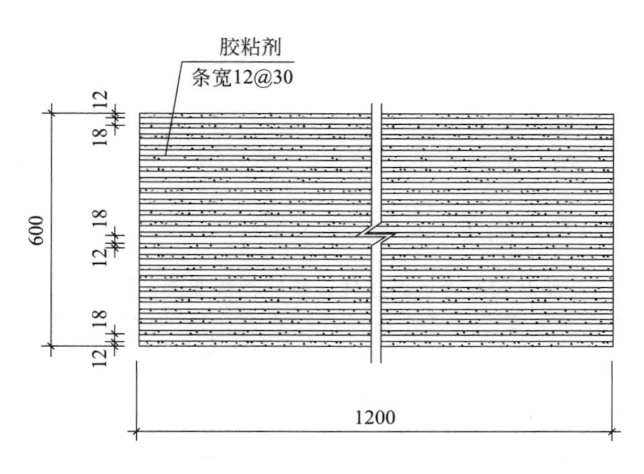

图 2-7-5　条粘法示意图（单位：mm）

（4）在基层平整度大于 5mm/2m 时，须使用点框法粘贴（见图 2-7-6），粘贴应牢固，不得有松动和空鼓，板缝应挤紧，相邻板应齐平。板间缝隙应用岩棉条填塞，板间高差不得大于 1.5mm，板间缝隙不得大于 1.5mm。

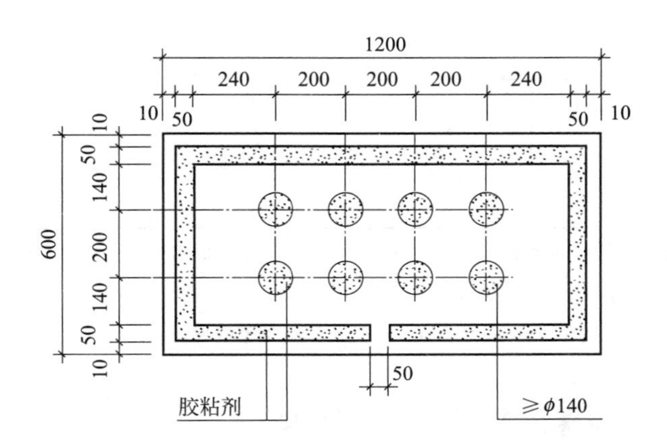

图 2-7-6　点框法粘贴示意图（单位：mm）

（5）粘贴 24h 后方能钻孔安装锚栓。

（6）保温系统开始施工前，施工单位应按照设计要求，在现场采用与实际工程完全相同的产品、工具和技术，施工完成一块具有代表性的样板墙，以得到系统材料供应商、监理、设计和建设单位的认可。

（7）门窗洞口四角处保温板不得拼接，应采用整块保温板切割成形，保温板接缝应离开角部至少 200mm，见图 2-7-7。洞口四角应附加网格布，见图 2-7-8。

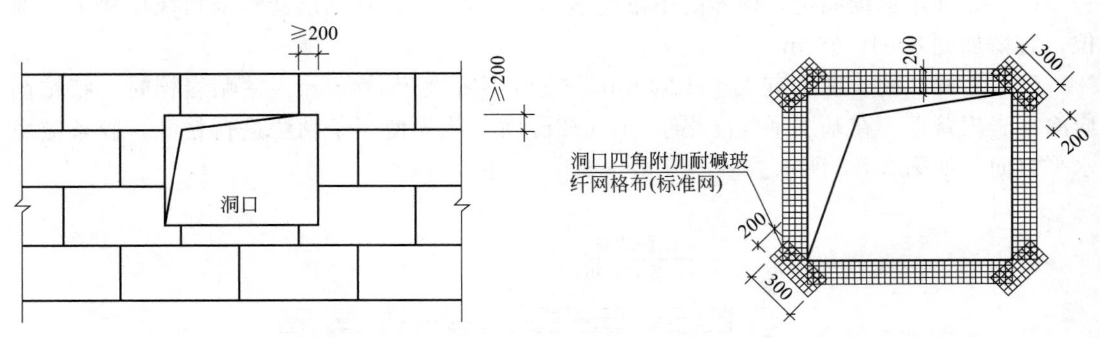

图2-7-7　门窗洞口保温板排列（单位：mm）　　图2-7-8　洞口四周附加网格布（单位：mm）

保温层厚度根据设计要求确定，见表2-7-8。

严寒和寒冷地区居住建筑岩棉板厚度选用表　　表2-7-8

外墙传热系数 $K[W/(m^2 \cdot K)]$	岩棉板厚度(mm)				
	钢筋混凝土墙(200)	混凝土空心砌块墙(190)	灰砂砖墙(240)	黏土多孔砖	
				DM(190)	KP1(240)
0.25	*	*	*	*	*
0.30	*	*	*	*	*
0.35	*	*	*	*	*
0.40	160	150	140	130	125
0.45	130	120	110	105	100
0.50	105	100	95	85	80
0.55	90	85	80	70	65
0.60	75	70	65	60	55
0.70	60	50	50	45	40

注：1. 本表传热系数为平均传热系数，平均传热系数依据《严寒和寒冷地区居住建筑节能设计标准》JGJ 26—2010规定计算，基于二维传热的计算方法。

2. 表中“*”表示不宜采用该外保温系统，应选用其他类型的保温系统。

7.1.4　胶粉EPS颗粒保温浆料外保温技术

1. 保温层施工

胶粉EPS颗粒保温浆料保温层设计厚度不宜超过100mm。

基层表面应清洁，无油污和脱模剂等妨碍粘结的附着物，空鼓、疏松部位应剔除。胶粉EPS颗粒保温浆料宜分遍抹灰，每遍间隔时间应在24h以上，每遍厚度不宜超过20mm。第一遍抹灰应压实，最后一遍应找平，并用大杠搓平。

现场取样胶粉EPS颗粒保温浆料干密度不应大于250kg/m³，且不应小于180kg/m³。现场检验保温层厚度应符合设计要求，不得有负偏差。

2. 面砖饰面时抗裂防护层施工操作要点

（1）用塑料锚栓固定热镀锌电焊网，塑料锚栓间距为双向@500，每平方米不得少于4个，锚固深度不小于30mm。热镀锌电焊网搭接宽度应不小于5个网格，阴阳角部位应绕角搭接，搭接处最多三层网，在搭接处线性方向每间隔300mm固定一个塑料锚栓。热镀锌电焊网铺钉要紧贴墙面，平整度达到±2mm，局部不平部位用U形卡子压平。

（2）抹抗裂砂浆，并将热镀锌电焊网包覆于抗裂砂浆中，抗裂砂浆面层必须平整，总厚度控制在8～10mm。

（3）抗裂砂浆达到一定强度后应适当喷水养护。

3. 饰面层施工

（1）涂料饰面时在抹面层（抹面胶浆复合耐碱玻纤网格布+弹性底涂）干燥后刮柔性腻子（设计要求时），要求平整光洁，干燥后喷涂涂料。

弹性底涂性能指标见表2-7-9。

弹性底涂性能指标　　表2-7-9

项　目		性能指标
干燥时间(h)	表干时间	≤4
	实干时间	≤8
断裂伸长率(%)		≥100
表面憎水率(%)		≥98

（2）面砖饰面时用饰面砖胶粘剂粘贴面砖，饰面砖胶粘剂为3～5mm厚。面砖缝不得小于5mm，每六层楼应加设20mm宽的面砖缝。常温施工24h后要喷水养护。粘贴好后用饰面砖填缝剂勾缝，面砖缝应凹进面砖外表面2mm。

（3）面砖饰面时，面砖、面砖胶粘剂、面砖填缝剂的性能要求见《外墙外保温工程技术规程》JGJ 144—2004附录2。

胶粉EPS颗粒保温浆料厚度选用表　　表2-7-10

外墙传热系数 K[W/(m^2·K)]	胶粉EPS颗粒浆料厚度(mm)				
	钢筋混凝土墙(200)	混凝土空心砌块墙(190)	灰砂砖墙(240)	黏土多孔砖	
				DM(190)	KP1(240)
0.40	*	*	*	*	*
0.45	*	*	*	*	*
0.50	*	*	*	*	*
0.60	100	100	100	95	90
0.70	90	80	80	75	70
0.80	75	70	65	60	55
	D=3.31	D=2.91	D=4.03	D=3.77	D=4.38

续表

外墙传热系数 $K[W/(m^2 \cdot K)]$	胶粉 EPS 颗粒浆料厚度(mm)				
	钢筋混凝土墙(200)	混凝土空心砌块墙(190)	灰砂砖墙(240)	黏土多孔砖 DM(190)	黏土多孔砖 KP1(240)
1.00	55	50	45	40	35
	$D=2.99$	$D=2.59$	$D=3.71$	$D=3.45$	$D=4.06$
1.50	30	25	25	20	—
	$D=2.60$	$D=2.19$	$D=3.40$	$D=3.13$	—

注：1. 本表传热系数为平均传热系数，按一维传热，沿用面积加权法计算。按外墙主体部位面积占外墙面积75%和结构性热桥的面积占外墙面积 25%计算。

2. 表中“*”表示不宜采用该外保温系统，应选用其他类型的保温系统。

3. 表中“—”表示采用该保温系统已不经济，胶粉 EPS 颗粒保温浆料厚度的最小限值定为 20mm，计算结果小于 20mm 时，可按 40mm 选用或选用其他类型的保温系统。

4. 本表适用于公共建筑、夏热冬冷地区居住建筑。

7.2　外墙夹心保温施工技术

7.2.1　EPS 板夹心保温墙

1. 系统构造

按照农村居住建筑墙体砌筑材料不同分为砖墙 EPS 板夹心保温和砌块 EPS 板夹心保温系统，见图 2-7-9。夹心墙的保温厚度不应大于 100mm，内外叶拉结钢筋网片或拉结件的设置应按照国标图集《夹心保温墙结构构造图集》07SG617 的要求。

2. 材料介绍

EPS 板（又称聚苯板）是可发性聚苯乙烯板的简称。由可发性聚苯乙烯珠粒经加热预发泡后在模具中加热成型而制得的具有闭孔结构的聚苯乙烯泡沫塑料板材，广泛用于建筑保温领域。它是由原料经过预发、熟化、成型、烘干和切割等制成。它既可制成不同密度、不同形状的泡沫制品，又可以生产出各种不同厚度的泡沫板材。小砌块砌体的组合应采用 390mm 长的主砌块，少用辅助块。上、下皮对孔错缝搭砌，一般搭接长度为 200mm，每两皮为一循环。当墙体净长度为奇数时，宜采用 290mm 长的辅助砌块调整，此时搭接长度为 90mm。

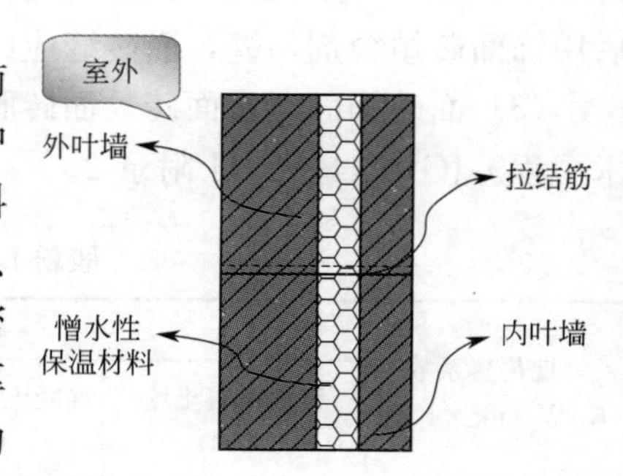

图 2-7-9　砖墙 EPS 板夹心保温系统

夹心墙建筑应遵循《砌体结构设计规范》GB 50003—2011 采取防裂措施。

夹心墙保温层采用聚苯板时，保温板要紧密衔接，紧贴内叶墙。外叶墙内侧的空气层厚度不宜小于 20mm，保温层厚度不宜大于 100mm。拉结筋网片或拉结件应压入保温板内。清水外叶墙面外露混凝土的部分，当不满足节能设计要求时，结合建筑装饰可采取外保温等措施，以避免“热桥”的产生。当建筑物周边无供暖管沟时，在底层地面以下，内叶墙内侧范围内应采取保温措施。

3. 施工工序与工艺

夹心保温墙体施工工序见图 2-7-10。

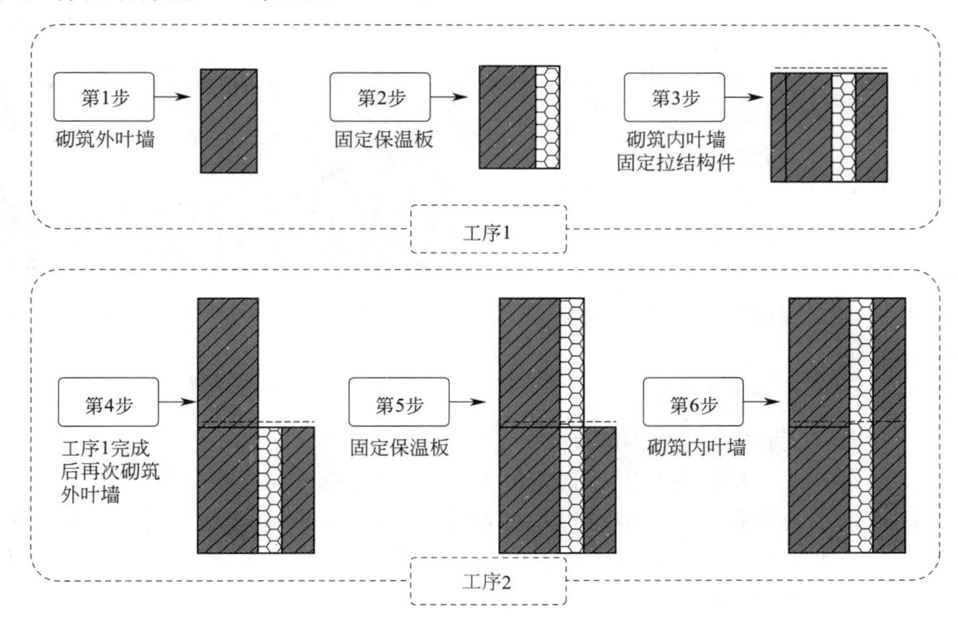

图 2-7-10 夹心保温墙体施工工序

4. 施工质量控制

夹心保温构造中内叶墙与外叶墙之间的拉结措施可采用镀锌焊接钢筋网片和封闭拉结件等，配筋尺寸应满足拉结强度要求，焊接网片应至少两皮砌块放置一道，封闭拉结件的竖向间距不宜大于 400 mm，水平间距不宜小于 800mm，且应呈梅花形布置，具体设计要求详见《夹心保温墙结构构造图集》07SG617 和《夹心保温墙建筑构造图集》07J107。

（1）砖墙 EPS 板夹心保温系统

1）三道工序一个循环过程必须连续作业，使内外叶墙达到同一标高，并设拉结筋。雨期施工应有相应的防雨措施，防止雨水进入保温层里。

2）外叶墙宜采用顺砖形式砌筑，竖缝错开，在门窗洞口转角应设阳槎，以便与内叶墙搭接。

3）外叶墙宜采用“三一砌砖法”砌筑。竖向灰缝挤紧使砂浆饱满。随砌随刮平灰缝，透明缝处要勾缝。凸出墙面的砂浆必须清理干净。

4）每段外叶墙砌完后，应检查墙面的垂直度和平直度，并随时纠正偏差，严禁事后砸墙。

5）每段外叶墙砌完后，必须随即清除落在保温板和地面上的砂浆，防止砂浆粘结保温板，使保温层出现空隙，造成“热桥”。

6）沿高度方向每砌完一段外叶墙，并经质量检查合格后，方可在该段外叶墙的内侧安装与外叶墙同高的保温层。

7）安装保温板时，竖向缝应错开，每块保温板四周缝应挤紧，不应有空隙，如有空隙应用岩棉板或聚苯乙烯泡沫板塞严，聚苯板接缝应企口搭接。安装保温板时，应采取临时固定措施（见图 2-7-11），并在施工时采取有效措施，避免雨雪及施工用水进入夹心墙体内，严防聚苯板受潮。内叶墙砌筑完后，应及时清除聚苯板的砂浆，消除“热桥”。

图 2-7-11　夹心保温墙体中聚苯板的固定

8）每安装结束一段保温板，应经质量检查合格并做好隐蔽记录后，方可砌筑内叶墙。

9）砌内叶墙应保证灰缝砂浆饱满，并注意防止砂浆掉入保温层内。内叶墙各皮砖的标高与外叶墙相应砖标高应一致。

10）每段内叶墙砌完后，应检查墙面的垂直度和平直度。

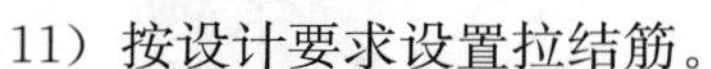

11）按设计要求设置拉结筋。

12）门窗洞口实心墙体，采用小砖砌筑。

13）常温条件下，日砌筑高度不宜超过 1.8m。雨季施工时应有防雨措施。

14）砌体水平灰缝和竖向灰缝厚度应控制在 812mm，砌体灰缝应横平竖直，全部灰缝应铺满砂浆，水平灰缝砂浆饱满度不低于 90%，竖缝不低于 80%。外叶墙、内叶墙应原浆勾缝，严禁用水冲浆灌缝。

15）预埋在墙的管线、线盒等，水电专业宜在砌筑前预埋，并在砌筑时水电专业配合埋设；水电管线敷设有困难时，可以把砌块中间两排孔打通，敷设后用细石混凝土填实，严禁事后在墙体上凿槽。

16）开关盒、接缝盒、暖气片挂钩、管卡门窗框等定位处均用 C20 混凝土灌实。

17）混凝土框架梁底下用黏土砌体，斜砌用砂浆填实。梁下实心砌体应待墙体沉降稳定后再砌，间隔时间不少于 7d。

18）红砖与框架柱、构造柱连接应设拉结筋，内叶墙 $2\phi6$，外叶墙 $1\phi6$@600，伸入砌体 $L \geqslant 1000$mm。

19）墙体转角处和纵横交接处应同时砌筑。临时间断处应砌成斜槎，斜槎水平投影长度不应小于高度的 2/3。

20）砌体与柱、墙之间的拉结筋规格、间距、长度应符合设计要求，外叶墙与内叶墙之间的拉结筋穿过聚苯板处应除锈并刷防锈漆，砌体内拉结筋规格、尺寸、间距应符合设计和规范要求。

21）螺杆洞的处理：全部螺杆洞的处理必须经过专项隐蔽验收。其方法是：在螺杆洞外侧凿出深 50mm×50mm×20mm 喇叭形（要求开口朝下），用防水砂浆认真封闭，高出墙面 1～2mm。砂浆凝固后应进行养护，并检查是否出现细微裂缝或空鼓。

22）脚手杆洞的处理：应用掺防水剂的细石混凝土堵塞，并作专项隐蔽验收。

23）突出墙面的腰线、雨篷、窗台等排水坡度不小于 3%，并做滴水线（槽）；檐口挑出足够尺度。

（2）混凝土小型空心砌块 EPS 板夹心保温墙体施工要点

1）混凝土砌块应“反砌”（底面朝上砌筑），错缝对孔。内外墙同时砌筑。墙体临时间断处，必须留斜槎，斜槎的长度不应小于高度的 2/3。

2）不得使用潮湿、含水率超标的砌块。不得使用断裂，或有竖向裂缝的砌块。砌块承重墙不得混用其他墙体材料。

3）砌筑时先砌承重部分。网片随砌随放，每 600mm 高度一道。承重部分砌筑到一步架的高度，再砌筑外叶装饰部分。同时在两道墙之间放入聚苯板。

4）灰缝做到横平竖直，竖缝两侧的砌块两面挂灰，水平灰缝、竖缝砂浆饱满度不低于 90%，不得出现瞎缝、透明缝。水平灰缝的厚度和垂直灰缝的厚度控制在 8～12mm。

5）墙体砌筑前除在墙的转角处设皮数杆外，墙的中心部位宜设皮数杆，皮数杆间距不大于 6m，砌筑时为防止中间部位弹线，应挑线作业，以保证水平灰缝的顺直。严禁用水冲浆灌缝，砌筑时宜以原浆压缝，随砌随压。墙体砌筑中，应对水平灰缝和竖向灰缝及时尺量，取其平均值，水平灰缝应为 200mm 的倍数，竖向灰缝应为 400mm 的倍数。竖向灰缝在已施工的墙体上或梁的部位用粉线弹好控制线，及时用垂线检查竖向灰缝的情况，以确保竖向灰缝的垂直。

6）为了防止砌块墙体开裂，砌块砌体灰缝中设置 $\phi4$ 镀锌拉结网片，网片必须置于灰缝和芯柱内，不得流放，网片搭接长度≥40d，且不小于 200mm，竖向间距不大于 400mm。

7）为防止水掺入室内，需在有可能形成积水的部位设置导水麻绳。具体设置原则为：在外墙无芯柱处、圈梁或暗混凝土现浇带上第一皮砌块下放 $\phi8$ 的麻绳，水平间距 200mm，一头压入砌块空洞内，另一头出墙体约 5cm，便于排水又不影响墙体美观（待外墙勾缝完工后可截去外露部分）。

8）内墙勾缝。便于装修，内墙原浆勾缝，在砂浆达到“指纹硬化”时随即勾缝，要压密实、平整，勾成平缝。墙体平整度、垂直度很好的情况下可以直接刮腻子，不再抹灰。

9）外墙勾缝。为防止外墙灰缝渗水，外墙可采用二次勾缝。首先砌筑时按原浆勾缝。在砂浆达到“指纹硬化”时，把灰缝略勾深一些，留有 10～15mm 的余量，灰缝要压密实，不必压光（拉毛处理）。主体完工后另行二次勾缝，勾缝前将墙体灰缝处用喷壶稍加湿润，勾缝砂浆采用 1∶2∶（0.03～0.05）的防水砂浆勾成凹缝，压密实，保持光滑、平整、均匀，外留 2～4mm 左右。

7.2.2 草板夹心保温墙

1. 系统构造

草板夹心保温砖墙是由外叶墙（240mm 承重砖墙）、内叶墙（120mm 非承重砖墙）和草板保温层三部分组成（见图 2-7-12）。

2. 材料介绍

草板夹心保温墙中的保温材料——草板是普通草板，与建筑用纸面草板不同，它是利用稻草和苇草挤压加工制成 70mm 厚、1200mm 宽的草板，长度不等（见图 2-7-12）。利用农作物的废弃料加工草板，可就地取材，充分利用可再生资源，加工制作过程简单，价格便宜。草板是一种较好的保温材料，但需较大厚度才能达到保温效果，并需作特别的防潮处理。当草板的密度大于 112kg/m³ 时，其热工性能与草砖基本一致，其导热系数为

0.057～0.072 W/(m・K)。

图 2-7-12　草板夹心保温砖墙

3. 施工工序与工艺

草板夹心保温墙的施工步骤如图 2-7-13 所示。

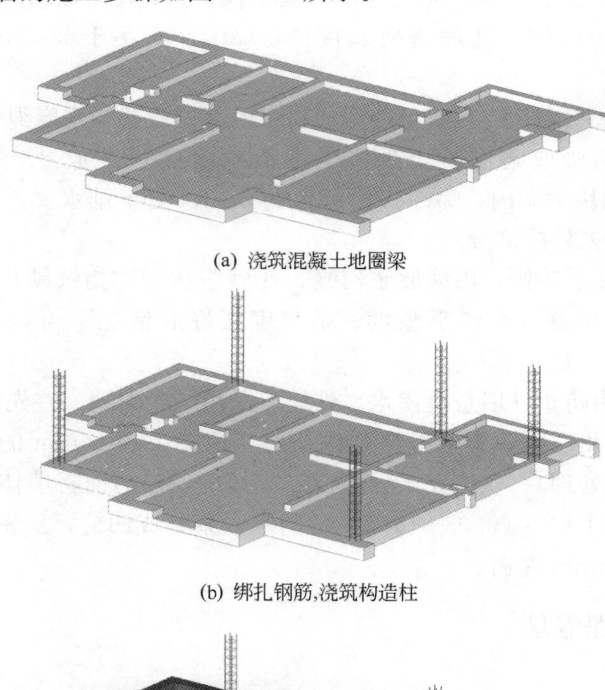

(a) 浇筑混凝土地圈梁

(b) 绑扎钢筋,浇筑构造柱

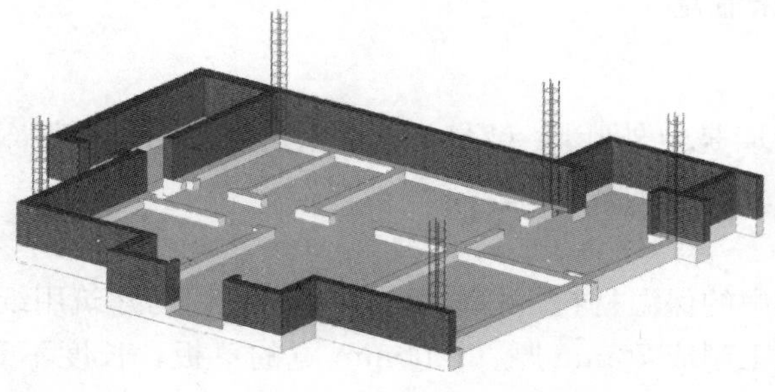

(c) 砌筑外叶墙

图 2-7-13　施工步骤（一）

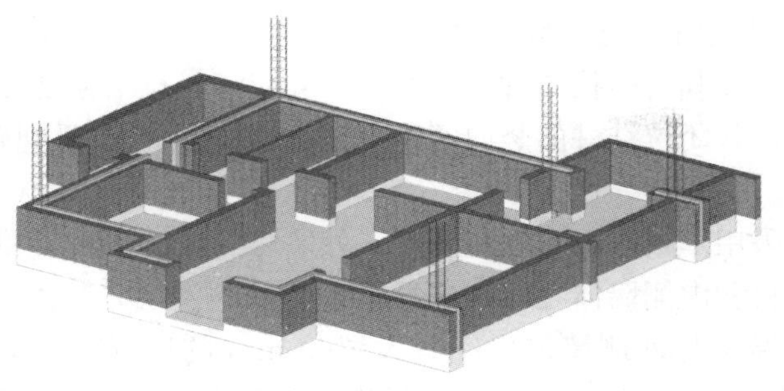

(d) 固定草板,砌筑内叶墙及内墙

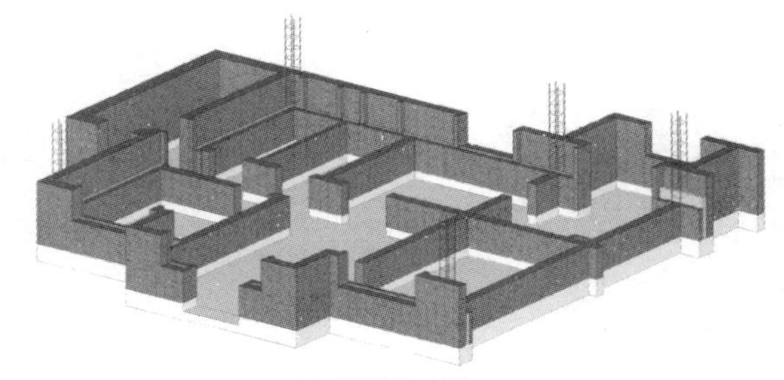

(e) 砌筑外叶墙

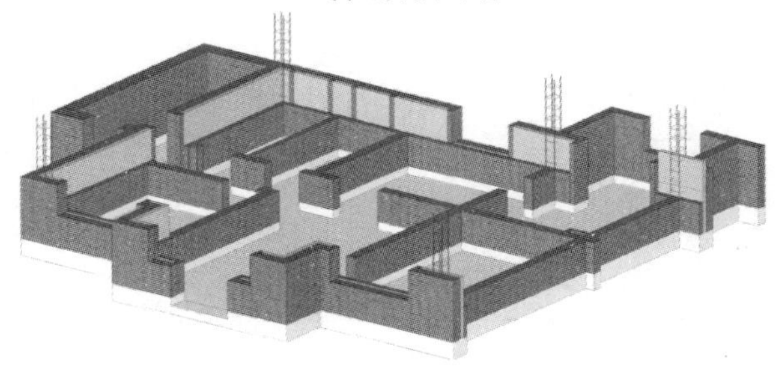

(f) 固定保温层

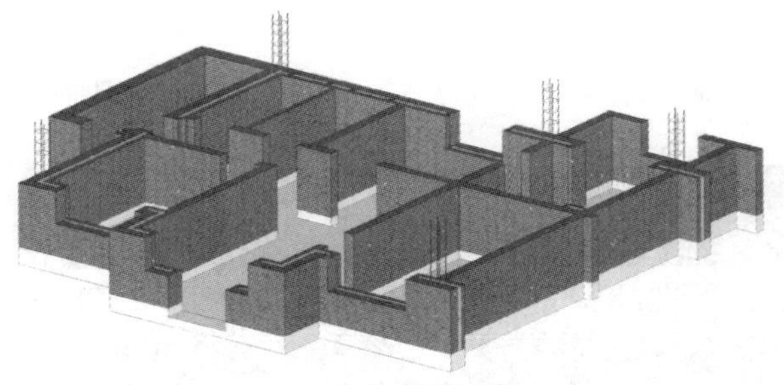

(g) 砌筑内叶墙及内墙

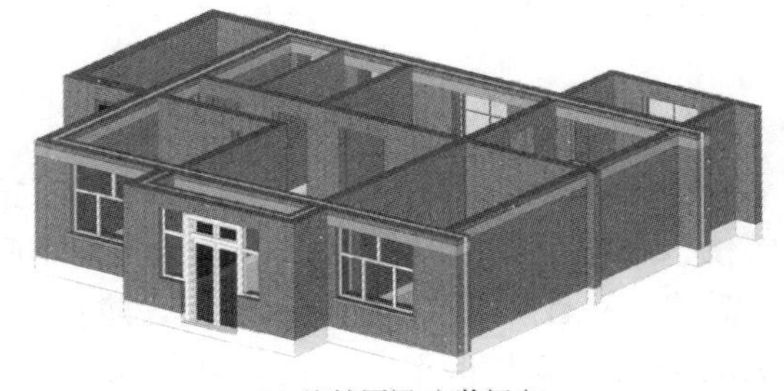

(h) 浇筑圈梁,安装门窗

图 2-7-13 施工步骤(二)

外墙采用夹芯保温时，内外墙体之间应采取可靠的拉结措施，保证墙体的安全性，如：镀锌焊接钢筋网片和封闭拉结件等，配筋尺寸应满足拉结强度要求，焊接网片应至少两皮砌块放置一道，封闭拉结件的竖向间距不大于 400mm，水平间距不小于 800mm，且应呈梅花形布置。

外墙保温材料采用草板等吸水性材料时，外墙内保温的保温层和供暖空间之间、外墙夹芯保温的保温材料和内侧墙体之间均应设置连续的防潮层，防潮材料可选择塑料薄膜。草板夹芯墙体的保温层与外侧墙体之间宜设置 40mm 的通气层，并在外墙上设通气孔，通气孔水平和竖向间距不大于 1000mm，应呈梅花形布置，孔口罩细铁丝网，见图 2-7-14～图 2-7-16。

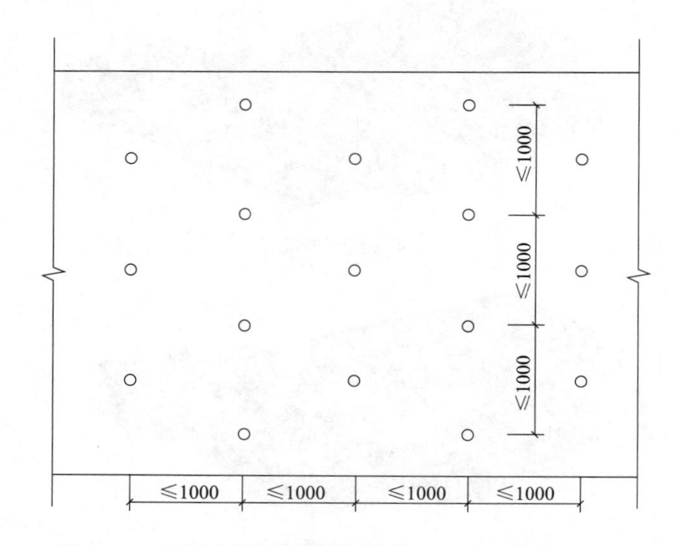

图 2-7-14　草板夹芯墙体通气孔分布示意（单位：mm）

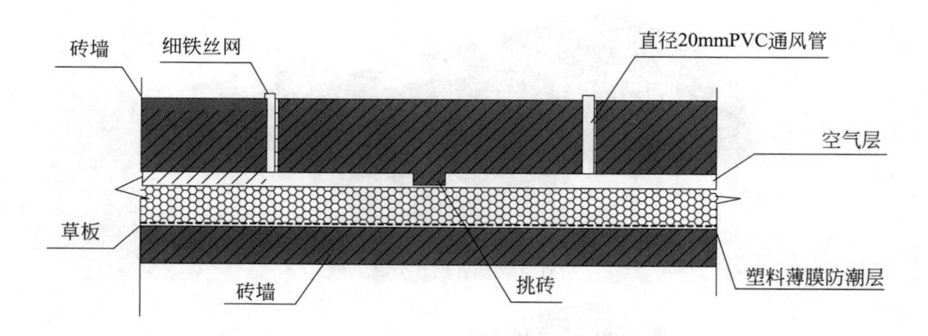

图 2-7-15　草板夹芯墙体通气孔设置示意

采用草板作为夹心复合墙体的保温材料，供暖空间与保温层之间设置连续的塑料薄膜作为防潮层，防止水蒸气侵入保温层并凝结成水珠，这对于使用吸水材料的保温层（草板、玻璃纤维丝等）是必需的。并且防潮层应固定于墙上，防止其掉落。如果内侧墙体材料使用红砖，那么防潮层应该在砖墙与保温层之间；如果采用保温砂浆＋EPS 板保温，则砂浆表面的板材便可起到防潮层的作用，不必另作防潮层。

图 2-7-16　墙体通气孔

4. 施工质量控制

混凝土框架梁底下用黏土砌体，斜砌用砂浆填实。梁下实心砌体应待墙体沉降稳定后再砌，间隔时间不少于 7d。红砖与框架柱、构造柱连接应设拉结筋，内叶墙 2ϕ6，外叶墙 1ϕ6@600，伸入砌体 $L\geqslant$1000mm。墙体转角处和纵横交接处应同时砌筑。临时间断处应砌成斜槎，斜槎水平投影长度不应小于高度的 2/3。砌体与柱、墙之间的拉结筋规格、间距、长度应符合设计要求，外叶墙与内叶墙之间的拉结筋穿过聚苯板处应除锈并刷防锈漆，砌体内拉结筋规格、尺寸、间距应符合设计和规范要求。螺杆洞的处理：全部螺杆洞的处理必须经过专项隐蔽验收。其方法是：在螺杆洞外侧凿出深 50mm×50mm×20mm 喇叭形（要求开口朝下），用防水砂浆认真封闭，高出墙面 1～2mm。砂浆凝固后应进行养护，并检查是否出现细微裂缝或空鼓。脚手杆洞的处理：应用掺防水剂的细石混凝土堵塞，并作专项隐蔽验收。突出墙面的腰线、雨篷、窗台等排水坡度不小于 3%，并做滴水线（槽），檐口要挑出足够尺度。

7.3　外墙自保温施工技术

7.3.1　框架结构加气混凝土墙

1. 系统构造

由蒸压加气混凝土砌块自保温墙体，配套合理的热桥、剪力墙保温处理措施和交接面处理措施构成的外墙保温系统。蒸压加气混凝土砌块采用专用砌筑砂浆砌筑、专用抹灰砂浆抹面的墙体，该墙体热阻必须满足节能建筑对墙体热工性能的要求，见图 2-7-17 和图 2-7-18。

2. 材料介绍

蒸压加气混凝土砌块是用钙质材料（如水泥、石灰）和硅质材料（如砂子、粉煤灰、矿渣）的配料中加入铝粉作加气剂，经加水搅拌、浇筑成型、发气膨胀、预养切割，再经高压蒸汽养护而成的多孔硅酸盐砌块，如图 2-7-19 所示。

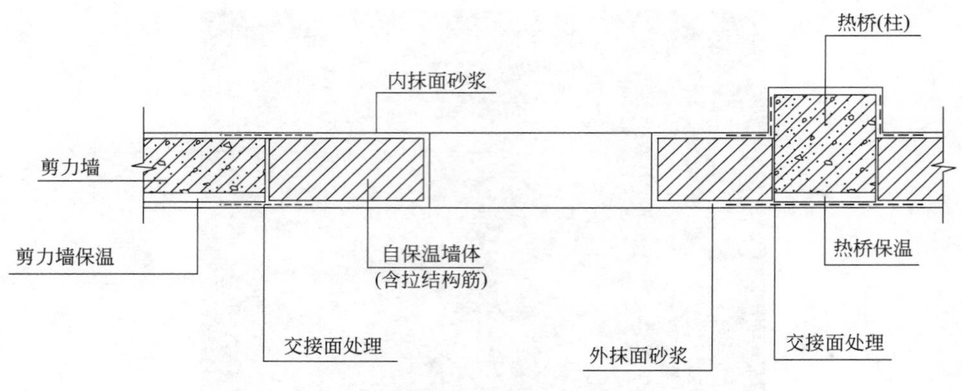

图 2-7-17　框架结构加气混凝土保温墙构造

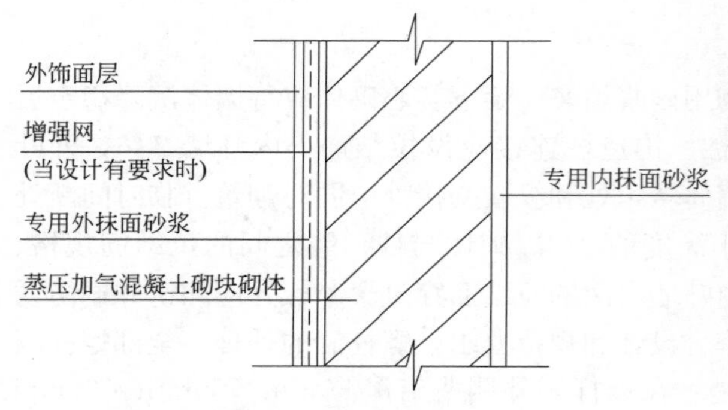

图 2-7-18　自保温墙体基本构造

图 2-7-19　加气混凝砌块

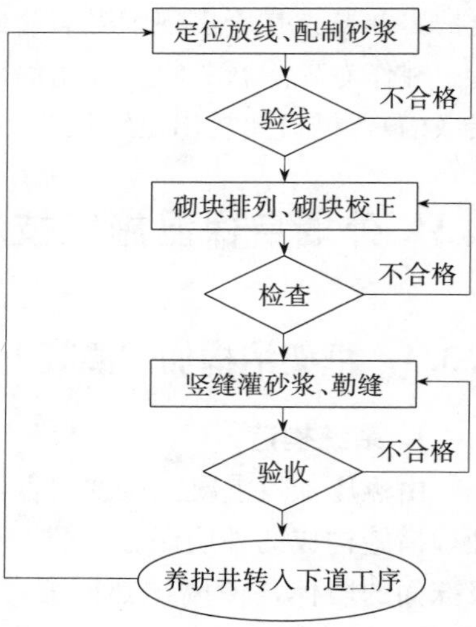

墙厚可分为 200～500mm，级别与厚度叠加品种繁多，选择余地多样。

加气混凝土外保温体系中，加气混凝土既是墙体围护材料又是保温材料，加气混凝土的力学性能和热工性能会直接影响加气混凝土外保温体系性能。加气混凝土具有诸多优点：加气混凝土密度越低，强度越低，导热系数越小，保温隔热性能越好；传热系数随墙体厚度的增加而显著降低；加气混凝土具有良好的热惰性指标，有利于保持室内空气温度的稳定，提高居室的舒适性；由于其生产原料完全是不可燃的无机材料，当其趋于融化时，也不产生任何烟气或有毒、有害气体；当加气混凝土墙体厚度在 150mm 以上时，隔音量可达到 42dB。

定位放线、配制砂浆
验线
不合格
砌块排列、砌块校正
检查
不合格
竖缝灌砂浆、勒缝
验收
不合格
养护井转入下道工序

图 2-7-20　加气混凝土砌块墙施工工序

3. 施工工序与工艺

加气混凝土砌块自保温墙体的施工工序如图 2-7-20 所示。

（1）施工准备

1）根据工程设计要求计算出各种不同规格的加气混凝土砌块用量，组织运输进场；

砌块产品应分别堆放在不同室内楼面上或不受雨淋的干燥场所里，砌块堆放场地应平整清洁、不积水，砌块不应被油等污染。

2）装卸砌块时严禁用翻斗车倾卸和丢掷，应使用专用平板车来运输加气混凝土砌块产品。

3）砌块应按品种、规格、强度等级分别堆码整齐。施工时含水率应小于15%；砌筑前应按设计要求对砌体墙排倒皮数，拉好水平作出标线。

4）先在梁底下预留20～25cm作为墙顶斜块砖位置，然后计算皮数，包括砂浆灰缝尺寸，根据排列结果，备好不同砌块的尺寸，并确定楼面找平层（水泥砖）砌筑的高度。

5）施工工具（包括配套专用工具和拌灰机具）到位。

（2）砌块施工操作

1）砌块砌筑采用配套专用粘结砂浆；将楼面砌体基面润水，先砌好找平层，在找平层上排好第一批砌块，待第一批砌块和找平层砂浆凝固后再逐批上砌，砌筑时要从房屋的转角处或墙柱边端皮数线处开始。

2）加气砌块砌筑时，应先立放，用刷子清刷粘结面上的浮灰，不需浇水加湿。砌块上下皮搭接不得少于砌块长度的三分之一，灰缝控制在3～5mm。

3）砌筑时要用专用工具，砂浆拌合应使用砂浆搅拌机进行搅拌，按砂浆重量加25%净水拌制成胶泥状，每次搅拌的砂浆在4h内用完，超过30min必须重新搅拌一次，当班砂浆做到当班用完，过夜砂浆不能再用。

4）砌筑水平灰缝应用专用刮均匀地施铺在下皮砌块表面上，垂直灰缝可先铺粘在砌块端面，上墙后用橡皮锤轻击砌块，使砂浆能从灰缝中挤出，蒸压加气块。灰缝不得有空隙，砂浆饱满度不低于90%，并要及时将挤出的砂浆清除干净，做到随砌随勒。

5）砌好的砌块不应有任意移动，砂浆未凝固的砌块不得受撞击，若需校正或调向必须刮去原有砂浆重新铺施，完成每批砌筑要用水平靠尺及时校正，核对皮数线，使偏差值控制在允许范围内。

6）砌块墙的转角交接部分要同时砌筑为宜，如不能同时砌筑的要留成斜槎，临时隔断的施工洞口，在接槎时必须清理槎口，采用对向挡板挤压砂浆至饱满。砌筑加气砌块内外墙不得在墙上留有脚手架眼。

7）砌筑墙与结构柱及混凝土墙接点处及转角墙应在墙高不超过50cm二皮块高时埋设2ϕ6拉结筋，拉结筋伸入墙体长度不小于70cm。

8）砌筑砌块墙距梁、板顶部约20～25cm时，至少须隔7天，待下部砌体变形稳定后再砌。顶部砖宜斜砌，倾斜度以60°为宜。

9）砌体必须与梁、板底挤紧。被雨水淋湿的砌块，应等待其干燥后，方可砌筑。墙体预留的门洞应砌入预制的水泥方块或经防腐处理的木砖安装。

10）水电管线的暗埋必须待墙体完成并达到一定强度后方能进行，对墙面开槽、打洞应使用轻型电动工具，辅以手工镂槽器，开槽深度不宜超过墙厚的1/3，与墙面夹角不得大于45°。

11）管线埋设后的空隙处应用专用修补砂浆填实，并采取沿槽长外贴大于100mm宽的玻璃纤维网格布的增强抗裂措施。

4. 施工质量控制

（1）对于断裂的砌块应粘结加工后再使用，严禁直接使用碎块砌筑。

（2）砌筑时应按排列组砌图正确组砌，避免排块及局部做法不合理。

（3）在砌筑门、窗洞口时，应事先预制符合要求的混凝土垫块，并按设计构造图放置；过梁梁端部位应按规定砌好四皮砖或放混凝土垫块；在门窗洞口上口设钢筋混凝土带并整道墙贯通，以确保门窗洞口构造做法符合规定。

（4）在结构施工时应按设计要求在板、梁底部预留好拉结筋，做到墙顶连接牢固。

（5）应按设计及有关规定留置拉结带，以确保砌体整体牢固。

（6）砌筑前应根据墙体尺寸及砌块规格，制作皮数杆，并将灰缝做好标记，拉通线砌筑，做到灰缝基本一致，墙面平整。

（7）热桥宜采用蒸气加压混凝土薄块或发泡陶瓷保温板等无机保温材料进行保温处理，采用发泡陶瓷保温板宜与混凝土梁、柱浇筑成一体，也可粘贴。做法见图 2-7-21。

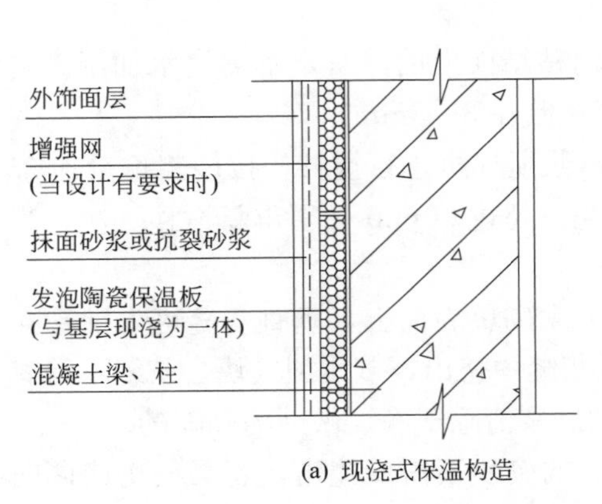

(a) 现浇式保温构造

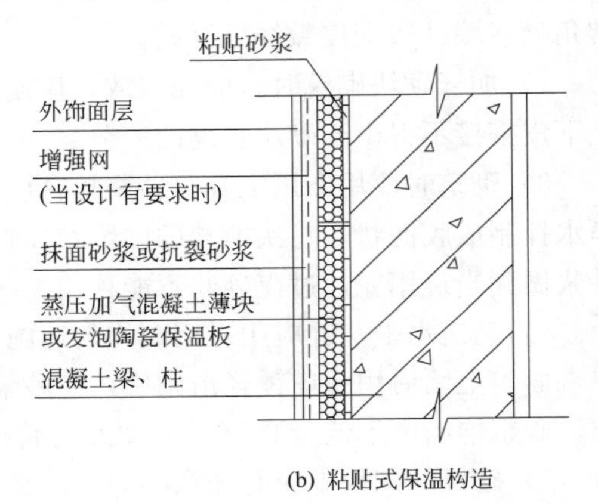

(b) 粘贴式保温构造

图 2-7-21　热桥保温处理构造

（8）自保温墙体与混凝土柱、剪力墙交接截面采用拉结钢筋（网）进行增强拉结。自保温墙体与混凝土梁、柱、剪力墙交接截面采用抗裂砂浆和增强网进行抗裂防渗处理。

7.3.2　框架结构草砖墙

1. 系统构造

草砖墙以黏土砖或钢筋混凝土为主要承重部件，草砖填在框架中，只起保温的作用，草砖墙厚度约 500mm，见图 2-7-22。

2. 材料介绍

草砖是以干草为主要原料，经过挤压、捆绑而成的一种块状的墙体填充材料。草砖的原材料主要是小麦、大麦、黑麦或稻谷等谷类植物的秸秆。具体内容详见第 2 部分第 1 篇 1、3 节。

图 2-7-22　草砖房山墙

3. 施工工序与工艺

框架结构草砖墙的施工工序和工艺见图 2-7-23。

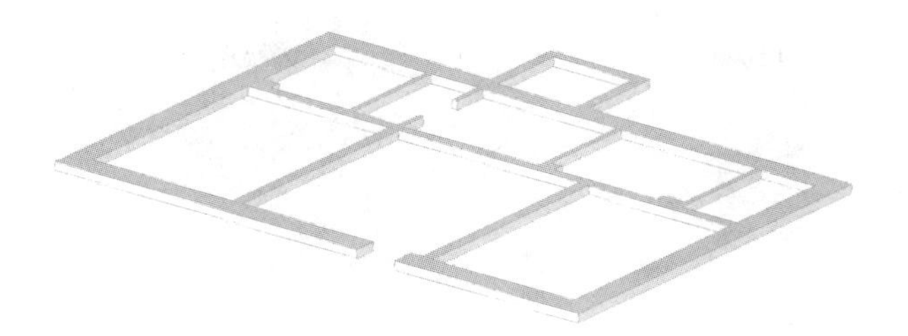

(a) 基础部分,浇筑地圈梁

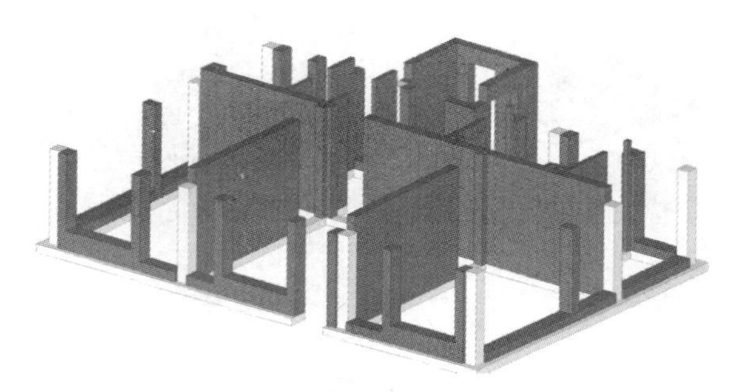

(b) 砌筑框架及内墙

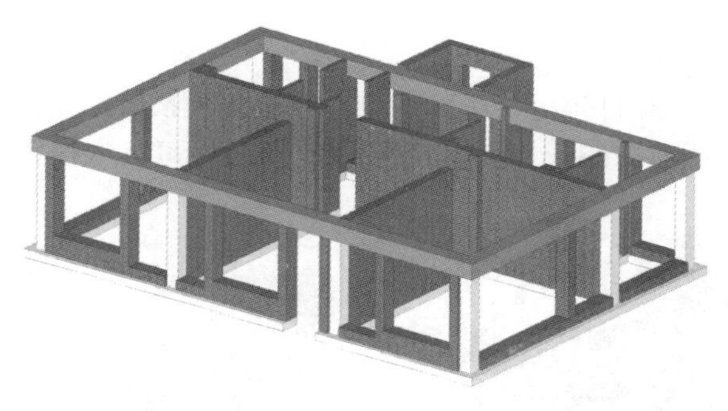

(c) 浇筑圈梁

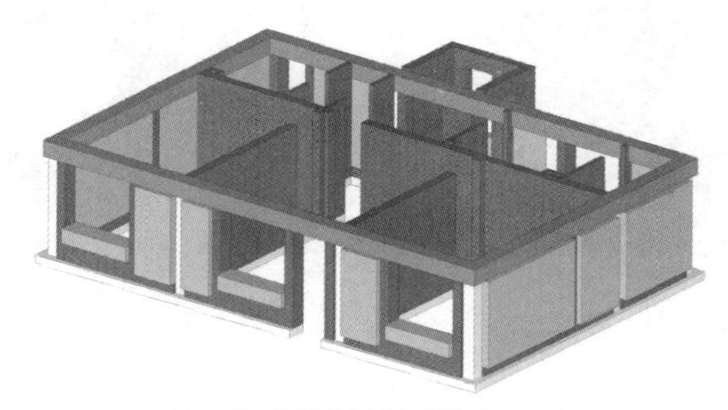

(d) 在框架内固定草砖块

图 2-7-23 施工示意图（一）

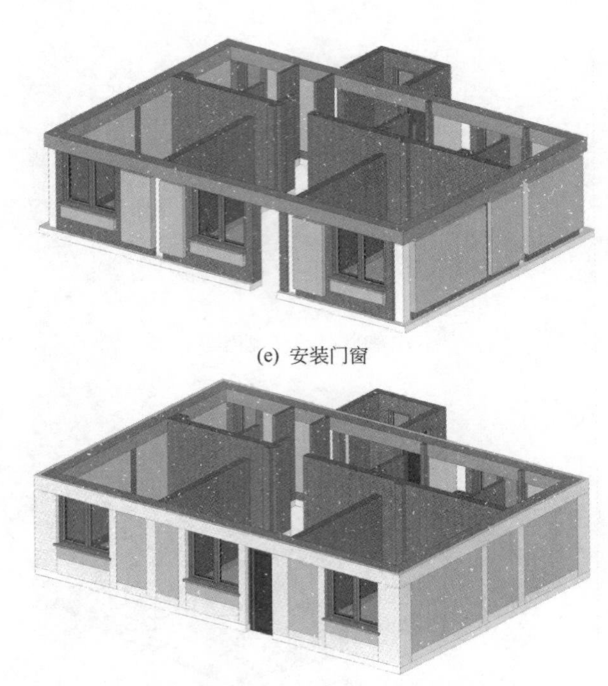

(e) 安装门窗

(f) 在热桥部分,如圈梁、框架柱位置粘贴聚苯板

图 2-7-23　施工示意图（二）

（1）草砖制作

草砖由干稻草组成，经打包机挤压，使用8号金属丝捆绑固定。草砖块常用规格为长89～102cm、宽46cm、高35cm，局部特殊尺寸的草砖块可以根据需要切割，见图2-7-24和图2-7-25。

图 2-7-24　草砖

图 2-7-25　切割草砖

（2）承重框架

草砖房承重结构可选择钢筋混凝土框架、砖框架、钢框架或木框架。

（3）砌筑基础

1）基础取决于结构类型，承重型结构的基础应为支持各部位的重量而设计，檩柱型结构的基础是为了支持点上的负荷并使各柱材连在一起而设计。

2）在有霜冻的地区，基础必须延伸到霜冻线以下。在地震区，基础必须连在一起且用钢筋加固。草墙的基础必须超出周围地面 20cm。

3）基础和草墙底部之间必须设置防潮隔离层（油毡或碎石），最简单的隔离层是一层油毡或焦油（沥青）。为了防止水分渗透，房基一般是由混凝土建成，特殊情况下也可用石块或黏土代替，如图 2-7-26 所示。

图 2-7-26 草砖墙基础

（4）圈梁

屋顶圈梁可用多种建材——木材、混凝土或钢材。圈梁的主要目的是使屋顶的重量均匀分布在下面各墙。圈梁必须坚固，可作为门窗开口处顶部的梁木。圈梁必须跟草墙、基础、屋顶绑在一起。通常用 14 号铁丝或尼龙绳绑定，间距 50cm。

（5）门框和窗框

1）门框和窗框可以是木制的，尺寸至少为 10mm×50mm。

2）在檩柱型的结构中，门框和窗框可被钉到柱材和檩条上。

3）在门窗框架的边缘部位必须用粗（密）的铁丝网加固，这样可以固定框架的位置；也可抹上灰泥加固，以防裂缝。

4）门框应与基础和墙体牢牢地连在一起。

5）窗框应朝墙的外侧放置，以减少窗台上漏水的可能性。

（6）草砖墙的砌筑

1）草砖砌筑时应平放，并互相紧挨，但不能过度挤压；捆草砖的铁丝或绳子应在草砖的上下两面；第一块草砖应与基础持平，从墙角或固定的一端（门或窗）开始砌筑。墙角处应使用整块草砖，并与承重结构固定（见图 2-7-27）。填放草砖块时，不应通缝，每一道垂直缝不应高过一道草砖；为保证草砖墙垂直，可把钢筋、竹竿或木条用铁丝透过草砖墙绑在墙的两侧，间距 500mm（见图 2-7-28）；草砖间所有的缝隙应用草填满，防止有透气孔洞（见图 2-7-29）。

2）草砖抹灰层宜选用混合砂浆，并可掺入纤维（见图 2-7-30）。抹灰前草砖墙必须保持干燥、平整。为避免出现裂缝，不同材料接缝处宜使用铁丝网覆盖，铁丝网覆盖长度不宜小于 120mm（见图 2-7-31）。

3）草砖墙表面抹灰层上的裂缝宜每年修补。当出现能渗入水的裂缝时，应立即修补。

4）夏季应避免在草砖墙附近堆放物品，否则阻碍草砖墙向外散发潮气。

图 2-7-27　草砖墙墙角示意图

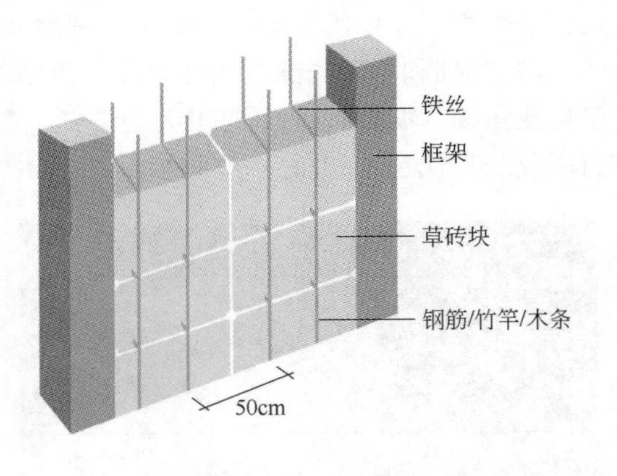

图 2-7-28　草砖墙加固示意图

图 2-7-29　草砖之间缝隙示意图

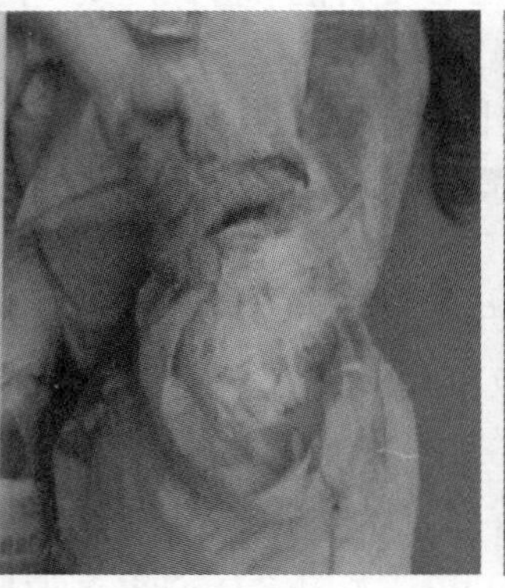

图 2-7-30　抹灰中添加的纤维

图 2-7-31　草砖墙表面铁丝网

4. 施工质量控制

（1）草砖存放时应注意防潮，下部用砖或板等材料架高垫起，上部用塑胶防水布覆盖（见图 2-7-32），在使用前需检查草砖是否潮湿、腐烂、密实等。

（2）草砖墙应注意防潮，基础（基础梁）应比周围的地面高出 20cm 左右。草砖墙底部与基础之间必须有防潮层，防潮层做法为在基础与草砖墙之间砌 20cm 砖槽，里面放置炉灰渣或河卵石等填充物，在两侧砖槽上铺油毡纸（见图 2-7-33）。

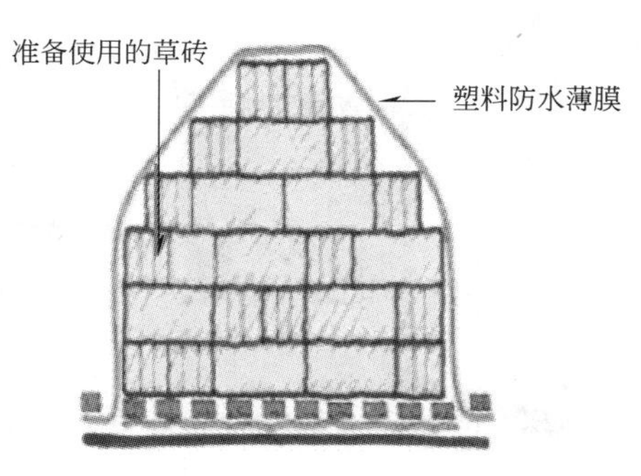

图 2-7-32　草砖保存示意图

图 2-7-33　草砖墙基础

（3）草砖抹灰层宜选用混合砂浆，并在其中掺入干草或纤维（见图 2-7-30），这样可以使抹灰层开裂情况得到改善。抹灰前，草砖必须保持干燥，墙面尽量平整；为避免不同材料接缝处的裂缝，可用铁丝网覆于草砖墙表面，铁丝网应将砖柱覆盖 10～12cm；不得在 5℃以下严寒结冰的天气抹灰。

（4）防火措施。草砖能抵挡火，而松的稻（麦）草却容易着火。如果用松草做屋顶保温层，必须在草上抹一层泥或喷防火的化学药剂（见图 2-7-34）。沿草墙或穿过草墙的电线必须是可用于地线，或是放在塑料管中的（见图 2-7-35）。在易燃物（草和木材）和热源（取暖或烧饭的炉子）之间必须要有足够的隔离。在砖砌的烟囱外抹一层灰是最好的。

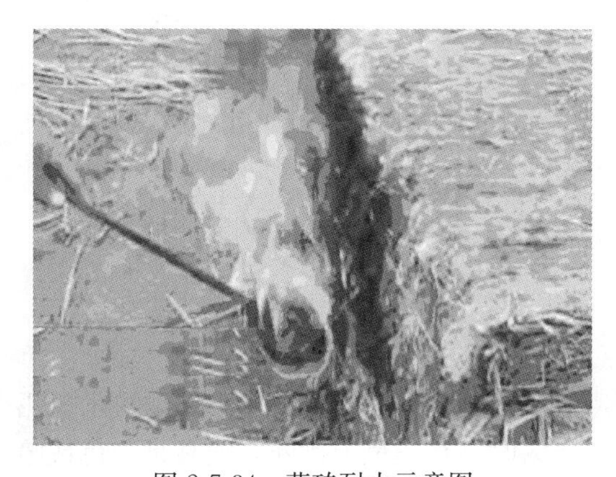

图 2-7-34　草砖耐火示意图

图 2-7-35　草砖墙中的电线穿线管和接线盒

（5）防水措施。应考虑到当地的气候，平均年降水量分布状况、风（沙）暴的方向等。草砖的水平表面最怕受潮（窗台和墙的顶部），所以草墙的顶部通常受屋顶的保护——草砖房的屋顶必须设有屋檐，距离墙体 30～50cm（见图 2-7-36）。草墙也应防止来自室内的湿气（如来自烧饭或淋浴），应在墙上抹一层连续的灰泥，不应有缝隙或是孔洞使湿气漏入草墙（见图 2-7-37）。抹了灰泥的垂直墙受雨水的威胁较小，除非暴露于集中的流水中（如从屋檐上滴下的水等）。草砖只有在含水量达到 17%以上，在持续 3～4 周的温暖天气中，才有可能生成真菌，并有腐烂的危险。

图 2-7-36　草砖房屋檐示意图

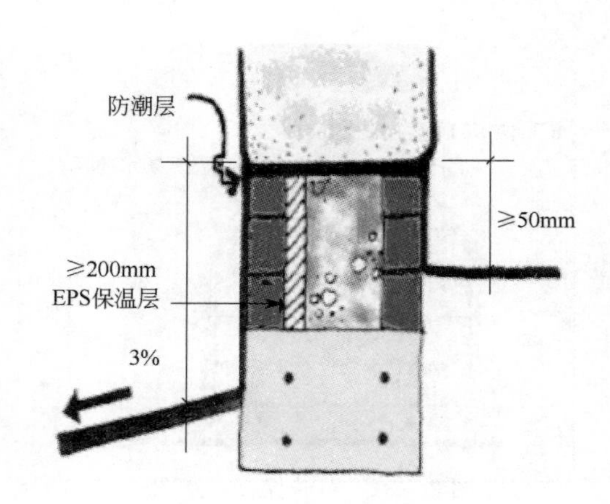

图 2-7-37　草砖防潮示意图

（6）维护措施。草砖建筑的维护很简单，只需要对所有抹灰上的裂缝和小洞及时修复，防止害虫和潮气进入草砖中即可。抹灰层上的裂缝至少每年修补一次，能渗入水的裂缝应立即修补，如图 2-7-38、图 2-7-39 所示。修复水泥抹灰中细小的裂纹时，可将水泥装入旧丝袜中，在裂纹处轻拍，再喷上适量的水即可。

图 2-7-38　草砖房墙面裂纹示意图

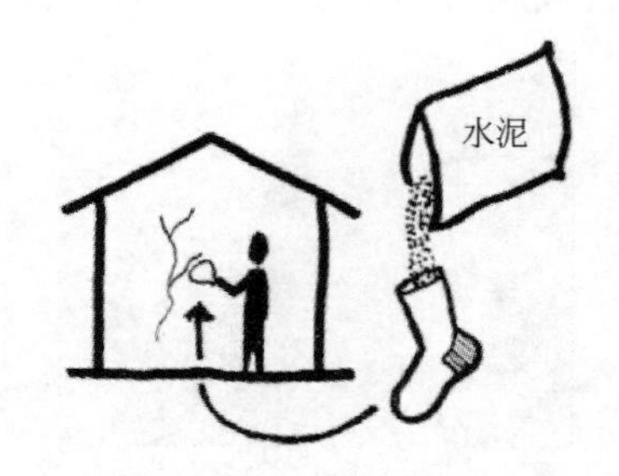

图 2-7-39　草砖房墙面养护

如果是石灰抹灰层，每两年到七年应重新用灰膏粉刷一次，具体的年限要取决于风霜雨雪对罩面的侵蚀程度。当罩面底层的抹灰层全暴露时（从颜色上判断，通常是灰色或暗红色），应重新粉刷。在夏季，要避免在墙附近堆放物品，否则阻碍草砖墙向外散发潮气。

门窗上的密封条应每年更换以免空气的漏失。任何使草墙和屋顶保温层受潮的情况都应及时处理，如屋顶漏水、窗台上的裂缝等。

7.3.3　烧结多孔砖保温砌块自保温墙体

1. 系统构造

保温系统主体墙构造做法是：1∶3 水泥砂浆抹灰＋保温砌块＋20mm 厚混合砂浆抹

灰。混凝土梁柱、门窗的热桥节点处的做法从内到外的做法是：混凝土+30mm厚玻化微珠保温层+3～5mm厚抹面胶浆中间+压入耐碱网格布+水泥砂浆抹面，见图2-7-40。

2. 材料介绍

烧结注孔保温砌块是在空心砌块的孔洞内采取自动化机械注入EPS预发颗粒，经焙烧窑余热回收锅炉产生的高温（110℃）高压（0.5MPA）蒸汽成型为复合保温砌块，并在横向和竖向灰缝处设置贯穿隔热带，从而阻断灰缝热桥，增强砌块、砌体的隔热保温性能。

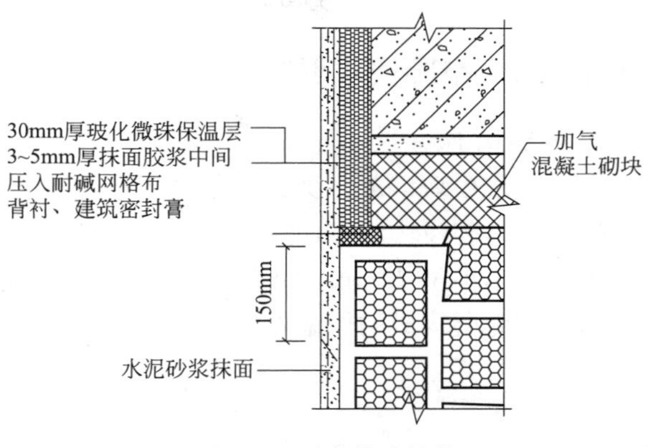

图2-7-40　主体墙结构

目前烧结注孔保温砌块主要有以下几种规格：190mm×190mm×190mm、290mm×190mm×190mm、240mm×240mm×190mm、配块190mm×210mm×190mm（210mm为劈开尺寸）。各种规格产品抗压强度高、吸水率低、抗冻性能好、几何尺寸规整、耐久性能强、防火性好、热工性能和热稳定性好。

3. 施工工序与工艺

（1）材料准备：保温砌块、水泥砂浆，保温砌块的规格、强度、传热系数等必须符合设计要求；水泥、砂、钢筋、外加剂等材料的出厂合格证和复检应符合设计要求；水泥砂浆配比及试配应满足设计要求。

（2）放线：墙体砌筑前应检查主要轴线标志板的墙身轴线、墙厚线、底层地面标高和挤出（地梁）顶面标高，挤出（地梁）顶面高差超过－20mm时，应用C15细石混凝土找平，并留出底层砌块灰缝厚度尺寸；放出墙身中心线和边线；纵、横向轴线长度允许偏差±5mm，轴线间距允许偏差±5mm（用50m钢尺设基准线整尺分量）。

（3）制作并安装皮数杆（计量砖的层数）：制作皮数杆并在墙体转角处及交接处安装皮数杆；墙身皮数杆上，竖向构造包括：楼面、门窗洞口、过梁、圈梁、楼板、梁及梁垫等。

（4）注孔保温砌块排砖砌筑：按施工图纸排块放样施工，视砌块端面应全挂满砂浆。

（5）配砖砌筑：注孔保温砌块墙门窗洞口处或断头必须用配砖砌筑。

4. 施工质量控制

（1）生产厂家按供货品种提供检测报告和出厂证明。

（2）严格控制墙体的垂直平整度，砌筑时个别不平整处，可用胶锤轻轻敲打，以保证墙面平顺，节约抹灰量。

（3）砌筑时要清除砖表面上的泥土和冰霜。

（4）墙体粉刷应在砌体充分收缩稳定后进行。

（5）施工中应准确预留槽洞位置，不得在已砌墙体上凿槽打洞；也不应在截面长边小于500mm的承重墙体、独立柱内埋设管线；不应在墙面上留（凿）水平槽、斜槽或埋设水平暗管和斜暗管；无法避免时，应采取将暗管居中埋于局部现浇的混凝土水平构件中等必要的措施，或按削弱后的截面验算墙体的承载力。

7.4　保温与结构一体化墙体施工技术

7.4.1　EPS空腔模块混凝土剪力墙

1. 系统构造

EPS空腔模块混凝土剪力墙是将工厂标准化生产的EPS墙体空腔模块经积木式错缝插接拼装成空腔模块墙体，在组合空腔模块墙体的空腔内置入钢筋，浇筑混凝土，再将其内外表面用不小于20mm厚的纤维抗裂砂浆抹面，加一层耐碱玻纤网布复合，按设计要求饰面，由此所构成的保温承重一体化的房屋外墙围护结构，见图2-7-41。

图2-7-41　EPS空腔模块混凝土剪力墙

2. 材料介绍

EPS模块是由可发性聚苯乙烯珠粒经加热发泡后，按节能标准、建筑构造、结构体系和施工工艺的需求，通过专用设备和模具将可发性聚苯乙烯珠粒加热成型而制得的具有闭孔结构、不同种类、不同规格、不同外观形状和外表面标注企业标识的聚苯乙烯泡沫塑料板材或构件。具体内容详见第2部分第1篇1、3节。

3. 施工工序与工艺

抗震节能房屋建造实现了标准化、工厂化、装配化、精细化。房屋设计、施工、验收完全标准化管理，专门制定了《EPS模块混凝土剪力墙结构体系技术规程》DB23/T 1454—2011和建筑构造图集。

EPS空腔模块混凝土剪力墙施工时，在空腔模块墙体组合安装前，应进行以下工作：首先将基础梁上表面或楼地面上表面按房屋平面尺寸进行抄测放线，按线将预埋钢筋的位置校正；其次按抄测的水平线将基础梁上表面或楼地面上表面用水泥砂浆找平；最后在找平后的上表面，按空腔模块墙体厚度弹出双实线，按线将30mm×40mm木方间断地钉在基础梁的上表面或楼地面的上表面形成卡槽，如图2-7-42所示。

在前序工作完成后，将大角形、大T形、扶壁柱墙体空腔模块套入竖向钢筋，置入基础梁上或楼地面上的卡槽内，再安装直板墙体空腔模块，在每层模块组合的上表面，将水平钢筋置入芯肋上的凹槽，与竖向钢筋连接，在门窗口处，将门窗口封头模块按设计要求的洞口宽度插入空腔模块墙体中，按此顺序分层错缝将其组合至窗下墙高度；继而校正空腔模块墙体的垂直度和支护扶壁柱，防止其胀模；空腔模块墙体内若有异物时，用大功率吸尘器将其吸出，混凝土浇筑前，将模块顶端的企口用木制（或金属）槽盒防护，而后在浇筑混凝土至窗下墙高度。至此，EPS 空腔模块混凝土剪力墙完成，接下去就是相关的屋面安装。

图 2-7-42 卡槽木方安装
1—竖向钢筋；2—基础梁钢筋；3—卡槽木方；4—基础梁

4. 施工质量控制

（1）模块在组合中需要切割时，应使用模块切割器按所需要的形状和规格现场加工，不得用手锯切割，模块组合缝不得平口对接。

（2）混凝土基础梁或楼面板上表面应平整，标高应准确，高低差应小于 3mm。

（3）模块的厚度应符合设计要求。

（4）混凝土浇筑前，应对模块顶端的插接企口做防护处理。

（5）门窗洞口周边和热桥部位的施工应符合设计要求及上述规程的规定。

（6）室内火炕、火墙、炉灶及烟囱等有火源部位的施工应符合上述规程的规定。

（7）模块组合的表面平整度和立面垂直度均不应超过 3.0mm；模块插接组合缝表面高低差不应大于 0.5mm，插接组合缝隙宽度不应大于 1.0mm。

7.4.2 钢构架建筑纸面草板墙

1. 系统构造

钢构架建筑纸面草板墙采用横向间距为 1200mm 的轻钢龙骨为主体结构，即 60mm×60mm×2mm 方形钢管与基础埋件做可靠连接，轻钢龙骨设剪刀撑，以维持结构体系的稳定，轻钢龙骨经稳定支撑后，内外各挂 1200mm 宽、58mm 厚的建筑纸面草板，内外草板间敷设岩棉板，以 100mm 长钻尾螺栓固定在轻钢龙骨上。两板间缝隙填密封材料。草板墙外粘贴耐碱玻纤网格布后，进行抹灰处理，形成饰面层。施工时草板距地坪 50mm 起安装。

2. 材料介绍

建筑纸面草板是采用废弃的麦秆或稻秆经过机械清除、整理、冲压、高温、挤压而成的人造板材，如图 2-7-43 所示。纸面草板的产品规格：厚度为 58mm，宽度为 1200mm，长度一般为 1800 mm、2400 mm、2700 mm、3000 mm、3300mm；纸面草板具有轻便、

(a) 纸面草板

(b) 纸面草板墙

图 2-7-43 建筑纸面草板

环保、节能的特点。

建筑纸面草板执行国家标准《建筑用纸面草板机》JC/T 1039—2007，纸面草板按其原料种类可分为纸面稻草板和纸面麦草板，纸面草板的外表面为矩形，上下面纸分别在两侧面搭接，见图 2-7-44(*a*)。端头是与棱边相垂直的平面，且用封端纸包覆，见图 2-7-44(*b*)。纸面草板的性能指标见表 2-7-11。

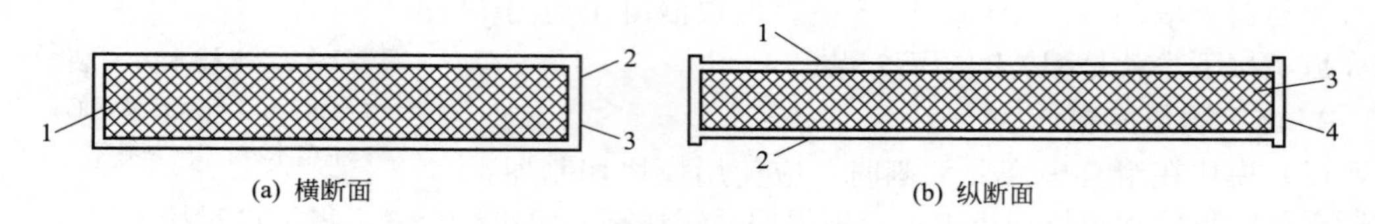

图 2-7-44　纸面草板的断面

1—草芯；2—上面纸；3—下面纸；4—封端纸

建筑用纸面草板的性能指标　　表 2-7-11

项　目	单位	性能指标		
		优等品	一等品	合格品
单位面积重量	kg/m²	≤25.0		≤26.0
含水率	%	≤15		≤20
两对角线长度差	mm	≤4		≤5
板面不平度	mm	≤1.0		≤1.6
挠度	mm	≥3	≥4	≥5
破坏荷载	N	6400	5500	5000
棉纸与草芯的粘结		无剥离现象		
热阻	(m² · K)/W	>0.537		
耐火极限	h	≥1		≥0.6

在表 2-7-11 中，建筑纸面草板的质量分为优等品、一等品和合格品，具体质量评定内容见表 2-7-12。

建筑纸面草板的质量分类　　表 2-7-12

优等品 一等品	a. 表面光洁、无折皱、无手足油污痕迹； b. 侧面上下面纸搭接完好，粘结牢固； c. 端头封闭整齐、牢固
合格品	允许有下列情形之一发生： a. 由于纸跑偏造成的上下面纸未搭接，其未搭接宽度不超过 1～2mm，长度不超过 50mm； b. 侧面、上下面纸与草芯局部粘结不牢，其长度不超过 100mm； c. 封端不严，封端纸与上下面纸未粘牢，其脱胶长度不超过 100mm； d. 面纸有局部褶皱和不影响使用性能的微小缺陷

3. 施工工序和工艺

(1) 基础处理，如图 2-7-45 所示。基础开槽，宽度为 600mm，进行原土夯实，回填原土深度的水捍砂，其上为 500mm 宽、100mm 厚 C10 混凝土垫层，垫层上砌筑砖基础，宽度 370mm，高度为杂填土深度，其上设置地圈梁。

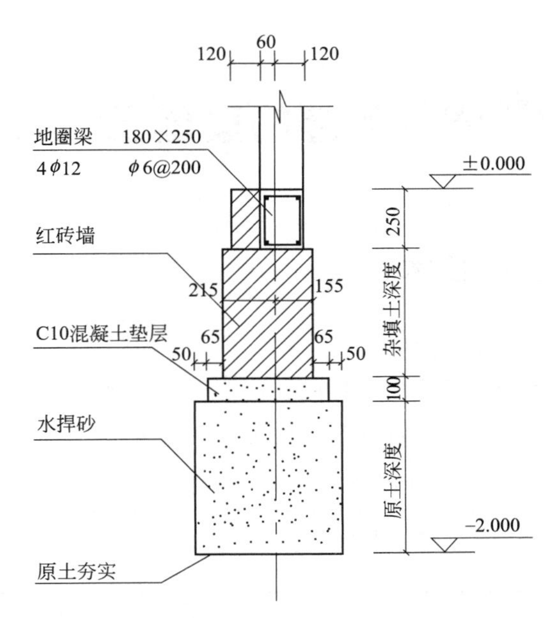

图 2-7-45 钢构架纸面草板墙基础处理（单位：mm）

（2）钢架安装，如图 2-7-46 所示。采用 60mm×60mm×2mm 的方钢管焊接固定，间距为 1200mm。

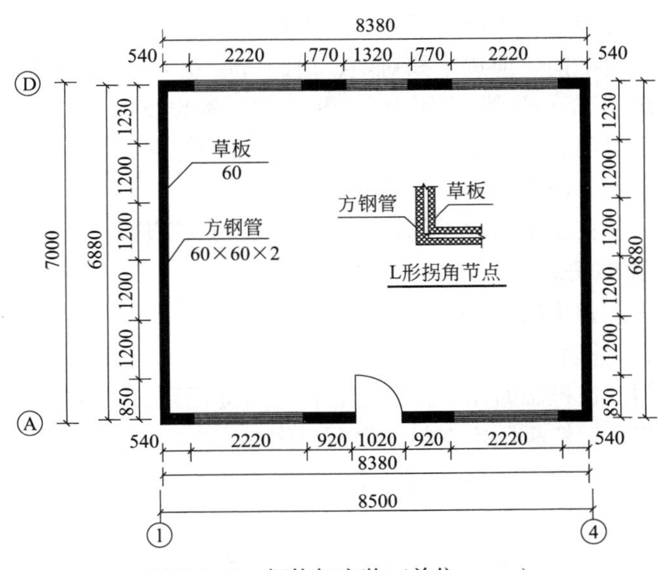

图 2-7-46 钢构架安装（单位：mm）

（3）草板安装。草板与钢构架间采用自攻螺钉固定，间距为 500mm，一根钢架上固定两块草板，板与板之间预留 0.5cm 缝隙，草板间填缝采用发泡聚氨酯泡沫，防止透气开裂；整个草板墙内外利用界面剂粘贴耐碱网格布，一直做到地圈梁处，再抹水泥砂浆（与聚苯板外保温做法一致）。岩棉层通过钉固定在草板上，草板与基础、顶棚间缝隙采用发泡聚氨酯泡沫填缝。

8 建筑节能门窗施工技术

8.1 铝合金门窗安装技术要点

1. 铝合金门窗安装前的准备工作

铝合金门、窗框一般都是后塞口，故门、窗框加工的尺寸应略小于洞口尺寸，门、窗框与洞口之间的空隙，应视不同的饰面材料而定，一般可参考表 2-8-1。

门窗框与洞口之间的空隙　　表 2-8-1

饰面材料	宽度(mm)		高度(mm)	
	洞口	门窗框	洞口	门窗框
水泥砂浆抹面	B	B-50	H	H-50
墙面贴瓷砖	B	B-60	H	H-60

注：表中 B 指洞口宽度；H 指洞口高度。

铝合金门、窗框安装的时间，应选择主体结构基本结束后进行，铝合金门窗扇安装的时间，应选择在室内外装修基本结束后进行，以免土建施工时将其损坏。

安装铝合金门、窗框前，应逐个核对门、窗洞口尺寸与门、窗框的规格是否相适应。

按室内地面弹出+500mm 线和垂直线，标出门、窗框安装的基准线，作为安装时的标准。要求同一立面上门、窗的水平及垂直方向应做到整齐一致。如在弹线时发现预留洞口的尺寸有较大的偏差，应及时调整、处理。

对于铝合金门，应注意室内地面的标高。地弹簧的表面应与室内地面饰面标高一致。

2. 铝合金门、窗框安装

（1）按照在洞口上弹出的门、窗位置线，根据设计要求，将门、窗框立于墙的中心线部位或内侧，使窗、门框表面与饰面层相适应。

（2）将铝合金门、窗框临时用木楔固定，待检查立面垂直、左右间隙大小、上下位置均符合要求后，再将镀锌锚板固定在门、窗洞口内。

（3）铝合金门、窗框上的锚固板与墙体的固定方法有射钉固定法、膨胀螺钉固定法以及燕尾铁脚固定法等，如图 2-8-1 所示。

（4）锚固板是铝合金门、窗框与墙体固定的连接件，锚固板的一端固定在门、窗框的外侧，另一端固定在密实的洞口墙体内。锚固板的形状如图 2-8-2 所示。锚固板应固定牢固，不得有松动现象，锚固板的间距不应大于 500mm。如有条件，锚固板方向宜在内、外交错布置。

（5）铝合金门、窗框与洞口的间隙，应采用矿棉条或玻璃棉毡条分层填塞，缝隙表面留 5～8mm 深的槽口，填嵌密封材料。在施工中注意不得损坏门窗上面的保护膜；如表面沾上了水泥砂浆，应随时擦净，以免腐蚀铝合金，影响外表美观。

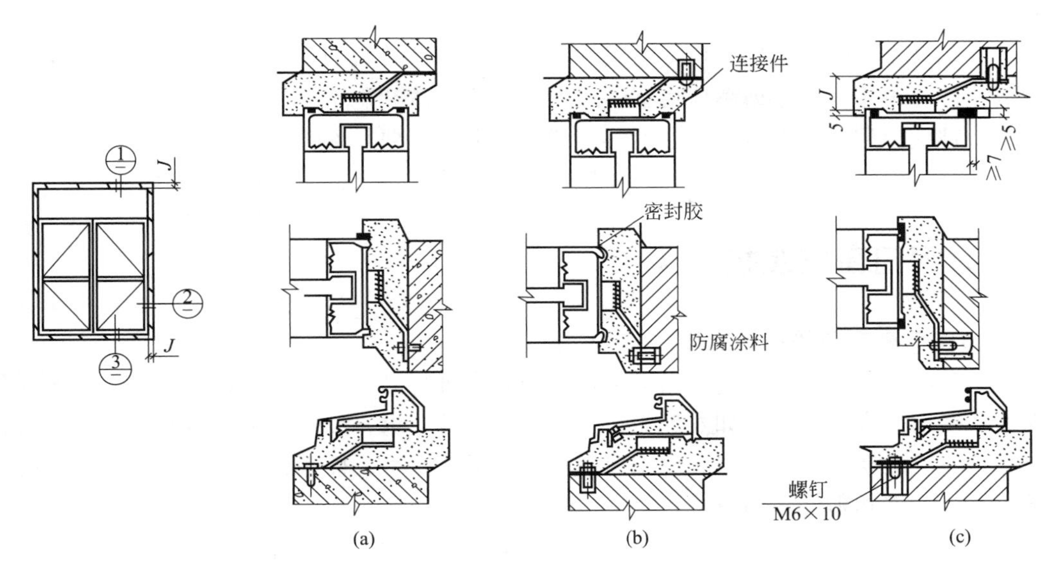

图 2-8-1　锚固板与墙体固定方法（单位：mm）

（6）严禁利用安装完毕的门、窗框搭设和捆绑脚手架，避免损坏门、窗框。

（7）全部竣工后，剥去门、窗上的保护膜，去除油污、脏物等。

图 2-8-2　锚固板示意（厚度 1.5mm，长度可根据需要加工）

3. 铝合金门、窗扇安装

（1）铝合金门、窗扇的安装应在室内外装修基本完成后进行。

（2）推拉门、窗扇的安装。将配好的门、窗扇分内扇和外扇，先将外扇插入上滑道的外槽内，自然下落于对应的下滑道的外滑道内，然后再用同样的方法安装内扇。

（3）平开门、窗扇安装。应先把合页按要求位置固定在铝合金门、窗框上，然后将门、窗扇嵌入框内临时固定，调整合适后，再将门、窗扇固定在合页上，必须保证上、下两个转动部分在同一个轴线上。

4. 中空玻璃安装

玻璃安装是铝合金门、窗安装的最后一道工序，玻璃在工厂或加工点裁割、清洁、密封后，形成中空玻璃。运到安装现场后，将对应的窗玻璃与窗框就位后，与窗框进行密封固定，密封固定的方法有以下三种：

（1）用橡胶条嵌入凹槽挤紧玻璃，然后在胶条上面注入硅酮密封胶；

（2）用 10mm 长的橡胶条将玻璃挤住，然后在凹槽中注入硅酮密封胶；

（3）将橡胶条压入凹槽，挤紧，表面不再注胶。

玻璃应放在凹槽的中间，内、外两侧的间隙不应少于 2mm，否则会造成密封困难；但也不宜大于 5mm，否则胶条起不到挤紧、固定的作用。玻璃的下部不能直接坐落在金属面上，而应用 3mm 厚的氯丁橡胶垫块将玻璃垫起。

5. 清理

（1）铝合金门、窗交工前，应将型材表面的塑料胶纸撕掉，如果塑料胶纸在型材表面

留有胶痕，宜用香蕉水清洗干净。

（2）铝合金门、窗框扇，可用水或浓度为 1%～5%的 pH 值为 7.3～9.5 的中性洗涤剂充分清洗，再用布擦干。不应用酸性或碱性制剂清洗，也不能用钢刷刷洗。

（3）玻璃应用清水擦洗干净，对浮灰或其他杂物，要全部清除干净。

（4）待定位销孔与销对上后，再将定位销完全调出，并插入定位销孔中。

8.2　塑钢门窗安装技术要点

1. 塑料门窗安装的准备工作。

（1）验收门、窗。塑料门、窗运到现场后，应进行品种、规格、数量、制作质量以及对损伤、变形等进行检验。如发现数量、规格不符合要求，制作质量粗劣或有开焊、断裂等损坏，应予更换。对塑料门、窗安装需用的锁具、执手、插销、铰链、密封胶条及玻璃压条等五金配件和附件，均应一一整点清楚。

（2）塑料门、窗。塑料门、窗应放置在清洁、平整的地方，且应避免日晒、雨淋。存放时应将塑料门、窗立放，立放角度不应小 70°，并应采取防倾倒措施。塑料门、窗与热源的距离不应小于 1m。塑料门、窗在安装现场放置的时间不应超过两个月。当在环境温度为 0°的环境中存放门窗时，安装前应在室温下放置 24h。

（3）门、窗运输。运输塑料门、窗应竖立排放并固定牢靠，防止颠振破坏，樘与樘之间应用非金属软质材料隔开。装卸门、窗应轻拿轻放，严禁撬、甩、摔。吊运门、窗时，其表面应用非金属软质材料衬垫，并在门、窗外缘选择牢靠、平稳的着力点，不得在门、窗框内插入抬扛起吊。

（4）机具准备。安装塑料门、窗需准备冲击电钻、手枪钻、射钉枪、打胶筒、鸭嘴榔头、橡皮锤、铁锤、一字形和十字形螺钉旋具、扁铲、钢凿、铁锉、刮刀、对拔木楔、挂线板、线坠、水平尺、粉线包等工具。

（5）洞口检查。用于同一类型的门、窗及其相邻上、下、左、右的洞口应保持拉通线，洞口应横平竖直，洞口宽度与高度尺寸的允许偏差应符合表 2-8-2 的规定。

洞口宽度或高度尺寸的允许偏差（单位：mm）　　表 2-8-2

墙体表面 \ 洞口宽度或高度	<2400	2400～4800	>4800
未粉刷墙面	±10	±15	±20
已粉刷墙面	±5	±10	±15

（6）检查连接点的位置和数量。塑料门、窗框与墙体的连接固定，应考虑受力和塑料变形两个方面的因素，如图 2-8-3 所示。

连接固定点的中距不应大于 600mm；连接固定点距框角不应大于 150mm；不允许在有横档或竖梃的框外设置连接点。

（7）弹线：按照设计图纸要求，在墙上弹出门、窗框安装的位置线。

2. 塑料门、窗安装的工艺流程。

门、窗框上安装铁件→立门、窗框→门、窗框校正→门、窗框与墙体固定→嵌缝密封→安装门、窗扇→安装玻璃→镶配五金→清洗保护。

3. 门、窗框上安装铁件。

在连接固定点的位置，在塑料门、窗框的背面钻直径3.5mm的安装孔，并用$\phi 4$自攻螺钉将Z形镀锌连接铁件拧固在框背面的燕尾槽内。

4. 立门、窗框。

将塑料门、窗框放入洞口内，并用对拔木楔将门、窗框临时固定，然后按已弹出的水平、垂直线位置，使其在垂直、水平、对中、内角方正均符合要求后，再将对拔木楔楔紧。对拔木楔的位置应塞在框角附近或受力处。门、窗框找平塞紧后，必须使框、扇配合严密，开关灵活。

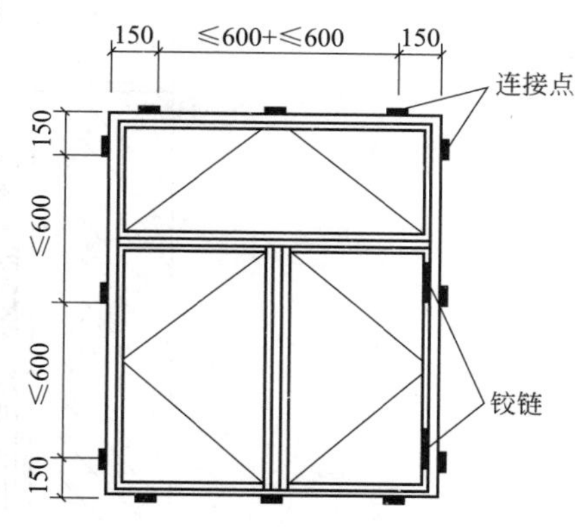

图2-8-3　塑料门、窗框与墙的连接固定点布设（单位：mm）

5. 门、窗框与墙体固定。

将在塑料门、窗框上已安装好的Z形连接铁件与洞口的四周固定。固定时应先固定上框，而后固定边框。固定的方法应符合下列要求：

（1）混凝土墙洞口应采用射钉或塑料膨胀螺钉固定；

（2）砖墙洞口应采用塑料膨胀螺钉或水泥钉固定，但不得固定在砖缝上；

（3）加气混凝土墙洞口应采用木螺钉将固定片固定在胶粘圆木上；

（4）设有预埋铁件的洞口应采用焊接方法固定，也可先在预埋件上按紧固件打基孔，然后用紧固件固定；

（5）窗下框与墙体的固定，如图2-8-4所示：

（6）塑料门、窗框与墙体无论采用何种方法固定，均必须结合牢固，每个Z形连接件的伸出端不得少于两只螺钉固定，同时还应使塑料门、窗框与洞口墙之间的缝隙均匀。

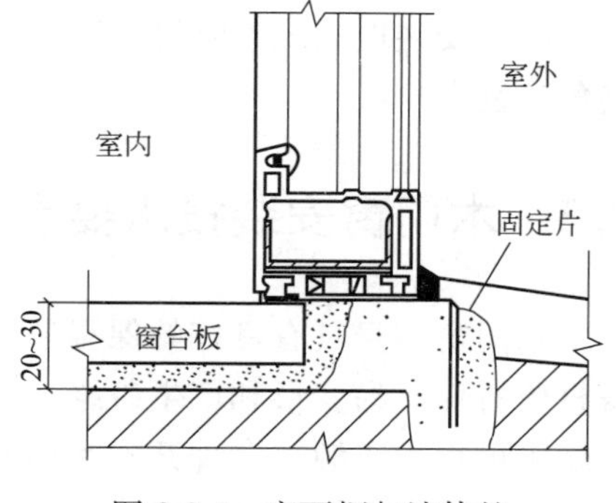

图2-8-4　窗下框与墙体的固定（单位：mm）

6. 嵌缝密封。

塑料门、窗上的连接件与墙体固定后，卸下对拔木楔，清除墙面和边框上的浮灰，即可进行门、窗框与墙体间的缝隙处理，并应符合以下要求：

（1）在门、窗框与墙体之间的缝隙内嵌塞PE高发泡条、矿棉毡或其他软填料，外表面留出10mm左右的空槽；

（2）在软填料内、外两侧的空槽内注入嵌缝膏密封，如图2-8-5所示；

（3）注嵌缝膏时墙体需干净、干燥，注胶时室内外的周边均须注满、打匀，注嵌缝膏后应保持24h不得见水。

7. 安装门、窗扇。

（1）平开门、窗。应先剔好框上的铰链槽，再将门、窗扇装入框中，调整扇与框的配合位置，并用铰链将其固定，然后复查开关是否灵活自如。

（2）推拉门、窗。由于推拉门、窗扇与框不连接，因此对可拆卸的推拉扇，则应先安

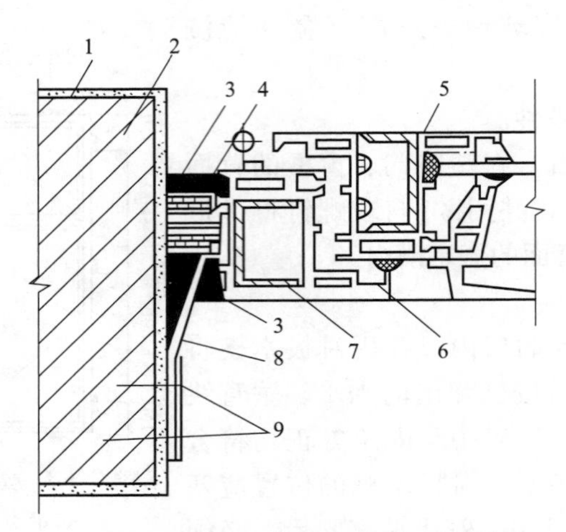

图2-8-5　塑料门、窗框嵌缝注膏示意图

1—底层刮糙；2—墙体；3—密封膏；4—软质填充料；
5—塑扇；6—塑框；7—衬筋；8—连接件；9—膨胀螺栓

装好玻璃后再安装门、窗扇。

（3）对出厂时框、扇就连在一起的平开塑料门、窗，则可将其直接安装，然后再检查开闭是否灵活自如，如发现问题，则应进行必要的调整。

8. 安装玻璃。

（1）玻璃不得与玻璃槽直接接触，应在玻璃四边垫上不同厚度的玻璃垫块；

（2）将双层玻璃装入门、窗扇与框内，然后用玻璃压条将其固定；

（3）安装玻璃压条时可先装短向压条，后装长向压条。玻璃压条的夹角与密封胶条的夹角应密合。

8.3　木门窗安装技术要点

木门窗本身具有良好的保温节能性，但由于耗费森林资源，且在后期使用时由于其本身材质特性，易变形和产生裂缝，导致密封不严而引起空气渗透，影响其保温性能。但木材属于可再生资源，合理开发利用木材，加强控制木门窗制作和使用中的质量问题，对建筑节能及广大农村地区的经济发展是比较合适的。

木门窗的安装技术要求如下：

1. 先立门窗框（立口）

（1）立门窗框前须对成品加以检查，进行校正规方，钉好斜拉条（不得少于2根），无下坎的门框加钉水平拉条，以防在运输和安装中发生变形；

（2）立门窗框前要事先准备好撑杆、木橛子、木砖或倒刺钉，并在门窗框上钉好护角条；

（3）立门窗框前要看清门窗框在施工图上的位置、标高、型号、门窗框规格、门扇开启方向，门窗框是里平、外平或是立在墙中等，按图立口；

（4）立门窗框时要注意拉通线，撑杆下端要固定在木橛子上；

（5）立门窗框时要用线坠找直吊正，并在砌筑砖墙时随时检查有无倾斜或移动。

2. 后塞门窗框（后塞口）

（1）后塞门窗框前预先检查门窗洞口的尺寸、垂直度及木砖数量；

（2）门窗框应用钉子固定在墙内的预埋木砖上，每边的固定点应不少于2处，其间距应不大于1.2m；

（3）在预留门窗洞口的同时，应留出门窗框走头（门窗框上、下坎两端伸出口外部分）的缺口，在门窗框调整就位后，封砌缺口；当受条件限制，门窗框不能留走头时，应采取可靠措施将门窗框固定在墙内木砖上；

（4）后塞门窗框时需注意水平线要直；

（5）门窗框与外墙间的空隙，应填塞保温材料。

3. 木门窗扇安装

（1）安装前检查门窗扇的型号、规格、质量是否合乎要求；

（2）安装前先量好门窗框的高低、宽窄尺寸，然后在相应的扇边上画出高低、宽窄的线，双扇门要打叠，先在中间缝处画出中线，再画出边线，并保证梃宽一致，上下冒头也要画线刨直；

（3）画好高低、宽窄线后，用粗刨刨去线外部分，再用细刨刨至光滑平直，使其合乎设计尺寸要求；

（4）将扇放入框中试装合格后，按扇高的1/8～1/10，在框上按合页大小画线，并剔出合页槽，槽深一定要与合页厚度相适应，槽底要平；

（5）门窗扇安装的留缝宽度，应符合有关标准的规定。

4. 木门窗小五金安装

（1）有木节处或已填补的木节处，均不得安装小五金。

（2）安装合页、插销、L铁、T铁等小五金时，先用锤将木螺钉打入长度的1/3，然后用螺钉旋具将木螺钉拧紧、拧平，不得歪扭、倾斜。严禁打入全部深度。采用硬木时，应先钻2/3深度的孔，孔径为木螺钉直径的0.9倍，然后再将木螺钉由孔拧入。

（3）合页距门窗上、下端宜取立梃高度的1/10，并避开上、下冒头。安装后应开关灵活。门窗把手应位于门窗高度中点以下，窗拉手距地面宜为1.5～1.6m，门拉手距地面宜为0.9～1.05m，门拉手应里外一致。

（4）门锁不宜安装在中冒头与立梃的结合处，以防伤榫。门锁位置一般宜高出地面90～95cm。

（5）门窗扇嵌L铁、T铁时应加以隐蔽，作凹槽，安完后应低于表面1mm左右。门窗扇为外开时，L铁、T铁安在内面，内开时安在外面。

（6）上、下插销要安在梃宽的中间。

9 屋面和地面保温施工技术

9.1 屋面外保温施工技术

9.1.1 屋面板状材料保温层施工

农村建筑中屋面外保温多采用挤塑或模压聚苯乙烯泡沫板作为屋面外保温层，其吸水率低、表观密度小、保温性能好，应用越来越广泛。

1. 施工准备

（1）挤塑或模压聚苯乙烯泡沫板应有出厂合格证，规格应一致，外形应整齐。其密度、导热系数、强度、吸水率及外观质量应符合设计要求和表 2-9-1 的要求。其他材料，如沥青、界面剂、胶粘剂、水泥、砂、石灰质量均应符合相应标准。

板状保温材料的质量要求　　表 2-9-1

项　　目	聚苯乙烯泡沫塑料类		硬质聚氨酯泡沫塑料
	挤压	模压	
表观密度(kg/m^3)	≥32	15～30	≥30
导热系数[W/(m·K)]	≤0.03	≤0.041	≤0.027
在10%形变下的压应力(MPa)	≥0.15	≥0.06	≥0.15
70℃,48h后尺寸变化率(%)	≤2.0	≤5.0	≤5.0
吸水率(V/V,%)	≤1.5	≤6	≤3
外观质量	板的外形基本平整,无严重凹凸不平;厚度允许偏差为5%,且不大于4mm		

（2）机具设备：搅拌机、平锹、水平尺、手推车、木抹子等。

（3）作业条件：铺设保温层材料的基层已经过检查验收；铺设隔汽层的屋面应先将表面清理干净，干燥、平整、不得有松散、开裂、空鼓等缺陷；隔汽层的构造做法必须符合设计要求和现行屋面工程施工质量验收规范的规定；穿过结构的管根部分，用细石混凝土填塞密实，以使管子固定。

（4）技术准备：板状材料进场后，应对其密度、导热系数、强度、含水率等进行检查。

2. 施工工艺

施工工艺流程：清理基层→铺设保温层→抹找平层。

施工方法如下：

（1）清理基层。应将预制或现浇混凝土基层表面的尘土、杂物清理干净，使其平整、干燥。

（2）铺设保温层：

1）干铺板状保温层：直接铺设在结构层或隔汽层上，紧靠需保温的表面，铺平、垫稳。分层铺设时，上下层板块接缝应相互错开，板间的缝隙应用同类材料的碎屑嵌填密实。

2）粘贴的板状材料保温层应砌严、铺平，分层铺设的接缝要错开。胶粘剂应视保温材料的性能选用。板缝间或缺棱掉角处应用碎屑加胶粘材料拌匀，填补密实。

3）用沥青胶结材料粘贴时，板状材料相互之间和基层之间，均应满涂热沥青胶粘材料，以便相互粘贴牢固。热沥青的温度为160～200℃。

4）用砂浆铺贴板状保温材料时，一般可用1∶2（体积比）水泥砂浆粘贴，板间缝隙应用水泥或保温砂浆填实并勾缝。保温砂浆配合比一般为水泥∶石灰∶同类保温材料碎粒（体积比）＝1∶1∶10，保温砂浆中的石灰膏必须经熟化15h以上，石灰膏中严禁含有未熟化的颗粒。

5）细部处理。屋面保温层在檐口、天沟处，宜延伸到外坡外侧，或按设计要求施工；排气管和构筑物穿过保温层的管壁周边和构筑物的四周，应预留排气口；女儿墙根部与保温层间应设置温度缝，缝宽以15～20mm为宜，并应贯通到结构基层。

（3）抹找平层：保温层施工并验收合格后，应立即进行找平层施工。

9.1.2 屋面松散材料保温层施工

松散保温材料主要有膨胀珍珠岩、膨胀蛭石、炉渣等，膨胀珍珠岩和膨胀蛭石虽然堆积密度小，保温性能高等优越性能，但当松散施工时，一旦遇雨或侵入施工用水，其保温性能大大降低，且容易引起柔性防水层鼓泡破坏，所以在农村地区很少应用。炉渣由于堆积密度大、保温性能差，但价格便宜，在农村建筑屋面外保温尚有应用，下面就以炉渣为例介绍其施工技术。

1. 施工准备

（1）炉渣应满足如下质量指标，粒径5～40mm，不得含有石块、土块、重矿渣和未燃尽的煤渣；堆积密度为500～800kg/m^3，导热系数为0.16～0.25W/(m·K)。

（2）机具设备：搅拌机、平板振捣器、平锹、木刮杠、水平尺、手推车、木拍子、木抹子等。

（3）作业条件：铺设保温材料的基层（结构层）施工完毕；铺设隔汽层的屋面应先将表面清扫干净、干燥、平整，不得有松散、开裂、空鼓等缺陷。

（4）技术准备：炉渣进场后应对其密度、粒径、含水率等进行检查。

2. 施工工艺

施工工艺流程：清理基层→弹线找坡→铺设保温层→抹找平层。

施工方法如下：

（1）清理基层。应将预制或现浇混凝土基层表面的尘土、杂物等清理干净，且表面干燥。

（2）弹线找坡。按设计坡度及流水方向，找出屋面坡度，确定保温层的厚度范围。

（3）铺设保温层。为了准确控制保温材料铺设的厚度，在屋面上每隔1m摆放与保温层同厚的木条控制厚度；炉渣保温层应分层铺设，适当压实。每层铺设的厚度不宜大于

150mm，压实后不得直接在保温层上推车或堆放重物；松散保温层应干燥，否则应采取干燥措施或排气措施。遇到下雨或 5 级以上的风时不得铺设松散保温层。

（4）抹找平层。炉渣保温层施工验收合格后，及时进行找平层施工；铺设找平层时，可在炉渣保温层上铺一层塑料薄膜等隔水物，以阻止砂浆中水分被吸收，造成砂浆中缺水而降低强度和降低保温层的保温性能；为防止倒砂浆时挤走保温材料，抹找平层时，先用竹筛或钉有木框的铅丝网覆盖，然后将找平层砂浆倒入筛内，摊平后，取出筛子，找平抹光即可。

9.2　屋面吊顶板状材料保温层施工技术

农村建筑中木屋架坡屋面和平屋面内保温逐渐开始在吊顶上采用挤塑或模压聚苯乙烯泡沫板作为内保温层，施工简单，保温性能好。下面以轻钢龙骨罩面石膏板吊顶内保温为例，介绍其施工技术。

1. 施工准备

（1）挤塑或模压聚苯乙烯泡沫板应有出厂合格证，规格应一致，外形应整齐。质量要求见表 2-9-1。

（2）轻钢骨架、吊顶板材（如罩面石膏板）、压条等其材料品种、规格、质量应符合设计要求。吊杆、螺丝、射钉、自攻螺钉等配备齐全。

（3）机具设备：电锯、无齿锯、射钉枪、手锯、手刨子、钳子、螺丝刀、搬子、方尺、钢尺、钢水平尺等。

（4）作业条件：施工时在木屋架或现浇混凝土楼板上，按设计要求间距，预埋 ϕ8 膨胀吊杆，卡式主龙骨间距为 1000mm；龙骨架间距为 400mm，用螺丝固定在卡式龙骨；安装完顶棚内的各种管线及通风道，确定好灯位、通风口及各种露明孔口位置；各种材料全部配套备齐；顶棚罩面板安装前应做完墙面抹灰工作、地湿作业工程项目；搭好顶棚施工操作平台架子。

2. 施工工艺

施工工艺流程：弹线→安装主龙骨吊杆→安装卡式龙骨→安装次龙骨→安装保温板→安装罩面石膏板→螺丝刷防锈漆。

施工方法如下：

（1）弹线：根据标高线，用尺竖向量至顶棚设计标高，沿墙、柱四周弹顶棚标高，并沿顶棚的标高水平线，在墙上划好分档位置线。

（2）安装卡式龙骨吊杆：在弹好顶棚标高水平线及龙骨位置线后，确定吊杆下端头的标高，按卡式龙骨位置及吊挂间距，将吊杆无螺栓丝扣的一端与楼板预埋钢筋连接固定。

（3）安装卡式大龙骨：配装好吊杆螺母；在卡式龙骨上预先安装好吊挂件；将组装吊挂件的卡式龙骨，按分档线位置使吊挂件穿入相应的吊杆螺母，拧好螺母；卡式龙骨相接，装好连接件，拉线调整标高起拱和平直度；固定边木龙骨，采用射钉固定，射钉间距为 1000mm。

（4）安装 U 型小龙骨：按以弹好的小龙骨分档线，卡装小龙骨掉挂件；按设计规定的小龙骨间距，将小龙骨通过吊挂件，吊挂在中龙骨上，一般间距在 400mm 左右；当小龙骨长度需多根延续接长时，用小龙骨连接件，在吊挂小龙骨的同时，将相对端头相连接，并先调直后固定。

（5）刷防锈漆：轻钢骨架罩面板顶棚，焊接处未做防锈处理的表面（如预埋件、吊挂件、连接件、钉固附件等），在交工前应刷防锈漆。此工序应在封罩面板前进行。

（6）安装保温板：将保温板按设计尺寸裁剪好，裁口要平齐，将保温板安装在龙骨上。

（7）安装石膏罩面板：在已装好并经验收的轻钢骨架下面，按罩面板的规格、拉缝间隙进行分块弹线，从顶棚中间顺中龙骨方向开始先装一行罩面板，作为基准，然后向两侧分行安装，固定罩面板的自攻螺钉间距为200～300mm。

（8）在封罩面板前，必须先通知电工进场进行穿线工作，如有电工预埋管线有被打断的，及时调整管线位置，管内穿线完毕后进行下道工序施工。

9.3　地面保温施工技术

1. 地面防潮处理

在做地面保温层之前，应先做一道防潮层，可选择聚乙烯塑料薄膜，薄膜应连续搭接不间断，搭接处采用沥青密封，薄膜应在保温层板材交接处下方连续。在铺设防水、防潮层前，对基层表面应进行处理，其表面要求平整、洁净和干燥，并不得有空鼓、裂缝、起砂现象。铺设防水材料时，应先做好连接处节点、附加层的处理后进行大面积的铺设，以防止连接处出现渗漏现象。保温层施工时，防潮层上方的板材应紧密交接无缺口，浇筑混凝土时，将保温层周边的聚乙烯塑料薄膜拉起，以保证良好的防水性。

2. 保温材料说明及要求

在农村地区，地面保温常用的保温材料有挤塑型聚苯板、炉渣混凝土、膨胀蛭石板等。保温材料铺设应满足以下要求：

（1）铺设填充层的基层应平整、洁净、干燥，认真做好基层处理工作。

（2）铺设板状保温材料应分层，上、下板错缝铺贴，每层应采用同一厚度的板块。

（3）干铺的板状材料，应紧靠在基层表面上，并应铺平垫稳，板缝隙间应用同类材料嵌填密实。

（4）粘贴的板状材料，应贴严、铺平。

（5）用沥青胶结料粘贴板状材料时，应边刷、边贴、边压实。务必使板状材料相互之间及与基层之间满涂沥青胶结料，以便相互粘牢，防止板状翘起。

（6）用水泥砂浆粘贴板状材料时，板间缝隙应用保温灰浆填实并勾缝。保温灰浆的配合比一般为1∶1∶10（水泥∶石灰膏∶同类保温材料的碎粒，为体积比）。

第3篇　农村建筑节能施工检查

10　基本规定

（1）本方法适用于严寒和寒冷地区农村新建节能住房和既有住房节能改造工程的施工检查和验收。

（2）承担节能示范工程施工的企业或施工队的技术人员应经过农房建筑节能技术培训。

（3）节能示范工程中使用的材料、设备等应符合国家现行有关对材料有害物质限量标准的规定，不得对室内外环境造成污染。

（4）现场配制的材料如保温浆料、聚合物砂浆等，应按设计要求或供应商给出的配合比配制。当无上述要求时，应按照产品说明书配制。

（5）节能示范工程的施工作业环境和条件，应满足相关标准和施工工艺的要求。节能保温材料不宜在雨雪天气中露天施工。

11　墙体保温

11.1　施工过程检查

（1）保温层附着的墙体应平整，表面清洁、无明显浮灰。

检验方法：观察检查。

检查数量：施工中每面墙抽查不少于3处。

（2）墙体保温构造做法和保温材料厚度应符合设计要求或农房节能技术方案的规定。

检验方法：观察检查；保温材料厚度采用钢针插入或剖开尺量检查。

检查数量：施工中每面墙抽查不少于3处。

（3）墙体保温层的施工应符合下列规定：

1）保温板与基层及各构造层之间的粘结或连接必须牢固；粘结面积不得小于40%；

2）浆料保温层应分层施工。浆料保温层与基层之间及各层之间的粘结必须牢固，不应脱层、空鼓和开裂。

检验方法：观察；手扳检查。

检查数量：每面墙抽查不少于3处。

（4）墙体保温构造中玻纤网格布应竖直铺贴，搭接宽度不小于10cm，玻纤网格布不得皱褶、外露。

检验方法：观察检查；尺量检查。

检查数量：每面墙抽查不少于3处。

（5）外墙附墙或挑出部件如梁、过梁、柱、附墙柱、女儿墙、外墙装饰线等，应按设计要求采取隔断热源或节能保温措施。

检验方法：观察检查。

检查数量：每面墙抽查不少于3处。

11.2 竣工验收检查

（1）外墙必须具有保温层，保温材料品种、规格、型号、性能参数（包括导热系数、密度、抗压强度或压缩强度等）符合设计要求或农房节能技术方案的要求，并现场核查。

检查方法：检查自查记录，核查质量证明文件和出厂性能检测报告，现场核查。

（2）墙体保温工程应具有下列隐蔽工程自查记录和必要的图像资料：

1）基层处理情况；

2）被封闭的保温材料厚度；

3）墙体保温各层构造做法；

4）热桥部位是否处理。

检查方法：检查自查记录，现场核查。

12 门窗节能

12.1 施工过程检查

（1）外门窗外观良好，开闭灵活，表面无明显破损。

检验方法：观察、手扳检查。

检查数量：随机抽取3樘进行检查。

（2）外门窗框与副框之间应使用密封胶密封；门窗框或副框与洞口之间的间隙应采用弹性闭孔材料填充饱满，并使用密封胶密封。

检验方法：观察及启闭检查。

检查数量：全数检查。

12.2 竣工验收检查

（1）建筑外门窗的品种、规格、尺寸、传热系数等应符合设计要求。

检验方法：检查自查记录；核查质量证明文件和技术性能检测报告；现场核查。

（2）外门窗框与副框之间、门窗框或副框与洞口之间间隙应采取密封措施。

检验方法：检查自查记录；现场核查。

13 屋面和地面保温

13.1 施工过程检查

（1）屋面、地面保温层的厚度必须满足设计要求。

检验方法：采取针插法用尺量其厚度。

检查数量：每个屋面、地面抽查不少于3处。

(2) 屋面、地面保温层板材缝隙大于2mm，必须采用柔性保温材料填充。

检验方法：观察、尺量检查。

检查数量：随机抽取检查不少于5处。

(3) 屋面热桥部位如檐口、伸出屋面的管道和穿越地面直接接触室外空气的各种金属管道等均应采取保温措施，必须符合设计要求。

检验方法：尺量检查。

检查数量：全数检查。

(4) 木屋架吊顶内保温的施工应符合下列规定：

1) 坡屋面、平屋面采用敷设于屋面内侧的保温材料作保温层时，应有防潮设施，下部应有吊顶保护；

2) 顶棚铺设板状保温材料时，拼缝应严密，铺设应平稳，板缝之间应用散状保温材料填缝；

3) 顶棚铺设松散保温材料时，应分层铺设，适当压实，并且应保证屋面与天花板之间具有良好的气密性。

检验方法：观察检查。

检查数量：整个屋面抽查不少于3处。

13.2　竣工验收检查

(1) 屋面必须具有保温层，屋面、地面用保温材料品种、规格、型号、性能参数（包括导热系数、密度、抗压强度或压缩强度等）符合设计或农房节能技术方案的要求，并现场核查。

检查方法：检查自查记录，核查质量证明文件和出厂性能检测报告，现场核查。

(2) 屋面、地面保温工程应具有下列隐蔽工程自查记录和必要的图像资料：

1) 被封闭的保温材料厚度；

2) 热桥部位是否处理；

3) 屋面、地面保温隔热层板材大于2mm缝隙填充情况；

4) 木屋架吊顶内保温的施工防潮层设置情况。

检查方法：检查自查记录，现场核查。

14　供　　暖

14.1　施工过程检查

(1) 供暖节能技术措施是否满足设计或农房节能技术方案的要求。

检验方法：对照检查。

(2) 采用的供暖设施的建造材料、供暖设备、阀门、仪表、管材等产品进场时，应按照设计要求对其品种、规格、型号、外观和尺寸等进行检查。

检验方法：进行外观检查；核查质量证明文件。

检查数量：全数检查。

14.2　竣工验收检查

供暖节能工程验收应对下列内容进行检查：

（1）供暖工程所选用设备和材料的品种、规格、型号是否符合设计要求或农房节能技术方案的要求；

（2）供暖设施或供暖系统的施工质量是否存在明显的安全隐患；

（3）供暖设施或供暖系统运行是否正常。

检验方法：检查自查记录，现场核查。

15　照　　明

15.1　施工过程检查

（1）照明系统采用的电能计量装置、节能灯具及其电器附件应符合设计要求，并对其外观、规格、型号和质量证明文件核查。

检验方法：观察检查，核查质量证明文件。

检验数量：全数检查。

（2）照明线路应使用铜线。

检验方法：观察检查。

检验数量：全数检查。

15.2　竣工验收检查

照明系统的施工质量验收应对下列部位或内容进行检查：

（1）设备、器材和附件外观是否完好；规格、型号是否符合设计要求；

（2）照明线路是否使用铜线。

检验方法：检查自查记录；现场核查。

16　太阳能热水系统

16.1　施工过程检查

（1）用于太阳能热水系统的产品、材料、部件等外观完好、无破损，其品种、规格应符合设计要求和相关标准的规定。

检验方法：观察、尺量检查；核查质量证明文件。

检查数量：全数检查。

（2）预制的集热器支架基座的安装应牢固，不松动。

检验方法：观察、手扳检查。

检查数量：全数检查。

(3) 安装固定式太阳能热水器，朝向应正南。如受条件限制时，其偏移角不得大于15°。

检验方法：观察检查。

检查数量：全数检查。

(4) 安装太阳能集热器玻璃前，应对集热排管和上、下集管作水压试验，试验压力为工作压力的1.5倍。

检验方法：试验压力下10min内压力不降，不渗不漏。

检查数量：全数检查。

(5) 太阳能热水器的最低处应安装泄水装置；热水箱及上、下集管等循环管道均应保温。

检验方法：观察检查。

检查数量：全数检查。

(6) 凡以水作介质的太阳能热水器，在0℃以下地区使用，应采取防冻措施。

检验方法：观察检查。

检查数量：全数检查。

16.2　竣工验收检查

太阳能热水系统施工质量验收应对下列部位或内容进行检查：

(1) 产品、材料和附件外观是否完好、无破损；规格、型号是否符合设计要求；

(2) 预制的集热器支架基座的安装是否牢固；

(3) 固定式太阳能热水器安装朝向是否正确；

(4) 太阳能热水系统水压试验是否满足要求；

(5) 太阳能热水系统最低处是否有泄水装置；水循环管道是否有保温；

(6) 是否有防冻措施。

检查方法：检查自查记录；现场核查。

17　地热能利用系统

17.1　施工过程检查

(1) 地埋管换热系统安装过程中，应进行现场检验，并应提供检验报告。检验内容应符合下列规定：

1) 管材、管件等材料应符合国家现行标准的规定；

2) 钻孔、水平埋管的位置和深度、地埋管的直径、壁厚及长度均应符合设计要求；

3) 回填料及其配比应符合设计要求；

4) 水压试验应合格；

5) 各环路流量应平衡，且应满足设计要求；

6) 防冻剂和防腐剂的特性及浓度应符合设计要求；

7）循环水流量及进出水温差均应符合设计要求。

（2）地埋管换热系统水压试验应符合下列规定：

1）试验压力：当工作压力小于等于 1.0MPa 时，应为工作压力的 1.5 倍，且不应小于 0.6MPa；当工作压力大于 1.0MPa 时，应为工作压力加 0.5MPa。

2）水压试验步骤：

① 竖直地埋管换热器插入钻孔前，应做第一次水压试验。在试验压力下，稳压至少 15min，稳压后压力降不应大于 3%，且无泄漏现象；将其密封后，在有压状态下插入钻孔，完成灌浆之后保压 1h。水平地埋管换热器放入沟槽前，应做第一次水压试验。在试验压力下，稳压至少 15min，稳压后压力降不应大于 3%，且无泄漏现象。

② 竖直或水平地埋管换热器与环路集管装配完成后，回填前应进行第二次水压试验。在试验压力下，稳压至少 30min，稳压后压力降不应大于 3%，且无泄漏现象。

③ 环路集管与机房分集水器连接完成后，回填前应进行第三次水压试验。在试验压力下，稳压至少 2h，且无泄漏现象。

④ 地埋管换热系统全部安装完毕，且冲洗、排气及回填完成后，应进行第四次水压试验。在试验压力下，稳压至少 12h，稳压后压力降不应大于 3%。

3）水压试验宜采用手动泵缓慢升压，升压过程中应随时观察与检查，不得有渗漏；不得以气压试验代替水压试验。

（3）地埋管换热系统回填过程的检验应与安装地埋管换热器同步进行。

（4）地下水换热系统热源井应单独进行验收，且应符合现行国家标准《管井技术规范》GB 50296—2014 及《供水水文地质钻探与管井施工操作规程》CJJ/T 13—2013 的规定。

（5）地下水换热系统热源井持续出水量和回灌量应稳定，并应满足设计要求。持续出水量和回灌量应符合《地源热泵系统工程技术规范》GB 50366—2005 的规定。

（6）地下水换热系统抽水试验结束前应采集水样，进行水质测定和含砂量测定。经处理后的水质应满足系统设备的使用要求。

（7）地表水换热系统安装过程中，应进行现场检验，并应提供检验报告，检验内容应符合下列规定：

1）管材、管件等材料应具有产品合格证和性能检验报告；

2）换热盘管的长度、布置方式及管沟设置应符合设计要求；

3）水压试验应合格；

4）各环路流量应平衡，且应满足设计要求；

5）防冻剂和防腐剂的特性及浓度应符合设计要求；

6）循环水流量及进出水温差应符合设计要求。

（8）地表水换热系统水压试验应符合下列规定：

1）闭式地表水换热系统水压试验应符合以下规定：

① 试验压力：当工作压力小于等于 1.0MPa 时，应为工作压力的 1.5 倍，且不应小于 0.6MPa；当工作压力大于 1.0MPa 时，应为工作压力加 0.5MPa。

② 水压试验步骤：换热盘管组装完成后，应做第一次水压试验，在试验压力下，稳压至少 15min，稳压后压力降不应大于 3%，且无泄漏现象；换热盘管与环路集管装配完

成后，应进行第二次水压试验，在试验压力下，稳压至少30min，稳压后压力降不应大于3%，且无泄漏现象；环路集管与机房分集水器连接完成后，应进行第三次水压试验，在试验压力下，稳压至少12h，稳压后压力降不应大于3%。

2）开式地表水换热系统水压试验应符合现行国家标准《通风与空调工程施工质量验收规范》GB 50243—2002的相关规定。

17.2　竣工验收检查

（1）地下水换热系统验收后，施工单位应提交热源井成井报告。报告应包括管井综合柱状图，洗井、抽水和回灌试验，水质检验及验收资料。

（2）地下水换热系统输水管网设计、施工及验收应符合现行国家标准《室外给水设计规范》GB 50013—2006及《给水排水管道工程施工及验收规范》GB 50268—2008的规定。

第4篇　农村建筑节能检测

18　基本规定

（1）节能检测宜在下列有关技术文件准备齐全的基础上进行：

1）工程竣工图纸和相关技术文件；

2）外墙墙体、屋面、热桥部位的保温施工做法或施工方案；

3）相关隐蔽工程施工过程检查表。

（2）节能检测中使用的仪器仪表应具有法定计量部门出具的、有效期内的检定合格证或校准证书。

19　室内平均温度

（1）室内平均温度应采用温度自动检测仪进行连续检测，温度自动检测仪分辨率不应低于0.1℃；准确度不应低于0.5级；应具有连续测量记录功能；检测数据记录时间间隔不宜超过30min。

（2）室内平均温度应按照农房的各使用功能分区进行检测，每户农房的室内平均温度检测区域应至少包括一间卧室和一间客厅，卧室和客厅无法区分开的按一个房间检测。

（3）室内平均温度的检测时间应设置在供暖期内，检测时室内的供暖设施正常运行，且外窗、外门处于关闭状态。检测总时间不应小于96h（宜为24h的整数倍）。

（4）室内平均温度测点应设于室内活动区域，且距地面0.7～1.8m范围内有代表性的位置，温度传感器不应受到太阳辐射或室内热源的直接影响。温度测点位置及数量还应符合下列规定：

1）室内面积不足$30m^2$，设测点1个；

2）室内面积大于$30m^2$以上，设测点2个。

（5）室内温度逐时值和室内平均温度应分别按下列公式计算：

$$t_{rm,i}=\frac{\sum_{j=1}^{p}t_{i,j}}{p} \tag{2-19-1}$$

$$t_{rm}=\frac{\sum_{i=1}^{n}t_{rm,i}}{n} \tag{2-19-2}$$

式中　t_{rm}——受检房间的室内平均温度（℃）；

$t_{rm,i}$——受检房间第i个室内温度逐时值（℃）；

$t_{i,j}$——受检房间第j个测点的第i个室内温度逐时值（℃）；

n——受检房间的室内温度逐时值的个数（℃）；

p——受检房间布置的温度测点的点数。

（6）农房供暖季室内平均温度应大于或等于 14℃。当受检房间的室内平均温度满足时，应判为合格，否则应判为不合格。

20　外围护结构热工缺陷

（1）农房外围护结构热工缺陷检测主要是对外表面热工缺陷进行定性评价。

（2）围护结构热工缺陷宜采用红外热像仪进行检测，红外热像仪及其温度测量范围应符合现场检测要求。红外热像仪设计适用波长范围应为 8.0～14.0μm，传感器温度分辨率（NETD）不应大于 0.08℃，温差检测不确定度不应大于 0.5℃，红外热像仪的像素不应少于 76800 点。

（3）检测应在供暖期进行，检测时室内供暖设施应正常运行 72h 以上。检测期间的室外温度波动不应大于 5℃，室外空气相对湿度不应大于 75%；受检外表面不应受到太阳直接照射。

（4）检测前宜采用表面式温度计在受检表面上测出参照温度，调整红外热像仪的发射率，使红外热像仪的测定结果等于该参照温度；宜在与目标距离相等的不同方位扫描同一个部位，并评估临近物体对受检外围护结构表面造成的影响；必要时可采取遮挡措施或关闭室内辐射源，或在合适的时间段进行检测。

（5）红外热像仪应普遍扫描农房各外围护结构表面（不包括地面），重点是墙与屋面连接处、门窗与墙连接处、梁柱等热桥部位。外围护结构中的外墙、屋面等部位应分别拍摄红外热像图。

（6）受检表面同一个部位的红外热像图，不应少于 2 张，其中 1 张为受检表面全景，另外 1 张为缺陷部位。应用图说明受检部位的红外热像图在农房中的位置，并应附上可见光照片。红外热像图上应标明参照温度的位置，并随红外热像图一起提供参照温度的数据。

（7）在热像图上标注出与主体区域温差超过 2℃的区域作为缺陷区。受检外表面缺陷区域与主体区域面积的比值小于 20%，且单块缺陷面积小于 0.5m²，应判为合格，否则应判为不合格。

21　外墙和屋面主体部位传热系数

（1）外墙和屋面主体部位传热系数的现场检测宜采用热流计法。热流计及其标定应符合现行行业标准《建筑用热流计》JG/T 3016—1994 的规定。热流和温度应采用自动检测仪检测，数据存储方式应适用于计算机分析。温度测量不确定度不应大于 0.5℃。

（2）每户农房的外墙主体部位传热系数应检测一组，分三个测点布置热流计。热流计宜布置于西墙和北墙内表面。两层及以上农房的热流计测点应分层布置。屋面传热系数也应检测一组，分三个测点布置热流计。平屋面主体部位传热系数检测方法与墙体检测方法相同。坡屋面传热系数检测可根据具体情况参照执行。

（3）外墙和屋面主体部位传热系数的检测宜在受检围护结构施工完成至少 3 个月后进行。

（4）测点布置前应用红外热像仪扫描所测围护结构表面，测点位置不应靠近热桥、裂缝和有空气渗漏的部位，不应受加热、制冷装置和风扇的直接影响，且应避免阳光直射。

（5）热流计和温度传感器的安装应符合下列规定：

1）热流计应直接安装在受检围护结构的内表面上，且应与表面完全接触。

2）温度传感器应在受检围护结构两侧表面安装。内表面温度传感器应靠近热流计安装，外表面温度传感器宜在与热流计相对应的位置安装。温度传感器连同 0.1m 长引线应与受检表面紧密接触，传感器表面的辐射系数应与受检表面基本相同。

（6）检测时间宜选在最冷月，且应避开气温剧烈变化的天气。对设置供暖设施的农房，冬季检测应在供暖设施正常运行后进行；对未设置供暖设施的农房，应在人为适当地提高室内温度后进行检测。检测时围护结构高温侧表面温度应高于低温侧 10℃以上。检测持续时间不应少于 96h。检测期间，室内空气温度应保持稳定，受检区域外表面宜避免雨雪侵袭和阳光直射。

（7）检测期间，应定时记录热流密度和内、外表面温度，记录时间间隔为 30min。可记录多次采样数据的平均值，采样间隔宜短于传感器最小时间常数的 1/2。

（8）对测试数据应采用算术平均法进行数据分析，按下式计算外墙和屋面的热阻，并应使用全天数据（24h 的整数倍）进行计算：

$$R=\frac{\sum_{j=1}^{n}(\theta_{Ij}-\theta_{Ej})}{\sum_{j=1}^{n}q_j} \tag{2-21-1}$$

式中 R——外墙和屋面主体部位的热阻[$(m^2 \cdot K)/W$]；

θ_{Ij}——外墙和屋面主体部位内表面温度的第 j 次测量值（℃）；

θ_{Ej}——外墙和屋面主体部位外表面温度的第 j 次测量值（℃）；

q_j——外墙和屋面主体部位热流密度的第 j 次测量值（W/m^2）。

（9）外墙和屋面主体部位传热系数应按下式计算：

$$U=1/(R_i+R+R_e) \tag{2-21-2}$$

式中 U——外墙和屋面主体部位传热系数[$W/(m^2 \cdot K)$]；

R_i——内表面换热阻，取 $R_i=0.11(m^2 \cdot K)/W$；

R_e——外表面换热阻，取 $R_e=0.04(m^2 \cdot K)/W$。

（10）受检墙体与屋面主体部位传热系数应不大于设计要求的 1.2 倍；当设计图纸未作具体规定时，应不超出现行国家标准《农村居住建筑节能设计标准》GB/T 50824—2013 中规定值的 1.2 倍。当受检外墙和屋面主体部位传热系数的检测结果满足时，应判为合格，否则应判为不合格。

22 外窗窗口气密性能

（1）外窗窗口气密性能的检测应在受检外窗几何中心高度处的室外瞬时风速不大于

3.3m/s的条件下进行。

（2）外窗窗口气密性能现场检测操作程序应符合本篇第23章的规定。

（3）对室内外空气温度、室外风速和大气压力等环境参数应进行同步检测。

（4）在开始正式检测前，应对检测系统的附加渗透量进行一次现场标定。标定用外窗应为受检外窗或与受检外窗相同的外窗。附加渗透量不应大于受检外窗窗口空气渗透量的20%。

（5）在检测装置、人员和操作程序完全相同的情况下，在检测装置的标定有效期内，当检测其他相同外窗时，检测系统本身的附加渗透量不宜再次标定。

（6）每樘受检外窗的检测结果应取连续三次检测值的平均值。

（7）压差表、大气压力表、环境温度检测仪、室外风速计和长度尺的不确定度分别不应大于2.5Pa、200Pa、1℃、0.25m/s和3mm。空气流量测量装置的不确定度不应大于测量值的13%。

（8）现场检测条件下且受检外窗内外压差为10Pa时，检测系统的附加渗透量（Q_{fa}）和总空气渗透量（Q_{za}）应根据回归方程计算，回归方程应采用下列形式：

$$Q=a(\Delta P)^{c} \tag{2-22-1}$$

式中　Q——现场检测条件下检测系统的附加渗透量或总空气渗透量（m^3/h）；

ΔP——受检外窗的内外压差（Pa）；

a、c——拟合系数。

（9）外窗窗口单位空气渗透量应按下列公式计算：

$$q_a=\frac{Q_{st}}{A_w} \tag{2-22-2}$$

$$Q_{st}=Q_z-Q_f \tag{2-22-3}$$

$$Q_z=\frac{293}{101.3}\times\frac{B}{(t+273)}\times Q_{za} \tag{2-22-4}$$

$$Q_f=\frac{293}{101.3}\times\frac{B}{(t+273)}\times Q_{fa} \tag{2-22-5}$$

式中　q_a——外窗窗口单位空气渗透量[$m^3/(m^2\cdot h)$]；

Q_{fa}、Q_f——分别为现场检测条件和标准空气状态下，受检外窗内外压差为10Pa时，检测系统的附加渗透量（m^3/h）；

Q_{za}、Q_z——分别为现场检测条件和标准空气状态下，受检外窗内外压差为10Pa时，受检外窗窗口（包括检测系统在内）的总空气渗透量（m^3/h）；

Q_{st}——标准空气状态下，受检外窗内外压差为10Pa时，受检外窗窗口本身的空气渗透量（m^3/h）；

B——检测现场的大气压力（kPa）；

t——检测装置附近的室内空气温度（℃）；

A_w——受检外窗窗口的面积（m^2），当外窗形状不规则时应计算其展开面积。

（10）外窗窗口墙与外窗本体的结合部应严密，外窗窗口单位空气渗透量不应大于外窗本体的相应指标。

（11）当受检外窗窗口单位空气渗透量的检测结果满足本章第（10）条的规定时，应判为合格，否则应判为不合格。

23　外窗窗口气密性能检测操作程序

（1）对受检外窗的观感质量应进行目检，当存在明显缺陷时，应停止该项检测。检测开始时应对室内外空气温度、室外风速和大气压力进行检测。

（2）连续开启和关闭受检外窗 5 次，受检外窗应能工作正常。

（3）检测装置应在受检外窗已完全关闭的情况下安装在外窗洞口处；当受检外窗洞口尺寸过大或形状特殊时，宜安装在受检外窗所在房间的房门洞口处。安装程序和质量应满足相关产品的使用要求。

（4）正式检测前，应向密闭腔（室）中充气加压，使其内外压差达到 150Pa，稳定时间不应少于 10min，其间应采用手感法对密封处进行检查，不得有漏风的感觉。

（5）检测装置的附加渗透量应进行标定，标定时外窗本身的缝隙应采用胶带从室外侧进行密封处理。

（6）应按照图 2-23-1 中减压顺序进行逐级减压，每级压差稳定作用时间不应少于 3min，记录逐级作用压差下系统的空气渗透量，利用该组检测数据通过回归方程求得在减压工况下，压差为 10Pa 时，检测装置本身的附加空气渗透量。

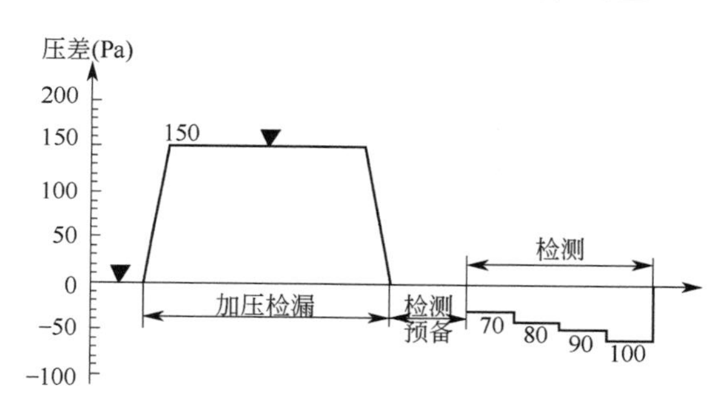

图 2-23-1　外窗窗口气密性能检测操作顺序图

注：▼表示检测密封处的密封质量

（7）将外窗室外侧胶带揭去，然后重复本章第 6 项的操作，并计算压差为 10Pa 时外窗窗口总空气渗透量。

（8）检测结束时应对室内外空气温度、室外风速和大气压力进行检测并记录，取检测开始和结束时两次检测结果的算术平均值作为环境参数的最终检测结果。

第 3 部分

农村建筑节能设计方案示例

1　农房节能设计方案示例一

1.1　建筑设计说明

东北地区——内蒙古自治区扎兰屯市，建筑面积为102.04m²，使用面积为77.88m²。

1. 材料与构造

（1）基础：

条形基础，持力层为第2层粉质黏土或第3层圆砾层。地基承载力特征值为160kPa。基础底面至原土层顶部回填级配砂石，砂石比例为3∶1，每200mm一层，分层夯实。

（2）墙体：

外墙为夹芯保温复合墙体，240mm厚黏土砌体外贴110mm厚挤塑板保温，外侧为120mm厚保护砌体。内承重墙为240mm，内隔墙用M7.5混合砂浆砌筑。

（3）屋面：

采用坡屋顶。坡屋面及上人屋面采用150mm厚挤塑聚苯乙烯泡沫塑料板双层交错布置，导热系数不大于0.033W/(m²·K)，屋面采用瓷瓦。

（4）门窗：

入口门采用三防门，内门采用木质门。建筑外门窗抗风压性能分级为4级，气密性能分级为4级，水密性能分级为4级，空气隔声性能分级为3级（30～35dB）。

（5）室内装修：内墙涂料。

（6）室外装修：清水砖、外墙涂料。

2. 系统与设备说明

（1）生活给水系统：

本工程生活给水由院区给水管线供应，设计水压为0.13MPa。入户设总水表，统一计量。生活给水管道采用PP-R塑料管，熔接。给水管沿墙或埋地敷设。

（2）排水系统：

本工程污、废水为合流制排水系统，自流排至室外，经室外化粪池处理后排入市政排水管网。排水管道采用UPVC硬质排水塑料管，胶接。排水出户管和检查井之间的管道做50mm厚现场发泡防冻保温，管道周围500mm范围内用中砂回填。

（3）太阳能热水系统：

接太阳能热水器热水管做保温处理，保温材料采用泡沫玻璃棉，保温层厚度为30mm。

（4）配电系统：

本工程电源为220/380V，50Hz交流电源。本工程室外设置集中计量电表箱，供电电源为单相220V，50Hz交流电源从室外电表箱放射式引入建筑，电源进线采用YJV22-

0.6/1KV 电缆，进线电缆穿钢管埋地引入建筑配电箱。

导线、电缆选择及敷设方式：照明、插座等配电线路均选 BV-0.45/0.75kv 导线穿阻燃硬聚氯乙烯管（FPC）在地板、顶板、墙内暗敷设。照明及配电导线 2 根及以下穿 FPC16，3 根至 5 根穿 PFC20。

灯具均采用Ⅰ类照明节能灯具，电光源宜采用 T5、T8 直管型荧光灯或紧凑型荧光灯，配用的镇流器选用电子镇流器或节能型电感镇流器，以降低镇流器的自身功耗。

（5）有线电视系统：有。

（6）电话及网络系统：有。

（7）供暖系统：

采用散热器供暖。供暖系统热源由燃煤锅炉提供，连续供暖，供回水温度为：85/60℃热水。散热器拟采用铸铁暖气片 M132 型铸铁散热器。户内供暖系统采用水平串联跨越管式户内系统。户内供暖管道设于室内地面上，除过门处设置 100mm×100mm 管沟外，均为明装。管材：本设计的管道全部采用热浸镀锌钢管。

1.2　建筑设计方案

1. 建筑效果图

图 3-1-1　建筑效果图

2. 建筑设计图

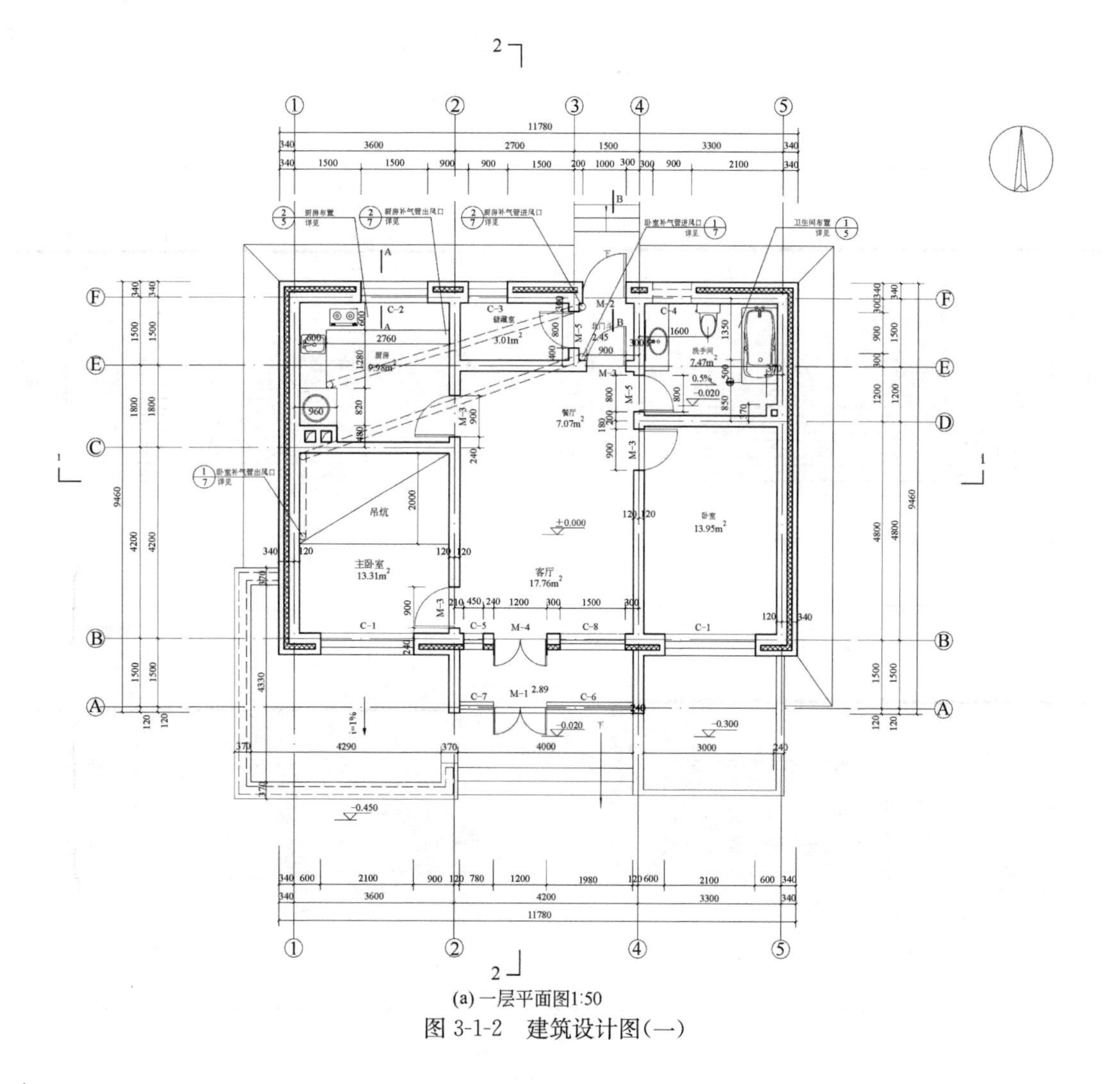

(a) 一层平面图1:50

图 3-1-2　建筑设计图(一)

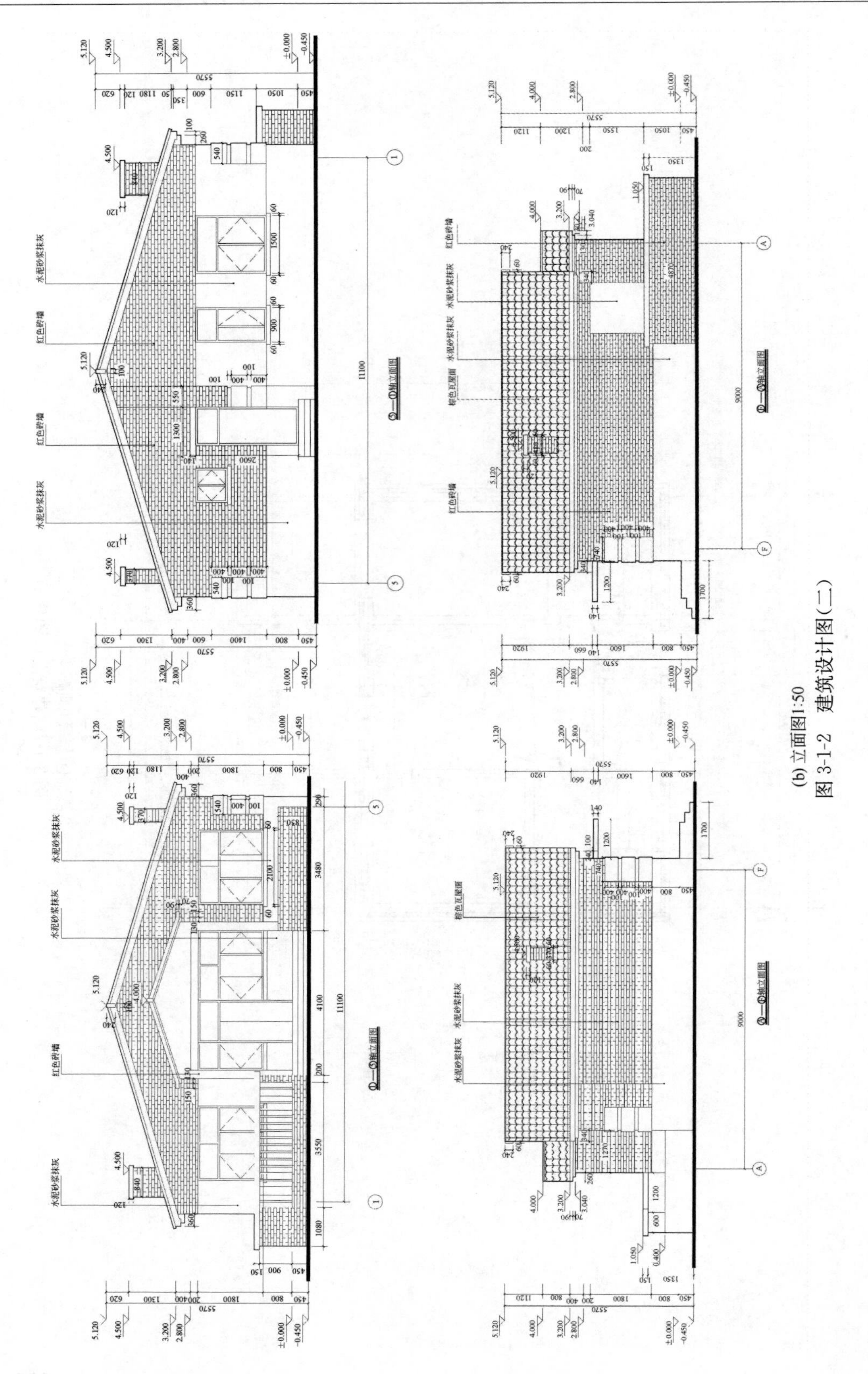

(b) 立面图1:50

图 3-1-2　建筑设计图(二)

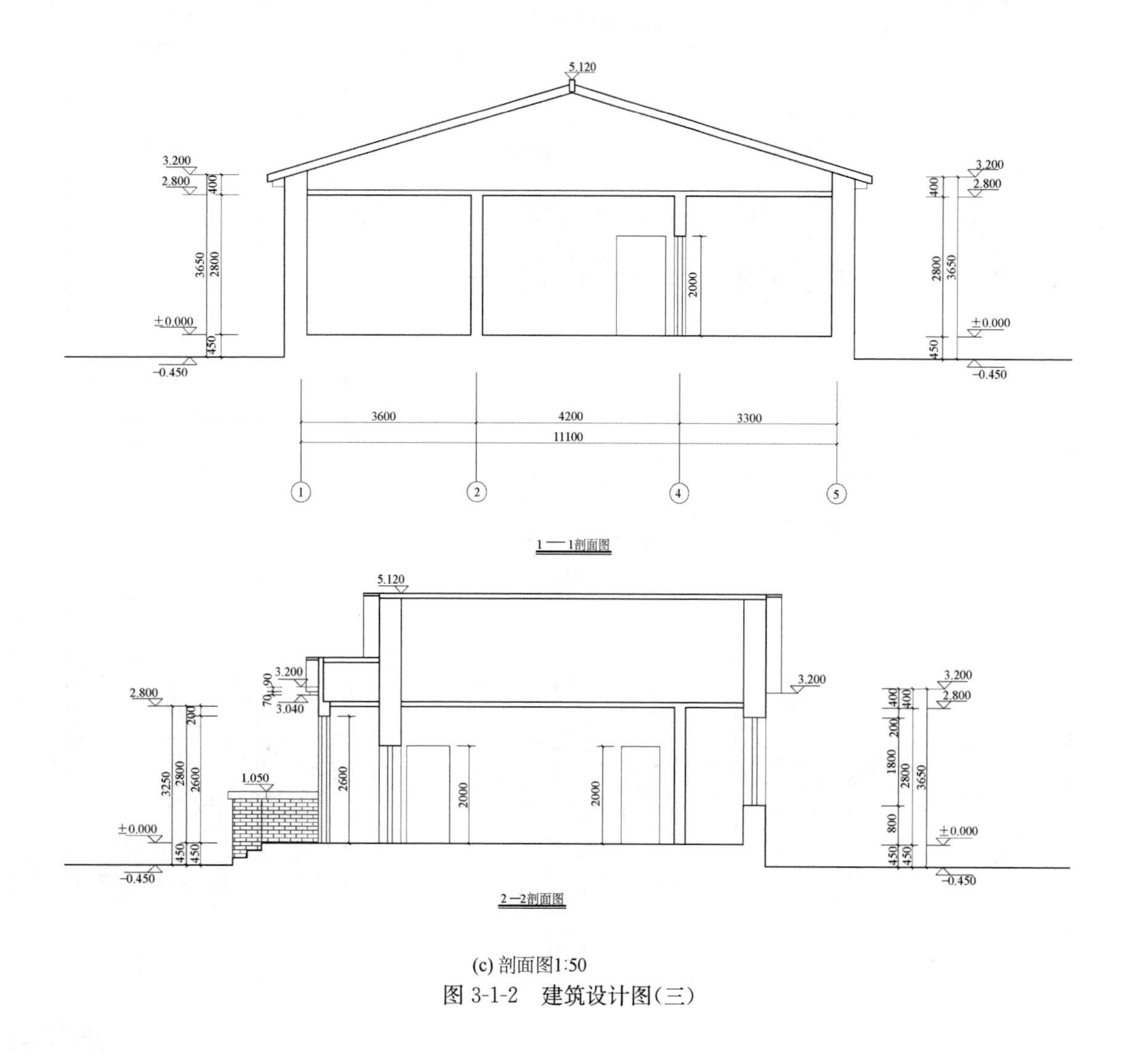

(c) 剖面图1:50

图 3-1-2　建筑设计图(三)

1.3　结构设计方案

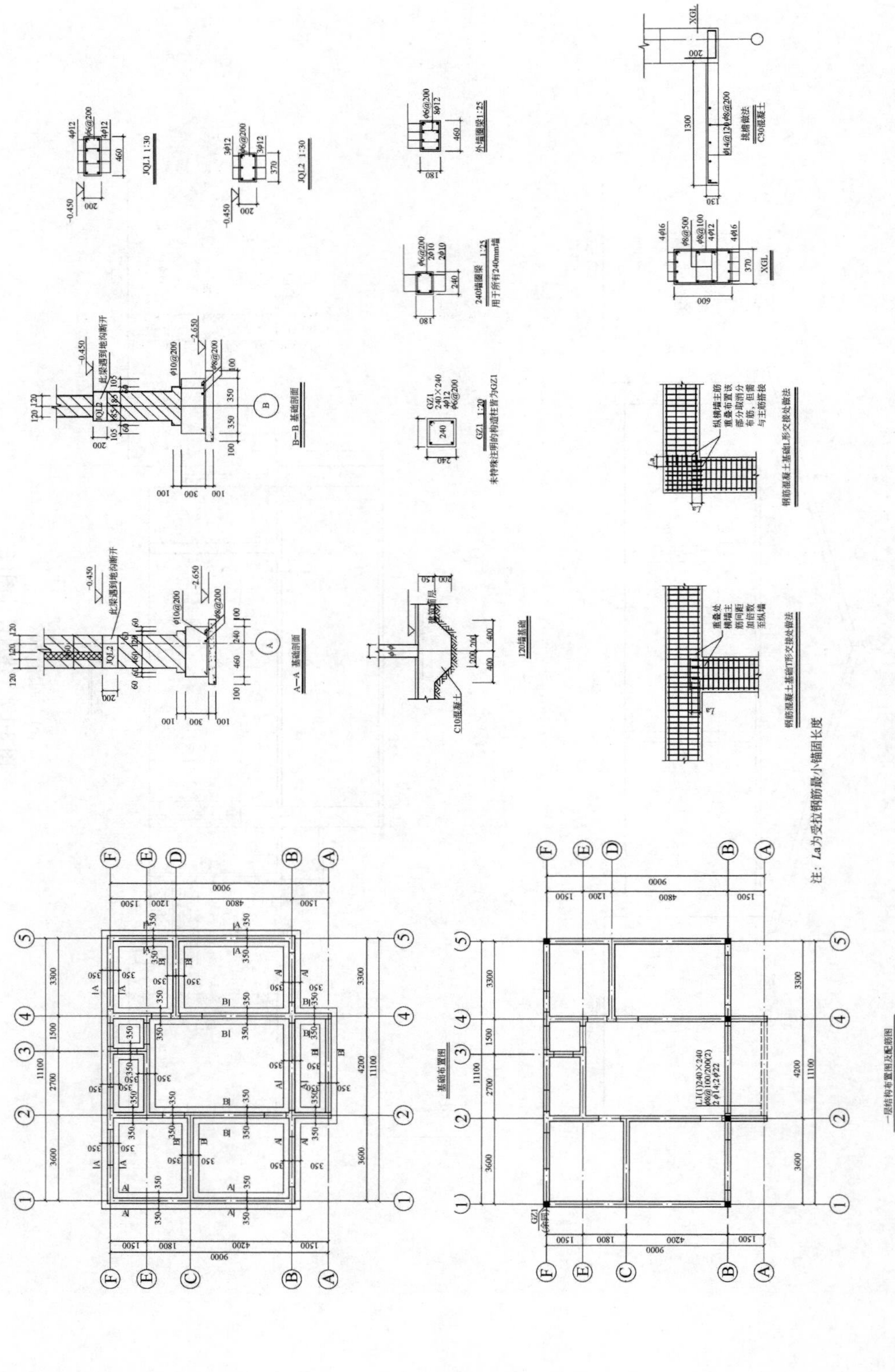

基础布置图

一层结构布置图及配筋图

A—A 基础剖面

B—B 基础剖面

JQL1 1:30

JQL2 1:30

120墙基础

GZ1 1:20

未特殊注明的构造柱皆为GZ1

240墙圈梁 1:25

用于所有240mm墙

外墙圈梁1:25

钢筋混凝土基础T形交接处做法

钢筋混凝土基础L形交接处做法

XGL

挑檐做法

C30混凝土

注：La为受拉钢筋最小锚固长度

图 3-1-3　结构设计图

1.4 给水排水设计方案

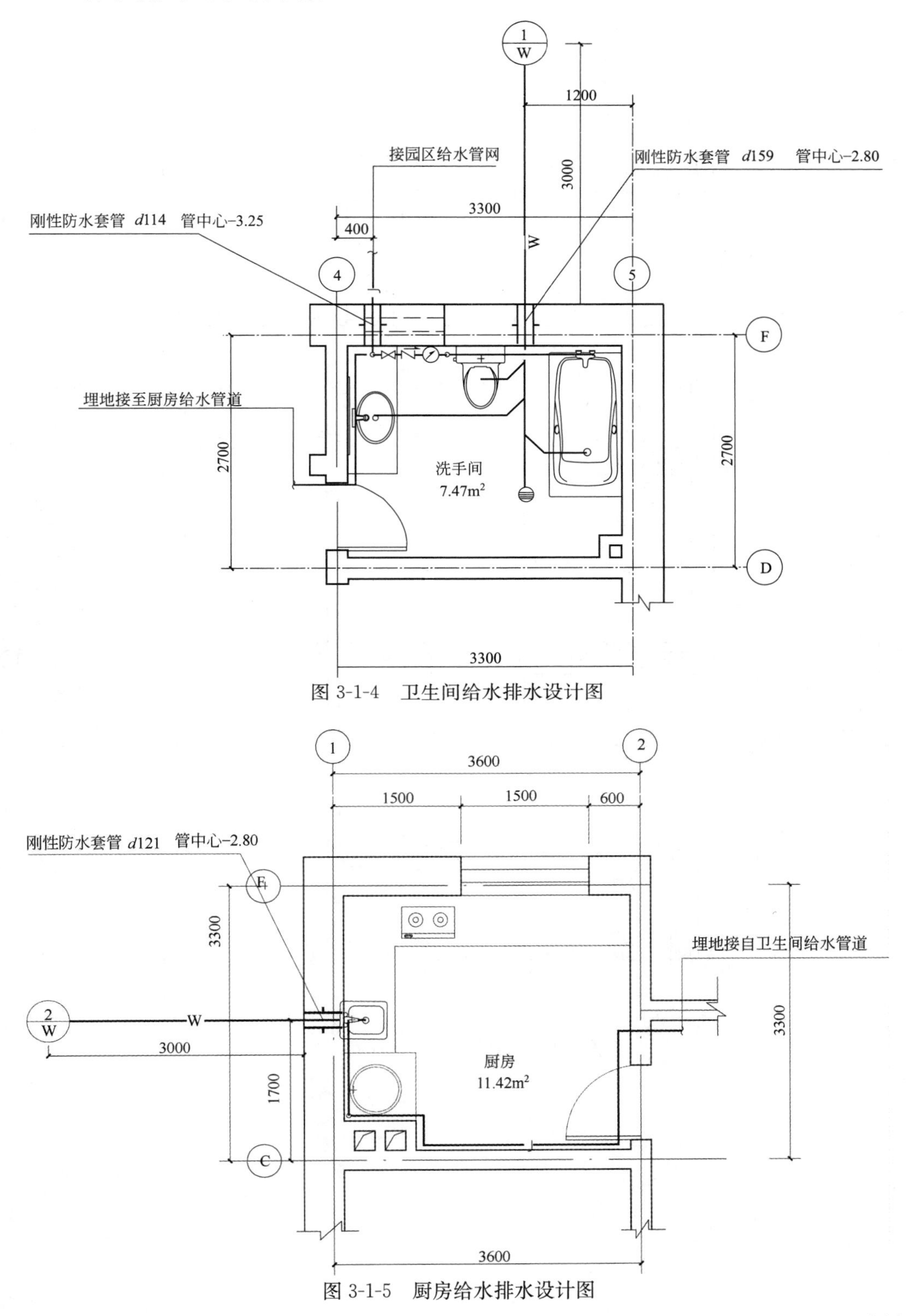

图 3-1-4 卫生间给水排水设计图

图 3-1-5 厨房给水排水设计图

1.5　供暖设计方案

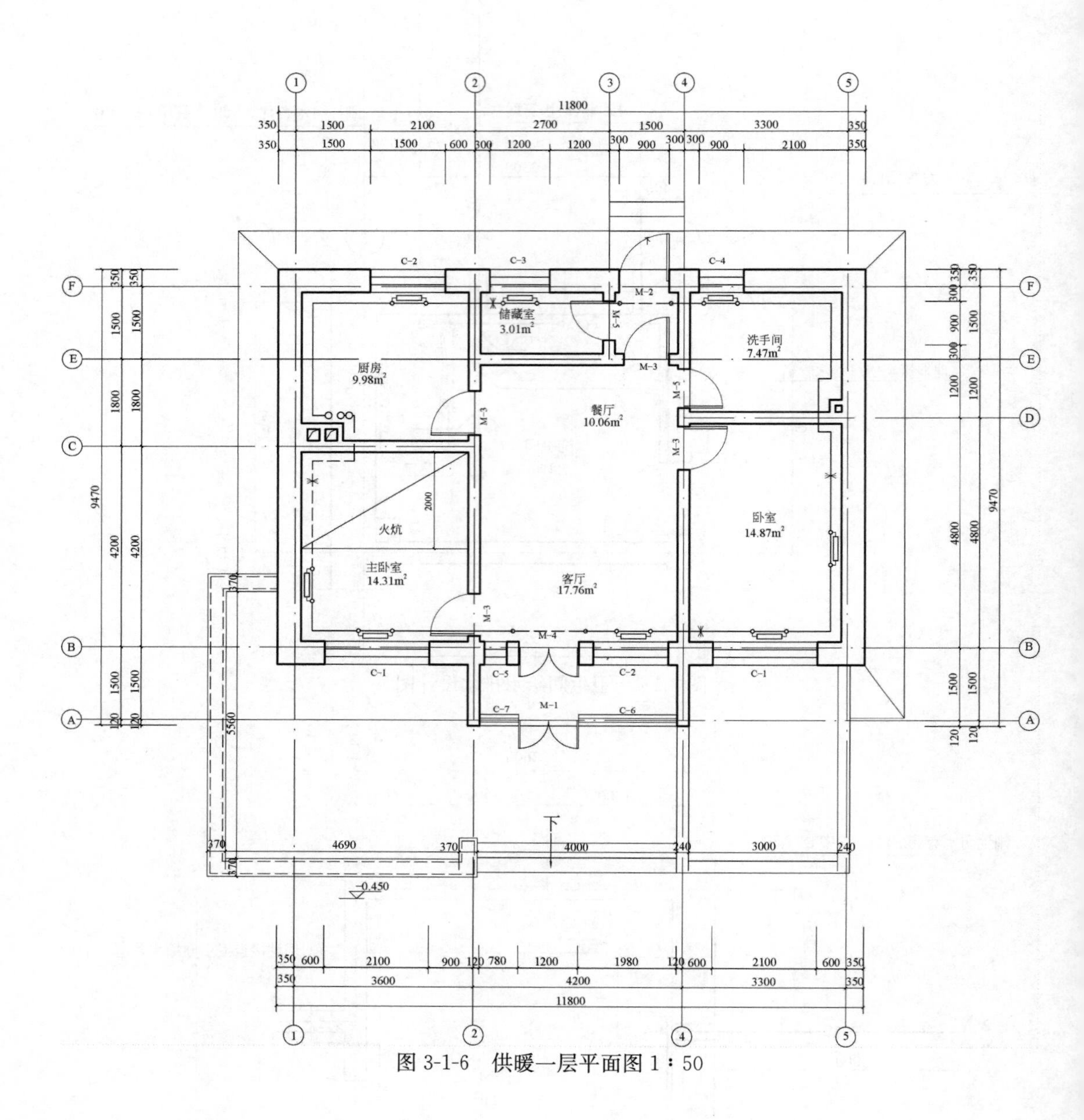

图 3-1-6　供暖一层平面图 1∶50

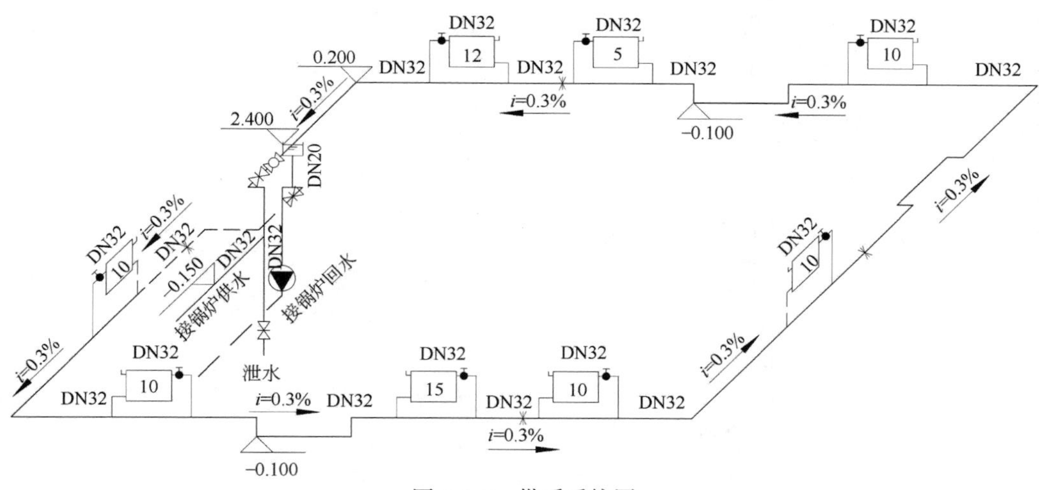

图 3-1-7 供暖系统图

1.6 电气设计方案

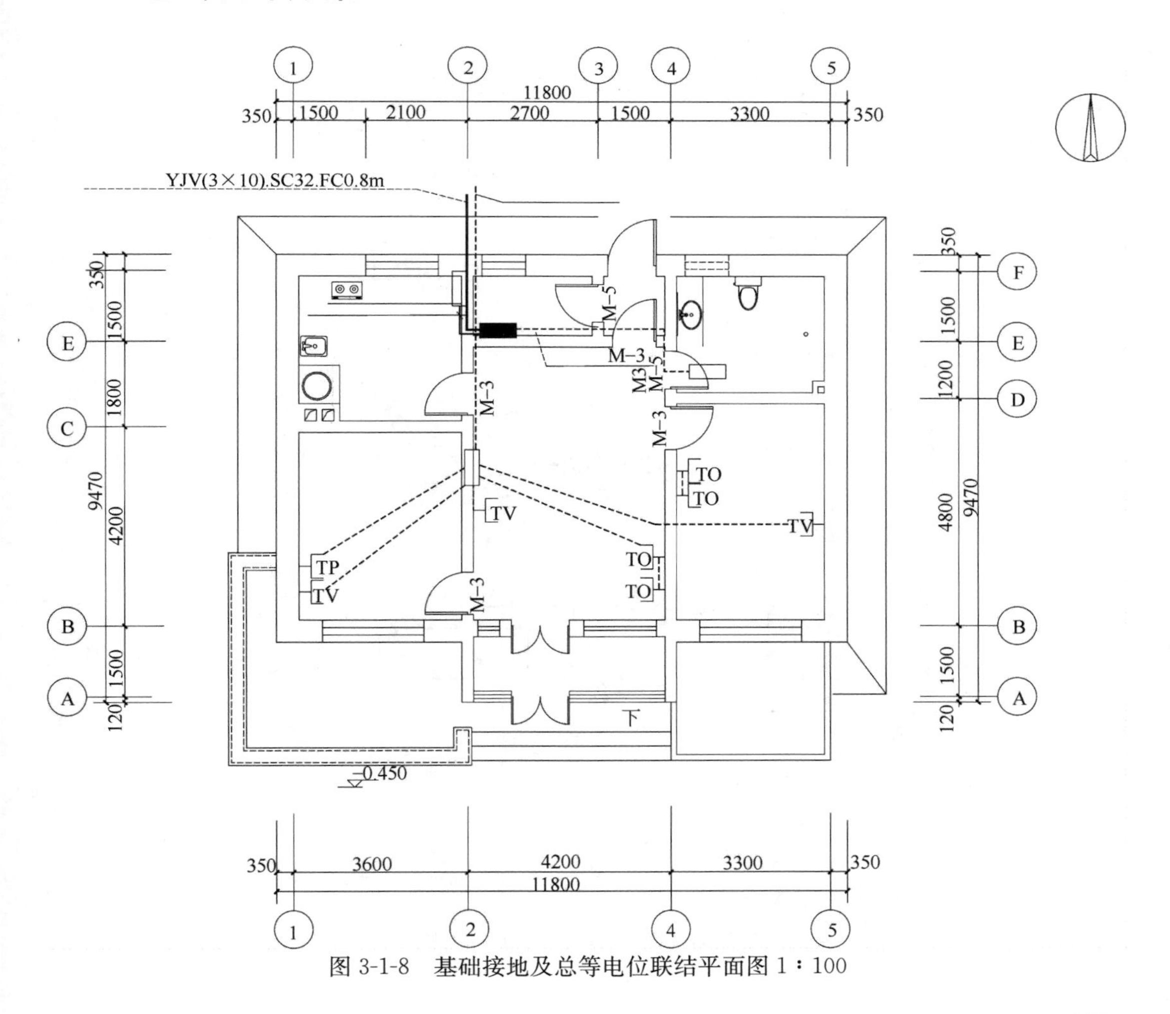

图 3-1-8 基础接地及总等电位联结平面图 1∶100

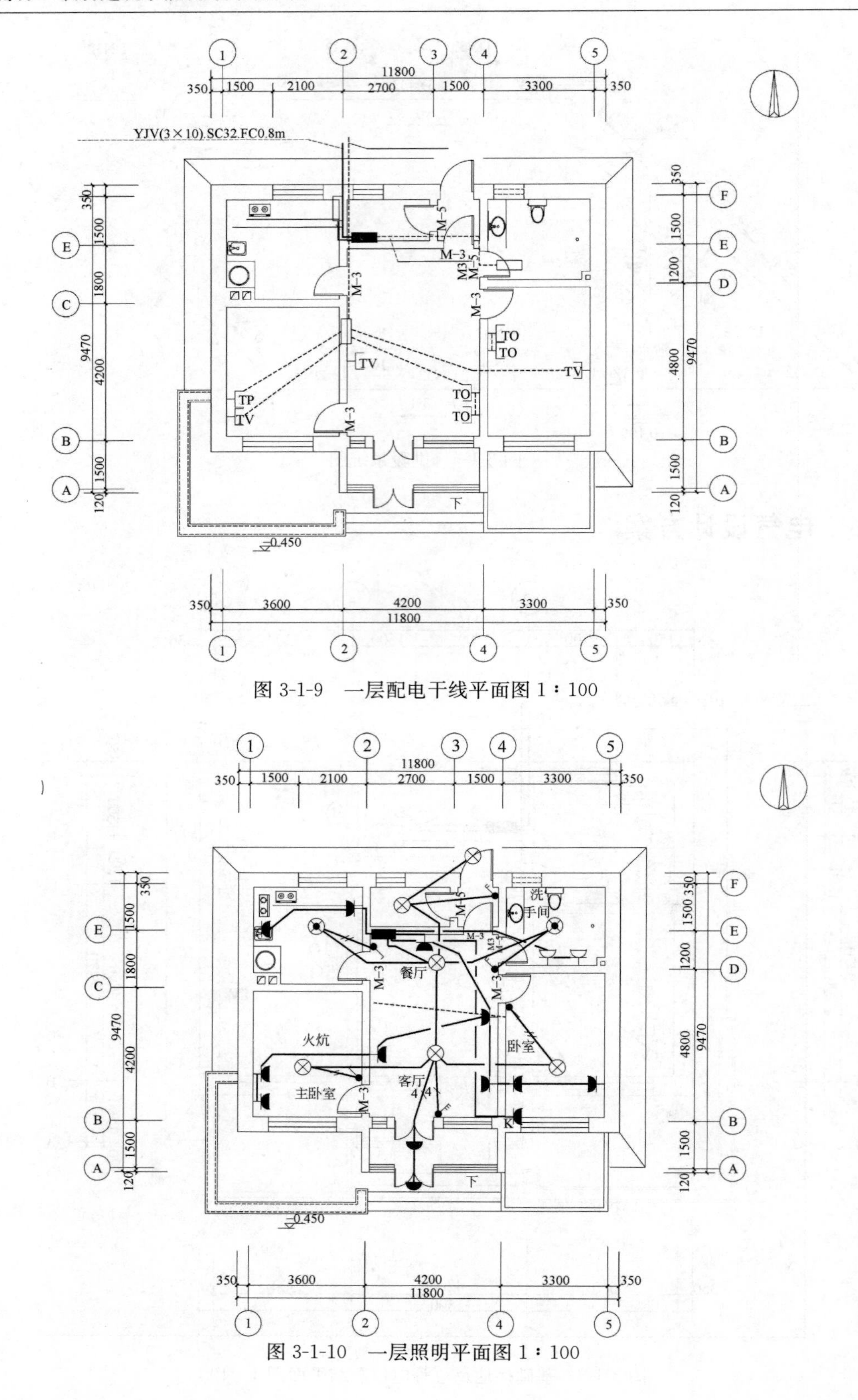

图 3-1-9　一层配电干线平面图 1：100

图 3-1-10　一层照明平面图 1：100

2 农房节能设计方案示例二

2.1 建筑设计说明

西北地区——青海省，建筑面积为 120m^2，使用面积为 99m^2。

1. 材料与构造

基础：混凝土，条形基础；

墙体：页岩砖；

屋面：保温防水卷材屋面，保温材料 160mm 厚玻璃棉；

门窗：双层木门，三玻中空玻璃塑钢窗；

地面：卵石蓄热供暖地面；

室内装修：水泥砂浆喷涂墙面；

室外装修：涂料外墙，100mm 厚玻璃棉保温层。

2. 系统与设备说明

给水排水系统：无。

电气照明系统：分回路供电，节能灯具。

供暖系统：卵石蓄热供暖（已获得专利）。太阳能空气集热器在白天受热后将热空气经过送风机送到并储存在卵石蓄热层中。夜间室外温度下降，打开卵石层出风口的抽风机，热空气经地面出风口进入室内，将卵石中储存的热量转移到室内进行供暖。

炕：无。

灶：普通大灶。

应用的其他系统与设备：阳光房、相变蓄热、复合墙体保温、光伏发电。

2.2 建筑设计方案

1. 建筑效果图

图 3-2-1　建筑效果图

2. 建筑实景图

图 3-2-2　建筑实景图

3. 建筑设计图

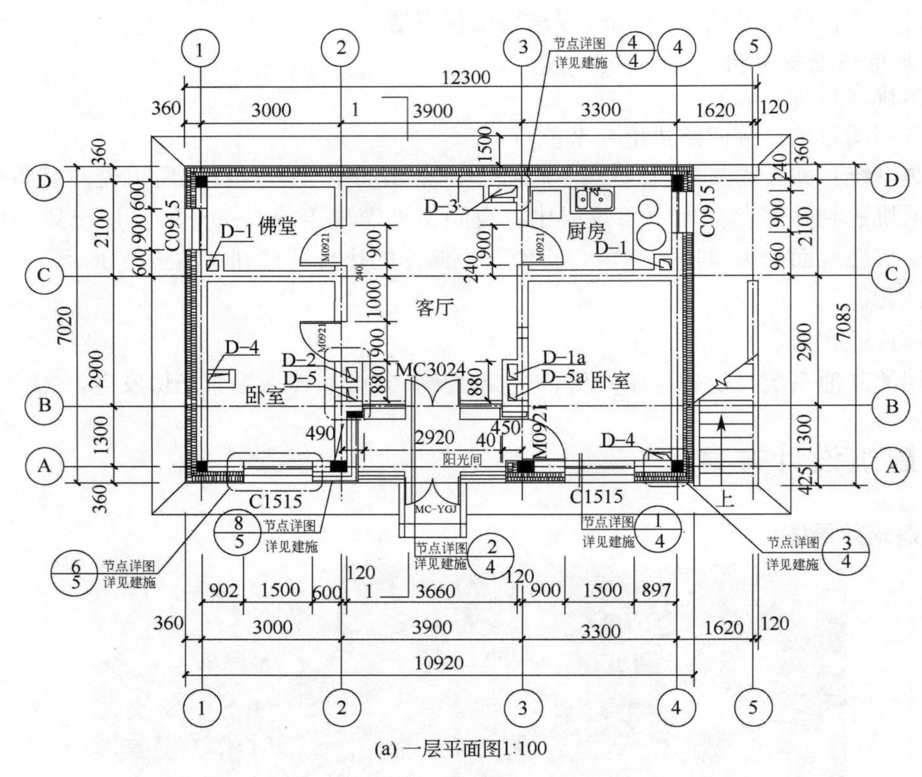

(a) 一层平面图1:100

图 3-2-3　建筑设计图（一）

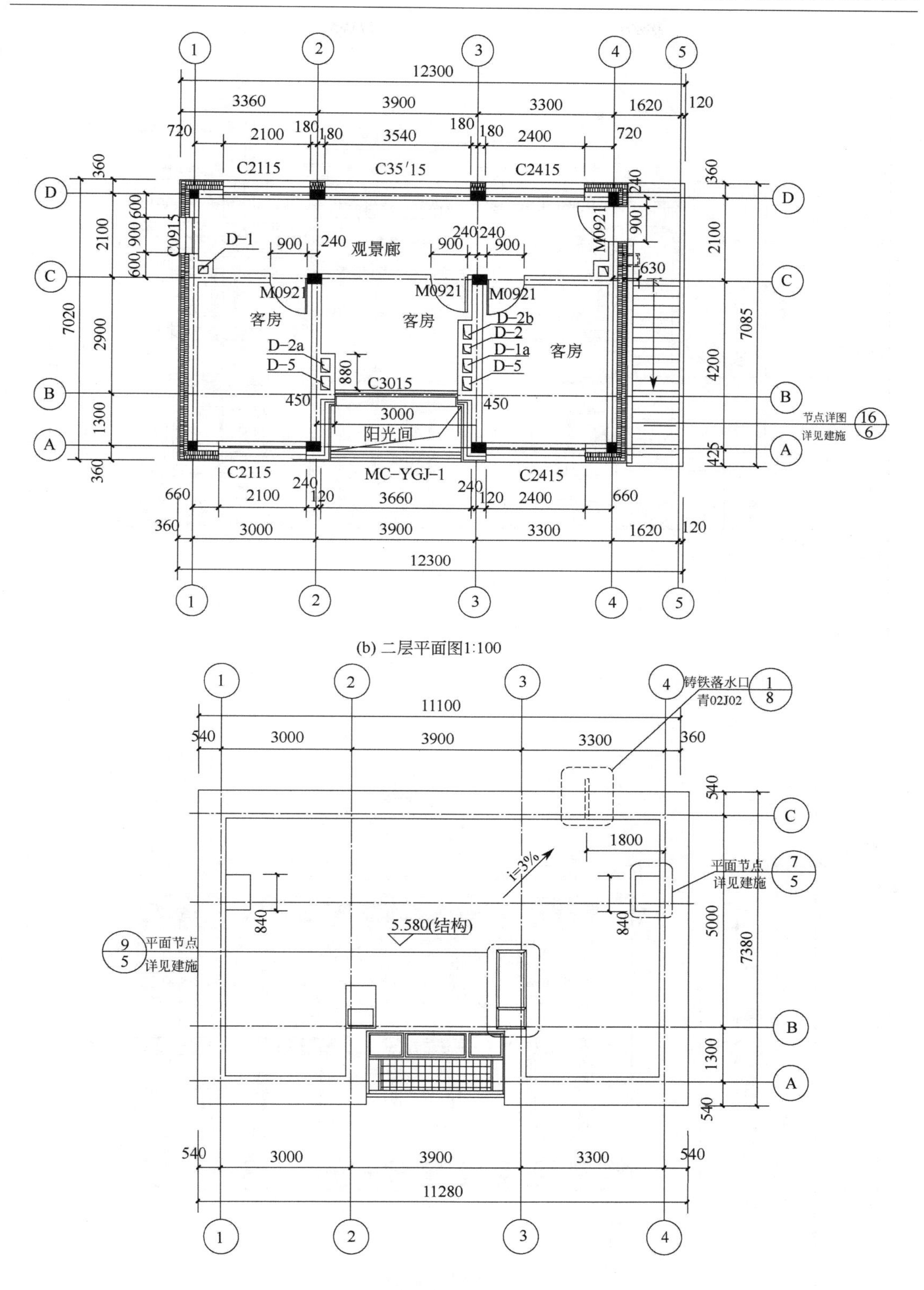

(b) 二层平面图1:100

(c) 屋顶平面图1:100

图 3-2-3　建筑设计图（二）

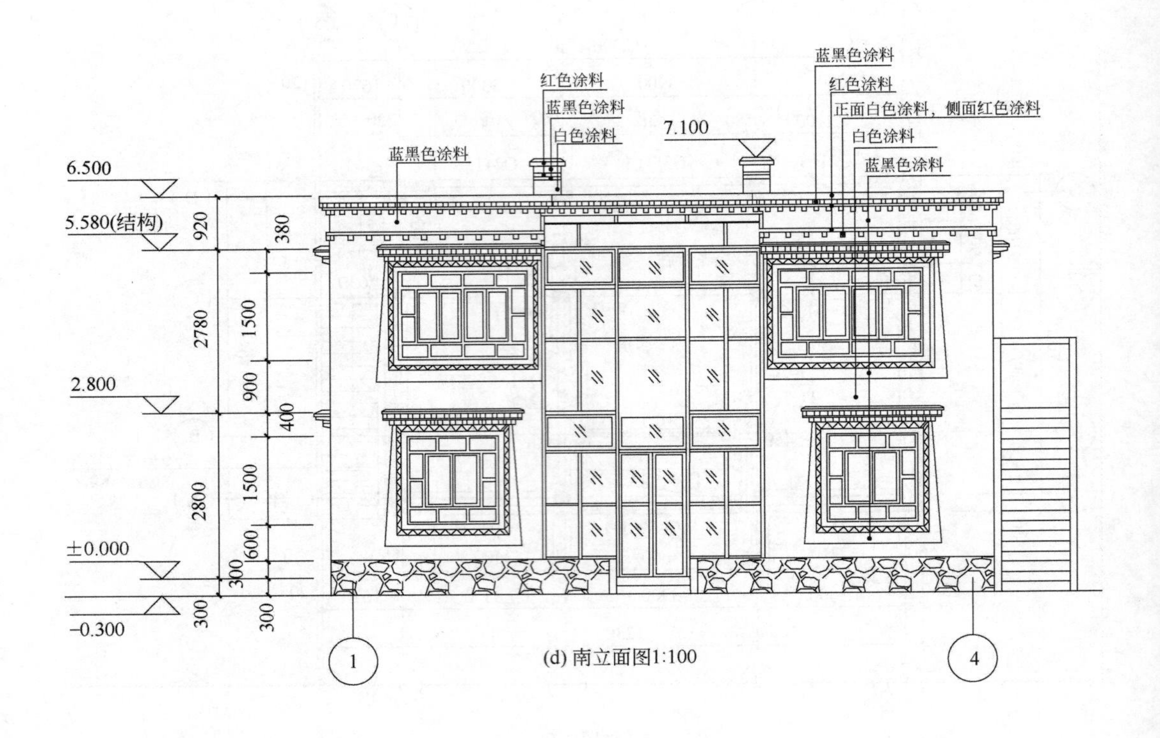

(d) 南立面图1:100

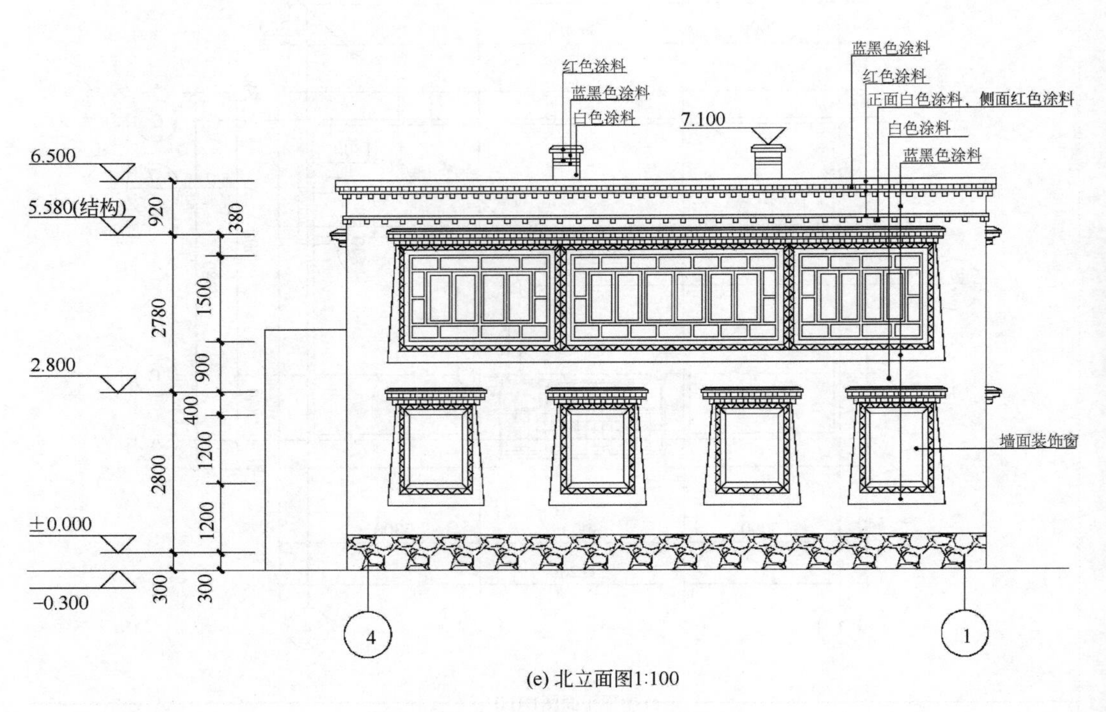

(e) 北立面图1:100

图 3-2-3　建筑设计图（三）

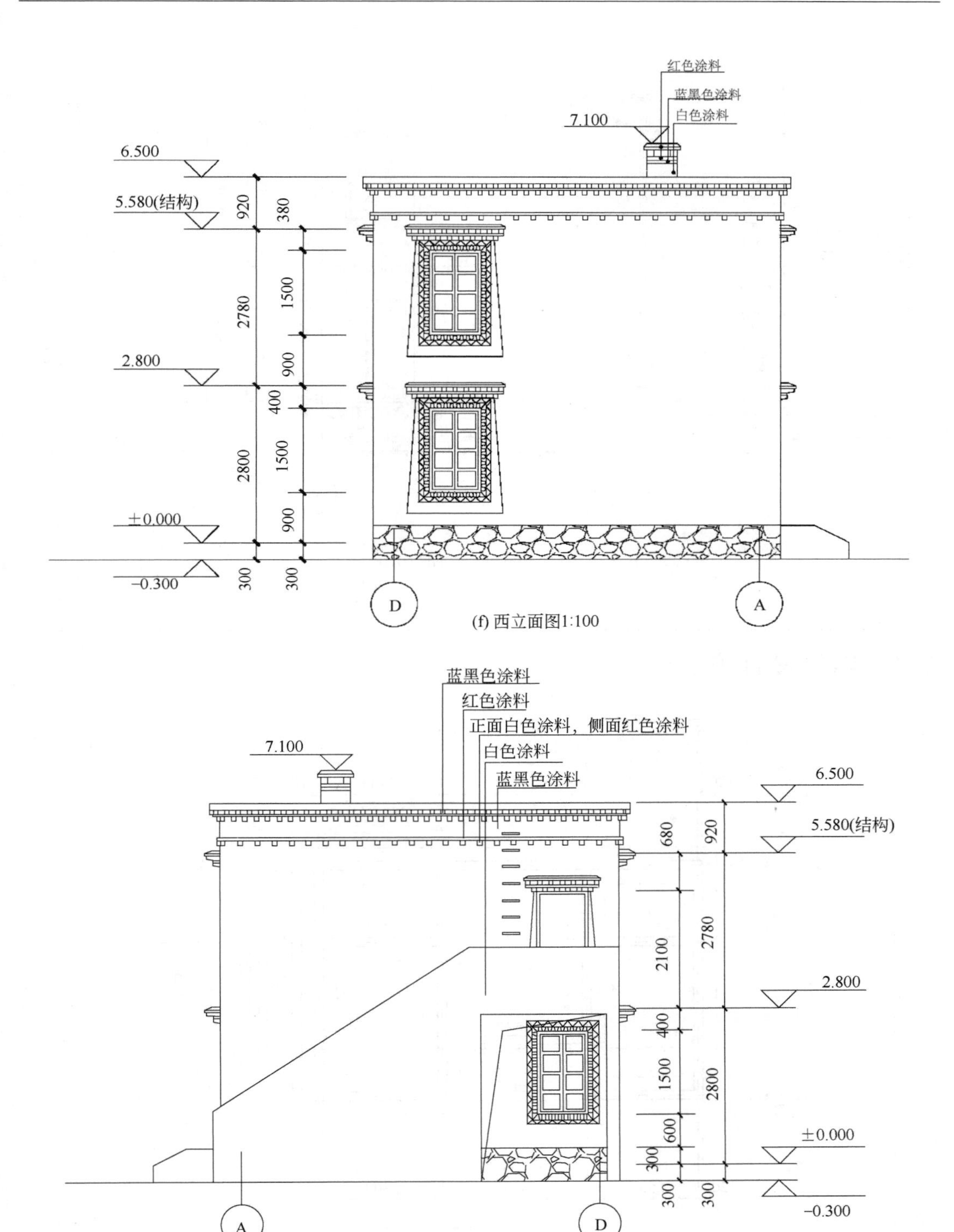

(f) 西立面图1:100

(g) 东立面图1:100

图 3-2-3 建筑设计图（四）

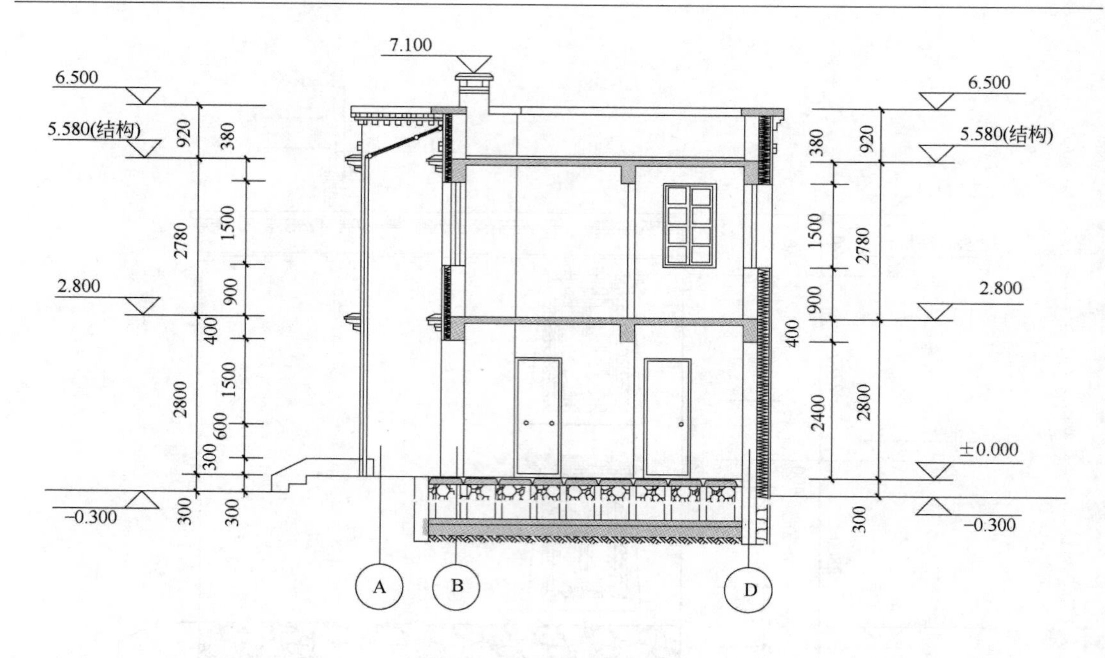

(h) 1—1剖面图1:100

图 3-2-3　建筑设计图（五）

2.3　结构设计方案

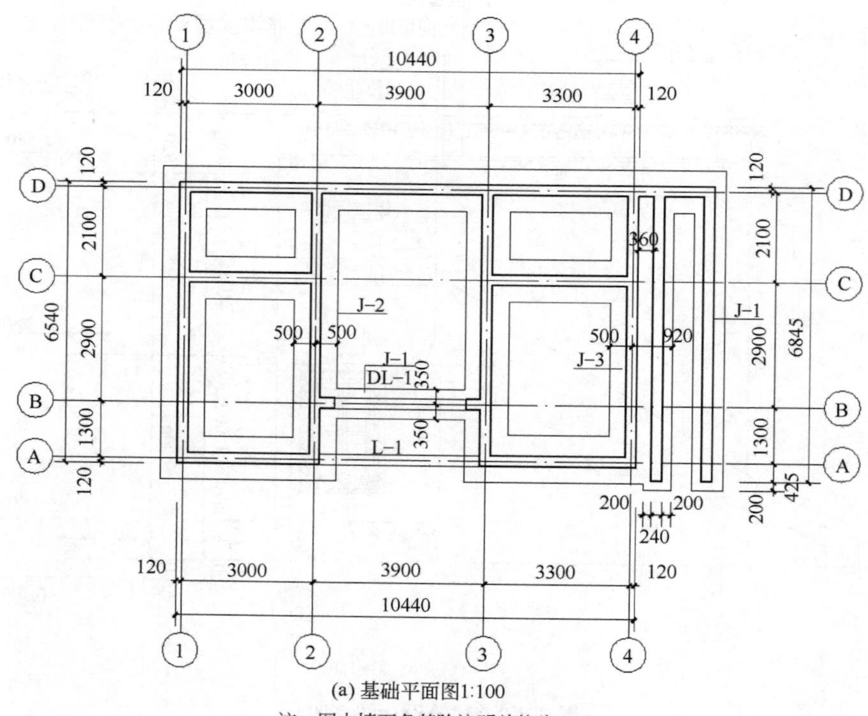

(a) 基础平面图1:100

注：图中墙下条基除注明外均为J-2。

图 3-2-4　结构设计图（一）

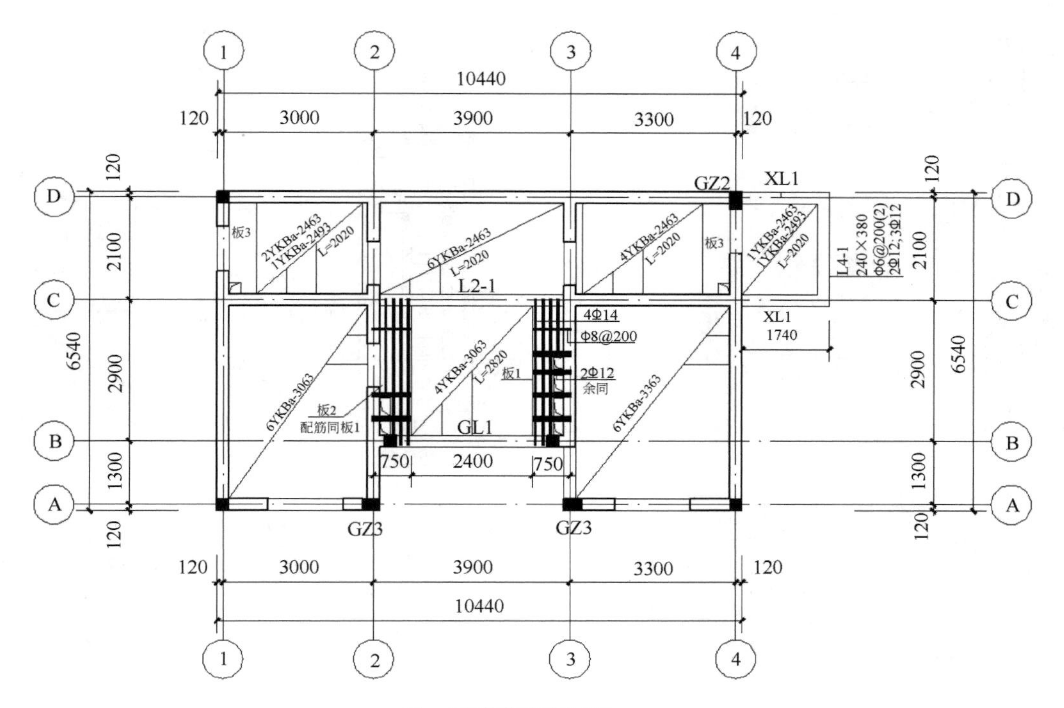

(b) 一层顶板结构图1:100
注：板厚均为120mm。

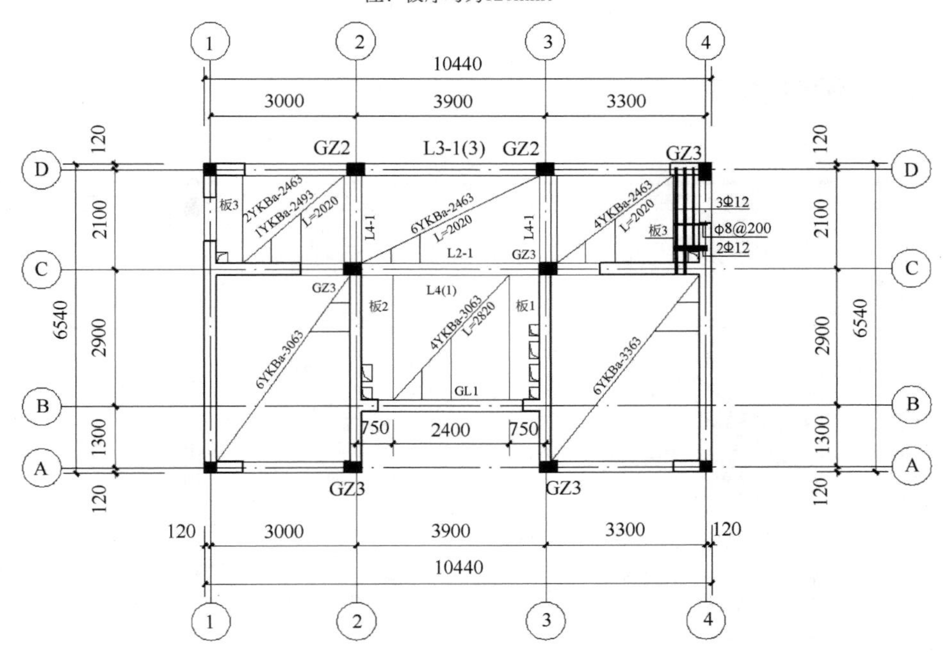

(c) 屋面结构图1:100
注：板厚均为120mm。

图 3-2-4 结构设计图（二）

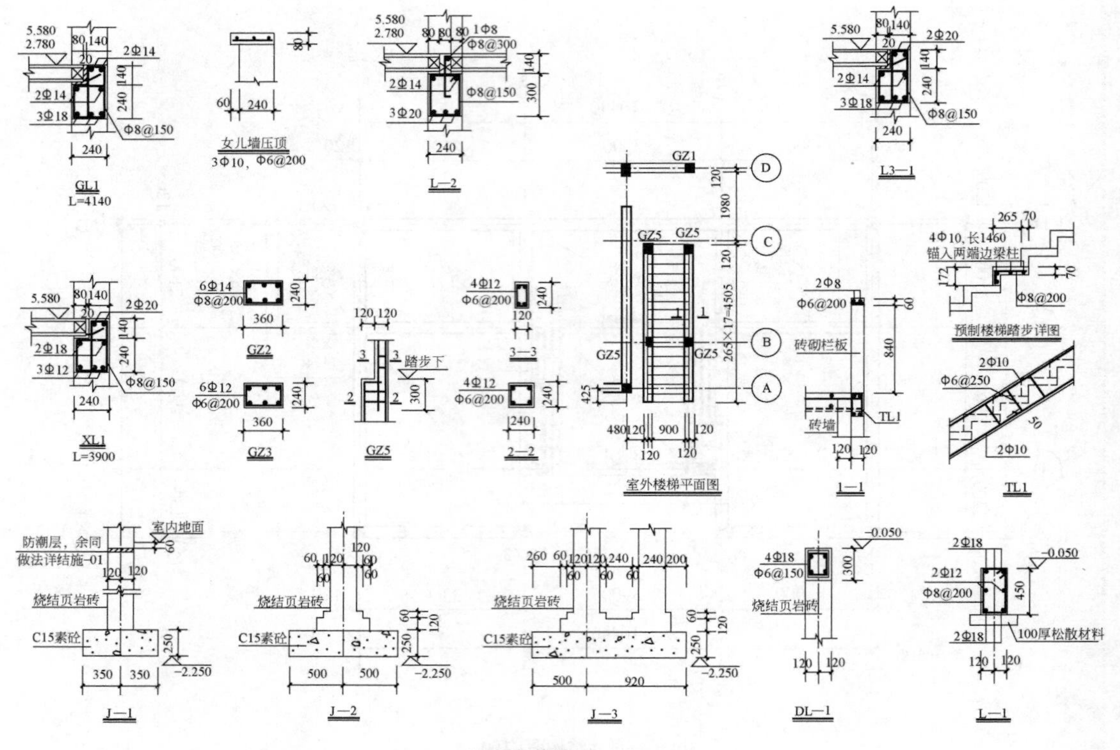

(d) 细部构造图

图 3-2-4　结构设计图（三）

2.4　供暖设计方案

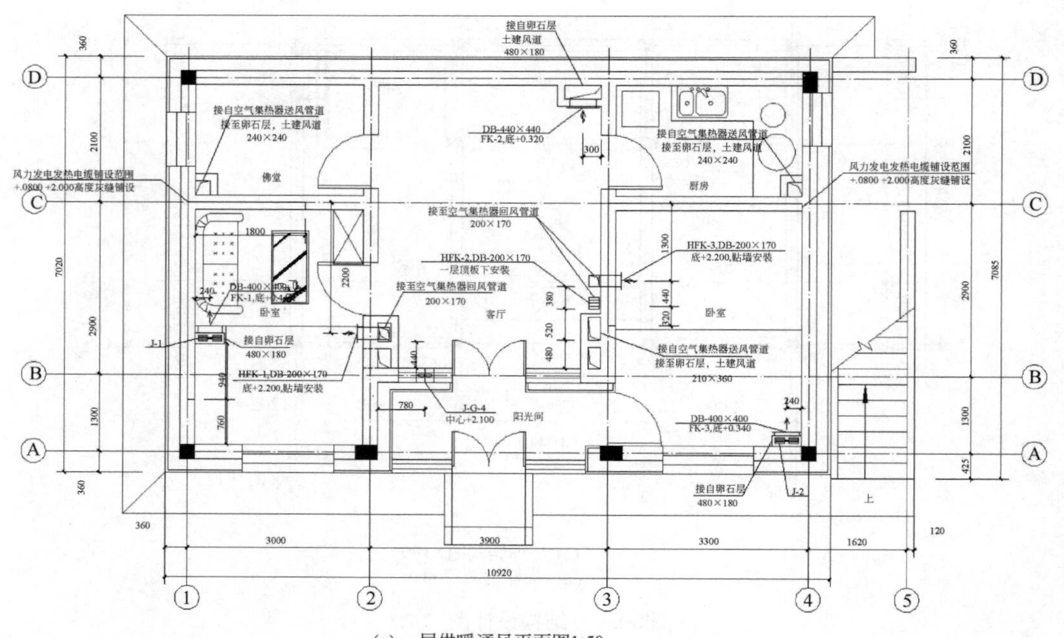

(a) 一层供暖通风平面图1:50

图 3-2-5　供暖通风平面图（一）

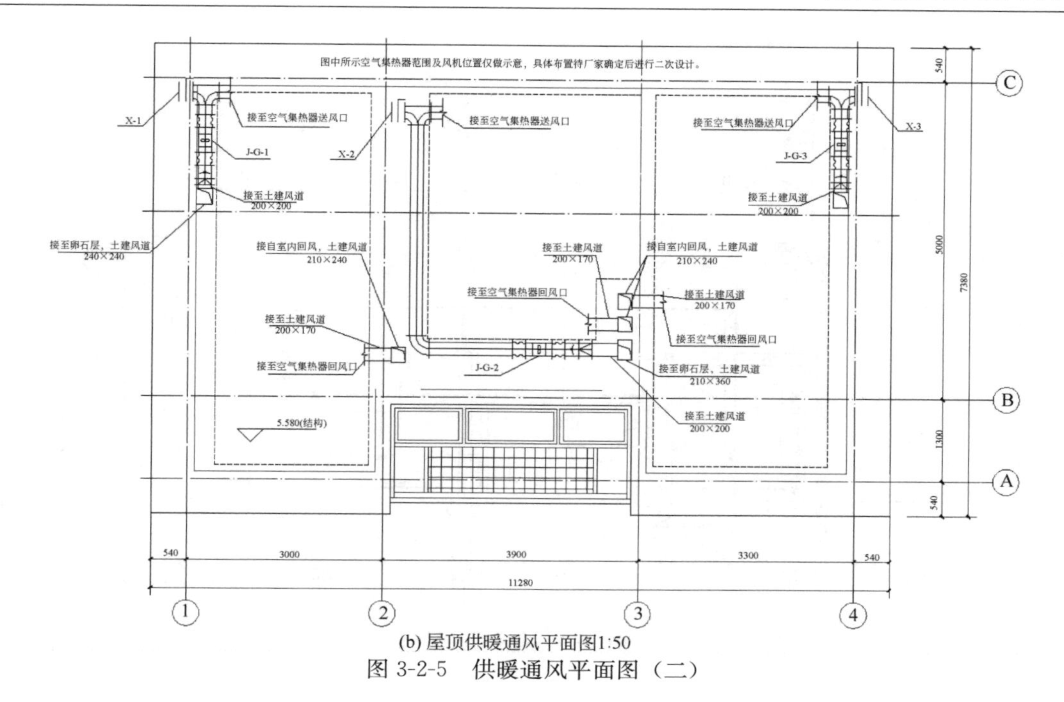

(b) 屋顶供暖通风平面图1:50

图 3-2-5　供暖通风平面图（二）

2.5　电气设计方案

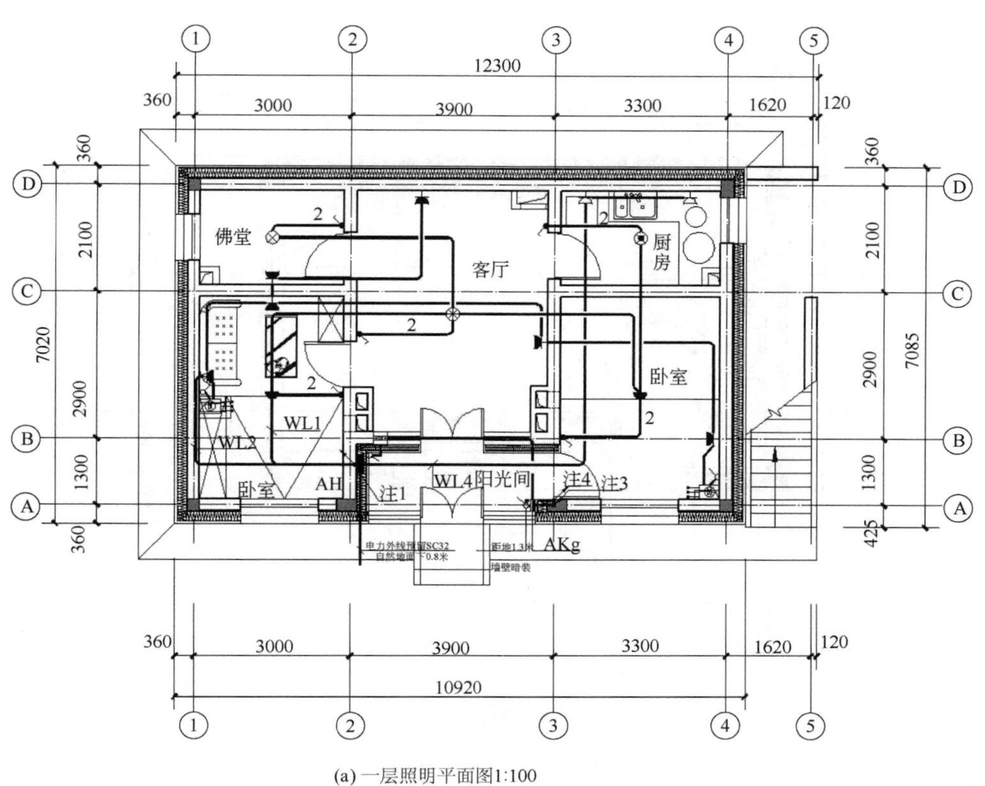

(a) 一层照明平面图1:100

图 3-2-6　电气设计图（一）

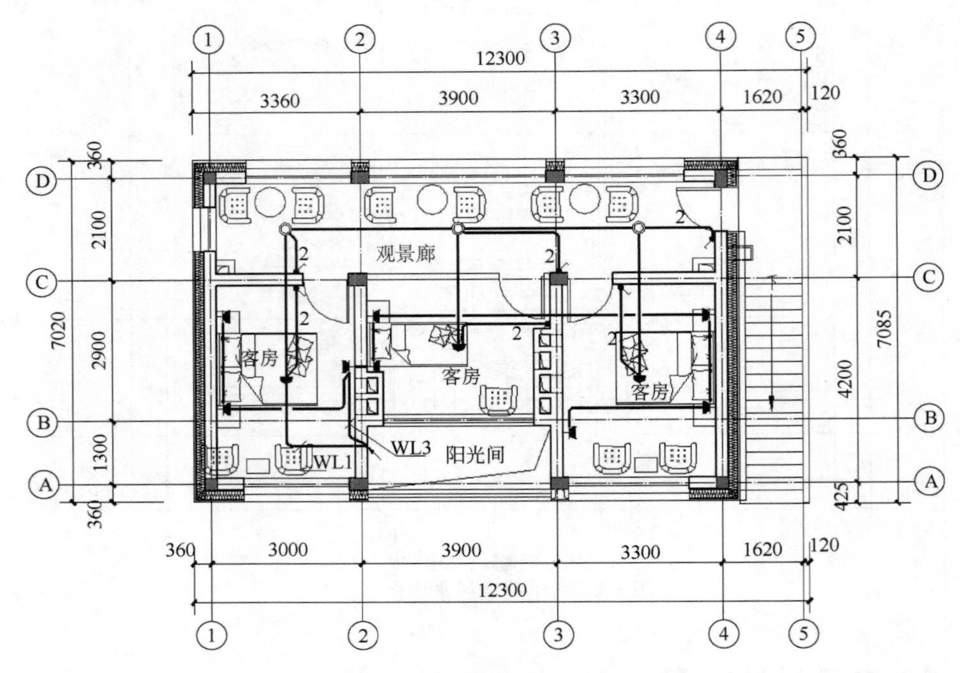

(b) 二层照明平面图1:100

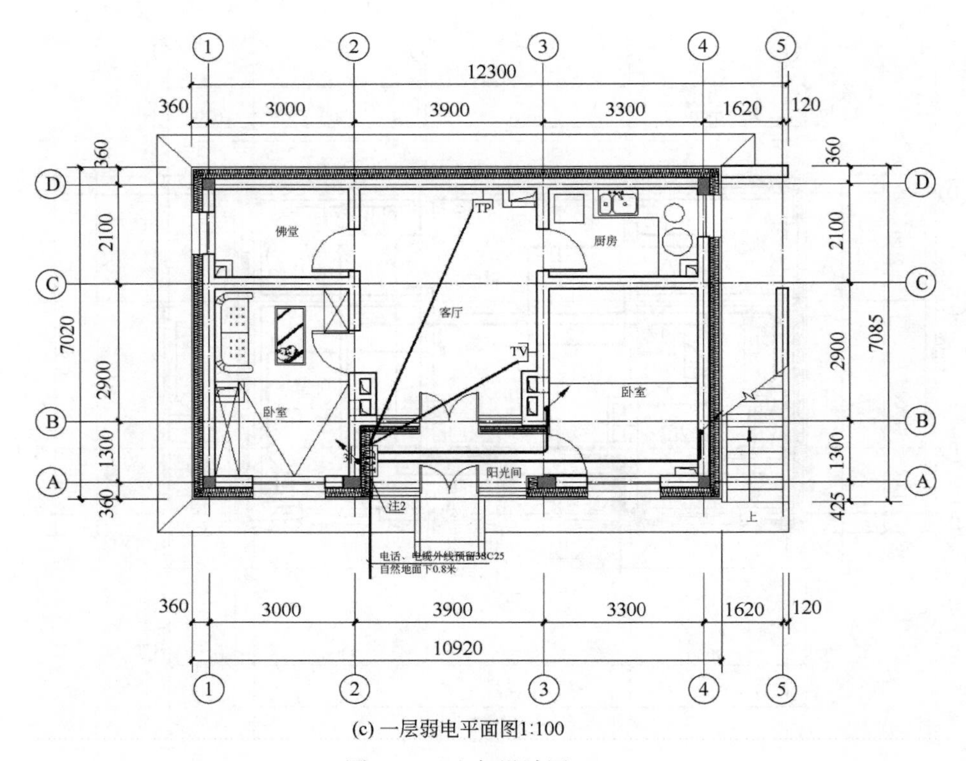

(c) 一层弱电平面图1:100

图 3-2-6　电气设计图（二）

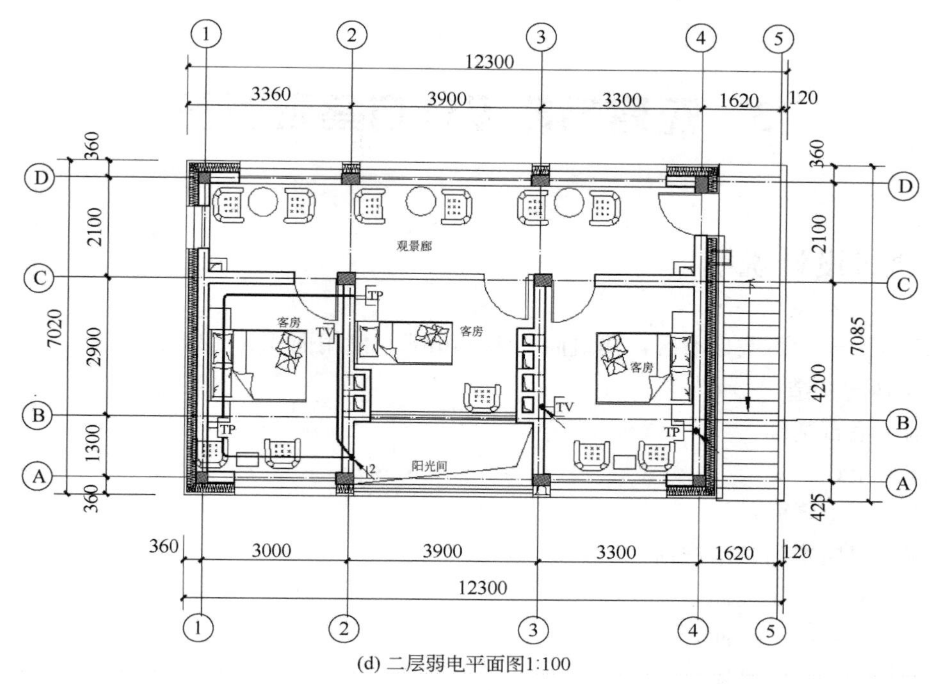

(d) 二层弱电平面图1:100

图 3-2-6 电气设计图（三）

3　农房节能设计方案示例三

3.1　建筑设计说明

西北地区——西藏自治区，建筑面积为 146m²，使用面积为 123m²。

1. 材料与构造

基础：毛石基础；

墙体：土坯；

屋面：覆土屋面；

门窗：双层木门，木框窗；

地面：素土夯实地面；

室内装修：涂料墙面；

室外装修：涂料外墙。

2. 系统与设备说明

给水排水系统：无；

电气照明系统：分回路供电，节能灯具；

供暖系统：相变蓄热供暖天窗（已获得专利）、阳光间、空气集热器供暖；

炕：太阳能卵石蓄热炕（已获得专利）；

灶：普通大灶；

应用的其他系统与设备：温度分区、防风防水透气膜。

3.2　建筑设计方案

1. 建筑效果图

图 3-3-1　建筑效果图

2. 建筑实景图

图 3-3-2 建筑实景图

3. 建筑设计图

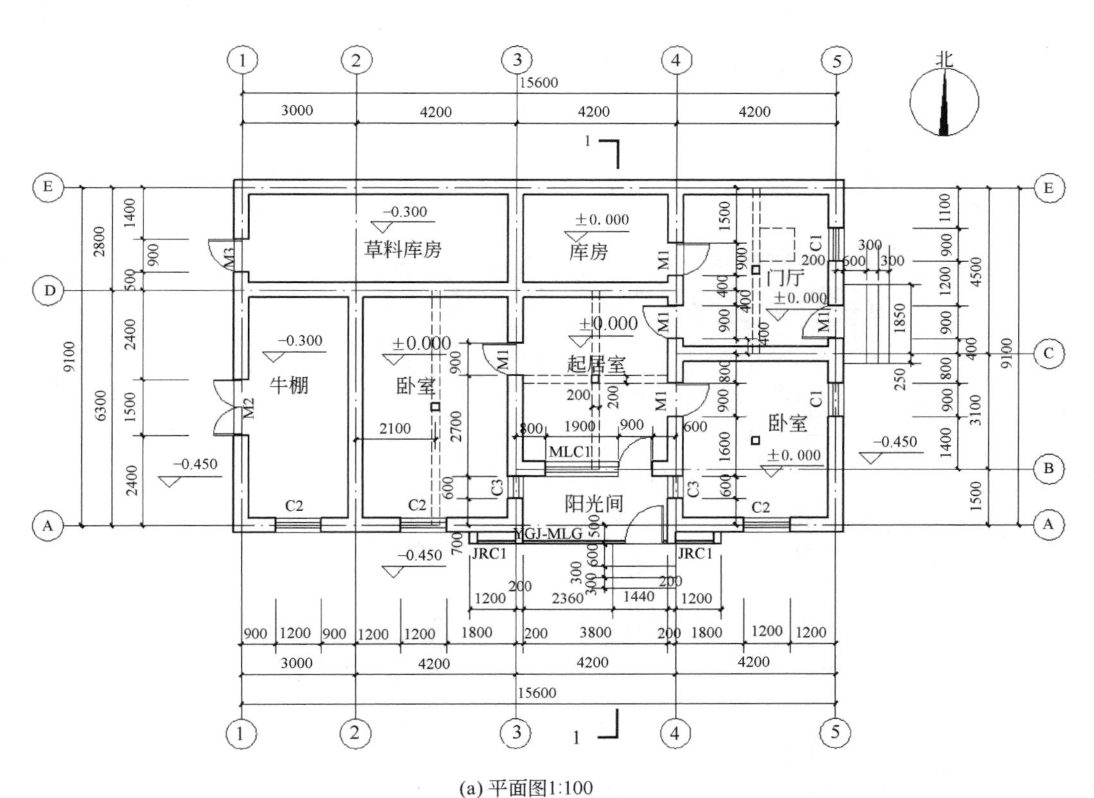

(a) 平面图1:100

图 3-3-3 建筑设计图（一）

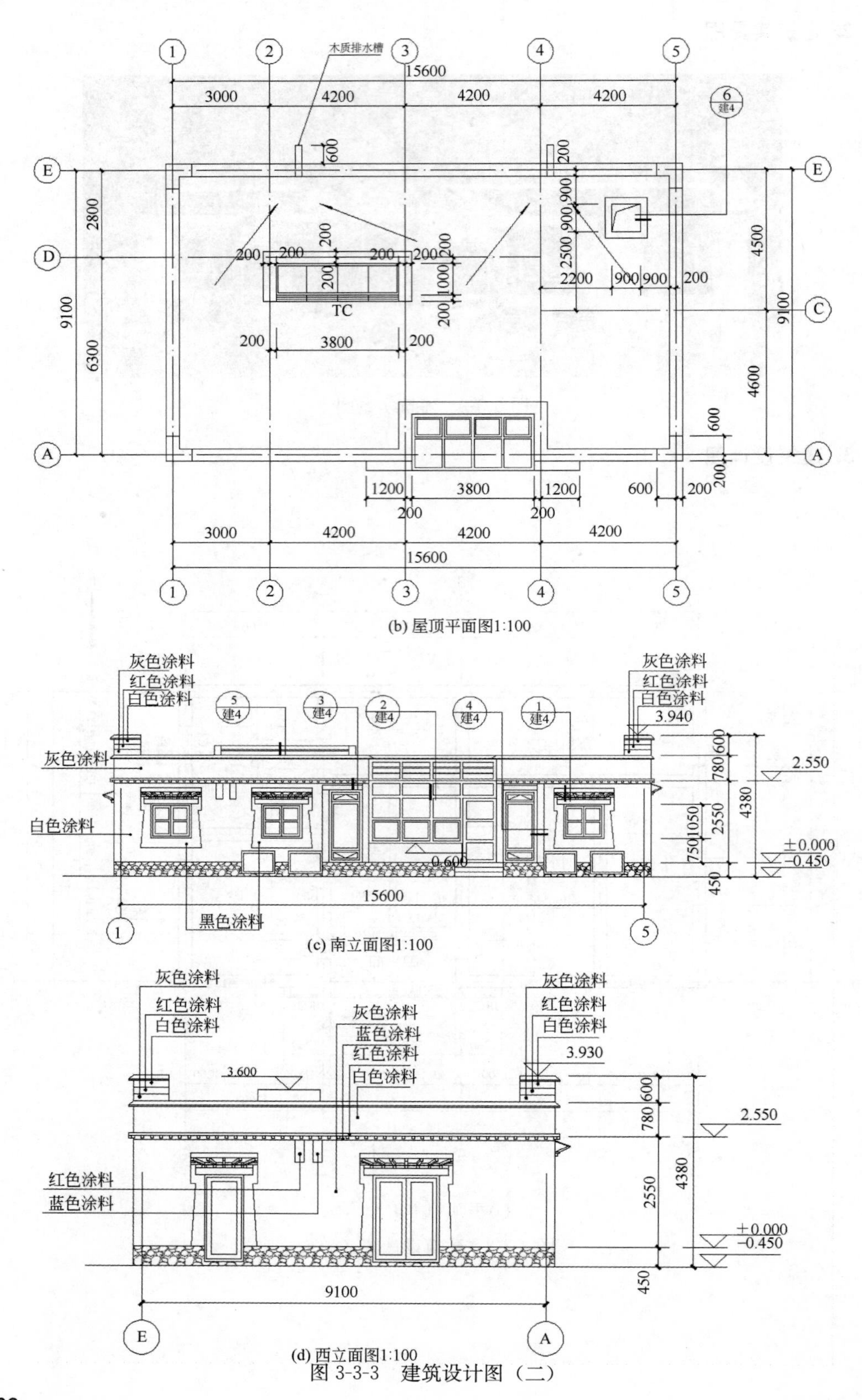

(b) 屋顶平面图1:100

(c) 南立面图1:100

(d) 西立面图1:100

图 3-3-3　建筑设计图（二）

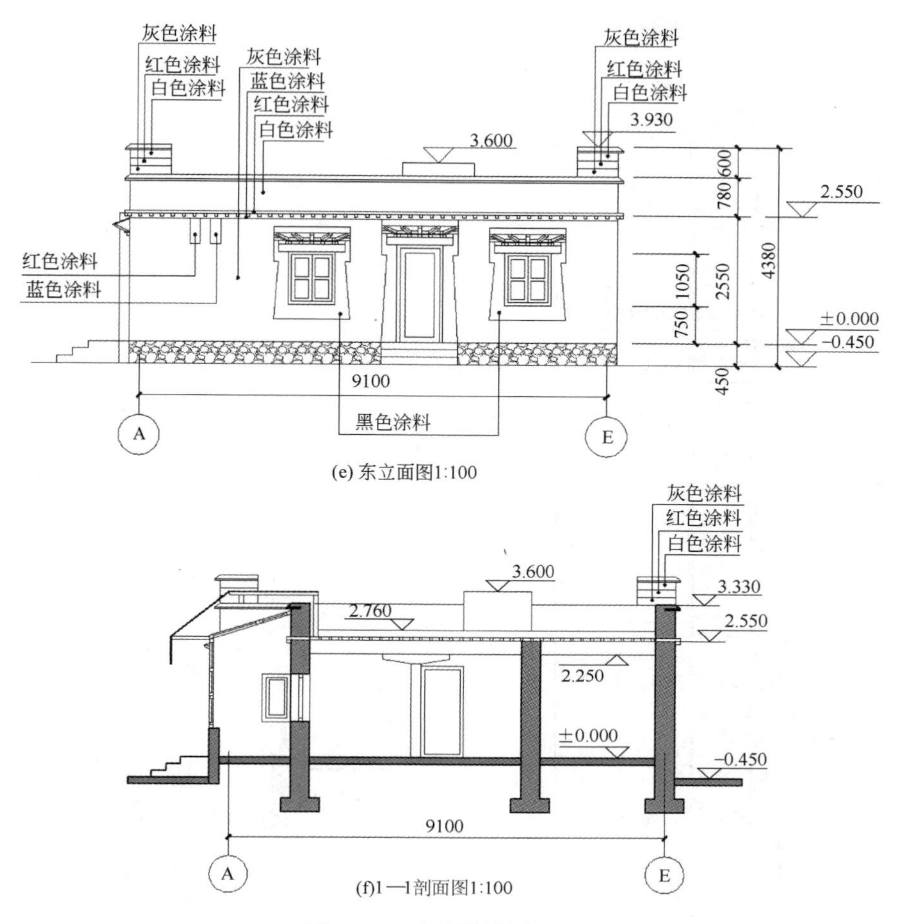

(e) 东立面图1:100

(f)1—1剖面图1:100

图 3-3-3 建筑设计图（三）

3.3 供暖设计方案

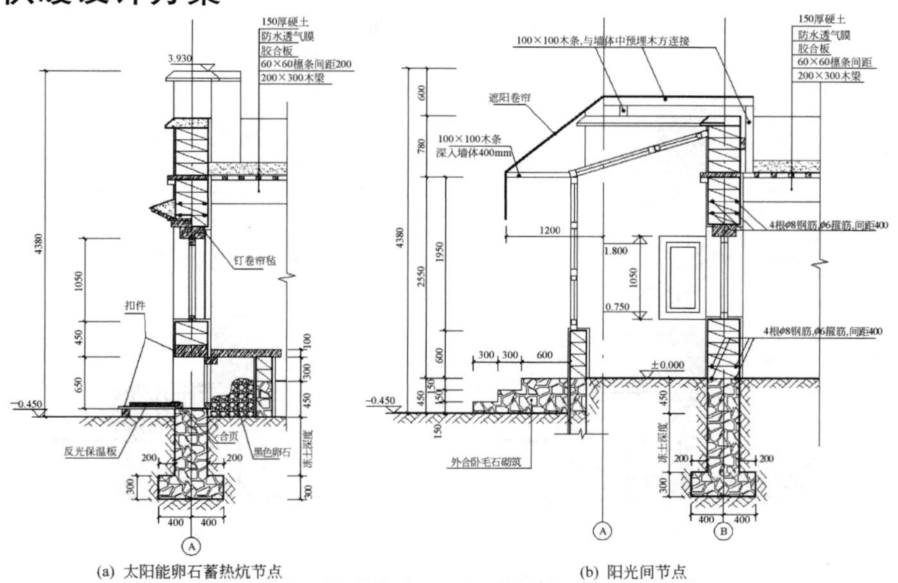

(a) 太阳能卵石蓄热炕节点

(b) 阳光间节点

图 3-3-4 供暖设计图（一）

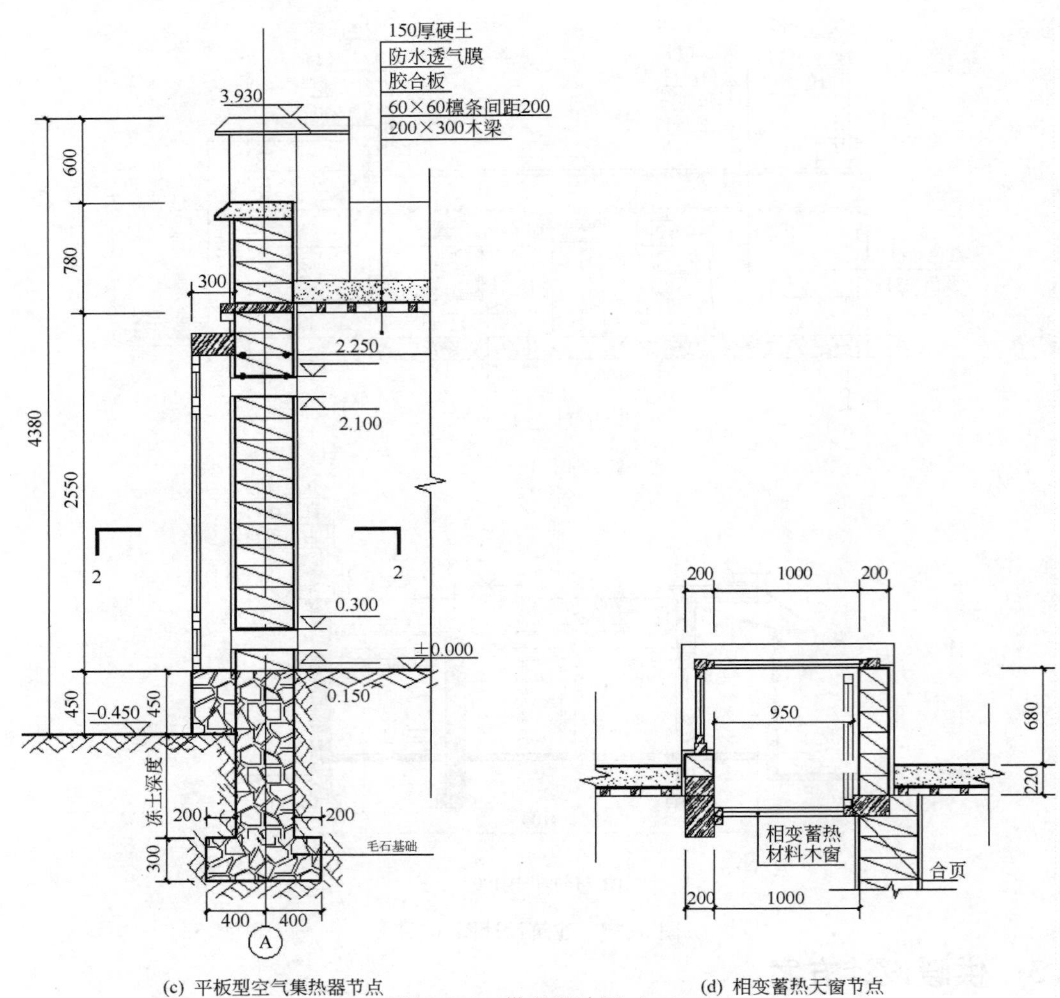

(c) 平板型空气集热器节点　　(d) 相变蓄热天窗节点

图 3-3-4　供暖设计图（二）

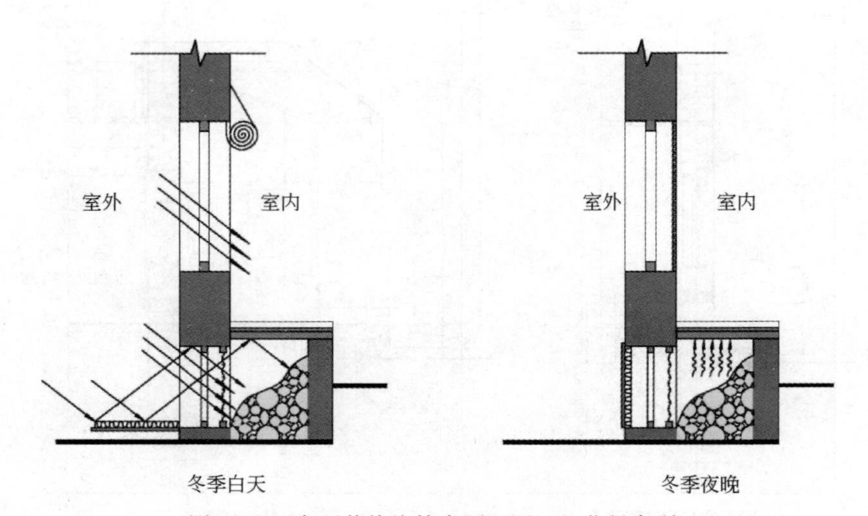

图 3-3-5　卵石蓄热炕技术原理图（已获得专利）

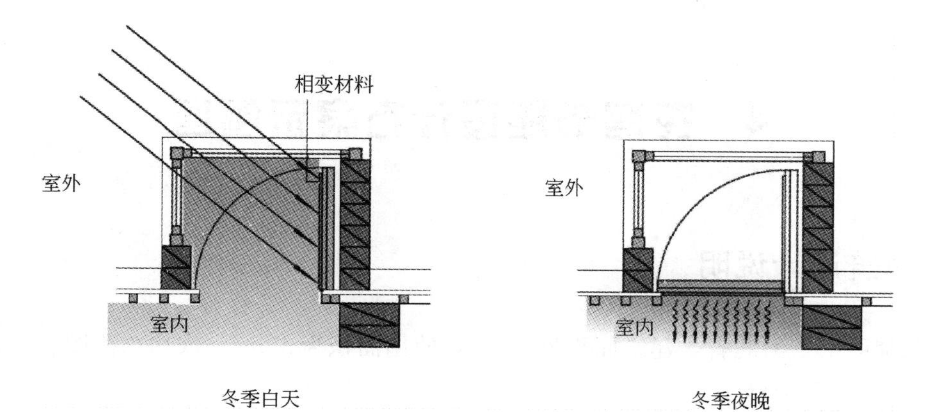

图 3-3-6　相变蓄热供暖天窗运行原理图（已获得专利）

4　农房节能设计方案示例四

4.1　建筑设计说明

华北地区——河北省，建筑面积为39m^2，使用面积为35m^2。农房立面图、平面图分别见图3-4-1、图3-4-2。

1. 材料与构造

基础：夯实地面。

墙体：该建筑改造前墙体采用黏土坯无保温层、无防水层，厚度为380mm。由于农房为已有建筑改造，原有的建筑结构无法改动，因此在对此农房的墙体进行节能改造中，采用外墙外保温技术，并对原外墙裂缝、渗漏进行修复，墙面的缺损、孔洞填补密实。东向、南向外墙由外到内具体构造：水泥砂浆（20mm）＋EPS（40mm）＋土坯（370mm）＋水泥砂浆（20mm）。西向外墙由外到内具体构造：水泥砂浆（20mm）＋EPS（40mm）＋土坯（1000mm）＋水泥砂浆（20mm）。见图3-4-3。

屋面：木屋架坡屋面。屋面构造层由下及上：木檩条＋木板支撑＋稻草屋面板（20mm）＋水泥砂浆（20mm）＋EPS板（30mm）＋水泥砂浆（20mm）＋红色屋面瓦。见图3-4-4。

门窗：中空玻璃和塑钢窗框。

地面：压实地面。

室内装修：室内采用20mm腻子膏抹平。

室外装修：采用20mm细水泥砂浆。

2. 系统与设备说明

给水排水系统：无；

电气照明系统：节能灯；

供暖系统：无；

炕：燃生物质秸秆火炕；

灶：燃生物质秸秆灶台；

应用的其他系统与设备：夏季采用自然通风、电风扇室内降温。

4.2 建筑设计方案

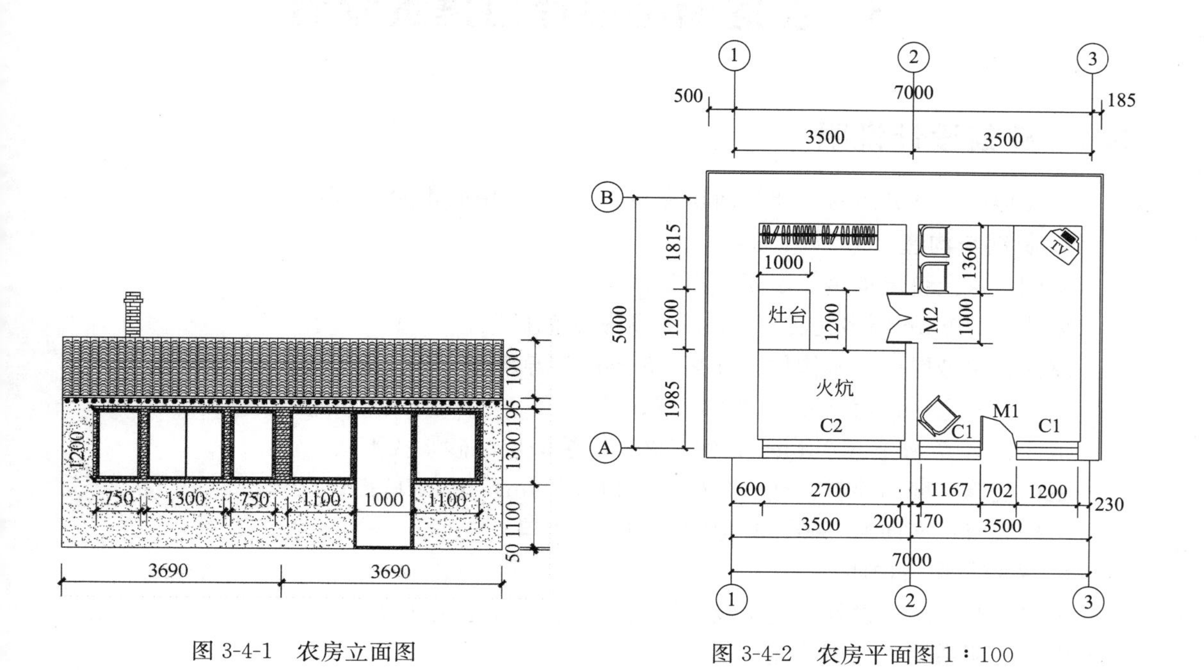

图 3-4-1 农房立面图

图 3-4-2 农房平面图 1∶100

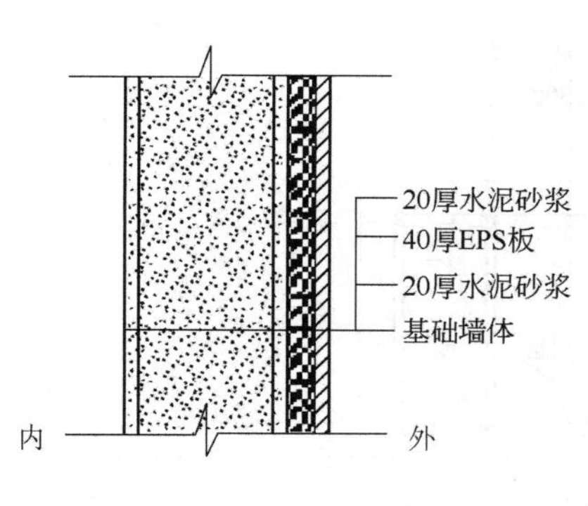

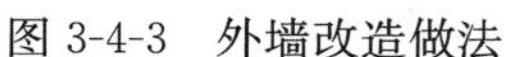

图 3-4-3 外墙改造做法

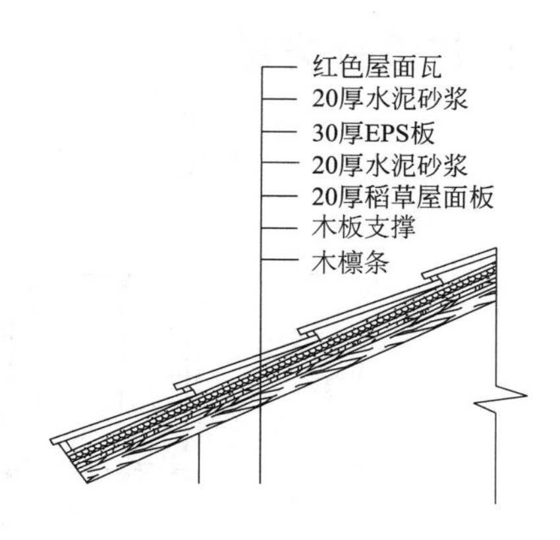

图 3-4-4 屋面改造做法

5　农房节能设计方案示例五

5.1　建筑设计说明

西北地区——甘肃省，建筑面积为 90.7m²，使用面积为 82.3m²。

1. 材料与构造

基础：灰土垫层加钢筋混凝土圈梁；

墙体：370mm 厚多孔砖＋30mm 厚无机保温砂浆；

屋面：单坡屋面、木构件、红瓦，50mm 厚草泥层＋50mm 厚 EPS 保温板；

门窗：中空塑钢窗（5mm＋9A＋5mm）；

地面：3：7 灰土 500mm＋100～200mm 炉渣层＋砂浆找平层；

室内装修：墙面涂料、地面瓷砖、吊顶（3.5m）用 PVC 板；

室外装修：南向贴瓷砖、其他朝向均为清水墙。

2. 系统与设备说明

给水排水系统：设灶、锅炉及卫生间给水点，设卫生间排水；

电气照明系统：采用节能灯具；

供暖系统：小型燃煤锅炉加地埋盘管热辐射供暖；

炕：灶连炕；

灶：灶连炕；

设计的其他系统与设备：常用家用电器设备。

5.2　建筑设计方案

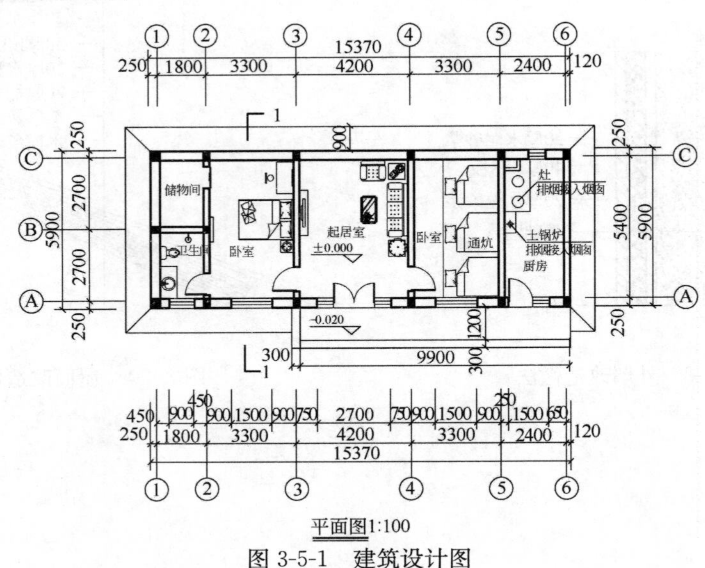

图 3-5-1　建筑设计图

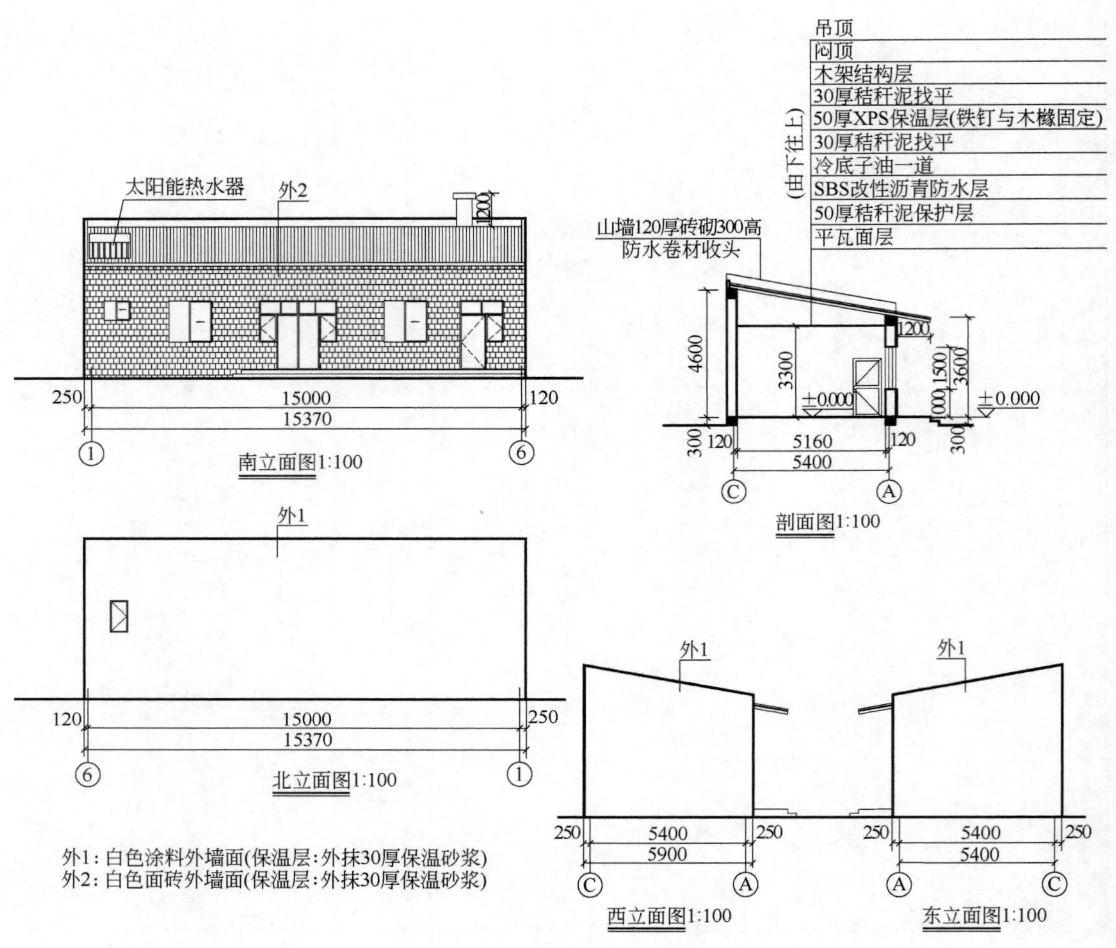
太阳能热水器
外2
1200
250
15000
120
15370
1
6
南立面图1:100
吊顶
闷顶
木架结构层
30厚秸秆泥找平
50厚XPS保温层(铁钉与木橼固定)
30厚秸秆泥找平
冷底子油一道
SBS改性沥青防水层
50厚秸秆泥保护层
平瓦面层
(由下往上)
山墙120厚砖砌300高
防水卷材收头
4600
3300
±0.000
1200
1500
3600
1000
300
120
5160
5400
C
A
剖面图1:100
外1
120
15000
250
15370
6
1
北立面图1:100
外1
250
5400
250
5900
C
A
西立面图1:100
外1
250
5400
250
5400
A
C
东立面图1:100
外1：白色涂料外墙面(保温层：外抹30厚保温砂浆)
外2：白色面砖外墙面(保温层：外抹30厚保温砂浆)

图 3-5-1 建筑设计图（续）

5.3 结构设计方案

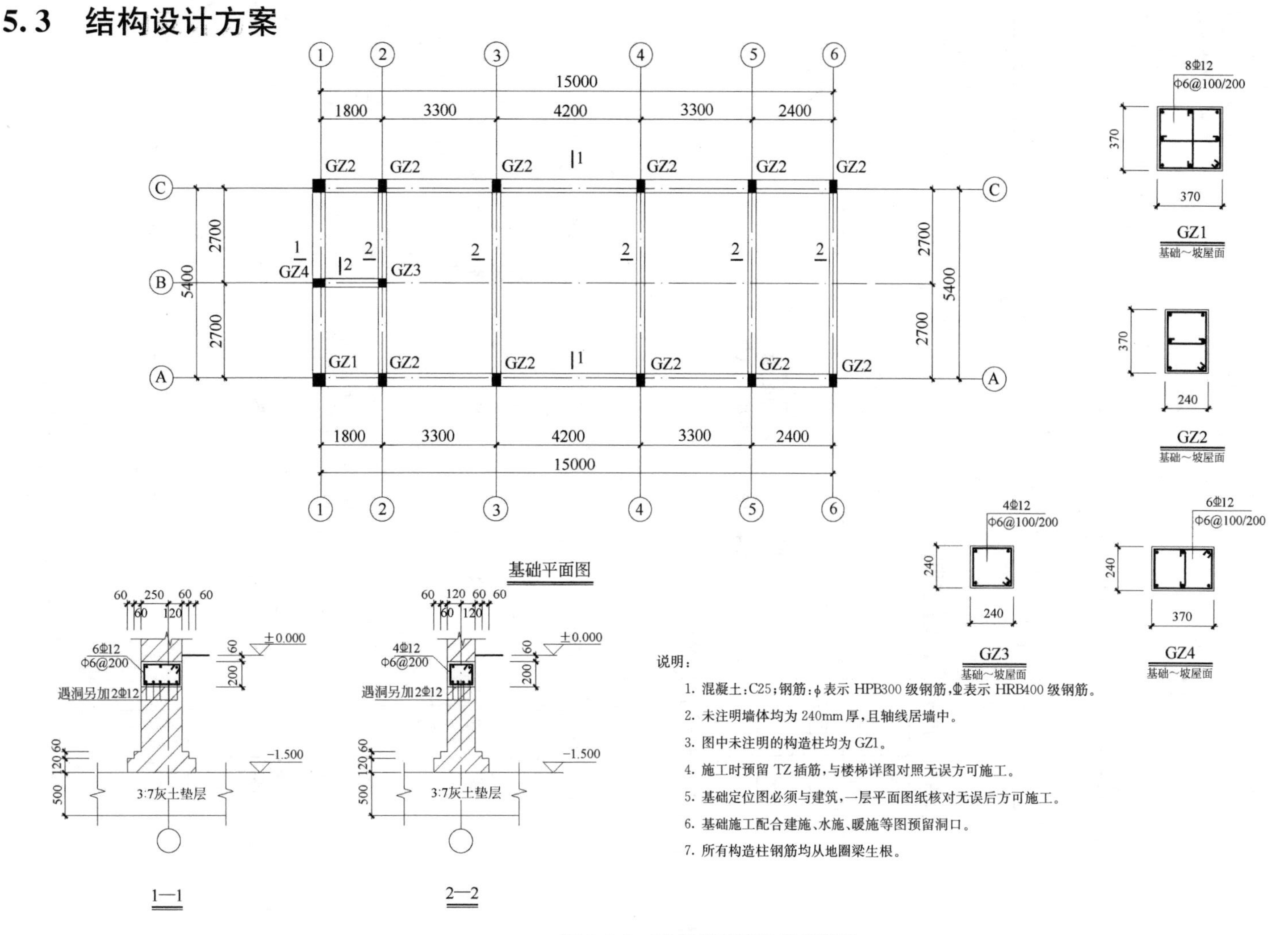

说明：

1. 混凝土：C25；钢筋：ϕ表示 HPB300 级钢筋，Φ表示 HRB400 级钢筋。
2. 未注明墙体均为 240mm 厚，且轴线居墙中。
3. 图中未注明的构造柱均为 GZ1。
4. 施工时预留 TZ 插筋，与楼梯详图对照无误方可施工。
5. 基础定位图必须与建筑，一层平面图纸核对无误后方可施工。
6. 基础施工配合建施、水施、暖施等图预留洞口。
7. 所有构造柱钢筋均从地圈梁生根。

图 3-5-2 基础平面图及节点详图

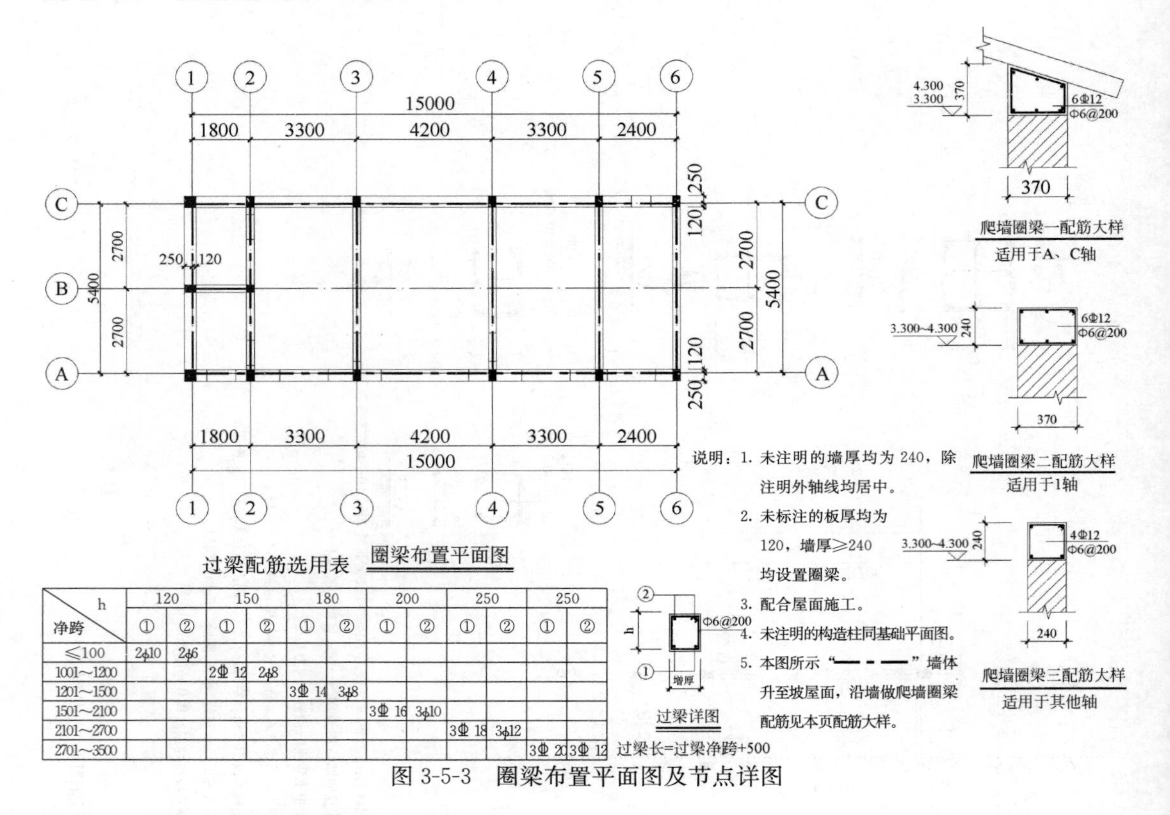

过梁配筋选用表

h / 净跨	120		150		180		200		250		250	
	①	②	①	②	①	②	①	②	①	②	①	②
≤100	2φ10	2φ6										
1001～1200			2Φ 12	2φ8								
1201～1500					3Φ 14	3φ8						
1501～2100							3Φ 16	3φ10				
2101～2700									3Φ 18	3φ12		
2701～3500											3Φ 20	3Φ 12

图 3-5-3　圈梁布置平面图及节点详图

5.4　给水排水设计方案

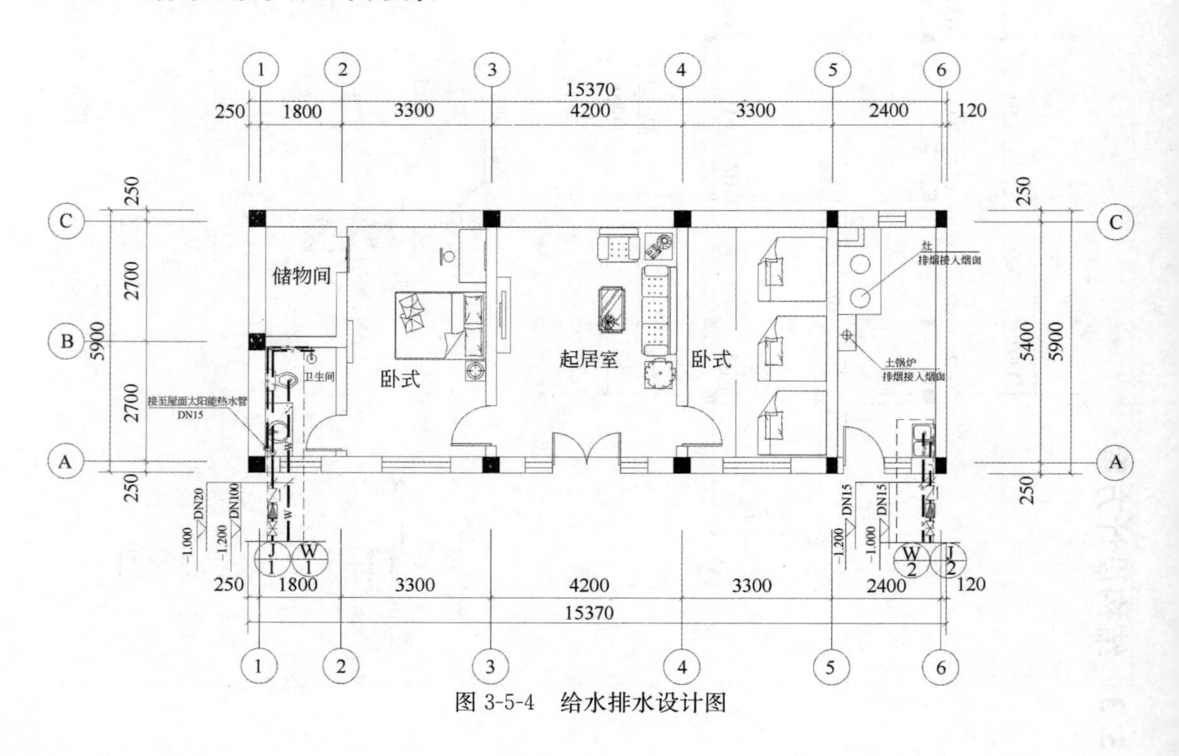

图 3-5-4　给水排水设计图

5.5 供暖设计方案

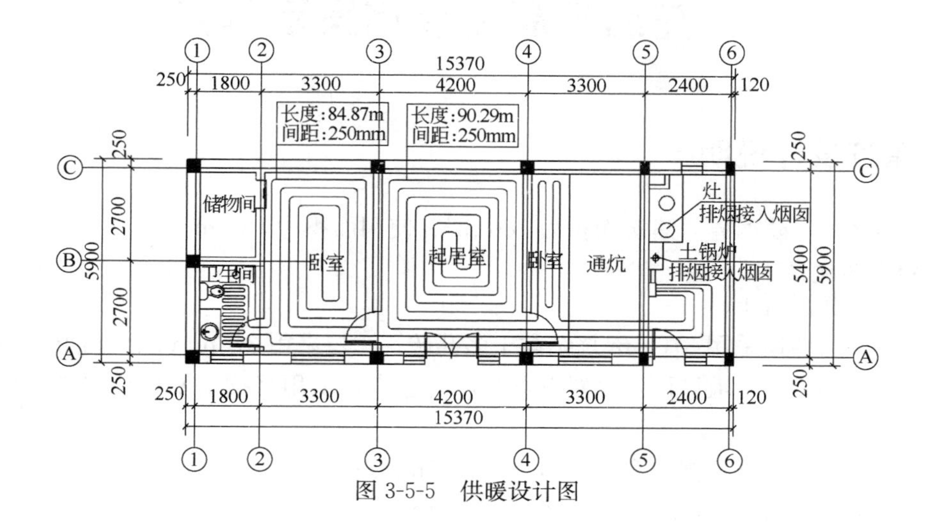

图 3-5-5　供暖设计图

5.6 电气设计方案

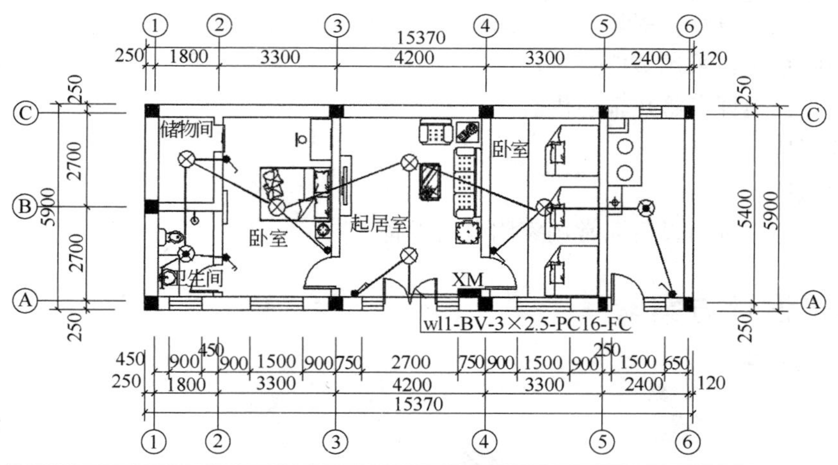

序号	图例	名称	规格	单位	数量	备注
8	▬	户内配电箱	安全型-型号自定		见图	2.0m
7		暗装双极开关	安全型-型号自定		见图	1.3m
6		暗装单极开关	安全型-型号自定		见图	1.3m
5		太阳能景观灯	安全型-型号自定		见图	
4		节能壁灯	18W/200VAC-型号自定		见图	2.5mm
3	⊗	节能防水灯	18W/200VAC-型号自定		见图	2.5mm
2	⊗	节能吸顶灯	36W/200VAC-型号自定		见图	吸顶安装
1		节能吸顶灯	18W/200VAC-型号自定		见图	走廊过道吸顶安装

图 3-5-6　电气照明平面图 1∶100

注：1. 正常照明线路灯到灯间均为 BV-3×2.5SC15；

2. 单联开关到灯具导线根数均为 2 根，未标注导线根数均为 3 根。

6　农房节能设计方案示例六

6.1　建筑设计说明

西北地区——陕西省，建筑面积为 185 m^2，使用面积为 167 m^2。

1. 材料与构造

基础：钢筋混凝土。

墙体：一层墙体采用 370mm 烧结黏土多孔砖；二层采用 370mm 烧结黏土空心砖。

屋面：混凝土架空坡屋面，设置有可开启的窗户，采用轻钢憎水珍珠岩夹芯保温板，厚度 100mm。

门窗：塑钢中空玻璃推拉窗（5mm＋9A＋5mm）；三防门。

地面：3∶7 灰土 500mm＋100～200mm 炉渣层＋砂浆找平层。

室内装修：墙面涂料、地面瓷砖。

室外装修：外墙铺贴瓷砖。

2. 系统与设备说明

给排水系统：设灶、锅炉及卫生间给水点，设卫生间排水；

电气照明系统：采用节能灯具；

供暖系统：地埋盘管热辐射供暖；

炕：灶连炕；

灶：吸风灶；

设计的其他系统与设备：常用家用电器设备。

6.2　建筑设计方案

1. 建筑实景图

图 3-6-1　建筑实景图

2. 建筑设计图

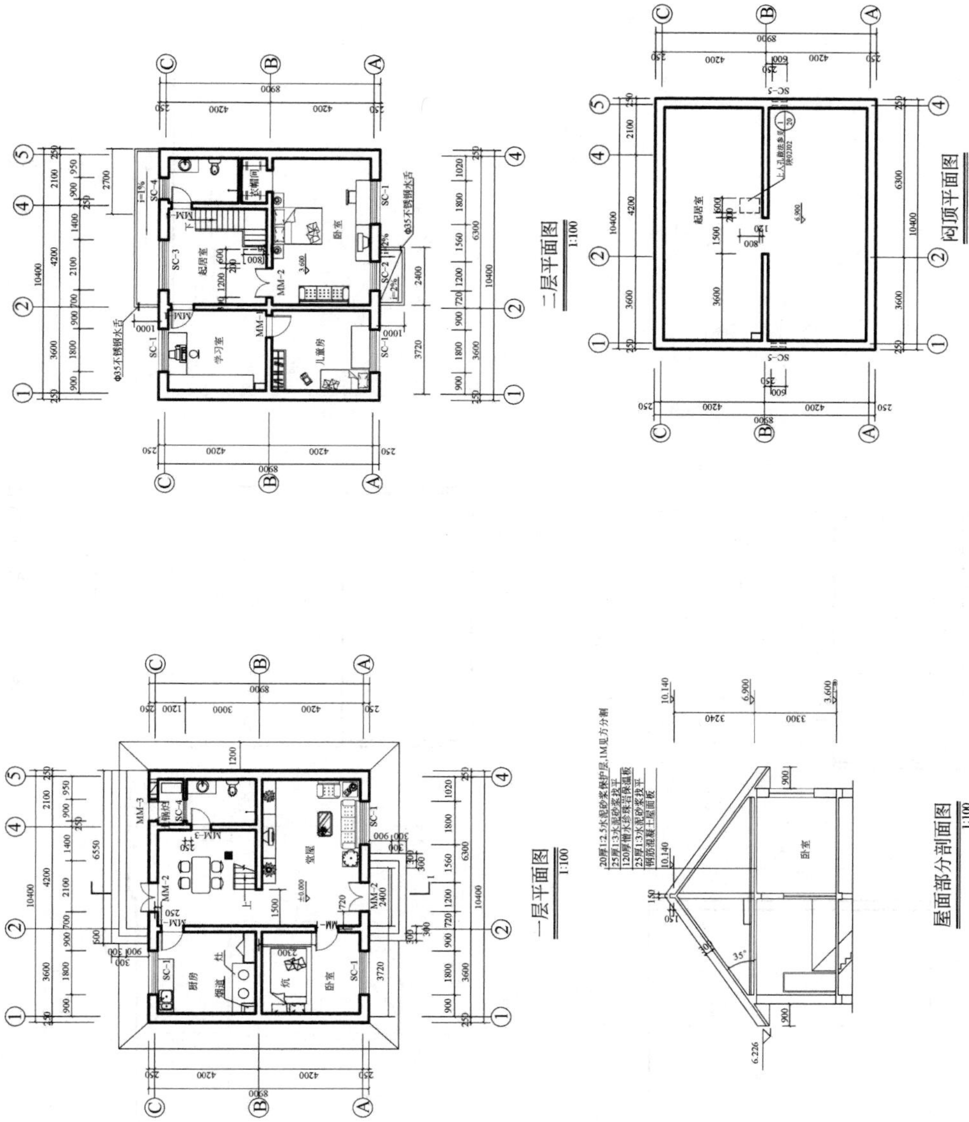

一层平面图 1:100

二层平面图 1:100

闷顶平面图 1:100

屋面部分剖面图 1:100

图 3-6-2 建筑设计图(一)

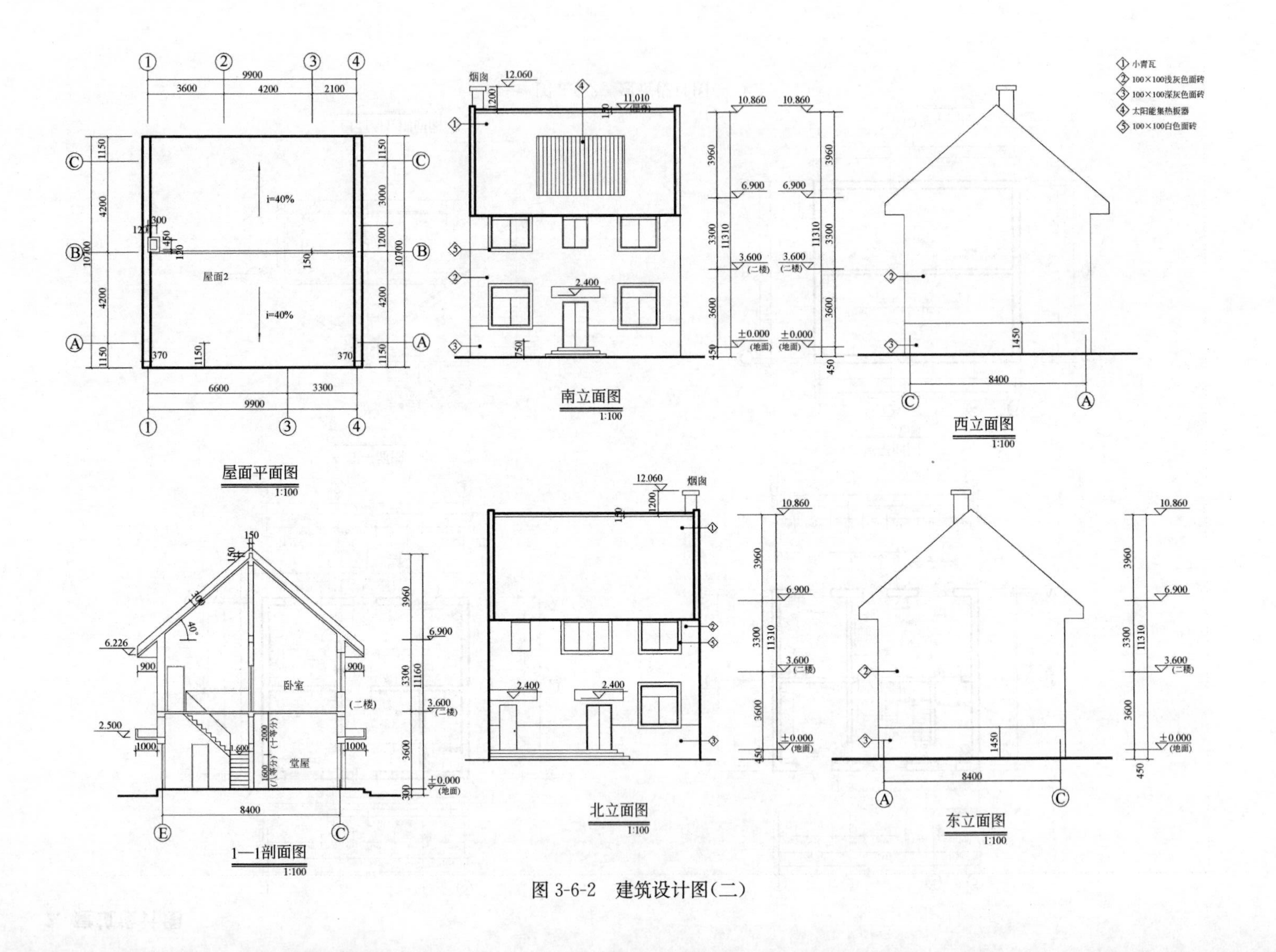
① 小青瓦
② 100×100浅灰色面砖
③ 100×100深灰色面砖
④ 太阳能集热板器
⑤ 100×100白色面砖
屋面平面图
1:100
南立面图
1:100
西立面图
1:100
1—1剖面图
1:100
北立面图
1:100
东立面图
1:100

图 3-6-2　建筑设计图(二)

6.3 结构设计方案

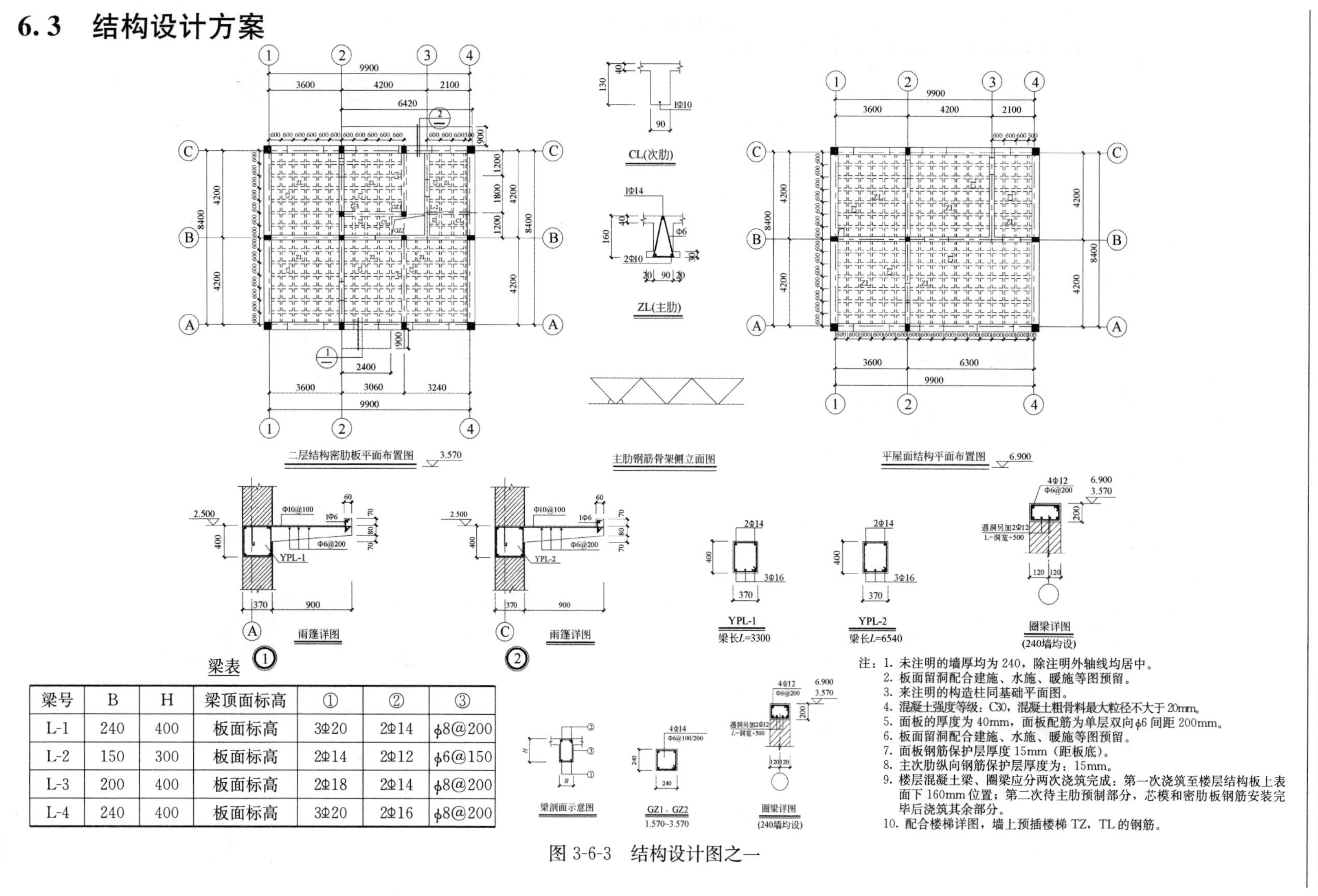

梁表

梁号	B	H	梁顶面标高	①	②	③
L-1	240	400	板面标高	3Φ20	2Φ14	ϕ8@200
L-2	150	300	板面标高	2Φ14	2Φ12	ϕ6@150
L-3	200	400	板面标高	2Φ18	2Φ14	ϕ8@200
L-4	240	400	板面标高	3Φ20	2Φ16	ϕ8@200

注：1. 未注明的墙厚均为 240，除注明外轴线均居中。
2. 板面留洞配合建施、水施、暖施等图预留。
3. 来注明的构造柱同基础平面图。
4. 混凝土强度等级：C30，混凝土粗骨料最大粒径不大于 20mm。
5. 面板的厚度为 40mm，面板配筋为单层双向ϕ6 间距 200mm。
6. 板面留洞配合建施、水施、暖施等图预留。
7. 面板钢筋保护层厚度 15mm（距板底）。
8. 主次肋纵向钢筋保护层厚度为：15mm。
9. 楼层混凝土梁、圈梁应分两次浇筑完成：第一次浇筑至楼层结构板上表面下 160mm 位置；第二次待主肋预制部分，芯模和密肋板钢筋安装完毕后浇筑其余部分。
10. 配合楼梯详图，墙上预插楼梯 TZ，TL 的钢筋。

图 3-6-3 结构设计图之一

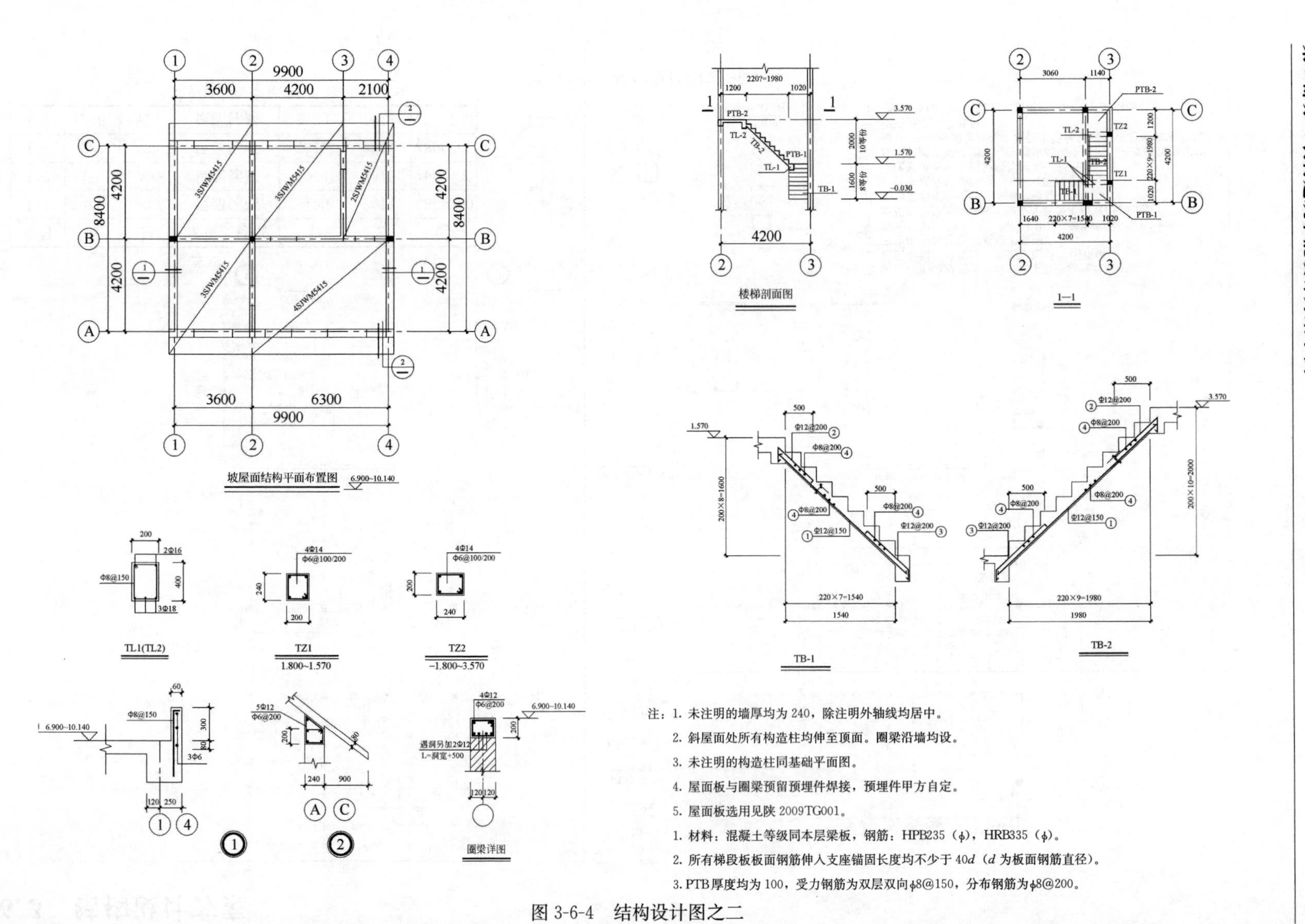

注：1. 未注明的墙厚均为 240，除注明外轴线均居中。

2. 斜屋面处所有构造柱均伸至顶面。圈梁沿墙均设。

3. 未注明的构造柱同基础平面图。

4. 屋面板与圈梁预留预埋件焊接，预埋件甲方自定。

5. 屋面板选用见陕 2009TG001。

1. 材料：混凝土等级同本层梁板，钢筋：HPB235（ϕ），HRB335（ϕ）。

2. 所有梯段板板面钢筋伸入支座锚固长度均不少于 40d（d 为板面钢筋直径）。

3. PTB 厚度均为 100，受力钢筋为双层双向ϕ8@150，分布钢筋为ϕ8@200。

图 3-6-4　结构设计图之二

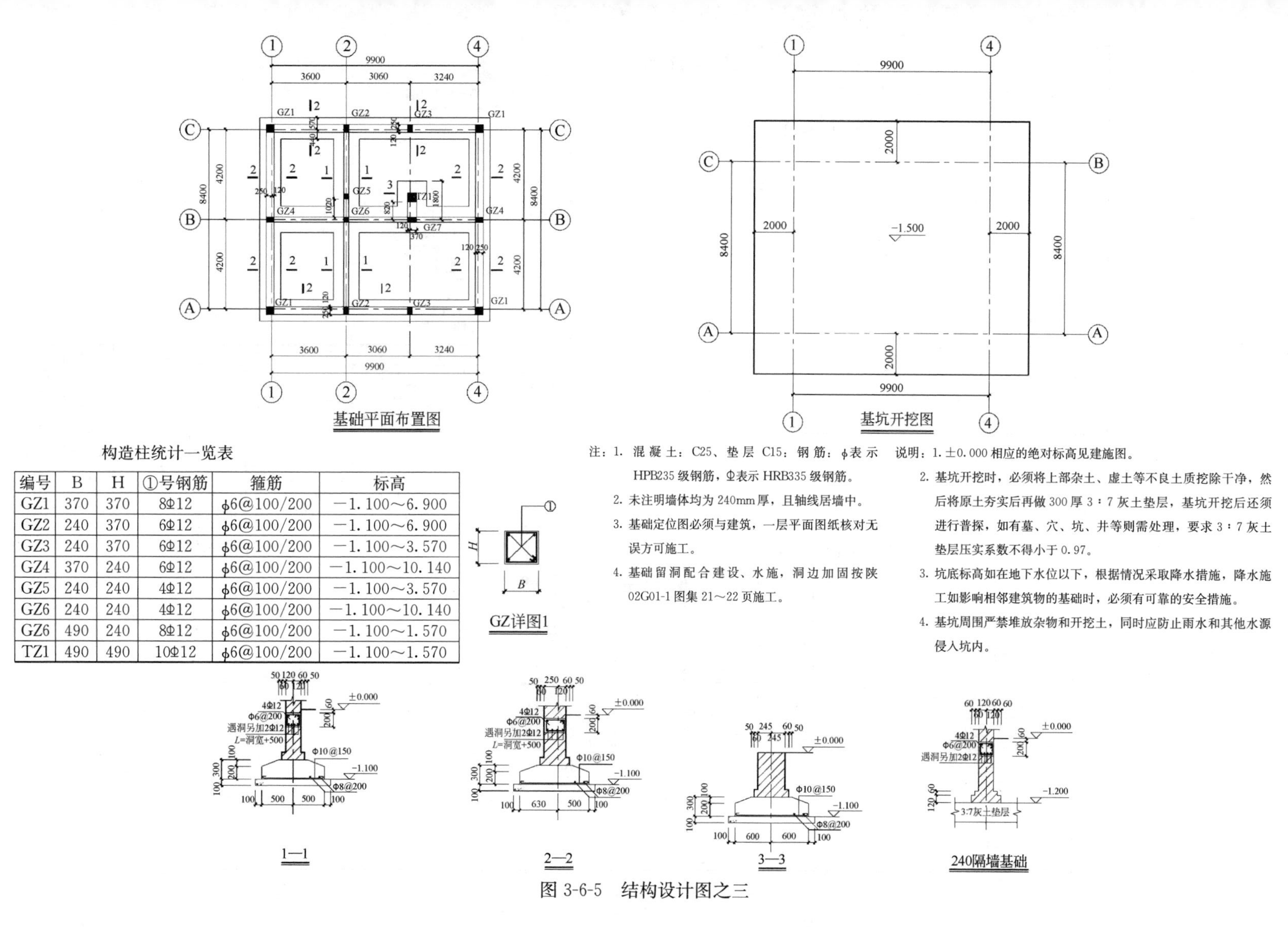

构造柱统计一览表

编号	B	H	①号钢筋	箍筋	标高
GZ1	370	370	8Φ12	ϕ6@100/200	−1.100～6.900
GZ2	240	370	6Φ12	ϕ6@100/200	−1.100～6.900
GZ3	240	370	6Φ12	ϕ6@100/200	−1.100～3.570
GZ4	370	240	6Φ12	ϕ6@100/200	−1.100～10.140
GZ5	240	240	4Φ12	ϕ6@100/200	−1.100～3.570
GZ6	240	240	4Φ12	ϕ6@100/200	−1.100～10.140
GZ6	490	240	8Φ12	ϕ6@100/200	−1.100～1.570
TZ1	490	490	10Φ12	ϕ6@100/200	−1.100～1.570

注：1. 混凝土：C25、垫层 C15；钢筋：ϕ表示 HPB235 级钢筋，Φ表示 HRB335 级钢筋。
2. 未注明墙体均为 240mm 厚，且轴线居墙中。
3. 基础定位图必须与建筑，一层平面图纸核对无误方可施工。
4. 基础留洞配合建设、水施，洞边加固按陕 02G01-1 图集 21～22 页施工。

说明：1. ±0.000 相应的绝对标高见建施图。
2. 基坑开挖时，必须将上部杂土、虚土等不良土质挖除干净，然后将原土夯实后再做 300 厚 3：7 灰土垫层，基坑开挖后还须进行普探，如有墓、穴、坑、井等则需处理，要求 3：7 灰土垫层压实系数不得小于 0.97。
3. 坑底标高如在地下水位以下，根据情况采取降水措施，降水施工如影响相邻建筑物的基础时，必须有可靠的安全措施。
4. 基坑周围严禁堆放杂物和开挖土，同时应防止雨水和其他水源侵入坑内。

图 3-6-5　结构设计图之三

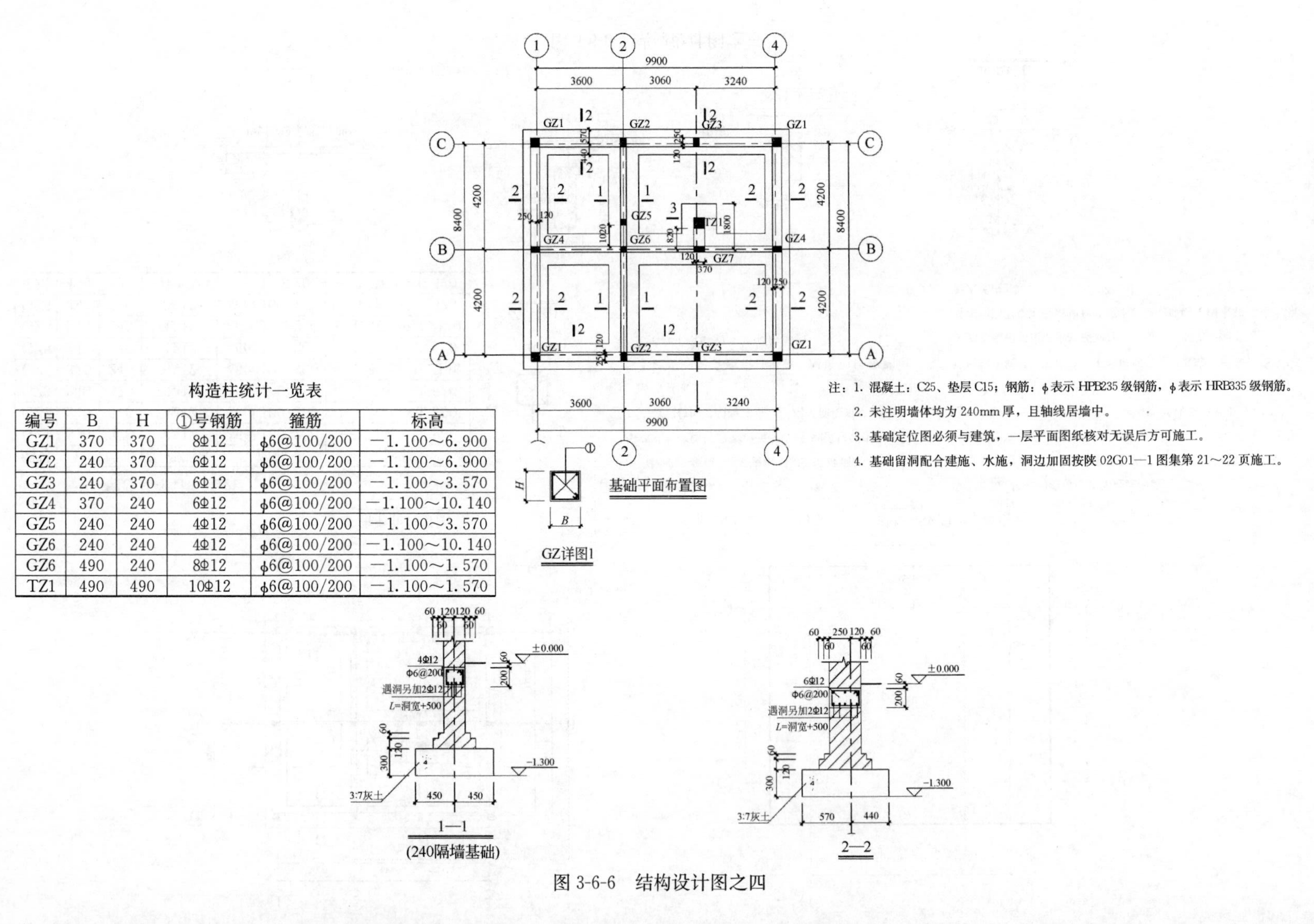

构造柱统计一览表

编号	B	H	①号钢筋	箍筋	标高
GZ1	370	370	8Φ12	ϕ6@100/200	−1.100～6.900
GZ2	240	370	6Φ12	ϕ6@100/200	−1.100～6.900
GZ3	240	370	6Φ12	ϕ6@100/200	−1.100～3.570
GZ4	370	240	6Φ12	ϕ6@100/200	−1.100～10.140
GZ5	240	240	4Φ12	ϕ6@100/200	−1.100～3.570
GZ6	240	240	4Φ12	ϕ6@100/200	−1.100～10.140
GZ6	490	240	8Φ12	ϕ6@100/200	−1.100～1.570
TZ1	490	490	10Φ12	ϕ6@100/200	−1.100～1.570

图 3-6-6　结构设计图之四

6.4 给水排水设计方案

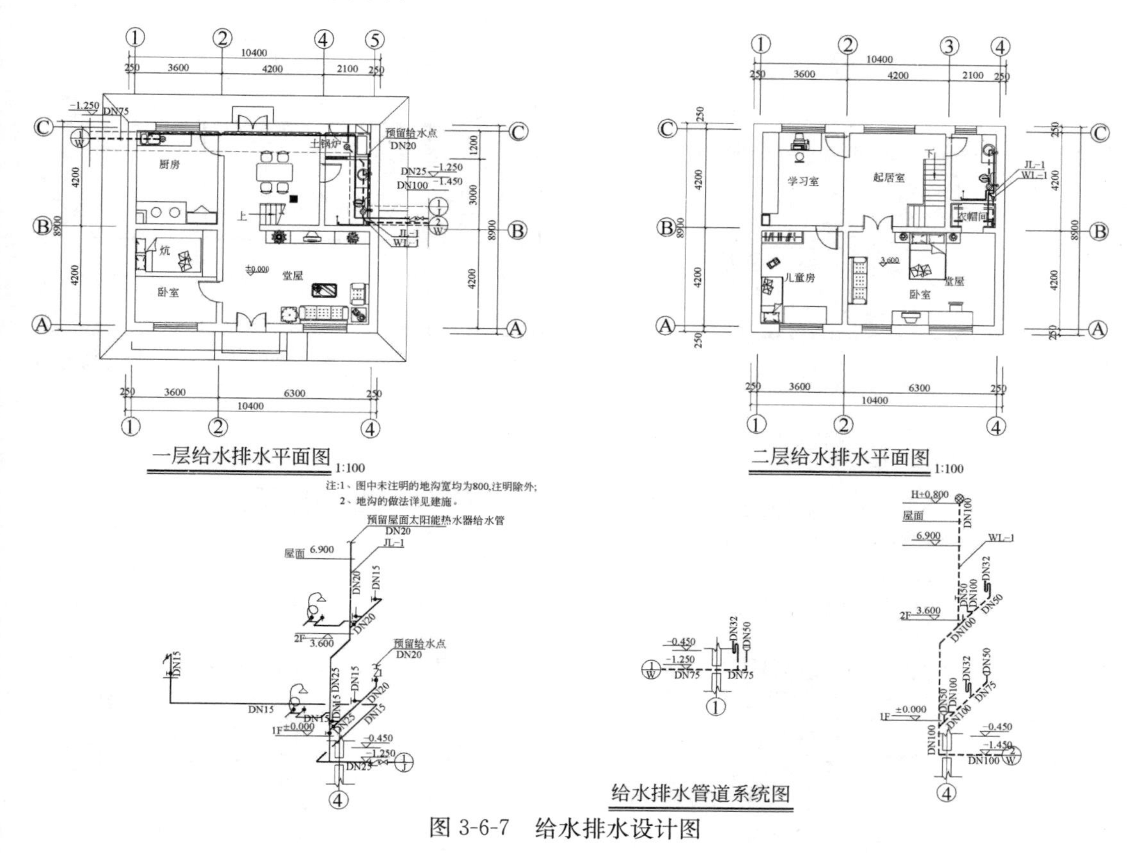

图 3-6-7 给水排水设计图

6.5 供暖设计方案

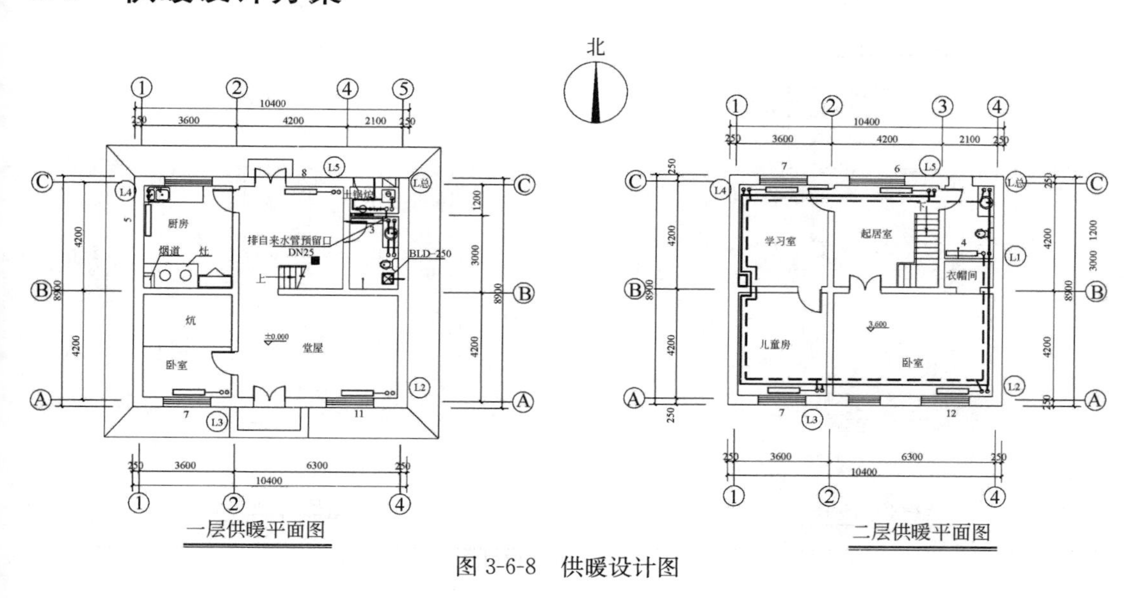

图 3-6-8 供暖设计图

6.6　电气设计方案

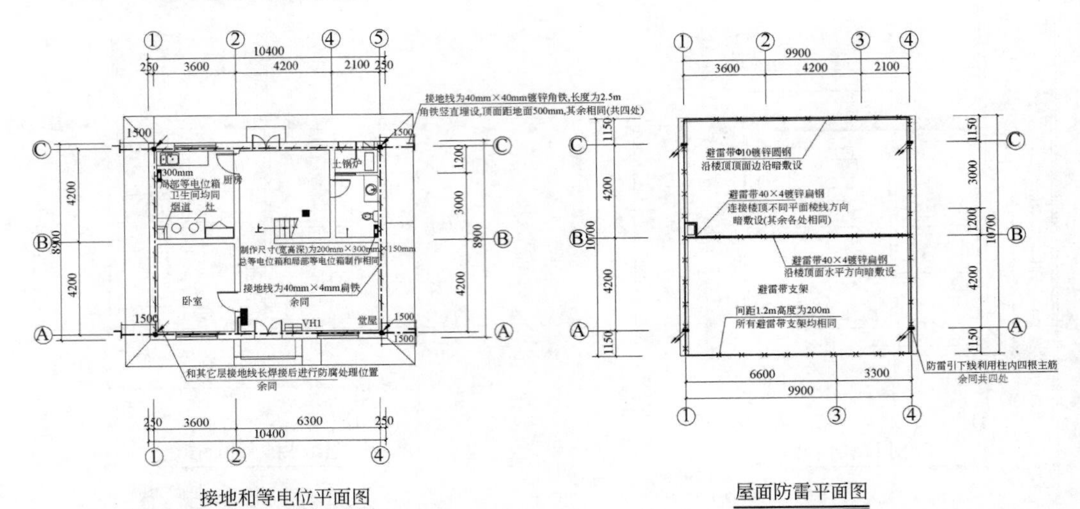

注:卫生间做局部等电位连接,并必须与所有设备、管线和PE线连接为一体,具体做法见相关图集。

注:屋顶所有屋面的金属物必须与屋顶防雷接地网进行可靠连接。

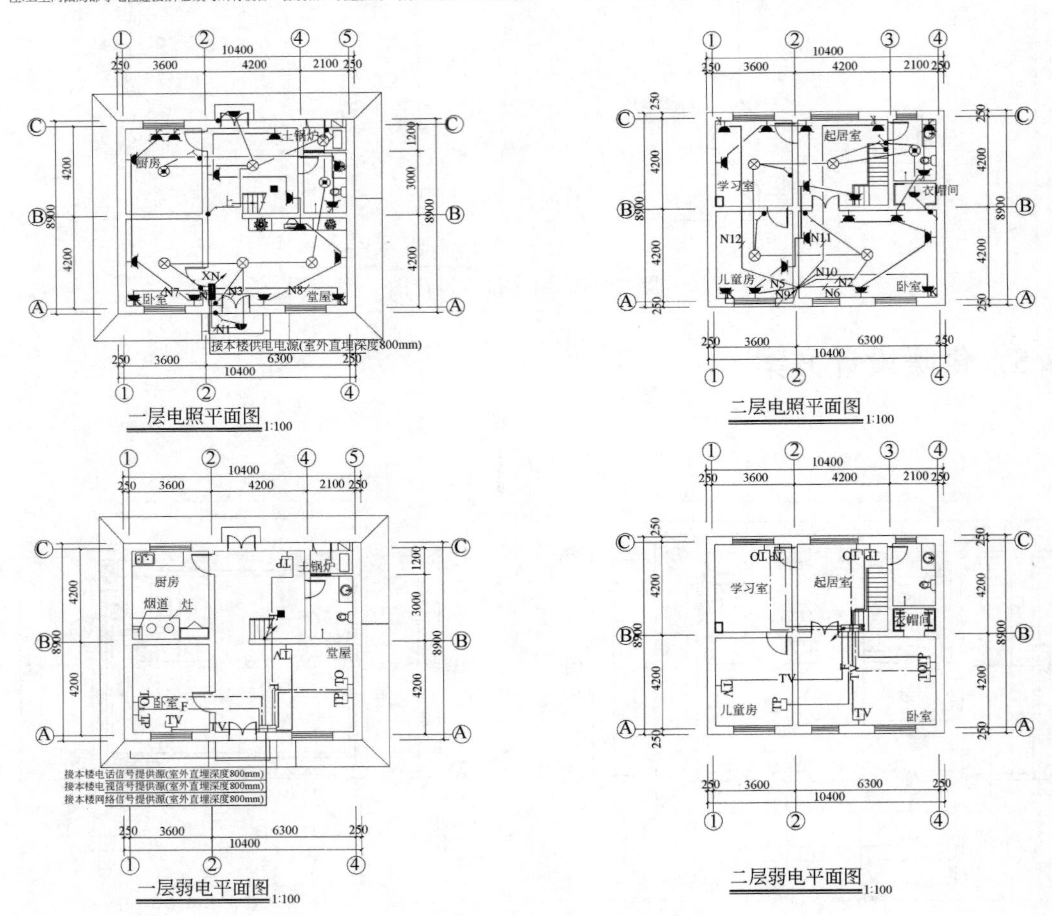

图 3-6-9　电气设计图

附　　录

附录1　严寒和寒冷地区农村住房节能技术导则

《严寒和寒冷地区农村住房节能技术导则》

1　总　　则

1.0.1　为贯彻落实国家节能政策，积极推广并合理采用建筑节能技术，指导我国严寒和寒冷地区农村节能住房的设计、施工及管理，加强农村住房的保温效果，提高室内舒适性，促进节能技术在农村住房建设中的应用，提高农村住房建设技术人员的整体素质，制定本导则。

1.0.2　本导则适用于严寒和寒冷地区农村新建节能住房和既有住房的节能改造。

1.0.3　应用本导则时，应遵循国家有关节能减排的方针政策。同时，应根据当地村庄规划、地理位置、自然资源条件、传统做法以及农民的生产和生活习惯，在确保房屋安全的条件下，因地制宜地采用技术经济合理的节能技术。

1.0.4　农村既有住房节能改造应在满足《农村危险房屋鉴定技术导则（试行）》规定的房屋危险性鉴定等级A级和B级的前提下进行。

【条文说明】《农村危险房屋鉴定技术导则（试行）》第3.3.3条规定：房屋危险性鉴定，应按下列等级划分：

　　1　A级：结构能满足正常使用要求，未发现危险点，房屋结构安全。

　　2　B级：结构基本满足正常使用要求，个别结构构件处于危险状态，但不影响主体结构安全，基本满足正常使用要求。

　　3　C级：部分承重结构不能满足正常使用要求，局部出现险情，构成局部危房。

　　4　D级：承重结构已不能满足正常使用要求，房屋整体出现险情，构成整幢危房。

1.0.5　农村住房节能除应执行本导则外，尚应符合国家现行有关标准规范的规定。

2　术　　语

2.0.1　围护结构　building envelope

　　指建筑各面的围挡物，包括墙体、屋顶、门窗、地面等。

2.0.2　导热系数（λ）　thermal conductivity coefficient

　　在稳态条件和单位温差作用下，通过单位厚度、单位面积的匀质材料的热流量，也称热导率，单位为W/(m·K)。

2.0.3　传热系数（K）　coefficient of heat transfer

　　在稳态条件和物体两侧的冷热流体之间单位温差作用下，单位面积通过的热流量，单位为W/(m^2·K)。

2.0.4　窗墙面积比　area ratio of window to wall

窗户洞口面积与建筑层高和开间定位线围成的房间立面单元面积的比值，无因次。

2.0.5 室内净高 interior net storey height

楼面或地面至上部楼板底面或吊顶底面之间的垂直距离。

2.0.6 可再生能源 renewable energy

指从自然界获取的、可以再生的非化石能源，包括风能、太阳能、水能、生物质能（沼气、秸秆等）、地热能和海洋能等。

2.0.7 被动式太阳房 passive solar house

不需要专门的太阳能供暖系统部件，而通过建筑的朝向布局及建筑材料与构造等的设计，使建筑在冬季充分获得太阳辐射热，维持一定室内温度的建筑。

2.0.8 模塑聚苯乙烯泡沫塑料板（EPS板） expanded polystyrene board

由可发性聚苯乙烯珠粒经加热预发泡后在模具中加热成型而制得的具有闭孔结构的聚苯乙烯泡沫塑料板材。

2.0.9 挤塑聚苯乙烯泡沫塑料板（XPS板） extruded polystyrene board

以聚苯乙烯树脂加上其他的原辅料与聚合物，通过加热混合同时注入催化剂，然后挤塑压出成型而制造的闭孔蜂窝结构硬质泡沫塑料板。

2.0.10 草砖 straw brick

以干草为主要原料，经过挤压、捆绑而成的一种块状的墙体填充材料。

2.0.11 纸面草板 compressed straw building slabs

以洁净的天然稻草或麦草为主要原料，经高温高压成型，外表粘贴面纸而成的新型建筑材料。

2.0.12 外墙外保温 external thermal insulation on walls

由保温层、保护层和胶粘剂、锚固件等固定材料构成，安装在外墙外表面的保温形式。

2.0.13 外墙夹心保温 sandwich thermal insulation on walls

在墙体中的连续空腔内填充保温材料，并在内叶墙和外叶墙之间用防锈的拉结件固定的保温形式。

2.0.14 自保温外墙 self-insulated wall

墙体主体两侧不需附加保温系统，主体材料自身除具有结构材料必要的强度外，还具有较好的保温隔热性能。

2.0.15 火炕 Kang

能吸收、蓄存烟气余热，持续保持其表面温度并缓慢散热，以满足人们生活起居、供暖等需要，而搭建的一种类似于床的室内设施。包括落地炕、架空炕、火墙式火炕及地炕。

2.0.16 火墙 hot wall

一种内设烟气流动通道的空心墙体，可吸收烟气余热并通过其垂直壁面向室内散热的供暖设施。

2.0.17 沼气池 biogas generating pit

有机物质在其中经微生物分解发酵而生成一种可燃性气体的各种材质制成的池子，有玻璃钢、红泥塑料、钢筋混凝土等。

2.0.18 秸秆气化 straw gasification

在不完全燃烧条件下，将生物质原料加热，使较高分子量的有机碳氢化合物链裂解，变成较低分子量的一氧化碳（CO）、氢气（H_2）、甲烷（CH_4）等可燃气体的过程。

2.0.19 太阳能热水器 solar water heater

将太阳能转换为热能来加热水所需的部件和附件组成的完整装置。通常包括集热器、贮水箱、连接管道、支架及其他部件。

2.0.20 太阳能集热器 solar collector

吸收太阳辐射并将采集的热能传递到传热工质的装置。

2.0.21 太阳能供热供暖系统 solar heating system

将太阳能转换成热能，供给建筑物冬季供暖和全年其他用热的系统，系统主要部件有太阳能集热器、换热蓄热装置、控制系统、其他能源辅助加热/换热设备、泵或风机、连接管道和末端供热供暖系统等。

3 基本要求

3.0.1 严寒和寒冷地区农村住房应采用增强建筑围护结构保温性能和提高供暖能效的节能技术措施。

3.0.2 农村住房节能设计应与地区气候相适应，严寒和寒冷地区农村建筑气候分区应符合表3.0.2的规定。

农村地区建筑节能设计气候分区 **表3.0.2**

分区名称	热工分区名称	气候区划主要指标	代表性地区
Ⅰ	严寒地区	1月平均气温≤－11℃，7月平均气温≤25℃	漠河、图里河、黑河、嫩江、海拉尔、博克图、新巴尔虎右旗、呼玛、伊春、阿尔山、狮泉河、改则、班戈、那曲、申扎、刚察、玛多、曲麻莱、杂多、达日、托托河、东乌珠穆沁旗、哈尔滨、通河、尚志、牡丹江、泰来、安达、宝清、富锦、海伦、敦化、齐齐哈尔、虎林、鸡西、绥芬河、桦甸、锡林浩特、二连浩特、多伦、富蕴、阿勒泰、丁青、索县、冷湖、都兰、同德、玉树、大柴旦、若尔盖、蔚县、长春、四平、沈阳、呼和浩特、赤峰、达尔罕联合旗、集安、临江、长岭、前郭尔罗斯、延吉、大同、额济纳旗、张掖、乌鲁木齐、塔城、德令哈、格尔木、西宁、克拉玛依、日喀则、隆子、稻城、甘孜、德钦
Ⅱ	寒冷地区	1月平均气温－11～0℃，7月平均气温18～28℃	承德、张家口、乐亭、太原、锦州、朝阳、营口、丹东、大连、青岛、潍坊、海阳、日照、菏泽、临沂、离石、卢氏、榆林、延安、兰州、天水、银川、中宁、伊宁、喀什、和田、马尔康、拉萨、昌都、林芝、北京、天津、石家庄、保定、邢台、沧州、济南、德州、定陶、郑州、安阳、徐州、亳州、西安、哈密、库尔勒、吐鲁番、铁干里克、若羌

3.0.3 严寒和寒冷地区农村住房的卧室、起居室等主要功能房间，节能计算冬季室内热环境参数的选取应符合下列规定：

1 室内计算温度应取14℃；

2 计算换气次数应取0.5h^{-1}。

【条文说明】 本参数为建筑节能计算参数，而非供暖和空调设计室内计算参数。

严寒和寒冷地区的冬季室内计算温度对围护结构的热工性能指标的确定有重要影响，该参数的确定是基于农村住房的供暖特点，通过大量的实际调研获得的。严寒和寒冷地区农村住房冬季室内温度偏低，普遍低于城市住房的室内温度，并且不同用户的室内温度差距大。根据调查与测试结果，严寒和寒冷地区农村冬季大部分住户的卧室和起居室温度范围为5～13℃，超过80%的农户认为冬季较舒适的供暖室内温度为13～16℃。由于农民经常进出室内外，这种与城镇居民不同的生活习惯，导致了不同的穿衣习惯，因此农民对热舒适认同的标准与城市居民也不同。

门窗的密封性能直接影响冬季冷风渗透量，进而影响冬季室内热环境。根据实测结果发现，如果门窗密封性能满足现行国家标准《建筑外门窗气密、水密、抗风压性能分级及检测方法》GB/T 7106—2008 规定的4级，门窗关闭时，房间换气次数基本维持在 $0.5h^{-1}$ 左右。由于农民有经常进出室内外的习惯，导致外门时常开启，因此其冬季换气次数一般为 $0.5 \sim 1.0h^{-1}$。如果室内没有过多污染源（如室内直接燃烧生物质燃料等），此换气次数范围能够同时满足室内空气品质的基本要求，满足人员卫生需求。

3.0.4 农村住房建筑用能宜根据当地资源条件采用可再生能源，如农作物秸秆等生物质能、沼气、太阳能、地热能等；可再生能源的利用应采取灵活的方式，可采用单户分散利用方式，也可采用集中利用的方式。

3.0.5 农村住房供暖宜根据当地资源条件、房屋供暖需求、耗热量、当地居民生活习惯等，采取利用可再生能源的供暖方式，宜采用火炕、火墙等燃用生物质燃料的供暖设施，合理设计重力循环热水供暖系统，合理利用太阳能等供暖方式。

4 建筑布局与平立面设计

4.1 选址与布局

4.1.1 严寒和寒冷地区农村住房的布置应有利于冬季日照和天然采光，注意冬季防风并有效利用夏季通风。不宜布置在洼地、沟底等易形成“霜洞”的凹地处。

4.1.2 农村住房间距应满足日照的要求，并综合考虑采光、通风、防灾、视觉卫生等要求确定。

4.1.3 农村住房应与庭院里栽种的植物保持适当距离，避免建筑的南立面受到过多遮挡而影响冬季日照和室内采光水平。

4.1.4 农村住房宜采用双拼式或联排式集中布置（见图4.1.4）。

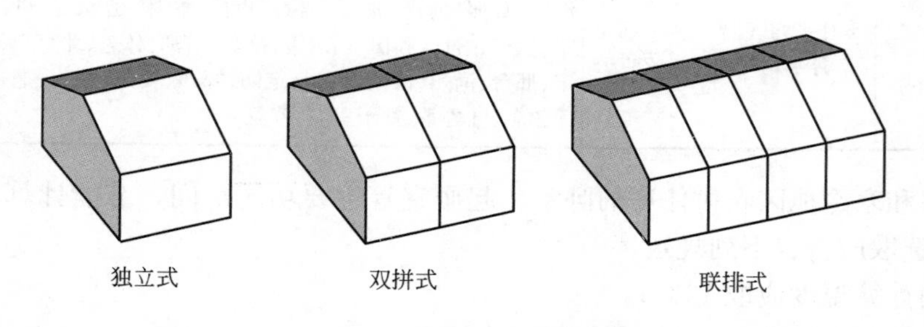

图4.1.4 农村住房组合布置形式示意

4.2　建筑平立面设计

4.2.1　农村住房的主朝向宜采用南北朝向或接近南北朝向，主要房间（起居室、卧室）宜避开冬季主导风向。

4.2.2　农村住房的平面设计应有利于冬季日照、避风和夏季自然通风，房间功能布局应合理、紧凑，方便生活起居，节能设计宜符合下列规定：

1　房屋的平面布局宜简单、规整，平立面不宜出现过多的局部凸出或凹进的部位，尽量避免L形、T形、U形等。

2　房屋平面的北侧宜设置缓冲区。卧室和起居室等主要房间宜布置在南侧或靠近内墙侧，厨房、卫生间、储藏室等辅助房间宜布置在北侧或外墙侧。

3　外进户门应设置在能避开当地冬季主导风向的位置，宜设在房屋的南侧；宜采取防冷风侵入的措施，如设置双层门、两道门或门斗。

4　房间的面积以满足使用要求为宜，不宜过大。卧室面积不宜超过20m^2，起居室面积不宜超过30m^2。

5　房屋开间不宜大于6m，单面采光房间的进深不宜大于6m。

6　厨房和卫生间排风口的设置应考虑主导风向和对邻室的不利影响，避免强风时的倒灌现象和油烟等对周围环境的污染。

7　每个房间均应设外窗，最好能形成穿堂风，以保证有良好的自然通风。

4.2.3　农村住房门窗洞口的开启位置应有利于自然采光和自然通风。

4.2.4　农村住房室内净高不宜大于3m。

4.2.5　农村住房的外窗面积不应过大，南向宜采用大窗，北向宜采用小窗，窗墙面积比限值宜符合表4.2.5的规定。

严寒和寒冷地区农村住房的窗墙面积比限值　　表4.2.5

朝　向	窗墙面积比	
	严寒地区	寒冷地区
北	≤0.25	≤0.30
东、西	≤0.30	≤0.35
南	≤0.40	≤0.45

4.2.6　农村住房外窗的可开启面积应有利于室内通风换气，外窗的可开启面积应不小于外窗面积的25％。

5　被动式太阳房设计

5.0.1　农村住房宜充分利用太阳能，建设被动式太阳房。建造被动式太阳房应因地制宜，遵循坚固、适用、经济、节能和美观的原则。

5.0.2　被动式太阳房应朝南向布置，不宜偏离正南向±30°以上。主要供暖房间宜布置在南向。

5.0.3　建筑间距应满足冬季供暖期间，在9时～15时对集热面的遮挡不超过15％的要求。

5.0.4 被动式太阳房净高不宜低于2.8m，房屋进深不宜超过层高的2倍。

5.0.5 被动式太阳房的出入口应采取防冷风侵入的措施，如设置双层门、两道门或门斗，冬季宜安装棉门帘。设置门斗时，宜避免直通室温要求较高的主要房间，最好通向室温要求不高的辅助房间或过道。

5.0.6 被动式太阳房夏季应采取适当的外遮阳措施，可通过设遮阳板、遮阳帘或在庭院里搭设季节性藤类植物或种植落叶树木进行遮阳。高大树木宜种植在建筑前方偏东或偏西60°范围外，且距外墙距离应保证冬季不遮挡阳光。

5.0.7 被动式太阳房应采用吸热和蓄热性能高的围护结构及保温措施。外墙宜采用密度大的材料，如砖、石、混凝土等，并增设高效保温层。

5.0.8 透光材料应表面平整、厚度均匀、太阳透射比大于0.76。

5.0.9 被动式太阳房的南向玻璃透光面应设夜间保温装置，可在外窗内侧设置双扇木板，也可采用由一层或多层镀铝聚酯薄膜和其他织物一起组成的复合保温窗帘。

5.0.10 被动式太阳房应根据房间的使用性质选择适宜的集热方式。以白天使用为主的房间，宜选用直接受益式或附加阳光间式［见图5.0.10中（a）和（b）］；以夜间使用为主的房间，宜选用具有较大蓄热能力的集热蓄热墙式［见图5.0.10中（c）］。

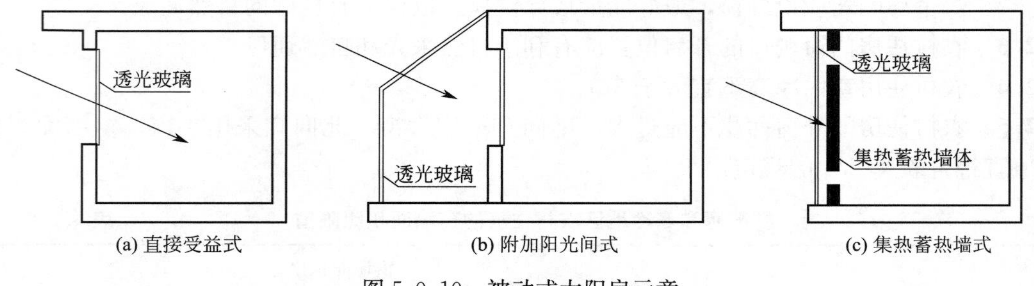

图5.0.10 被动式太阳房示意

5.0.11 被动式太阳房南向玻璃窗的开窗面积，应保证在冬季通过窗户的太阳得热量大于通过窗户向外散发的热损失。南向窗墙面积比及对应的外窗传热系数限值宜根据不同集热方式，按表5.0.11选取。

被动式太阳房南向开窗面积大小及外窗的传热系数限值 **表5.0.11**

集热方式	冬季日照率 ρ_s	南向窗墙面积比限值	外窗传热系数限值 W/(m²·K)
直接受益式	$\rho_s \geqslant 0.7$	≥0.5	≤2.5
	$0.7 > \rho_s \geqslant 0.55$	≥0.55	≤2.5
集热蓄热墙式	$\rho_s \geqslant 0.7$	—	≤6.0
	$0.7 > \rho_s \geqslant 0.55$		
附加阳光间式	$\rho_s \geqslant 0.7$	≥0.6	≤4.7
	$0.7 > \rho_s \geqslant 0.55$	≥0.7	≤4.7

5.0.12 直接受益式太阳房是利用建筑南向透光墙面直接供暖，即阳光透过南窗直接投入

房间内，由室内墙面和地面吸收转换成热能后，通过热辐射对室内空气进行加热供暖。其节能设计应符合下列规定：

1　外窗宜采用双层玻璃；

2　屋面集热窗应采取屋面防风、雨、雪措施。

5.0.13　附加阳光间式太阳房是将阳光间附在建筑的朝南方向，房屋南墙作为间墙（公共墙）将阳光间与室内空间分隔开来，利用附加阳光间收集太阳热辐射进行供暖。其节能设计应符合下列规定：

1　应组织好阳光间内热空气与室内的循环，阳光间与供暖房间之间的公共墙上宜开设上下通风口；

2　阳光间进深不宜过大，单纯作为集热部件的阳光间进深不宜大于0.6m，兼做使用空间时，进深不宜大于1.5m；

3　阳光间的玻璃不宜直接落地，宜高出室内地面0.3～0.5m。

5.0.14　集热蓄热墙式太阳房是在南墙外侧加设透光玻璃组成集热蓄热墙，透光玻璃与墙体之间留有60～100mm厚的空气层，并设有上下风口及活门，利用集热蓄热墙收集、吸收太阳热辐射进行供暖。其节能设计应符合下列规定：

1　集热蓄热墙应采用吸收率高、耐久性强的吸热外饰材料。透光罩的透光材料与保温装置、边框构造应便于清洗和维修。

2　集热蓄热墙宜设置通风口。通风口的位置应保证气流通畅，便于日常维修与管理；通风口处宜设置止回风阀并采取保温措施。

3　集热蓄热墙体应有较大的热容量和导热系数，可采用蓄热能力较好的混凝土墙或砖墙，采用混凝土墙时，厚度宜为300～400mm，采用砖墙时，厚度宜为240mm或370mm，采用土坯墙时，厚度宜为300mm。

4　严寒地区宜选用双层玻璃，寒冷地区可选用单层玻璃。

5.0.15　被动式太阳房蓄热体面积应为集热面积的3倍以上，蓄热体的设计应符合下列规定：

1　宜利用建筑结构构件设置蓄热体。蓄热体宜直接接收阳光照射；

2　应采用成本低、比热容大，性能稳定、无毒、无害，吸热放热快的蓄热材料；

3　蓄热地面、墙面不宜铺设地毯、挂毯等隔热材料；

4　有条件时宜设置专用的水墙或相变材料蓄热。

6　围护结构保温技术

6.1　一 般 规 定

6.1.1　严寒和寒冷地区农村住房的围护结构应采取下列节能技术措施：

1　应采用有附加保温层的外墙或自保温外墙；

2　屋面应设置保温层；

3　应选择保温性能和密封性能好的门窗；

4　地面宜设置保温层。

6.1.2　严寒和寒冷地区农村住房围护结构的传热系数不宜大于表6.1.2规定的限值。

农村住房围护结构的传热系数限值　　表 6.1.2

<table>
<tr><th rowspan="3">建筑气候区</th><th colspan="6">围护结构部位的传热系数 K[W/(m²·K)]</th></tr>
<tr><th rowspan="2">外墙</th><th rowspan="2">屋面</th><th rowspan="2">吊顶</th><th colspan="2">外窗</th><th rowspan="2">外门</th></tr>
<tr><th>南向</th><th>其他向</th></tr>
<tr><td rowspan="2">严寒地区</td><td rowspan="2">0.50</td><td>0.40</td><td>—</td><td rowspan="2">2.2</td><td rowspan="2">2.0</td><td rowspan="2">2.0</td></tr>
<tr><td>—</td><td>0.45</td></tr>
<tr><td>寒冷地区</td><td>0.65</td><td>0.50</td><td>—</td><td>2.8</td><td>2.5</td><td>2.5</td></tr>
</table>

6.1.3 农村住房围护结构的保温材料宜选用适于农村应用条件的当地产品，严寒和寒冷地区农村住房常用的保温材料可参考表 6.1.3 选用。

常用保温材料性能　　表 6.1.3

<table>
<tr><th colspan="2" rowspan="2">保温材料名称</th><th rowspan="2">性能特点</th><th rowspan="2">应用部位</th><th colspan="2">主要技术参数</th></tr>
<tr><th>密度 ρ_0 (kg/m³)</th><th>导热系数 λ [W/(m·K)]</th></tr>
<tr><td colspan="2">模塑聚苯乙烯泡沫塑料板(EPS板)</td><td>质轻、导热系数小、吸水率低、耐水、耐老化、耐低温</td><td>外墙、屋面、地面保温</td><td>18～22</td><td>≤0.041</td></tr>
<tr><td colspan="2">挤塑聚苯乙烯泡沫塑料板(XPS板)</td><td>保温效果较 EPS 板好，价格较 EPS 板贵、施工工艺要求复杂</td><td>屋面、地面保温</td><td>25～32</td><td>≤0.030</td></tr>
<tr><td colspan="2">草砖</td><td>利用稻草和麦草秸秆制成，干燥时质轻、保温性能好，但耐潮、耐火性差，易受虫蛀，价格便宜</td><td>框架结构填充外墙体</td><td>≥112</td><td>≤0.072</td></tr>
<tr><td rowspan="2">草板</td><td>建筑纸面草板</td><td>利用稻草和麦草秸秆制成，导热系数小，强度大</td><td>可直接用作非承重墙板</td><td>单位面积重量≤26kg/m²(板厚 58mm)</td><td>热阻>0.537 (m²·K)/W</td></tr>
<tr><td>普通草板</td><td>价格便宜，需较大厚度才能达到保温效果，需作特别的防潮处理</td><td>多用作复合墙体夹心材料；屋面保温</td><td>≥112</td><td>≤0.072</td></tr>
<tr><td colspan="2">憎水珍珠岩板</td><td>重量轻、强度适中、保温性能好、憎水性能优良、施工方法简便快捷</td><td>屋面保温</td><td>200</td><td>0.07</td></tr>
<tr><td colspan="2">复合硅酸盐</td><td>粘结强度好，容重轻，防火性能好</td><td>屋面保温</td><td>210</td><td>0.064</td></tr>
<tr><td colspan="2">稻壳、木屑、干草</td><td>非常廉价，有效利用农作物废弃料，需较大厚度才能达到保温效果，可燃，受潮后保温效果降低</td><td>屋面保温</td><td>100～250</td><td>0.047～0.093</td></tr>
<tr><td colspan="2">炉渣</td><td>价格便宜、耐腐蚀、耐老化、质量重</td><td>地面保温</td><td>1000</td><td>0.29</td></tr>
</table>

6.1.4 保温材料选用模塑聚苯乙烯泡沫塑料板（EPS 板）时，应严格控制厚度、密度、燃烧性能等主要技术参数。

6.1.5 农村住房建筑保温工程施工作业环境与条件应满足相关标准和施工工艺的要求，严禁在雨雪天气中露天施工。

6.2 外　　墙

6.2.1 严寒和寒冷地区农村住房的墙体应采用保温节能材料，不应使用黏土实心砖，常用的保温节能墙体砌体材料可按表 6.2.1 选用。

保温节能墙体砌体材料性能　　　　表 6.2.1

砌体材料名称	性能特点	用途	主规格尺寸(mm)	主要技术参数	
				干密度 ρ_0(kg/m³)	当量导热系数 λ [W/(m·K)]
烧结多孔砖	以黏土、页岩、煤矸石、粉煤灰、淤泥(江河湖淤泥)及其他固体废弃物等为主要原料,经焙烧制成的砖,空洞率≥15%,孔尺寸小而数量多,相对于实心砖,减少了原料消耗,减轻建筑墙体自重,增强了保温隔热性能及抗震性能	可做承重墙,砌筑时以竖孔方向使用	240×115×90	1100～1300	0.51～0.682
烧结空心砖	以页岩、煤矸石、粉煤灰等为主要原料,经焙烧而成的砖,空洞率≥35%,孔尺寸大而数量少,孔洞采用矩形条孔或其他孔型,且平行于大面和条面	可做非承重的填充墙体	240×115×90	800～1100	0.51～0.682
普通混凝土小型空心砌块	以水泥为胶结料,以砂石、碎石或卵石、重矿渣等为粗骨料,掺加适量的掺合料、外加剂等,用水搅拌而成	承重墙或非承重墙及围护墙	390×190×190	2100	1.12(单排孔);0.86～0.91(双排孔);0.62～0.65(三排孔)
加气混凝土砌块	与一般混凝土砌块比较,具有大量的微孔结构,质量轻、强度高。保温性能好,本身可以做保温材料,并且可加工性好	可做非承重墙及围护墙	600×200×200	500～700	0.14～0.31

6.2.2　严寒和寒冷地区农村住房宜根据气候条件和资源状况选择适宜的外墙保温构造形式和保温材料，外墙保温层厚度应经过计算确定。具体外墙保温构造形式和保温层厚度可按表 6.2.2 选用。

农村住房外墙保温构造形式和保温材料厚度选用　　　　表 6.2.2

序号	名称	构造简图	构造层次	保温材料厚(mm)	
				严寒地区	寒冷地区
1	多孔砖墙 EPS 板外保温	内 外 1 2 3 4 5 6 7	1——20 厚混合砂浆 2——240 厚多孔砖墙 3——水泥砂浆找平层 4——胶粘剂 5——EPS 板 6——5 厚抗裂砂浆耐碱玻纤网格布 7——外饰面	70～80	50～60
2	混凝土空心砌块 EPS 板外保温	内 外 1 2 3 4 5 6 7	1——20 厚混合砂浆 2——190 厚混凝土空心砌块 3——水泥砂浆找平层 4——胶粘剂 5——EPS 板 6——5 厚抗裂砂浆耐碱玻纤网格布 7——外饰面	80～90	60～70

续表

序号	名称	构造简图	构造层次	保温材料厚(mm)	
				严寒地区	寒冷地区
3	混凝土空心砌块 EPS 板夹心保温	内 外 1 2 3 4 5	1——20 厚混合砂浆 2——190 厚混凝土空心砌块 3——EPS 板 4——90 厚混凝土空心砌块 5——外饰面	80～90	60～70
4	非黏土实心砖 EPS 板外保温	内 外 1 2 3 4 5 6 7	1——20 厚混合砂浆 2——240 厚非黏土实心砖墙 3——水泥砂浆找平 4——胶粘剂 5——EPS 板 6——5 厚抗裂砂浆耐碱玻纤网格布 7——外饰面	80～90	60～70
5	非黏土实心砖 EPS 板夹心保温	内 外 1 2 3 4 5	1——20 厚混合砂浆 2——240 厚非黏土实心砖墙 3——EPS 板 4——120 厚非黏土实心砖墙 5——外饰面	70～80	50～60
6	草砖墙	内 外 1 2 3 4 5	1——内饰面(抹灰两道) 2——金属网 3——草砖 4——金属网 5——外饰面(抹灰两道)	300	—
7	草板夹心墙	内 外 1 2 3 4 5 6 7	1——内饰面(混合砂浆) 2——120 厚非黏土实心砖墙 3——隔汽层(塑料薄膜) 4——草板保温层 5——40 厚空气层 6——240 厚非黏土实心砖墙 7——外饰面	210	140
8	钢构架草板墙	钢框架 内 外 1 2 3 4 5	1——内饰面(混合砂浆) 2——58 厚纸面草板 3——60 厚岩棉 4——58 厚纸面草板 5——外饰面	两层 58mm 草板;中间 60mm 岩棉	—

6.2.3 模塑聚苯乙烯泡沫塑料板（EPS 板）薄抹灰外保温系统的施工应符合下列规定。

1 EPS 板宽度不宜大于 1200mm，高度不宜大于 600mm。

2 所有外墙上的门窗框、雨水管、进户管线、墙面预埋件等，均应在保温层施工前完工。

3 基层墙体平整，无浮土和油污，墙面突出不平部分应剔除，并用水泥砂浆找平。

4 胶粘剂应涂在 EPS 板上，宜采用点框法，涂胶面积大于 40%；当基层墙体平整度良好时，可采用条粘法。粘贴 EPS 板时，板缝应挤紧，相邻板应齐平，板缝隙不得大于2mm，板间高差不得大于1.5mm；板间缝隙大于2mm时，应采用EPS板条将缝填满，板条不得粘结，更不得用胶粘剂直接填缝，板间高差大于1.5mm的部位应打磨平整。

5　EPS板应按顺砌方式粘贴，竖向缝应错缝。门窗洞口四角处EPS板不得拼接，应采用整块板割成形，且保温板接缝处应离开角部至少200mm。

6　抗裂砂浆中铺设的耐碱玻纤网格布，其搭接长度不小于100mm，网格布铺贴应平整，无褶皱，砂浆饱满度100%，严禁干搭接。

7　涂料饰面层涂抹前，应先在抗裂砂浆抹面层上涂刷高分子乳液弹性底涂层，再刮抗裂柔性耐水腻子，饰面层应采用弹性涂料。

8　粘贴和涂抹作业期间及完工后的24小时内，环境和基层表面温度应高于5℃，遇雨或雨季施工应有可靠的防雨措施，抹面层应避免在阳光直射或5级以上大风天气时施工。

9　墙体外保温系统完工后，应做好保护；拆卸脚手架时，注意保护墙面免受碰撞；严禁踩踏窗户、线脚；及时修补破坏墙面。

6.2.4　草砖墙的施工应符合下列规定：

1　草砖存放应采取防潮措施，下部可用砖或板等材料架高垫起，上部用塑胶防水布覆盖，在使用前应检查草砖是否潮湿、腐烂。

2　草砖墙基础（基础梁）应比周围的地面高出200mm左右。草砖墙底部与基础之间必须有防潮层。具体做法为在基础与草砖墙之间砌200mm宽砖槽，槽内填充炉灰渣或河卵石等，并于两侧砖槽上干铺防水卷材一层。

3　草砖砌筑时应平放，并互相紧挨，但不能过度挤压；捆草砖的铁丝或绳子应在草砖的上下两面；第一块草砖应与基础持平，从墙角或固定的一端（门或窗）开始砌筑。墙角处应使用整块草砖，并与承重结构固定。填放草砖块时，不应通缝，每一道垂直缝不应高过一道草砖；为保证草砖墙垂直，可把钢筋、竹竿或木条用铁丝透过草砖墙绑在墙的两侧，间距500mm；草砖间所有的缝隙应用草填满，防止有透气孔洞。

4　草砖抹灰层宜选用混合砂浆，抹灰前草砖墙必须保持干燥、平整。为避免出现裂缝，不同材料接缝处宜使用铁丝网覆盖，铁丝网覆盖长度不宜小于120mm。

5　草砖墙表面抹灰层上的裂缝宜每年修补。当出现能渗入水的裂缝时，应立即修补。

6　夏季应避免在草砖墙附近堆放物品，否则阻碍草砖墙向外散发潮气。

6.2.5　夹心保温墙体应在地震烈度小于或等于8度的地区使用，夹心保温构造的内外叶墙体之间应设置钢筋拉结措施，以保证墙体的安全性。

【条文说明】　夹心保温构造中内叶墙与外叶墙之间的钢筋拉结措施可采用经过防腐处理的拉结钢筋网片或拉结件，配筋尺寸应满足拉结强度要求。7～8度抗震设防地区夹心墙体应设置通长钢筋拉结网片，沿墙身高度每隔400mm设一道。6度抗震设防地区的夹心墙体可采用拉结件和拉结钢筋网片配合的拉结方式。拉结件的竖向间距不宜大于400mm，水平间距不宜小于800mm，且应呈梅花形布置。具体设计要求详见《夹心保温墙结构构造》07SG617。

6.2.6　外墙夹心保温的施工应符合下列规定：

1 夹心墙体砌筑应按外叶墙、保温层、内叶墙、钢筋拉结四道工序连续施工。四道工序一个循环过程必须连续作业，使内外叶墙体达到同一标高。

2 夹心墙砌筑时宜双面挂线，砌筑外叶墙在外侧挂线，砌筑内叶墙在内侧挂线。外叶墙与内叶墙必须同步砌筑成整体，砌筑高度按设计构造要求及保温板的规格沿高度方向分项砌筑。

3 夹心保温墙体的保温层为聚苯乙烯泡沫塑料板时，其竖向缝应错开，每块聚苯板四周缝应挤紧，如有空隙用岩棉板或聚苯板塞严，聚苯板接缝应企口搭接。安装保温板时，应采取临时固定措施。施工时采取有效措施，避免雨雪及施工用水进入夹心墙体内，严防聚苯板受潮。内叶墙砌筑完后，及时清除聚苯板上的砂浆。

4 夹心保温墙体的保温层为草板等吸水性材料时，保温层与内叶墙体之间应设置空气层和连续的隔汽层。

5 墙体砌筑宜采用内脚手架，墙体中不宜预留孔洞和设脚手架孔；门窗洞口实心墙体采用小砖砌筑。

6 墙内管线、线盒等，宜在砌筑前预埋，严禁事后在墙体上凿糟。

7 雨季施工应有防雨措施，防止雨水进入保温层里。

【条文说明】 草板夹心墙体的防潮材料可选择塑料薄膜。草板保温层与外侧墙体之间宜设置40mm厚空气层，并在外墙上设通气孔，通气孔水平和竖向间距不大于1000mm，呈梅花形布置，孔口罩细铁丝网（见图6.2.6）。

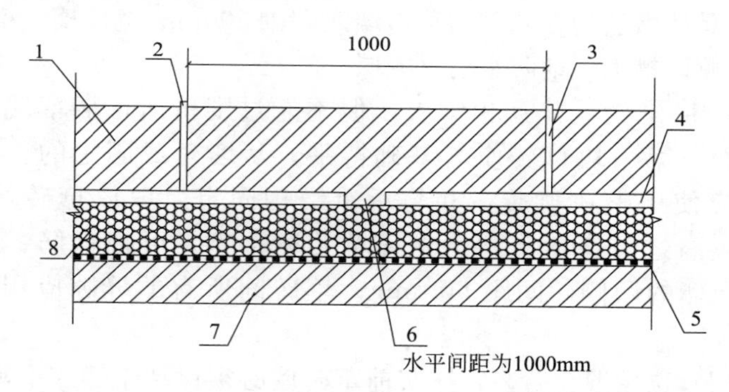

图 6.2.6 夹心保温墙体通气孔设置示意

1—240mm 砖墙；2—细铁丝网；3—直径 20mmPVC 透气口；4—40mm 空气层；5—塑料薄膜防潮层；6—挑砖；7—120mm 砖墙；8—草板保温层

6.2.7 围护结构的热桥部分应采取可靠的保温或“断桥”措施，并应符合下列规定：

1 外墙出挑构件及附墙部件与外墙或屋面的热桥部位均应采取保温措施；

2 外窗（门）洞口室外部分的侧墙面应进行保温处理；

3 伸出屋顶的构件及砌体（烟道、通风道等）应进行防结露的保温处理。

6.3 门 窗

6.3.1 严寒和寒冷地区农村住房应选用保温性能和密闭性能好的门窗，不宜采用推拉窗，门窗的传热系数不宜高于表6.1.2中的限值，外门、外窗的气密性等级不应低于现行国家标准《建筑外门窗气密、水密、抗风压性能分级及检测方法》GB/T 7106—2008规定的4级。门窗类型选用参见表6.3.1-1和表6.3.1-2。

农村住房外门选用　表 6.3.1-1

门框材料	门类型	传热系数 K[W/(m²·K)]	适用地区
木	单层木门	≤2.5	寒冷地区
	双层木门	≤2.0	严寒地区
塑料	上部为玻璃，下部为塑料	≤2.5	寒冷地区
金属保温门	单层	≤2.0	严寒地区

农村住房外窗选用　表 6.3.1-2

窗框材料	外窗类型	玻璃之间空气层厚度(mm)	传热系数 K [W/(m²·K)]	适用地区
塑料	中空玻璃平开窗	6～12	3.0～2.5	寒冷地区
		24～30	≤2.5	寒冷地区
	双中空玻璃平开窗	12+12	≤2.0	严寒地区
	单层玻璃平开窗组成的双层窗	≥60	≤2.3	寒冷地区
	单层玻璃平开窗+中空玻璃平开窗组成的双层窗	中空玻璃 6～12 双层窗间距≥60	2.0～1.5	严寒地区
铝合金	中空玻璃断热型材平开窗	6～12	≤3.2	寒冷地区
	双中空玻璃断热型材平开窗	12+12	2.2～1.8	严寒地区
	单层玻璃平开窗组成的双层窗	≥60	3.0～2.5	寒冷地区
	单层玻璃平开窗+中空玻璃平开窗组成的双层窗	中空玻璃 6～12 双层窗间距≥60	≤2.5	寒冷地区

注：窗有多种组合形式，表中所列窗类型仅为其中的一部分，可根据具体情况选择窗户类型，并灵活组合应用。

6.3.2 外门应有防冷风侵入措施，如设双层门或门斗，并应符合下列规定：

1 采用双层门时，外门向外开，内门向内开，并保证人在开启外门时，冷风不直接吹入（见图 6.3.2-1）。

2 设置门斗时，两道门之间距离不宜小于 1000mm（见图 6.3.2-2）。

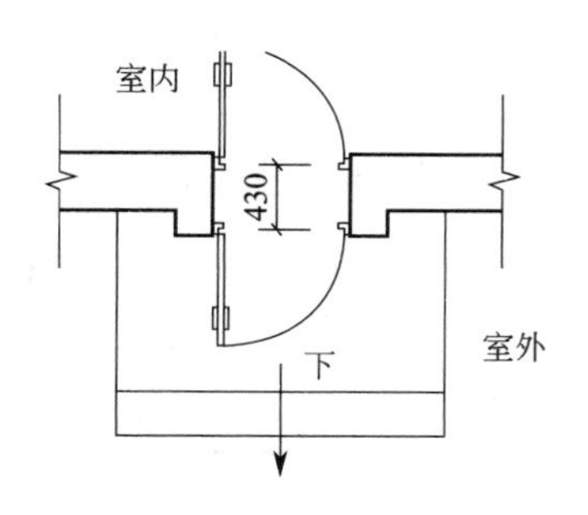

图 6.3.2-1　双层外门

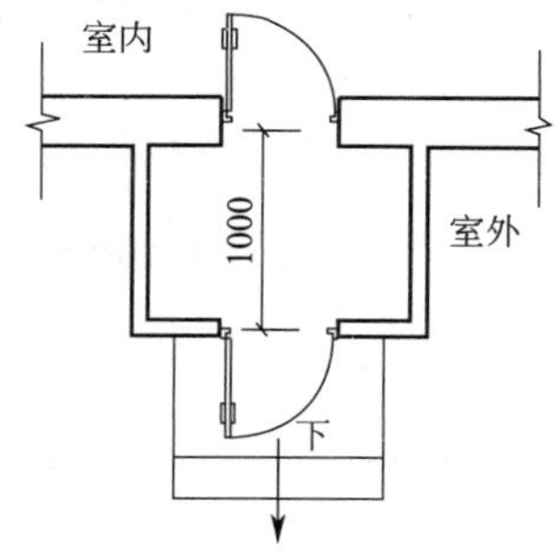

图 6.3.2-2　门斗

6.3.3 门窗的安装应符合下列规定：

1 门窗宜靠近墙体的外表面安装，使墙体尽可能少遮挡进入室内的光线；

2 门窗框与墙体间的缝隙，应采用高效保温材料填堵，宜采用施工现场灌注聚氨酯泡沫塑料或填塞聚乙烯泡沫塑料棒，再从内外侧用嵌缝密封膏（胶）密封，以减少该部位的开裂、结露和空气渗透；

3 外墙保温层与门窗框之间的窗洞侧壁部位应作保温处理，保温材料与外墙保温材料一致，保温层厚度不小于20mm，提高门窗的保温性能。

6.3.4 外门窗冬季可采用附加保温措施，如外窗内侧宜加布料质地厚重的窗帘，或在窗户两侧加一层塑料薄膜，外门挂保温门帘等。

6.4 屋 面

6.4.1 严寒和寒冷地区农村住房的屋顶应设保温层，保温层应覆盖整个屋面范围，屋架承重的坡屋面保温层宜设置在吊顶内（见图6.4.1-1），钢筋混凝土屋面的保温层应设在钢筋混凝土结构层上（见图6.4.1-2），以防止结构层冻裂。

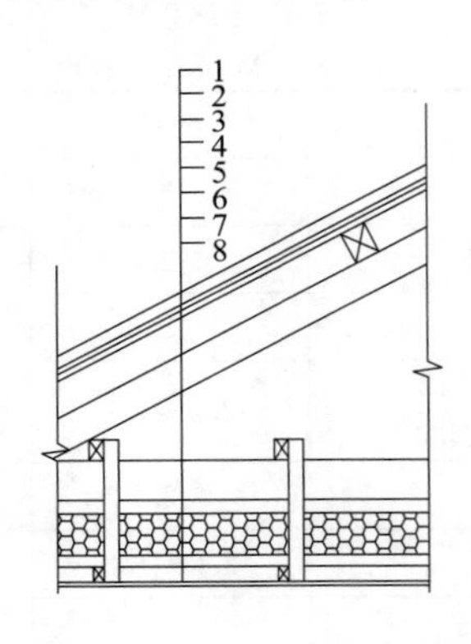

图6.4.1-1 木屋架坡屋面保温构造示意

1—面层；2—防水层；3—望板；4—屋架；5—保温层；6—隔汽层；7—棚板；8—吊顶

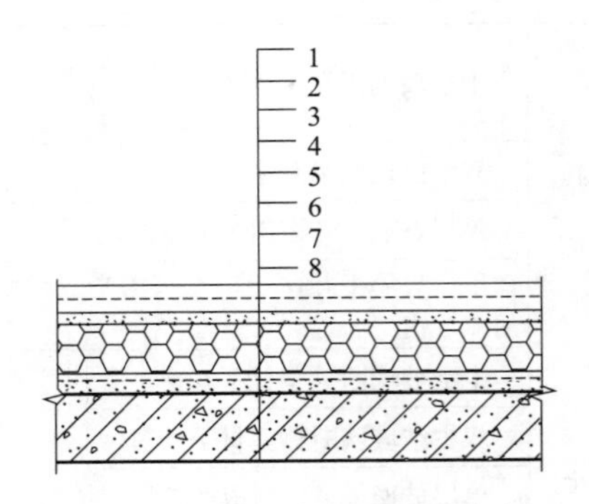

图6.4.1-2 钢筋混凝土平屋面保温构造示意

1—保护层；2—防水层；3—找平层；4—找坡层；5—保温层；6—隔汽层；7—找平层；8—钢筋混凝土屋面板

6.4.2 坡屋面吊顶内保温的保温材料宜选择模塑聚苯乙烯泡沫塑料板（EPS板）、膨胀珍珠岩板，也可采用草木灰、生物质材料制成的板材，并做好保温材料的防潮措施；放置保温材料的吊顶（或棚板）应采用耐久性、防火性好的材料，并应满足保温层的荷载要求；钢筋混凝土屋面的保温材料宜选择模塑聚苯乙烯泡沫塑料板（EPS板）或挤塑聚苯乙烯泡沫塑料板（XPS板）。

6.4.3 严寒和寒冷地区农村住房屋面保温构造形式和保温材料厚度可按表6.4.3选用。

严寒和寒冷地区农村住房屋面保温构造形式和保温材料厚度 表6.4.3

序号	名称	构造简图	构造层次		保温材料厚度（mm）	
					严寒地区	寒冷地区
1	木屋架坡屋面吊顶内保温	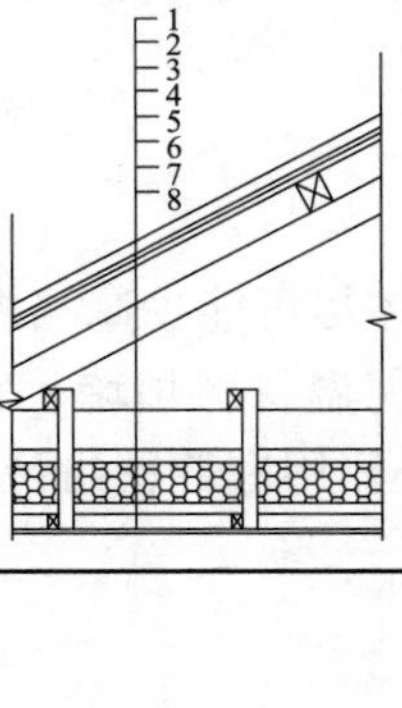 1 2 3 4 5 6 7 8	1——面层(彩钢板/瓦等) 2——防水层 3——望板 4——木屋架层		—	
			5——保温层	锯末、稻壳	250	200
				EPS板	110	90
			6——隔汽层(塑料薄膜) 7——棚板(木/苇板/草板) 8——吊顶		—	

续表

<table>
<tr><th rowspan="2">序号</th><th rowspan="2">名称</th><th rowspan="2">构造简图</th><th rowspan="2" colspan="2">构造层次</th><th colspan="2">保温材料厚度（mm）</th></tr>
<tr><th>严寒地区</th><th>寒冷地区</th></tr>
<tr><td rowspan="4">2</td><td rowspan="4">钢筋混凝土坡屋面EPS/XPS板外保温</td><td rowspan="4"></td><td colspan="2">1——保护层
2——防水层
3——找平层</td><td colspan="2">—</td></tr>
<tr><td rowspan="2">4——保温层</td><td>EPS板</td><td>110</td><td>90</td></tr>
<tr><td>XPS板</td><td>80</td><td>60</td></tr>
<tr><td colspan="2">5——隔汽层
6——找平层
7——钢筋混凝土屋面板</td><td colspan="2">—</td></tr>
<tr><td rowspan="4">3</td><td rowspan="4">钢筋混凝土平屋面EPS/XPS板外保温</td><td rowspan="4"></td><td colspan="2">1——保护层
2——防水层
3——找平层
4——找坡层</td><td colspan="2">—</td></tr>
<tr><td rowspan="2">5—保温层</td><td>EPS板</td><td>110</td><td>90</td></tr>
<tr><td>XPS板</td><td>80</td><td>60</td></tr>
<tr><td colspan="2">6——隔汽层
7——找平层
8——钢筋混凝土屋面板</td><td colspan="2">—</td></tr>
</table>

6.4.4 木屋架吊顶内保温的施工应符合下列规定：

1 坡屋面、平屋面采用敷设于屋面内侧的保温材料作保温层时，应有防潮设施，如铺设塑料薄膜，并且下部要有吊顶保护。

2 吊顶（或棚板）上铺设板状保温材料时，拼缝应严密，铺设应平稳，板缝之间应用散状保温材料填缝。板状保温材料应紧贴基层，铺平垫稳，拼缝严密，找坡正确；保温层厚度的允许偏差为±5%，且不得大于4mm。

3 棚板上铺设松散保温材料时，应分层铺设，适当压实，并且应保证屋面与棚板之间具有良好的气密性，防止冬季风会将保温材料吹到一角，严重影响局部的保温效果，也可在棚板承重许可条件下，在松散性保温材料的上部利用炉渣、黏土等压实。保温层厚度的允许偏差为±10%。

6.4.5 钢筋混凝土屋面保温施工应符合下列规定：

1 采用块状保温材料时，可直接干铺或采用专用的胶粘剂铺在找平层上；

2 屋面外保温施工完成后，应及时进行找平层和防水层的施工，避免保温层受潮、浸泡或受损。

6.5 地　面

6.5.1 严寒地区农村住房的地面、室内地坪以下的垂直外墙应增设保温层，地面保温层下方应设置防潮层。

6.5.2 地面防潮层施工应符合下列规定：

1 在铺设防潮层前，应对基层表面进行处理，保证基层表面平整、洁净和干燥，并不得有空鼓、裂缝、起砂现象；

2 防潮层应连续搭接不间断，搭接处采用沥青密封。

6.5.3 地面保温层施工应符合下列规定：

1 铺设板状保温材料应错缝铺贴，板缝隙间应用同类材料嵌填密实；

2 使用水泥砂浆粘贴板状材料时，板间缝隙应用保温灰浆填实并勾缝；

3 浇筑混凝土时，将保温层周边的防潮层拉起，以保证良好的防水性。

6.5.4 严寒和寒冷地区农村住房地面保温构造形式可按表 6.5.4 选用。

严寒和寒冷地区农村住房地面保温构造形式选用　　表 6.5.4

序号	名称	简图	构造层次
1	挤塑板保温地面	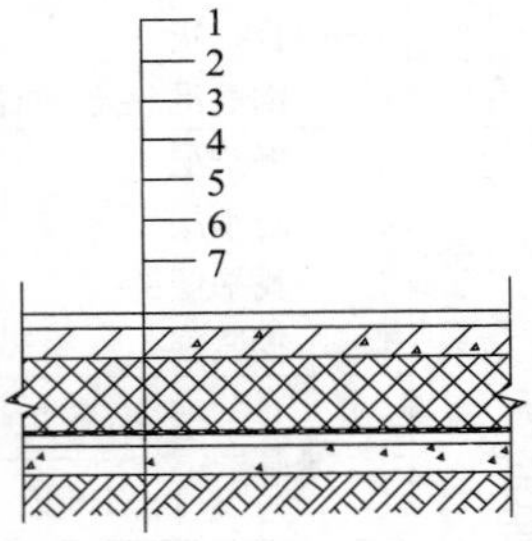 1 2 3 4 5 6 7	1——面层 2——40 厚 C15 混凝土保护层 3——保温层 4——防潮层 5——20 厚 1：3 水泥砂浆找平层 6——垫层 7——素土夯实层 (以上各层具体做法参照当地标准图)
2	炉渣保温地面	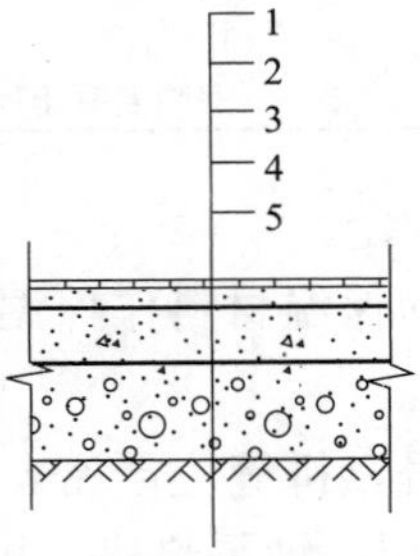 1 2 3 4 5	1——面层 2——20 厚 1：3 水泥砂浆找平 3——80 厚 C10 混凝土垫层 4——炉渣垫层 5——素土夯实
3	室内地坪以下外墙面保温	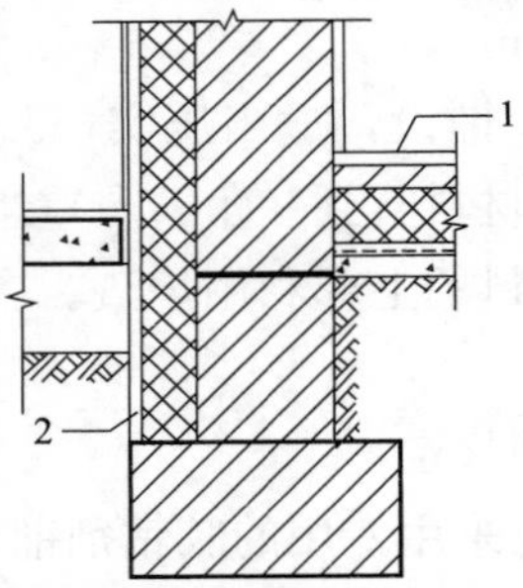 1 2	1——室内地坪 2——墙体保温层延长至基础

7　供暖和通风节能技术

7.1　一 般 规 定

7.1.1 农村住房供暖设计应与建筑设计同步进行，应根据住户需求及生活特点，结合建筑平面和结构，对炉灶、烟道、供暖设施等进行综合布置，预留好孔洞和摆放位置。供暖设施位置及其散热面宜靠近人员活动区域，不宜影响采光和室内家具布置及室内美观。

7.1.2 农村住房供暖应根据房间耗热量、供暖需求特点、当地居民生活习惯，以及当地资源条件，合理选用火炕、火墙、火炉、热水供暖系统等一种或多种供暖方式，并宜利用生物质燃料。

7.1.3　农村住房利用烟气供暖时，应采取预防火灾，严防煤气中毒和烟气污染的技术措施。

1　炉、灶等燃烧设施所处房间应设置可开启的通风口，应有新鲜空气进入通道，并保证烟气流通顺畅合理；对于设置有火炕、火墙、燃烧器具的房间，其换气次数不应低于 $0.5h^{-1}$；

2　烟气产生及流通设施，尤其与室内相连部分，必须进行气密性处理，防止烟气泄露造成室内空气污染、煤气中毒等事件发生，同时可有效地提高生物质燃料的燃烧效率和热利用率。

7.2　火炕和火墙

7.2.1　农村住房宜利用炊事产生的烟气余热供暖，宜选用灶连炕作为基本供暖措施。

7.2.2　灶连炕中灶台的设计和建造应符合下列规定：

1　灶的结构尺寸应与锅的尺寸、使用的主要燃料相适应，应利于形成最佳的燃烧空间，并减少拦火程度；

2　灶台与烟囱宜相邻布置，并且炉灶宜设置双喉眼，一个通炕体，一个通烟囱，并设置插板阀进行控制；

3　灶台高度宜低于室内炕面100～200mm。

7.2.3　火炕的炕体形式应结合房间需热量、布局、居民生活习惯等确定。房间面积较小、耗热量低、生火间歇较短时，宜选用散热性能好的架空炕［见图7.2.3(a)］；房间面积较大、耗

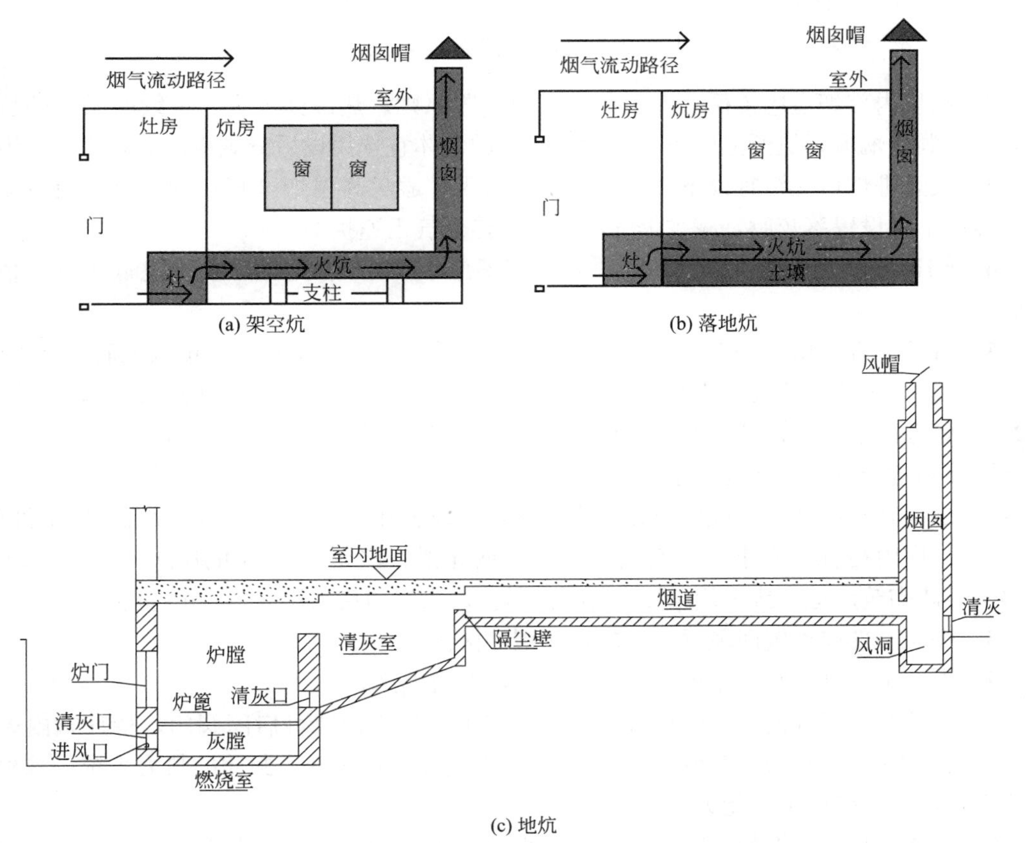

(a) 架空炕　(b) 落地炕

(c) 地炕

图7.2.3　火炕的构造示意

热量高、生火间歇较长时，宜选用蓄热能力强的落地炕［见图 7.2.3(b)］或火墙式火炕、地炕［见图 7.2.3(c)］，辅以其他即热性好的供暖方式，应用时应符合下列规定：

1 架空炕的底部空间应保证空气流通良好，宜至少有两面炕墙距离其他墙体不低于 0.5m。炕面板宜采用大块钢筋混凝土板。

2 落地炕应在炕洞底部和靠外墙侧设置保温层，炕洞底部宜铺设 200～300mm 厚的干土。

7.2.4 火炕烟道设计和建造应符合下列规定：

1 火炕内烟道应采用倒卷帘式（见图 7.2.4）。

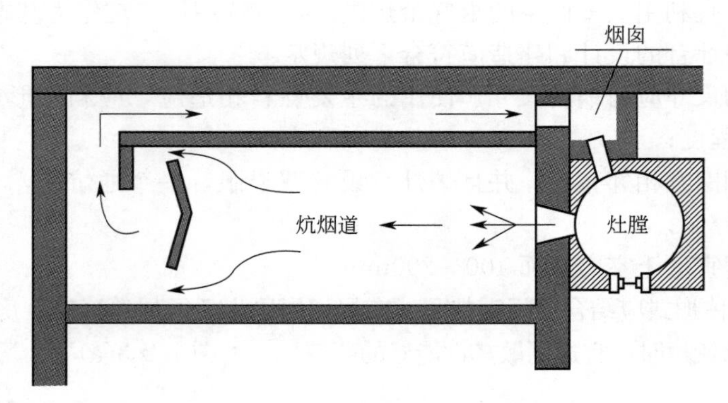

图 7.2.4 倒卷帘式火炕烟道示意

2 火炕内部烟道应遵循“前引后导”的布置原则。热源强度大、持续时间长的炕体宜采用花洞式烟道，热源强度小、持续时间短的炕体宜选用设后分烟板的简单直洞烟道。

3 火炕进烟口上沿宜设下倾的挡板做引火舌，避免高温烟气直接冲击炕面板造成局部高温；不宜设置落灰膛，减少烟气涡流，使热烟气迅速扩散。

4 烟道高度宜为 180～400mm，且坡度不应小于 5‰；进烟口上檐宜低于炕面板下表面 50～100mm。

7.2.5 炕面板宜采用结构强度大、蓄热性能、导热性能好的材料，如预制钢筋混凝土板、石板、大块土坯等。炕表面应平整，抹面层炕头宜比炕稍厚，中部宜比里外稍厚。

7.2.6 烟囱的设置应保证良好热压作用，并降低室外风压影响，避免出现反风倒烟现象，烟囱设计和建造应符合下列规定：

1 烟囱宜与内墙结合或砌筑在室内角落，当设置在外墙时，应进行保温和防潮处理。

2 烟囱内径宜上面小、下面大，且内壁面光滑、严密。下部可用 200mm×200mm 方形实心砖砌筑烟道（或采用 ϕ200mm 缸瓦管），出房顶后采用 ϕ150mm 缸瓦管。

3 烟囱底部应设置回风洞，形成负压缓冲区。

4 烟囱出口高度宜高于屋脊，避免处于风的漩涡区。

7.2.7 火炕的灶门等进风口应设置挡板，烟道出口处宜设置可启闭阀门，待灶膛内火全部燃烬后，关闭灶门挡板和烟道出口阀，使整个炕体形成了一个封闭的热力系统，减少热气流失，提高其持续供热能力。

7.2.8 炕体进行气密性处理时，可采用炕面抹草泥，将碎稻草与泥土混合，防止表面干裂，抹完一层后，待火烤半干后再抹下一层，并将裂缝腻死，然后慢火烘干，最后用稀泥将细小裂缝抹平。

7.2.9　耗热量大的房间宜采用火墙作为室内辅助供暖设施，设置地点宜选择两个房间同时需要供暖的间墙，并根据实际情况选择竖洞、横洞或花洞等构造形式；火墙的设计和建造应符合下列规定：

1　火墙的长度宜为1.0～2.0m，宜采用3～5洞，各烟道间的隔墙厚度宜为60mm；火墙砌体的散热面应设置在下部，高度宜为1.0～1.8m。

2　火墙应有一定的蓄热能力，砌筑材料宜采用实心黏土砖或其他蓄热材料，砌体的有效容积不宜小于0.2m^3。

3　火墙厚度宜为240mm或300mm，壁厚宜为60mm，火墙表面先刷泥浆，再刷白灰浆，以防从缝隙漏烟，当要求表面光滑时，也可在泥浆外抹薄薄一层白灰砂浆，再刷白灰浆。

4　火墙应靠近外窗和外门，以便直接加热从门和窗进入的冷空气。

7.2.10　火墙式火炕是将传统落地炕靠近炕沿的内部设置燃烧室和烟道，使炕前墙的垂直壁面变成火墙的一种改进火炕形式（见图7.2.10）。充分利用了火炕蓄热性和火墙的即热

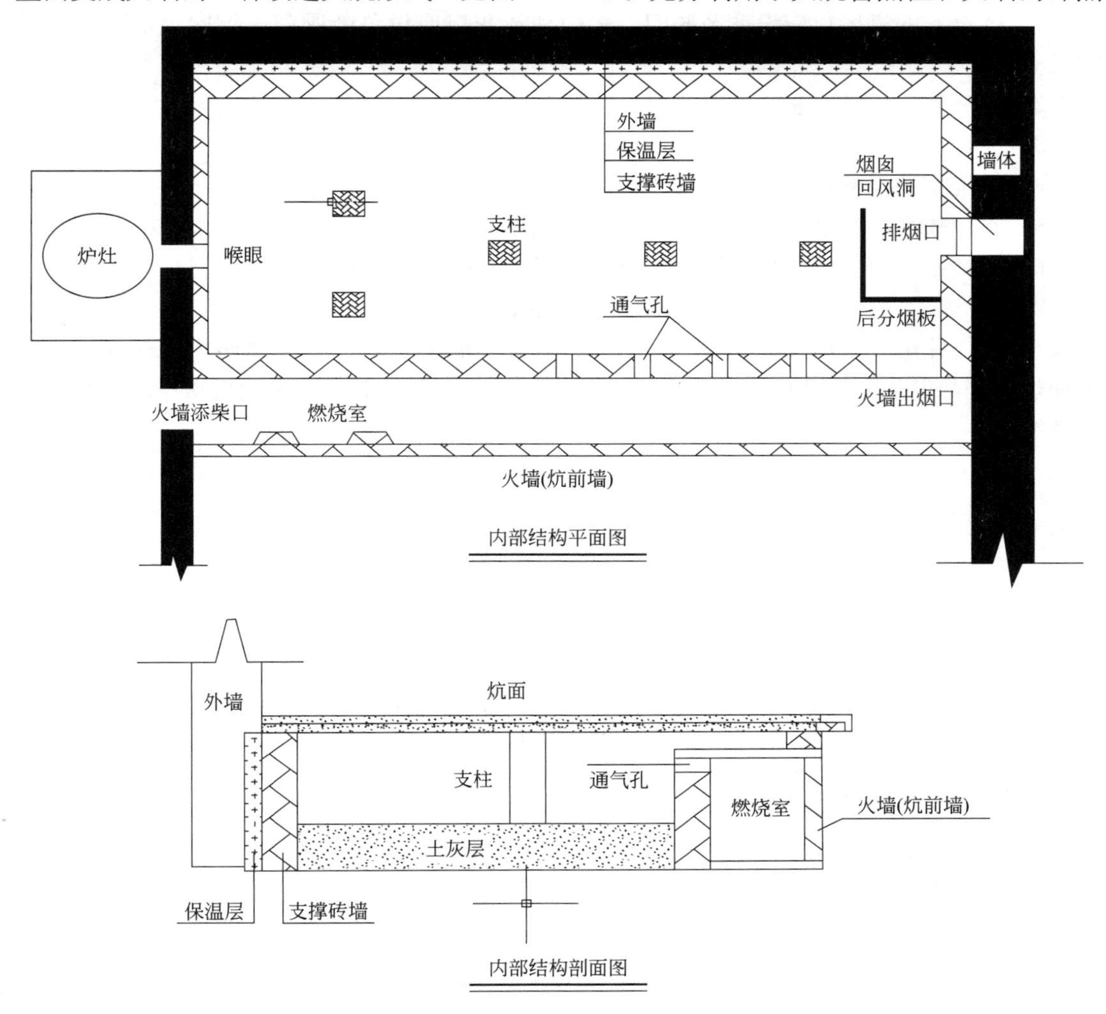

图7.2.10　火墙式火炕示意

性、灵活性，互相取长补短，适合严寒和寒冷地区，热负荷大且需要持续供暖的房间。火墙式火炕的设计和建造应符合下列规定：

1 火墙燃烧室净高宜为300～400mm，且燃烧室与炕面中间设50～100mm空气夹层；炕体内部的侧壁宜设置炕内的通气孔。

2 适合烟囱与灶台距离较远的场合，并且火墙和火炕宜共用烟囱排烟。

3 炕体部分保温隔热处理符合本导则第7.2.3条的相关规定，设计和建造 符合本导则第7.2.4、7.2.5、7.2.6、7.2.7、7.2.8条的相关规定。

4 添柴口设置可启闭挡板，火墙不运行时应关闭。

5 火墙高温区域可采取必要防烫伤措施。

6 火墙燃烧室上方可设置集热器作为重力循环热水供暖系统的热源，供其他房间供暖使用。

7.2.11 地炕为房间下面设置燃烧池，以地面作为散热表面的一种供暖方式，地炕的设计和建造应符合下列规定：

1 燃烧室的进风口应设调节阀门，炉门和清灰口应设关断阀门。烟囱顶部应设可关闭风帽。

2 燃烧室后应设除灰室、隔尘壁。

3 应根据各房间需热量和烟气温度布置烟道。

4 燃烧室的池壁距离墙体不应小于1.0m。

5 水位较高或者潮湿地区，燃烧室的池底应进行防水处理。

6 燃烧室盖板宜采用现场浇筑的施工方式，并应进行气密性处理。

7.3 热水供暖系统

7.3.1 农村住房宜采用重力循环式热水供暖系统（见图7.3.1），当供暖面积过大，供暖炉加热中心与散热器散热中心距过小，使热水系统循环不利时，可采用机械循环式热水供暖系统。

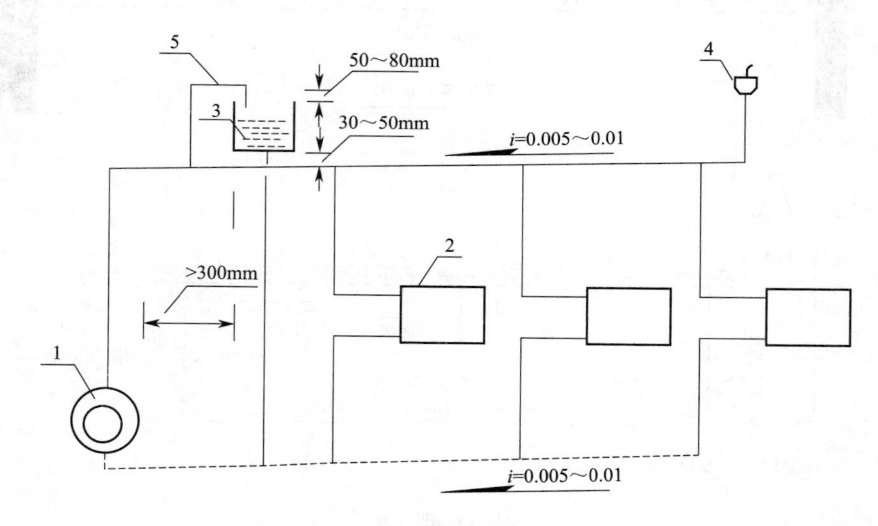

图7.3.1 重力循环热水供暖系统示意

1—供暖炉；2—散热器；3—膨胀水箱；4—自动排气阀；5—排气管

7.3.2　重力循环热水供暖系统的管路布置形式宜采用异程式，并应采取措施保证各环路水力平衡。单层农村住房的热水供暖系统形式宜采用水平双管式。二层及以上农村住房的热水供暖系统宜采用垂直单管顺流式。

7.3.3　重力循环热水供暖系统的作用半径，应根据供暖炉加热中心与散热器散热中心高度差来确定。重力循环热水供暖系统的作用半径可按表7.3.3选取。

重力循环热水供暖系统的作用半径参考值（m）　　**表7.3.3**

供暖炉加热中心和散热器散热中心高度差		系统作用半径
单层住房	0.2	3.0
	0.3	5.5
	0.4	8.0
	0.5	11.0
	0.6	13.5
	0.7	16.0
	0.8	18.5
	0.9	21.5
	1.0	24.0

注：表中的作用半径数值是在供水干管高于供暖炉加热中心1.5m的垂直高度下计算得到的。

7.3.4　供暖炉的选择与布置应符合下列规定：

1　应采用正规厂家生产的热效率高、环保型铁制炉具。

2　应根据燃料的类型选择适用的供暖炉类型。

3　供暖炉的炉体应有良好保温。

4　宜选择带排烟热回收装置的燃煤供暖炉，排烟温度高时，宜在烟囱下部设置水烟囱等回收排烟余热。

5　供暖炉宜布置在专门锅炉间内，不得布置在卧室或与其相通的房间内；供暖炉的设置位置宜低于室内地坪0.2～0.5m。供暖炉应设置排烟道。

7.3.5　散热器的选择和布置应符合下列规定：

1　散热器宜布置在外窗窗台下，当受安装高度限制或布置管道有困难时，也可靠内墙安装；

2　散热器宜明装，暗装时装饰罩应有合理的气流通道、足够的通道面积，并方便维修。

7.3.6　重力循环热水供暖系统的管路布置应符合下列规定：

1　管路布置宜短、直，弯头、阀门等部件宜少；

2　供水、回水干管的直径应相同；

3　供水、回水干管敷设时，应有坡向供暖炉0.5%～1.0%的坡度；

4　供水干管宜高出散热器中心1.0～1.5m，回水干管宜沿地面敷设，当回水干管过门时，应设置过门地沟；

5　敷设在室外、不供暖房间、地沟或顶棚内的管道应进行保温，保温材料宜采用岩棉、玻璃棉或聚氨酯硬质泡沫塑料，保温层厚度不宜小于30mm。

7.3.7 阀门与附件的选择和布置应符合下列规定：

1 散热器的进、出水支管上应安装关断阀门，关断阀门宜选用阻力较小的闸板阀或球阀。

2 膨胀水箱（补水罐）的膨胀管上严禁安装阀门。

3 单层农村住房热水供暖系统的膨胀水箱宜安装在室内靠近供暖炉的回水总干管上，其底端安装高度宜高出供水干管30～50mm；二层以上农村住房热水供暖系统的膨胀水箱宜安装在上层系统供水干管的末端，且膨胀水箱的安装位置应高出供水干管50～100mm。

4 供水干管末端及中间上弯处应安装排气装置。

7.3.8 热水供暖系统的运行维护保养应符合下列规定：

1 炉膛内的结渣、积灰和烟囱内的积灰应经常彻底地清理；

2 及时向系统内补水，避免干烧；

3 定期清理水套夹缝之间的煤渣、积灰和焦油；

4 定期清理、擦拭炉盘炉体，保持干净整洁，防止腐蚀；

5 定期清理盛灰斗内的积灰，避免烧坏炉；

6 炉内膛泥如有损坏，应及时用耐火水泥或黄泥修补；

7 禁止使用系统中的热水，以保证炉具的使用寿命；

8 冬季停炉维修或当系统暂时不运行时，应将系统内的水放净，以防止结冰冻坏管路和炉体，若系统或炉体已结冰，必须使冰安全熔化后，方可重新点火，以防止因系统冰堵，而发生爆炸事故；

9 非供暖季停炉时，对炉子和系统应采取湿法保养，即停炉后将炉内和系统内保持满水状态；清理炉子水套上的积尘和炉膛、灰斗内的灰渣，炉条上部放一些石灰粉，保持干燥，减少腐蚀，将烟囱内的积灰清理干净，并将烟囱出口盖住，防止下雨漏水。

7.4 通　风

7.4.1 农村住房的起居室、卧室等房间宜利用穿堂风增强自然通风，风口开口位置及面积应符合下列规定：

1 进风口和出风口宜分别设置在相对的立面上；

2 进风口应大于出风口；开口宽度宜为开间宽度的1/3～2/3，开口面积宜为房间地板面积的15%～25%；

3 门窗、挑檐、通风屋脊、挡风板等构造的设置，应利于导风、排风和调节风向、风速。

7.4.2 采用单侧通风时，通风窗所在外墙与夏季主导风向间的夹角，宜为40°～65°。

7.4.3 厨房宜利用热压进行自然通风或设置机械排风装置。

8 既有住房节能改造技术

8.1 一 般 规 定

8.1.1 农村既有住房节能改造前，应对围护结构的热工性能、室内热环境状况等进行实地现场调查，对拟改造建筑的能耗状况及节能潜力做出分析，作为节能改造的依据。

8.1.2 农村既有住房节能改造宜同时考虑围护结构保温改造和供暖、通风、照明及炊事设施的节能改造，因地制宜地选择投资成本低、节能效果明显的方案。

8.1.3　围护结构进行节能改造时，应根据建筑的建成年代、类型，建筑现有立面形式和外装饰材料确定采用何种保温技术，宜选用外保温技术。

8.1.4　外墙节能改造采用内保温技术时，应对混凝土梁、柱等热桥部位进行保温，保证整体保温效果，并避免内表面结露。

8.1.5　既有住房节能改造，除应符合本章规定的设计和施工要求外，尚应参照导则第 6 章和第 7 章的相关规定执行。

8.2　外　　墙

8.2.1　农村既有住房外墙节能改造时，应在原有外墙基础上加设保温层，并应与建筑的立面改造相结合。墙体保温改造的常见方法和保温材料厚度可参考表 8.2.1。

墙体保温改造的常见作法和保温材料厚度选用　　**表 8.2.1**

序号	类型	改造措施	适用地区保温材料厚度参考值
1	实心砖墙(无保温) 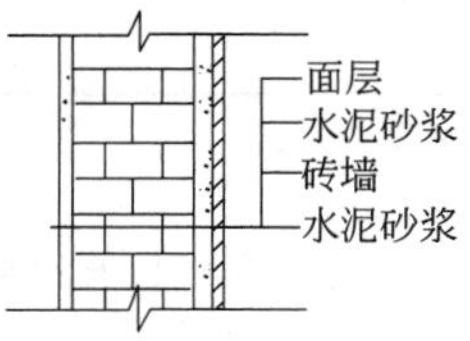 面层 水泥砂浆 砖墙 水泥砂浆	EPS 板外保温 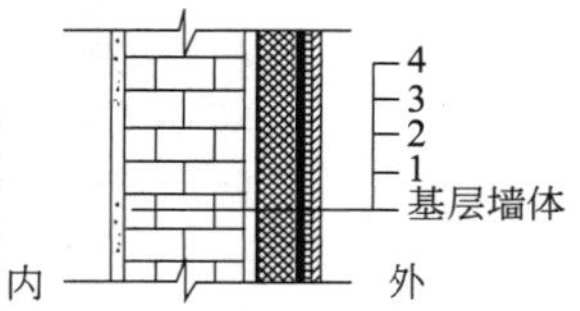 4 3 2 1 基层墙体 内　外 1——胶粘剂 2——EPS 板 3——耐碱玻纤网格布 4——饰面层	严寒地区:490 厚砖墙保温层厚度不小于 60mm;370 厚砖墙保温层厚度不小于 70mm。 寒冷地区:370 厚砖墙保温层厚度不小于 50mm;240 厚砖墙保温层厚度不小于 60mm
		胶粉聚苯颗粒内外保温 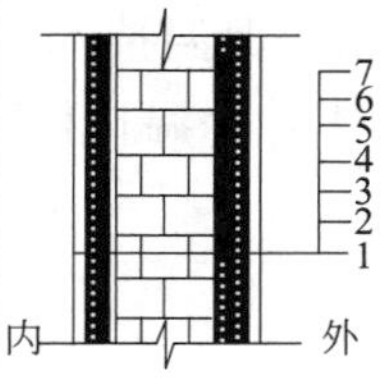 7 6 5 4 3 2 1 内　外 1——饰面层(内嵌耐碱玻纤网格布) 2——胶粉聚苯颗粒浆料(保温层) 3——界面砂浆 4——实心砖墙 5——界面砂浆 6——胶粉聚苯颗粒浆料(保温层) 7——饰面层(内嵌耐碱玻纤网格布)	寒冷地区:370 厚砖墙内外保温层总厚度不小于 70mm;240 厚砖墙内外保温层总厚度不小于 90mm
2	土墙(无保温) 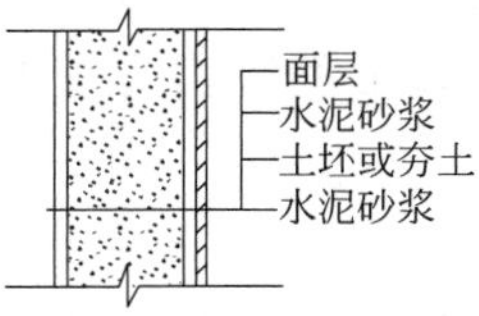 面层 水泥砂浆 土坯或夯土 水泥砂浆	原有墙体缝隙填堵,增厚墙体,内外增加草泥抹灰层;或采用涂抹保温浆料等加强保温效果	寒冷地区:300 厚土墙内外保温层总厚度不小于 80mm
		胶粉聚苯颗粒内外保温 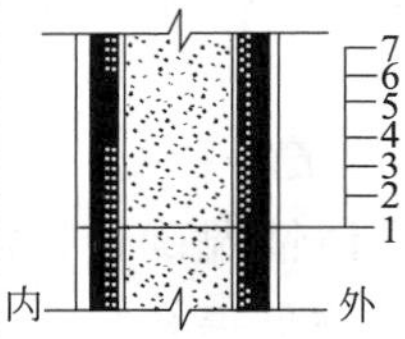 7 6 5 4 3 2 1 内　外 1——饰面层(内嵌耐碱玻纤网格布) 2——胶粉聚苯颗粒浆料(保温层) 3——界面砂浆 4——土墙 5——界面砂浆 6——胶粉聚苯颗粒浆料(保温层) 7——饰面层(内嵌耐碱玻纤网格布)	

续表

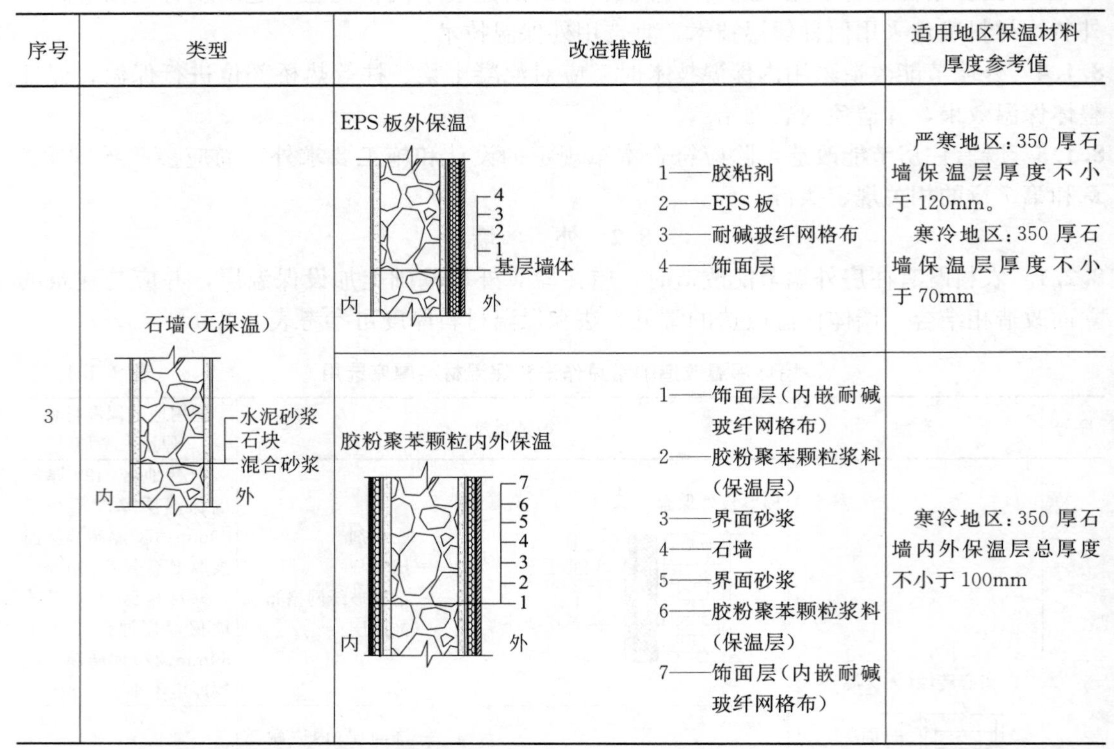

序号	类型	改造措施	适用地区保温材料厚度参考值
3	石墙（无保温） 水泥砂浆 石块 混合砂浆 内 外	EPS板外保温 1——胶粘剂 2——EPS板 3——耐碱玻纤网格布 4——饰面层 基层墙体 内 外	严寒地区：350厚石墙保温层厚度不小于120mm。 寒冷地区：350厚石墙保温层厚度不小于70mm
		胶粉聚苯颗粒内外保温 1——饰面层（内嵌耐碱玻纤网格布） 2——胶粉聚苯颗粒浆料（保温层） 3——界面砂浆 4——石墙 5——界面砂浆 6——胶粉聚苯颗粒浆料（保温层） 7——饰面层（内嵌耐碱玻纤网格布） 内 外	寒冷地区：350厚石墙内外保温层总厚度不小于100mm

备注：采用胶粉聚苯颗粒内外保温进行节能改造时，内、外单层保温层厚度不应大于60mm。

8.2.2 严寒地区既有住房外墙节能改造不宜采用内保温技术，寒冷地区在外保温确实无法施工或需要保持住房外貌时，可采用内保温技术，保温材料宜选用胶粉聚苯颗粒或保温砂浆。

8.2.3 既有住房外墙外保温施工应符合下列规定：

1 外墙侧管道、线路应拆除。

2 应对原外墙裂缝、渗漏进行修复，墙面的缺损、孔洞应填补密实。

3 应进行基层处理。既有住房外墙面为清水墙时，原墙面用水泥砂浆做找平层；原墙面为抹面涂料面层时，如涂料起粉、起皮、剥落现象，应将原墙面凿毛，否则，应将原涂层铲除；原墙面为瓷砖面层时，应将瓷砖面灰尘清刷干净，并进行凿毛；石墙面可进行抹灰处理。

4 外墙保温材料要选购合格产品，尤其是粘EPS板和抹面用的专用胶粘剂应选购专业生产厂家的产品（有合格证和质量保证书），外墙外保温工程宜由专业施工队伍施工。

8.3 门　　窗

8.3.1 外门和外窗的改造可根据既有住房的具体情况确定，需要综合考虑安全、采光、隔声、通风、气密性和节能等性能要求，具体措施见表8.3.1。

8.3.2 在原单层窗外（或内）加一层窗户时，应确定合理间距，并应注意避免层间结露和做好两层窗间的防水。

外门和外窗改造措施　　　　表8.3.1

序号	类型	改造前状况	改造措施
1	单层木门和单层铝合金门	门扇质量较好	增设一层门或加棉门帘、加门斗
		门扇质量不好	更换为金属保温门、中空玻璃塑钢(铝合金)门、实体木门,并做好密封
2	单层木窗和单层铝合金窗	窗扇质量、密封较好	增设一层木窗或铝合金窗
		窗扇质量、密封不好	更换为平开中空玻璃塑钢窗,并做好密封

8.3.3　更换门窗时，应对门窗框与墙之间的缝隙进行保温密封处理，以减少该部位的开裂、结露和空气渗透。

8.3.4　原有门窗不更换时，应使用密封条加强门窗的气密性，门窗框与墙面用弹性松软材料（如毛毡）、弹性密闭型材料（如聚乙烯泡沫塑料棒）、密封膏等密封；框与扇的密封可用橡胶、橡塑或泡沫密封条；扇与扇之间的密封可用密封条、高低缝及缝外压条等；扇与玻璃之间的密封可用各种弹性压条。

8.3.5　墙体增加保温层后，原有窗台应采取加宽加固措施，防止踩踏窗台的不安全性。

8.4　屋　　面

8.4.1　屋面的节能改造可根据农村既有住房的实际情况选择改造方法，常见的屋面节能改造方法参见表8.4.1。

常见屋面节能改造方法　　　　表8.4.1

序号	屋面类型	改造前状况	改造措施	改造注意事项
1	木屋架坡屋面	屋面无保温,室内无顶棚	在原有屋架上做龙骨吊顶,在吊顶上加设EPS板、难燃或不燃的散状或袋装散状轻质保温材料,保温层的厚度参见表6.4.3中做法1	1. 吊顶前应修补好旧屋面的漏水部位,清除屋面底部的杂物。 2. 吊顶层应采用耐久性、防火性能好,并能承受铺设保温层荷载的构造和材料,如石膏板。 3. 保温层与墙壁、支吊架间隙须填实
		屋面无保温,室内有吊顶,且吊顶承重满足保温层荷载要求	在吊顶面上开人孔,通过人孔在吊顶上加EPS板,难燃或不燃的散状或袋装散状轻质保温材料	
2	木屋架平屋面	屋面无保温,室内无吊顶	在原有屋架上做龙骨吊顶,在吊顶上加EPS板,难燃或不燃的散状或袋装散状轻质保温材料	
3	钢筋混凝土平屋面	屋面无保温,原屋面防水可靠	直接在防水层上加铺EPS/XPS板,做成倒置式保温屋面,保温层的厚度参见表6.4.3中做法3	
		屋面无保温,原屋面防水有渗漏	铲除原屋面防水层,重新做保温层和防水层	
			平屋面改成坡屋面,在原屋面上铺设EPS/XPS板保温层	
4	草屋顶	外部破损、有渗漏	原木屋架保留或加固,上部改成瓦屋盖,室内加吊顶,保温层加在吊顶上,保温厚度和具体构造参见木屋架坡屋面改造	

8.4.2　屋面外保温改造前，应对原屋面损害部分进行修复，屋面的缺损应填补找平，屋面上的设备、管道等提前安装完毕，并预留出外保温的厚度。

8.4.3　屋面节能改造的同时宜考虑增设太阳能集热器或太阳能热水器。

8.5 地　面

8.5.1 严寒地区既有住房宜进行地面节能改造，可凿除原地面，重新作保温地面，具体节能改造做法参见本导则 6.5 节的相关规定。

9 照明和炊事节能技术

9.1 照　明

9.1.1 农村住房应按户设置电能计量装置，计量装置箱设在户外，每户可单独设置，也可几户集中设置；室内应设置户内配电箱，其位置应便于操作。

9.1.2 照明回路应与插座回路分开设置，并设置过电流保护。

9.1.3 插座回路应按起居室和卧室、餐厅、厨房、卫生间、庭院分设回路，并应设置漏电保护。

9.1.4 照明应按区域设置灯具，并应满足户内各区域基础照度标准。起居室、卧室、餐厅、厨房、卫生间宜居中布置灯具。各房间照度标准值宜符合表 9.1.4 的规定，光源的功率可参考表 9.1.4 的功率密度值经计算确定选择。

各房间照度标准值及功率密度值　　表 9.1.4

房间名称	照度标准值(lx)	功率密度值(W/m²)	房间名称	照度标准值(lx)	功率密度值(W/m²)
起居室	100	7	卫生间	100	7
卧室	75	7	餐厅	150	7
厨房	100	7	庭院	50	4

9.1.5 选用定型的节能型光源和高效灯具，光源宜选择方便更换的直管、环管或紧凑型荧光灯。

9.1.6 房间内照明按区域控制，宜采用每个灯单独开关控制；对于流动性的庭院照明应考虑声光控制，对于有作业操作场所，应考虑采用面板开关控制。

9.1.7 插座设置宜符合下列规定：

1 各房间插座数量宜符合表 9.1.7 的规定：

各房间电源插座数量　　表 9.1.7

部位	设置数量
起居室、卧室	单相二三孔插座二组
卫生间	单相二三孔插座一组
布置洗衣机、冰箱处	专用单相三孔插座各一个
厨房	专用单相三孔插座二个
庭院	专用三孔插座一个

2 设备容量小于 1.5kW/220V 时，插座选用 10A/250V 型；设备容量大于 1.5kW 小于 2.5kW/220V 时，插座选用 15A/250V 型；当有其他容量和其他电压等级的负荷时，需通过计算选用。

3 厨房、卫生间、洗衣机插座为单相三孔带开关防溅面盖插座，底边距地 1.4m；电冰箱插座底边距地 0.3m 暗装；起居室、卧室插座为单相二三孔安全型插座，底边距地

0.3m暗装。

4　为庭院服务的插座，设置在临近庭院的房间内宜接入的位置。

9.1.8　电能计量装置箱为室外防护型，底边距地1.4m，户配电箱底边距地1.8m。

9.1.9　照明开关底边距地1.2m，卫生间照明开关在门外安装。

9.1.10　配电线路选择应符合下列规定：

1　应符合安全及防火要求，配电线路截面应与设备容量相适宜；

2　照明、插座回路的配电线路应采用三根铜芯绝缘导线，其截面规格不宜小于2.5mm^2。

9.1.11　配电线路敷设应符合下列规定：

1　应规范施工，防止因线路故障引起电气火灾；

2　应采用穿SC钢管、JDG电线管或PVC塑料管暗敷设于墙内、楼板内；

3　应避免线路明敷设，当采用明敷设时，应穿保护管；

4　严禁将导体直接敷设在墙内、楼板内或吊顶内；

5　管路敷设时，不要形成90°弯，不可避免处加装过线盒。

9.2　炊　　事

9.2.1　农村住房宜采用节能柴灶和以秸秆等生物质为燃料的节能炉具作为主要炊事设施，既有住房应对老式柴灶进行节能改造。

9.2.2　节能柴灶和节能炉具应能适应多种燃料、具有良好的炊事功能，最大可能地减少烟气等污染物排入室内。

9.2.3　节能柴灶的设计，应符合下列规定：

1　应选用通风面积大、易清灰炉箅，炉条的长方向应垂直填柴方向；

2　适当缩小灶门，灶门的尺寸宜取140mm（高）×160mm（宽），灶门上应设置启闭门；

3　合理设计燃烧室，燃烧室的上口应稍有收缩成坛子状，宜选择铸铁、耐火水泥等定型预制灶膛；

4　利用锅底和灶膛上檐形成间隙拦火，靠近出烟口处间隙小，靠近灶门处间隙大。

9.2.4　农村住房应用的电炊具应选用节能型产品。

9.2.5　在具备沼气资源条件下，宜利用沼气作为炊事能源。沼气利用应符合下列规定：

1　应确保整套系统的气密性；

2　应选取沼气专用灶具，沼气灶具及零部件质量应符合国家现行有关沼气灶具及零部件标准的规定；

3　沼气管道施工安装、试压、验收应符合现行国家标准《农村家用沼气管路施工安装操作规程》GB/T 7637—1987的有关规定；

4　沼气管道上的开关阀应选用气密性能可靠、经久耐用，并通过鉴定的合格产品，且阀孔孔径不应小于5mm；

5　户用沼气池应做好寒冷季节池体的保温增温措施，发酵温度不应低于8℃。

9.2.6　秸秆气化集中供气系统的室内燃气管道、灶具和燃气表的设计和安装必须符合现行行业标准《秸秆气化供气系统技术条件及验收规范》NY/T 443—2001的相关规定。

9.2.7　秸秆气化集中供气系统在使用过程中要严格防止一氧化碳泄漏、中毒及二次污染

（焦油尾气），使用秸秆燃气的厨房应保持通风良好。

9.2.8 户内用气管道、阀门、灶具、燃气表等每三个月进行一次巡查，发现问题及时检修，户内用气系统应每年检修一次。

9.2.9 太阳能充足地区，宜利用太阳能灶作为炊事工具。

10 太阳能热利用技术

10.1 一 般 规 定

10.1.1 本导则中农村住房太阳能热利用技术是指太阳能在家用太阳能热水系统、太阳能供热供暖系统方面的应用。

10.1.2 农村住房太阳能热利用技术必须在保证安全、经济合理的情况下应用。

10.1.3 太阳能集热器、水泵等设备，管道配件及部件正常使用寿命不应少于10年，且应为取得国家验证的合格产品。

10.1.4 太阳能供热供暖系统应与土建和建筑物其他管线统筹安排、同步设计、同步施工，安全、隐蔽、集中布置，统一验收，同时投入使用。

10.1.5 农村住房太阳能利用除遵守本导则外，还应遵守国家相关部门在太阳能利用方面的有关规定。

10.2 家用太阳能热水系统

10.2.1 有热水需求的农村住房宜选用家用太阳能热水系统，应符合现行国家标准《家用太阳能热水系统技术条件》GB/T 19141—2011中的规定，分体式家用太阳能热水系统的集热器还应符合现行国家标准《真空管型太阳能集热器》GB/T 17581—2007或《平板型太阳能集热器》GB/T 6424—2007中的规定。

10.2.2 家用太阳能热水系统宜按照人均日用水量30～60L选取。家用太阳能热水系统宜选用储热水箱临近集热器的紧凑式直接传热系统。

10.2.3 家用太阳能热水系统的安装应符合下列规定：

1 分体式家用太阳能热水系统中的太阳能集热器或紧凑式太阳能热水器宜安装在屋面上，并应充分考虑屋面荷载（包括集热器或紧凑式太阳能热水器的基座、支架）；

2 轻质填充墙不应作为家用太阳能热水系统的支承结构；

3 安装在建筑物上的太阳能集热器或紧凑式太阳能热水器应规则有序、排列整齐、连接牢固，设置安全防护设施；

4 太阳能集热器或紧凑式太阳能热水器安装时倾角应与当地纬度一致，如系统侧重在夏季使用，其倾角宜为当地纬度减10°；如系统侧重在冬季使用，其倾角宜为当地纬度加20°；全玻璃真空管集热器东西向水平放置时，集热器倾角可适当减少；

5 太阳能集热器或紧凑式太阳能热水器宜朝南或南偏东、南偏西小于30°设置；

6 太阳能集热器或紧凑式太阳能热水器必须放置在专用的基座上，严格处理屋面与基座的整体防水构造；

7 宜对安装太阳能集热器或紧凑式太阳能热水器的部位采取防护措施，设置防止太阳能集热器损坏后部件坠落伤人的安全防护设施；

8 系统管路需穿过屋面时，应预埋相应的防水套管，对其做防水构造处理，并在屋面防水层施工前埋设安装完毕，避免在已做好防水保温的屋面上凿孔打洞。

10.2.4　在冬季使用的家用太阳能热水系统，应采取一定的防冻措施，如将系统中的水排空、强制循环系统可将系统中水回流或定温循环、传热工质采用防冻液等。

10.2.5　家用太阳能热水系统连接管路宜短，不用或少用直角弯头；系统管路的直径与连接件应采用标准件；管路保温层应具有合理厚度，管路保温应符合现行国家标准《设备及管道绝热技术通则》GB/T 4272—2008的规定。

10.2.6　家用太阳能热水系统中所用的电气设备应有漏电保护、接地与断电等安全措施。

10.2.7　家用太阳能热水系统安装后，管道保温和隐蔽之前应作水压试验。试验压力应符合设计要求。设计未注明时，水槽供水式、出口敞开式和开口式太阳能集热系统水压试验压力为0.1MPa；闭式太阳能集热系统的试验压力不应小于0.9MPa；热水系统应按《建筑给水排水及采暖工程施工质量验收规范》GB 50242—2002的规定进行。

10.2.8　太阳能集热系统管路设计应符合现行国家标准《民用建筑太阳能热水系统应用技术规范》GB 50364—2005和《建筑给水排水设计规范》GB 50015—2003的规定。家用太阳能热水系统的最低处应安装泄水装置。

10.2.9　太阳能热水系统应定期进行检查、清灰、排污等日常维护保养。

1　定期清除集热器表面附着的灰尘，更换老化的密封垫或密封圈；

2　定期检查阀门等执行机构是否能够正常打开和关闭；

3　采用防冻液的集热系统应定期检查防冻液的容量，并及时充灌。

10.3　太阳能供热供暖系统

10.3.1　太阳能供热供暖系统应安全可靠，根据不同地区采取防冻、防过热、防雷、抗风、抗压、抗震等技术措施。

10.3.2　太阳能供热供暖系统应符合现行国家标准《太阳能供热采暖工程技术规范》GB 50495—2009的相关规定。

10.3.3　应合理布置太阳能集热系统、生活热水系统、供暖系统与储热水箱的连接管位置，实现不同温度供热/换热需求，提高系统效率。

10.3.4　太阳能供热供暖系统应配置辅助热源，宜选用生物质能炉、燃气炉。

10.3.5　太阳能供热供暖系统应配置储热水箱，储热水箱应符合下列规定：

1　储热水箱箱体应具有一定的强度和刚度，一般选用铝型材、镀锌板、玻璃钢、塑料等材料制作。对于集热器与房屋一体化设计时，也可用混凝土浇筑箱体。

2　储热水箱应保温，钢板焊接水箱的内壁应作防腐处理，防腐涂料应卫生、无毒、长期使用耐热80℃以上。

3　储热水箱和支架间应有隔热垫，不宜直接刚性连接。

10.3.6　太阳能供热供暖系统施工完成后应进行水压试验、综合调试，保证水、电满足要求。集热系统水压试验按照本导则第10.2.7条进行，供暖系统水压试验应按现行国家标准《建筑给水排水及采暖工程施工质量验收规范》GB 50242—2002的规定进行。

附录 2　农村居住建筑节能设计标准

《农村居住建筑节能设计标准》

1　总　　则

1.0.1　为贯彻国家有关节约能源、保护环境的法规和政策，改善农村居住建筑室内热环境，提高能源利用效率，制定本标准。

1.0.2　本标准适用于农村新建、改建和扩建的居住建筑节能设计。

1.0.3　农村居住建筑的节能设计应结合气候条件、农村地区特有的生活模式、经济条件，采用适宜的建筑形式、节能技术措施以及能源利用方式，有效改善室内居住环境，降低常规能源消耗及温室气体的排放。

1.0.4　农村居住建筑的节能设计，除应符合本标准外，尚应符合国家现行有关标准的规定。

2　术　　语

2.0.1　围护结构　building envelope

指建筑各面的围挡物，包括墙体、屋顶、门窗、地面等。

2.0.2　室内热环境　indoor thermal environment

影响人体冷热感觉的环境因素，包括室内空气温度、空气湿度、气流速度以及人体与周围环境之间的辐射换热。

2.0.3　导热系数（λ）　thermal conductivity coefficient

在稳态条件和单位温差作用下，通过单位厚度、单位面积的匀质材料的热流量，也称热导率，单位为 W/(m·K)。

2.0.4　传热系数（K）　coefficient of heat transfer

在稳态条件和物体两侧的冷热流体之间单位温差作用下，单位面积通过的热流量，单位为 $W/(m^2 \cdot K)$。

2.0.5　热阻（R）　heat resistance

表征围护结构本身或其中某层材料阻抗传热能力的物理量，单位为（$m^2 \cdot K$）/W。

2.0.6　热惰性指标（D）　index of thermal inertia

表征围护结构对温度波衰减快慢程度的无量纲指标，其值等于材料层热阻与蓄热系数的乘积。

2.0.7　窗墙面积比　area ratio of window to wall

窗户洞口面积与建筑层高和开间定位线围成的房间立面单元面积的比值。无因次。

2.0.8　遮阳系数　shading coefficient

在给定条件下，透过窗玻璃的太阳辐射得热量，与相同条件下透过相同面积的 3mm

厚透明玻璃的太阳辐射得热量的比值。无因次。

2.0.9 种植屋面 planted roof

在屋面防水层上铺以种植介质，并种植植物，起到隔热作用的屋面。

2.0.10 被动式太阳房 passive solar house

不需要专门的太阳能供暖系统部件，而通过建筑的朝向布局及建筑材料与构造等的设计，使建筑在冬季充分获得太阳辐射热，维持一定室内温度的建筑。

2.0.11 自保温墙体 self-insulated wall

墙体主体两侧不需附加保温系统，主体材料自身除具有结构材料必要的强度外，还具有较好的保温隔热性能的外墙保温形式。

2.0.12 外墙外保温 external thermal insulation on walls

由保温层、保护层和胶粘剂、锚固件等固定材料构成，安装在外墙外表面的保温形式。

2.0.13 外墙内保温 internal thermal insulation on walls

由保温层、饰面层和胶粘剂、锚固件等固定材料构成，安装在外墙内表面的保温形式。

2.0.14 外墙夹心保温 sandwich thermal insulation on walls

在墙体中的连续空腔内填充保温材料，并在内叶墙和外叶墙之间用防锈的拉结件固定的保温形式。

2.0.15 火炕 Kang

能吸收、蓄存烟气余热，持续保持其表面温度并缓慢散热，以满足人们生活起居、供暖等需要，而搭建的一种类似于床的室内设施。包括落地炕、架空炕、火墙式火炕及地炕。

2.0.16 火墙 Hot Wall

一种内设烟气流动通道的空心墙体，可吸收烟气余热并通过其垂直壁面向室内散热的供暖设施。

2.0.17 太阳能集热器 solar collector

吸收太阳辐射并将采集的热能传递到传热工质的装置。

2.0.18 沼气池 biogas generating pit

有机物质在其中经微生物分解发酵而生成一种可燃性气体的各种材质制成的池子，有玻璃钢、红泥塑料、钢筋混凝土等。

2.0.19 秸秆气化 straw gasification

在不完全燃烧条件下，将生物质原料加热，使较高分子量的有机碳氢化合物链裂解，变成较低分子量的一氧化碳（CO）、氢气（H_2）、甲烷（CH_4）等可燃气体的过程。

3 基本规定

3.0.1 农村居住建筑节能设计应与地区气候相适应，农村地区建筑节能气候分区应符合表 3.0.1 的规定。

农村地区建筑节能设计气候分区　　表 3.0.1

分区名称	热工分区名称	气候区划主要指标	代表性地区
Ⅰ	严寒地区	1月平均气温≤－11℃，7月平均气温≤25℃	漠河、图里河、黑河、嫩江、海拉尔、博克图、新巴尔虎右旗、呼玛、伊春、阿尔山、狮泉河、改则、班戈、那曲、申扎、刚察、玛多、曲麻莱、杂多、达日、托托河、东乌珠穆沁旗、哈尔滨、通河、尚志、牡丹江、泰来、安达、宝清、富锦、海伦、敦化、齐齐哈尔、虎林、鸡西、绥芬河、桦甸、锡林浩特、二连浩特、多伦、富蕴、阿勒泰、丁青、索县、冷湖、都兰、同德、玉树、大柴旦、若尔盖、蔚县、长春、四平、沈阳、呼和浩特、赤峰、达尔罕联合旗、集安、临江、长岭、前郭尔罗斯、延吉、大同、额济纳旗、张掖、乌鲁木齐、塔城、德令哈、格尔木、西宁、克拉玛依、日喀则、隆子、稻城、甘孜、德钦
Ⅱ	寒冷地区	1月平均气温－11℃～0℃，7月平均气温 18℃～28℃	承德、张家口、乐亭、太原、锦州、朝阳、营口、丹东、大连、青岛、潍坊、海阳、日照、菏泽、临沂、离石、卢氏、榆林、延安、兰州、天水、银川、中宁、伊宁、喀什、和田、马尔康、拉萨、昌都、林芝、北京、天津、石家庄、保定、邢台、沧州、济南、德州、定陶、郑州、安阳、徐州、亳州、西安、哈密、库尔勒、吐鲁番、铁干里克、若羌
Ⅲ	夏热冬冷地区	1月平均气温 0～10℃，7月平均气温 25℃～30℃	上海、南京、盐城、泰州、杭州、温州、丽水、舟山、合肥、铜陵、宁德、蚌埠、南昌、赣州、景德镇、吉安、广昌、邵武、三明、驻马店、固始、平顶山、少饶、武汉、沙市、老河口、随州、远安、恩施、长沙、永州、张家界、涟源、韶关、汉中、略阳、山阳、安康 、成都、平武、达州、内江、重庆、桐仁、凯里、桂林、西昌*、酉阳*、贵阳*、遵义*、桐梓*、大理*
Ⅳ	夏热冬暖地区	1月平均气温＞10℃ 7月平均气温 25℃～29℃	福州、泉州、漳州、广州、梅州、汕头、茂名、南宁、梧州、河池、百色、北海、萍乡、元江、景洪、海口、琼中、三亚、台北

注：带*号地区在建筑热工分区中属温和 A 区，围护结构限值按夏热冬冷地区的相关参数执行。

3.0.2　严寒和寒冷地区农村居住建筑的卧室、起居室等主要功能房间，节能计算冬季室内热环境参数的选取应符合下列规定：

　　1　室内计算温度应取 14℃；

　　2　计算换气次数应取 $0.5h^{-1}$。

3.0.3　夏热冬冷地区农村居住建筑的卧室、起居室等主要功能房间，节能计算室内热环境参数的选取应符合下列规定：

　　1　在无任何供暖和空气调节措施下，冬季室内计算温度应取 8℃，夏季室内计算温度应取 30℃；

　　2　冬季房间计算换气次数应取 $1h^{-1}$，夏季房间计算换气次数应取 $5h^{-1}$。

3.0.4　夏热冬暖地区农村居住建筑的卧室、起居室等主要功能房间，在无任何空气调节措施下，节能计算夏季室内计算温度应取 30℃。

3.0.5　农村居住建筑应充分利用建筑外部环境因素创造适宜的室内环境。

3.0.6　农村居住建筑节能设计宜采用可再生能源利用技术，也可采用常规能源和可再生能源集成利用技术。

3.0.7　农村居住建筑节能设计应总结并采用当地有效的保温降温经验和措施，并应与当地民居建筑设计风格相协调。

4　建筑布局与节能设计

4.1　一 般 规 定

4.1.1　农村居住建筑的选址与布置应根据不同的气候区进行选择。严寒和寒冷地区应有利于冬季日照和冬季防风，并应有利于夏季通风；夏热冬冷地区应有利于夏季通风，并应兼顾冬季防风；夏热冬暖地区应有利于自然通风和夏季遮阳。

4.1.2　农村居住建筑的平面布局和立面设计应有利于冬季日照和夏季通风。门窗洞口的开启位置应有利于自然采光和自然通风。

4.1.3　农村居住建筑宜采用被动式太阳房满足冬季供暖需求。

4.2　选址与布局

4.2.1　严寒和寒冷地区农村居住建筑宜建在冬季避风的地段，不宜建在洼地、沟底等易形成“霜洞”的凹地处。

4.2.2　农村居住建筑的间距应满足日照、采光、通风、防灾、视觉卫生等要求。

4.2.3　农村居住建筑的南立面不宜受到过多遮挡。建筑与庭院里植物的距离应满足采光与日照的要求。

4.2.4　农村居住建筑建造在山坡上时，应根据地形依山势而建，不宜进行过多的挖土填方。

4.2.5　严寒和寒冷地区、夏热冬冷地区的农村居住建筑，宜采用双拼式、联排式或叠拼式集中布置。

4.3　平立面设计

4.3.1　严寒和寒冷地区农村居住建筑的体形宜简单、规整，平立面不宜出现过多的局部凸出或凹进的部位。开口部位设计应避开当地冬季的主导风向。

4.3.2　夏热冬冷和夏热冬暖地区农村居住建筑的体形宜错落、丰富，并宜有利于夏季遮阳及自然通风。开口部位设计应利用当地夏季主导风向，并宜有利于自然通风。

4.3.3　农村居住建筑的主朝向宜采用南北朝向或接近南北朝向，主要房间宜避开冬季主导风向。

4.3.4　农村居住建筑的开间不宜大于 6m，单面采光房间的进深不宜大于 6m。严寒和寒冷地区农村居住建筑室内净高不宜大于 3m。

4.3.5　农村居住建筑的房间功能布局应合理、紧凑、互不干扰，并应方便生活起居与节能。卧室、起居室等主要房间宜布置在南侧或内墙侧，厨房、卫生间、储藏室等辅助房间宜布置在北侧或外墙侧。夏热冬暖地区农村居住建筑的卧室宜设在通风好、不潮湿的房间。

4.3.6　严寒和寒冷地区农村居住建筑的外窗面积不应过大，南向宜采用大窗，北向宜采用小窗，窗墙面积比限值宜符合表 4.3.6 的规定。

严寒和寒冷地区农村居住建筑的窗墙面积比限值　　　　表 4.3.6

朝　向	窗墙面积比	
	严寒地区	寒冷地区
北	≤0.25	≤0.30
东、西	≤0.30	≤0.35
南	≤0.40	≤0.45

4.3.7 严寒和寒冷地区农村居住建筑应采用传热系数较小、气密性良好的外门窗，不宜采用落地窗和凸窗。

4.3.8 夏热冬冷和夏热冬暖地区农村居住建筑的外墙，宜采用外反射、外遮阳及垂直绿化等外隔热措施，并应避免对窗口通风产生不利影响。

4.3.9 农村居住建筑外窗的可开启面积应有利于室内通风换气。严寒和寒冷地区农村居住建筑外窗的可开启面积不应小于外窗面积的25%；夏热冬冷和夏热冬暖地区农村居住建筑外窗的可开启面积不应小于外窗面积的30%。

4.4 被动式太阳房设计

4.4.1 被动式太阳房应朝南向布置，当正南向布置有困难时，不宜偏离正南向±30°以上。主要供暖房间宜布置在南向。

4.4.2 建筑间距应满足冬季供暖期间，在9时～15时对集热面的遮挡不超过15%的要求。

4.4.3 被动式太阳房的净高不宜低于2.8m，房屋进深不宜超过层高的2倍。

4.4.4 被动式太阳房的出入口应采取防冷风侵入的措施。

4.4.5 被动式太阳房应采用吸热和蓄热性能高的围护结构及保温措施。

4.4.6 透光材料应表面平整、厚度均匀，太阳透射比应大于0.76。

4.4.7 被动式太阳房应设置防止夏季室内过热的通风窗口和遮阳措施。

4.4.8 被动式太阳房的南向玻璃透光面应设夜间保温装置。

4.4.9 被动式太阳房应根据房间的使用性质选择适宜的集热方式。以白天使用为主的房间，宜采用直接受益式或附加阳光间式[图4.4.9(a)和图4.4.9(b)]；以夜间使用为主的房间，宜采用具有较大蓄热能力的集热蓄热墙式[图4.4.9(c)]。

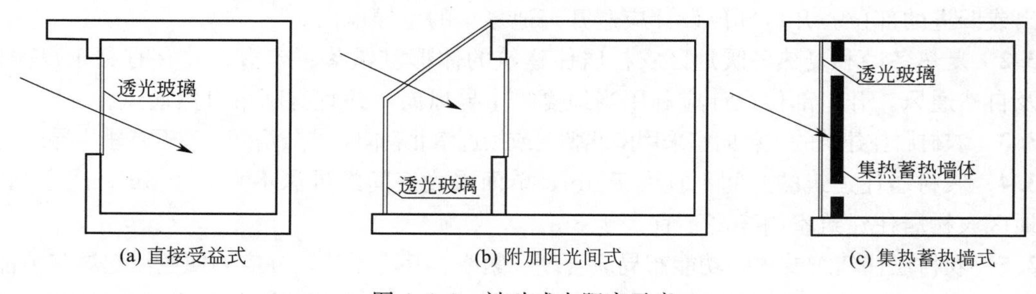

(a) 直接受益式　(b) 附加阳光间式　(c) 集热蓄热墙式

图4.4.9 被动式太阳房示意

4.4.10 直接受益式太阳房的设计应符合下列规定：

1 宜采用双层玻璃；

2 屋面集热窗应采取屋面防风、雨、雪措施。

4.4.11 附加阳光间式太阳房的设计应符合下列规定：

1 应组织好阳光间内热空气与室内的循环，阳光间与供暖房间之间的公共墙上宜开设上下通风口；

2 阳光间进深不宜过大，单纯作为集热部件的阳光间进深不宜大于0.6m；兼做使用空间时，进深不宜大于1.5m；

3 阳光间的玻璃不宜直接落地，宜高出室内地面0.3m～0.5m。

4.4.12 集热蓄热墙式太阳房的设计应符合下列规定：

1 集热蓄热墙应采用吸收率高、耐久性强的吸热外饰材料。透光罩的透光材料与保温装置、边框构造应便于清洗和维修。

2 集热蓄热墙宜设置通风口。通风口的位置应保证气流通畅，并应便于日常维修与管理；通风口处宜设置止回风阀并采取保温措施。

3 集热蓄热墙体应有较大的热容量和导热系数。

4 严寒地区宜选用双层玻璃，寒冷地区可选用单层玻璃。

4.4.13 被动式太阳房蓄热体面积应为集热面积的 3 倍以上，蓄热体的设计应符合下列规定：

1 宜利用建筑结构构件设置蓄热体。蓄热体宜直接接收阳光照射；

2 应采用成本低、比热容大，性能稳定、无毒、无害，吸热放热快的蓄热材料；

3 蓄热地面、墙面不宜铺设地毯、挂毯等隔热材料；

4 有条件时宜设置专用的水墙或相变材料蓄热。

4.4.14 被动式太阳房南向玻璃窗的开窗面积，应保证在冬季通过窗户的太阳得热量大于通过窗户向外散发的热损失。南向窗墙面积比及对应的外窗传热系数限值宜根据不同集热方式，按表 4.4.14 选取。当不符合表 4.4.14 中限值规定时，宜进行节能性能计算确定。

被动太阳房南向开窗面积大小及外窗的传热系数限值 **表 4.4.14**

集热方式	冬季日照率 ρ_s	南向窗墙面积比限值	外窗传热系数限值 W/(m²·K)
直接受益式	$\rho_s \geqslant 0.7$	≥0.5	≤2.5
	$0.7 > \rho_s \geqslant 0.55$	≥0.55	≤2.5
集热蓄热墙式	$\rho_s \geqslant 0.7$	—	≤6.0
	$0.7 > \rho_s \geqslant 0.55$		
附加阳光间式	$\rho_s \geqslant 0.7$	≥0.6	≤4.7
	$0.7 > \rho_s \geqslant 0.55$	≥0.7	≤4.7

5 围护结构保温隔热

5.1 一 般 规 定

5.1.1 严寒和寒冷地区农村居住建筑宜采用保温性能好的围护结构构造形式；夏热冬冷和夏热冬暖地区农村居住建筑宜采用隔热性能好的重质围护结构构造形式。

5.1.2 农村居住建筑围护结构保温材料宜就地取材，宜采用适于农村应用条件的当地产品。

5.1.3 严寒和寒冷地区农村居住建筑的围护结构，应采取下列节能技术措施：

1 应采用有附加保温层的外墙或自保温外墙；

2 屋面应设置保温层；

3 应选择保温性能和密封性能好的门窗；

4 地面宜设置保温层。

5.1.4 夏热冬冷和夏热冬暖地区农村居住建筑的围护结构，宜采取下列节能技术措施：

1 浅色饰面；

2 隔热通风屋面或被动蒸发屋面；

3 屋顶和东向、西向外墙采用花格构件或爬藤植物遮阳；

4 外窗遮阳。

5.2 围护结构热工性能

5.2.1 严寒和寒冷地区农村居住建筑围护结构的传热系数，不应大于表 5.2.1 中的规定限值。

严寒和寒冷地区农村居住建筑围护结构传热系数限值　表 5.2.1

<table>
<tr><th rowspan="3">建筑气候区</th><th colspan="6">围护结构部位的传热系数 $K[W/(m^2 \cdot K)]$</th></tr>
<tr><th rowspan="2">外墙</th><th rowspan="2">屋面</th><th rowspan="2">吊顶</th><th colspan="2">外窗</th><th rowspan="2">外门</th></tr>
<tr><th>南向</th><th>其他向</th></tr>
<tr><td rowspan="2">严寒地区</td><td rowspan="2">0.50</td><td>0.40</td><td>—</td><td rowspan="2">2.2</td><td rowspan="2">2.0</td><td rowspan="2">2.0</td></tr>
<tr><td>—</td><td>0.45</td></tr>
<tr><td>寒冷地区</td><td>0.65</td><td>0.50</td><td>—</td><td>2.8</td><td>2.5</td><td>2.5</td></tr>
</table>

5.2.2 夏热冬冷和夏热冬暖地区农村居住建筑围护结构的传热系数、热惰性指标及遮阳系数，宜符合表 5.2.2 的规定。

夏热冬冷和夏热冬暖地区围护结构传热系数、热惰性指标及遮阳系数的限值 表 5.2.2

<table>
<tr><th rowspan="3">建筑气候分区</th><th colspan="5">围护结构部位的传热系数 $K[W/(m^2 \cdot K)]$、热惰性指标 D 及遮阳系数 SC</th></tr>
<tr><th rowspan="2">外墙</th><th rowspan="2">屋面</th><th rowspan="2">户门</th><th colspan="2">外窗</th></tr>
<tr><th>卧室、起居室</th><th>厨房、卫生间、储藏间</th></tr>
<tr><td>夏热冬冷地区</td><td>$K \leqslant 1.8, D \geqslant 2.5$
$K \leqslant 1.5, D < 2.5$</td><td>$K \leqslant 1.0, D \geqslant 2.5$
$K \leqslant 0.8, D < 2.5$</td><td>$K \leqslant 3.0$</td><td>$K \leqslant 3.2$</td><td>$K \leqslant 4.7$</td></tr>
<tr><td>夏热冬暖地区</td><td>$K \leqslant 2.0, D \geqslant 2.5$
$K \leqslant 1.2, D < 2.5$</td><td>$K \leqslant 1.0, D \geqslant 2.5$
$K \leqslant 0.8, D < 2.5$</td><td>—</td><td>$K \leqslant 4.0$
$SC \leqslant 0.5$</td><td>—</td></tr>
</table>

5.3 外　　墙

5.3.1 严寒和寒冷地区农村居住建筑的墙体应采用保温节能材料，不应使用黏土实心砖。

5.3.2 严寒和寒冷地区农村居住建筑宜根据气候条件和资源状况选择适宜的外墙保温构造形式和保温材料，保温层厚度应经过计算确定。具体外墙保温构造形式和保温层厚度可按本标准附录 A 表 A.0.1 选用。

5.3.3 夹心保温构造外墙不应在地震烈度高于 8 度的地区使用，夹心保温构造的内外叶墙体之间应设置钢筋拉结措施。

5.3.4 外墙夹心保温构造中的保温材料吸水性大时，应设置空气层，保温层和内叶墙体之间应设置连续的隔汽层。

5.3.5 围护结构的热桥部分应采取保温或“断桥”措施，并应符合下列规定：

1 外墙出挑构件及附墙部件与外墙或屋面的热桥部位均应采取保温措施；

2 外窗（门）洞口室外部分的侧墙面应进行保温处理；

3 伸出屋顶的构件及砌体（烟道、通风道等）应进行防结露的保温处理。

5.3.6　夏热冬冷和夏热冬暖地区农村居住建筑根据当地的资源状况，外墙宜采用自保温墙体，也可采用外保温或内保温构造形式。自保温墙体、外保温和内保温构造形式和及保温材料厚度可按本标准附录 A 表 A.0.2～表 A.0.4 选用。

5.4　门　　窗

5.4.1　农村居住建筑应选用保温性能和密闭性能好的门窗，不宜采用推拉窗，外门、外窗的气密性等级不应低于现行国家标准《建筑外门窗气密、水密、抗风压性能分级及检测方法》GB/T 7106 规定的 4 级。

5.4.2　严寒和寒冷地区农村居住建筑的外窗宜增加夜间保温措施。

5.4.3　夏热冬冷和夏热冬暖地区农村居住建筑向阳面的外窗及透明玻璃门，应采取遮阳措施。外窗设置外遮阳时，除应遮挡太阳辐射外，还应避免对窗口通风特性产生不利影响。外遮阳形式及遮阳系数可按本标准附录 A 表 A.0.5 选用。

5.4.4　严寒和寒冷地区农村居住建筑出入口应采取必要的保温措施，宜设置门斗、双层门、保温门帘等。

5.5　屋　　面

5.5.1　严寒和寒冷地区农村居住建筑的屋面应设置保温层，屋架承重的坡屋面保温层宜设置在吊顶内，钢筋混凝土屋面的保温层应设在钢筋混凝土结构层上。

5.5.2　严寒和寒冷地区农村居住建筑的屋面保温构造形式和保温材料厚度，可按本标准附录 A 表 A.0.6 选用。

5.5.3　夏热冬冷和夏热冬暖地区农村居住建筑的屋面保温构造形式和保温材料厚度，可按本标准附录 A 表 A.0.7 选用。

5.5.4　夏热冬冷和夏热冬暖地区农村居住建筑的屋面可采用种植屋面，种植屋面应符合现行行业标准《种植屋面工程技术规程》JGJ 155 的有关规定。

5.6　地　　面

5.6.1　严寒地区农村居住建筑的地面宜设保温层，外墙在室内地坪以下的垂直墙面应增设保温层。地面保温层下方应设置防潮层。

5.6.2　夏热冬冷和夏热冬暖地区地面宜做防潮处理，也可采取地表面采用蓄热系数小的材料或采用带有微孔的面层材料等防潮措施。

6　供暖通风系统

6.1　一 般 规 定

6.1.1　农村居住建筑供暖设计应与建筑设计同步进行，应结合建筑平面和结构，对灶、烟道、烟囱、供暖设施等进行综合布置。

6.1.2　严寒和寒冷地区农村居住建筑应根据房间耗热量、供暖需求特点、居民生活习惯以及当地资源条件，合理选用火炕、火墙、火炉、热水供暖系统等一种或多种供暖方式，并宜利用生物质燃料。夏热冬冷地区农村居住建筑宜采用局部供暖设施。

6.1.3　农村居住建筑夏季宜采用自然通风方式进行降温和除湿。

6.1.4　供暖用燃烧器具应符合相关产品标准，烟气流通设施应进行气密性设计处理。

6.2　火炕与火墙

6.2.1　农村居住建筑有供暖需求的房间宜设置灶连炕。

6.2.2 火炕的炕体形式应结合房间需热量、布局、居民生活习惯等确定。房间面积较小、耗热量低、生火间歇较短时，宜选用散热性能好的架空炕；房间面积较大、耗热量高、生火间歇较长时，宜选用火墙式火炕、地炕或蓄热能力强的落地炕，辅以其他即热性好的供暖方式，应用时应符合下列规定：

1 架空炕的底部空间应保证空气流通良好，宜至少有两面炕墙距离其他墙体不低于0.5m。炕面板宜采用大块钢筋混凝土板；

2 落地炕应在炕洞底部和靠外墙侧设置保温层，炕洞底部宜铺设200mm～300mm厚的干土，外墙侧可选用炉渣等材料进行保温处理。

6.2.3 火炕炕体设计应符合下列规定：

1 火炕内部烟道应遵循“前引后导”的布置原则。热源强度大、持续时间长的炕体宜采用花洞式烟道；热源强度小、持续时间短的炕体宜采用设后分烟板的简单直洞烟道。

2 烟气入口的喉眼处宜设置火舌，不宜设置落灰膛。

3 烟道高度宜为180mm～400mm，且坡度不应小于5‰；进烟口上檐宜低于炕面板下表面50mm～100mm。

4 炕面应平整，抹面层炕头宜比炕梢厚，中部宜比里外厚。

5 炕体应进行气密性处理。

6.2.4 烟囱的建造和节能设计应符合下列规定：

1 烟囱宜与内墙结合或设置在室内角落；当设置在外墙时，应进行保温和防潮处理；

2 烟囱内径宜上面小、下面大，且内壁面应光滑、严密；烟囱底部应设回风洞；

3 烟囱口高度宜高于屋脊。

6.2.5 与火炕连通的炉灶间歇性使用时，其灶门等进风口应设置挡板，烟道出口处宜设置可启闭阀门。

6.2.6 灶连炕的构造和节能设计应符合下列规定：

1 烟囱与灶相邻布置时，灶宜设置双喉眼；

2 灶的结构尺寸应与锅的尺寸、使用的主要燃料相适应，并应减少拦火程度；

3 炕体烟道宜选用倒卷帘式；

4 灶台高度宜低于室内炕面100mm～200mm。

6.2.7 火墙式火炕的构造和节能设计应符合下列规定：

1 火墙燃烧室净高宜为300mm～400mm，燃烧室与炕面中间应设50mm～100mm空气夹层。燃烧室与炕体间侧壁上宜设通气孔。

2 火墙和火炕宜共用烟囱排烟。

6.2.8 火墙的构造和节能设计应符合下列规定：

1 火墙的长度宜为1.0m～2.0m，高度宜为1.0m～1.8m；

2 火墙应有一定的蓄热能力，砌筑材料宜采用实心黏土砖或其他蓄热材料，砌体的有效容积不宜小于0.2m^3；

3 火墙应靠近外窗、外门设置；火墙砌体的散热面宜设置在下部；

4 两侧面同时散热的火墙靠近外墙布置时，与外墙间距不应小于150mm。

6.2.9 地炕的构造和节能设计应符合下列规定：

1　燃烧室的进风口应设调节阀门，炉门和清灰口应设关断阀门。烟囱顶部应设可关闭风帽；

2　燃烧室后应设除灰室、隔尘壁；

3　应根据各房间所需热量和烟气温度布置烟道；

4　燃烧室的池壁距离墙体不应小于 1.0m；

5　水位较高或潮湿地区，燃烧室的池底应进行防水处理；

6　燃烧室盖板宜采用现场浇注的施工方式，并应进行气密性处理。

6.3　重力循环热水供暖系统

6.3.1　农村居住建筑宜采用重力循环散热器热水供暖系统。

6.3.2　重力循环热水供暖系统的管路布置宜采用异程式，并应采取保证各环路水力平衡的措施。单层农村居住建筑的热水供暖系统宜采用水平双管式，二层及以上农村居住建筑的热水供暖系统宜采用垂直单管顺流式。

6.3.3　重力循环热水供暖系统的作用半径，应根据供暖炉加热中心与散热器散热中心高度差确定。

6.3.4　供暖炉的选择与布置应符合下列规定：

1　应采用正规厂家生产的热效率高、环保型铁制炉具；

2　应根据燃料的类型选择适用的供暖炉类型；

3　供暖炉的炉体应有良好保温；

4　宜选择带排烟热回收装置的燃煤供暖炉，排烟温度高时，宜在烟囱下部设置水烟囱等回收排烟余热；

5　供暖炉宜布置在专门锅炉间内，不得布置在卧室或与其相通的房间内；供暖炉设置位置宜低于室内地坪 0.2m～0.5m。供暖炉应设置烟道。

6.3.5　散热器的选择和布置应符合下列规定：

1　散热器宜布置在外窗窗台下，当受安装高度限制或布置管道有困难时，也可靠内墙安装；

2　散热器宜明装，暗装时装饰罩应有合理的气流通道、足够的通道面积，并应方便维修。

6.3.6　重力循环热水供暖系统的管路布置，应符合下列规定：

1　管路布置宜短、直，弯头、阀门等部件宜少；

2　供水、回水干管的直径应相同；

3　供水、回水干管敷设时，应有坡向供暖炉 0.5%～1.0%的坡度；

4　供水干管宜高出散热器中心 1.0m～1.5m，回水干管宜沿地面敷设，当回水干管过门时，应设置过门地沟；

5　敷设在室外、不供暖房间、地沟或顶棚内的管道应进行保温，保温材料宜采用岩棉、玻璃棉或聚氨酯硬质泡沫塑料，保温层厚度不宜小于 30mm。

6.3.7　阀门与附件的选择和布置应符合下列规定：

1　散热器的进、出水支管上应安装关断阀门，关断阀门宜选用阻力较小的闸板阀或球阀；

2　膨胀水箱的膨胀管上严禁安装阀门；

3 单层农村居住建筑热水供暖系统的膨胀水箱宜安装在室内靠近供暖炉的回水总干管上，其底端安装高度宜高出供水干管30mm～50mm；二层以上农村居住建筑热水供暖系统的膨胀水箱宜安装在上层系统供水干管的末端，且膨胀水箱的安装位置应高出供水干管50mm～100mm；

4 供水干管末端及中间上弯处应安装排气装置。

6.4 通风与降温

6.4.1 农村居住建筑的起居室、卧室等房间宜利用穿堂风增强自然通风。风口开口位置及面积应符合下列规定：

1 进风口和出风口宜分别设置在相对的立面上；

2 进风口应大于出风口；开口宽度宜为开间宽度的1/3～2/3，开口面积宜为房间地板面积的15％～25％；

3 门窗、挑檐、通风屋脊、挡风板等构造的设置，应利于导风、排风和调节风向、风速。

6.4.2 采用单侧通风时，通风窗所在外墙与夏季主导风向间的夹角宜为40°～65°。

6.4.3 厨房宜利用热压进行自然通风或设置机械排风装置。

6.4.4 夏热冬冷和夏热冬暖地区农村居住建筑宜采用植被绿化屋面、隔热通风屋面或多孔材料蓄水蒸发屋面等被动冷却降温技术。

6.4.5 当被动冷却降温方式不能满足室内热环境需求时，可采用电风扇或分体式空调降温。分体式空调设备宜选用高能效产品。

6.4.6 分体式空调安装应符合下列规定：

1 室内机应靠近室外机的位置安装，并应减少室内明管的长度；

2 室外机安放搁板时，其位置应有利于空调器夏季排放热量，并应防止对室内产生热污染及噪声污染。

6.4.7 夏季空调室外空气计算湿球温度较低、干球温度日差大且地表水资源相对丰富的地区，夏季宜采用直接蒸发冷却空调方式。

7 照 明

7.0.1 农村居住建筑每户照明功率密度值不宜大于表7.0.1的规定。当房间的照度值高于或低于表7.0.1规定的照度时，其照明功率密度值应按比例提高或折减。

每户照明功率密度值 表7.0.1

房间	照明功率密度（W/m²）	对应照度值（lx）
起居室	7	100
卧 室		75
餐 厅		150
厨 房		100
卫生间		100

7.0.2 农村居住建筑应选用节能高效光源、高效灯具及其电器附件。

7.0.3 农村居住建筑的楼梯间、走道等部位宜采用双控或多控开关。

7.0.4　农村居住建筑应按户设置生活电能计量装置，电能计量装置的选取应根据家庭生活用电负荷确定。

7.0.5　农村居住建筑采用三相供电时，配电系统三相负荷宜平衡。

7.0.6　无功功率补偿装置宜根据供配电系统的要求设置。

7.0.7　房间的采光系数或采光窗地面积比，应符合现行国家标准《建筑采光设计标准》GB 50033 的有关规定。

7.0.8　无电网供电地区的农村居住建筑，有条件时，宜采用太阳能、风能等可再生能源作为照明能源。

8　可再生能源利用

8.1　一 般 规 定

8.1.1　农村居住建筑利用可再生能源时，应遵循因地制宜、多能互补、综合利用、安全可靠、讲求效益的原则，选择适宜当地经济和资源条件的技术实施。有条件时，农村居住建筑中应采用可再生能源作为供暖、炊事和生活热水用能。

8.1.2　太阳能利用方式的选择，应根据所在地区气候、太阳能资源条件、建筑物类型、使用功能、农户要求，以及经济承受能力、投资规模、安装条件等因素综合确定。

8.1.3　生物质能利用方式的选择，应根据所在地区生物质资源条件、气候条件、投资规模等因素综合确定。

8.1.4　地热能利用方式的选择，应根据当地气候、资源条件、水资源和环境保护政策、系统能效以及农户对设备投资运行费用的承担能力等因素综合确定。

8.2　太阳能热利用

8.2.1　农村居住建筑中使用的太阳能热水系统，宜按人均日用水量 30L～60L 选取。

8.2.2　家用太阳能热水系统应符合现行国家标准《家用太阳能热水系统技术条件》GB/T 19141 的有关规定，并应符合下列规定：

1　宜选用紧凑式直接加热自然循环的家用太阳能热水系统；

2　当选用分离式或间接式家用太阳能热水系统时，应减少集热器与贮热水箱之间的管路，并应采取保温措施；

3　当用户无连续供热水要求时，可不设辅助热源；

4　辅助热源宜与供暖或炊事系统相结合。

8.2.3　在太阳能资源较丰富地区，宜采用太阳能热水供热供暖技术或主被动结合的空气供暖技术。

8.2.4　太阳能供热供暖系统应做到全年综合利用。太阳能供热供暖系统的设计应符合现行国家标准《太阳能供热采暖工程技术规范》GB 50495 的有关规定。

8.2.5　太阳能集热器的性能应符合现行国家标准《平板型太阳能集热器》GB/T 6424、《真空管型太阳能集热器》GB/T 17581 和《太阳能空气集热器技术条件》GB/T 26976 的有关规定。

8.2.6　利用太阳能供热供暖时，宜设置其他能源辅助加热设备。

8.3　生物质能利用

8.3.1　在具备生物质转换技术条件的地区，宜采用生物质转换技术将生物质资源转化为清洁、便利的燃料后加以使用。

8.3.2 沼气利用应符合下列规定：

1 应确保整套系统的气密性；

2 应选取沼气专用灶具，沼气灶具及零部件质量应符合国家现行有关沼气灶具及零部件标准的规定；

3 沼气管道施工安装、试压、验收应符合现行国家标准《农村家用沼气管路施工安装操作规程》GB 7637 的有关规定；

4 沼气管道上的开关阀应选用气密性能可靠、经久耐用，并通过鉴定的合格产品，且阀孔孔径不应小于 5mm；

5 户用沼气池应做好寒冷季节池体的保温增温措施，发酵温度不应低于 8℃；

6 规模化沼气工程应对沼气池体进行保温，保温厚度应经过技术经济比较分析后确定。沼气池应采取加热方式维持所需池温。

8.3.3 秸秆气化供气系统应符合现行行业标准《秸秆气化供气系统技术条件及验收规范》NY/T 443 及《秸秆气化炉质量评价技术规范》NY/T 1417 的有关规定。气化机组的气化效率和能量转换率均应大于 70%，灶具热效率应大于 55%。

8.3.4 以生物质固体成型燃料方式进行生物质能利用时，应根据燃料规格、燃烧方式及用途等，选用合适的生物质固体成型燃料炉。

8.4 地热能利用

8.4.1 有条件时，寒冷地区或夏热冬冷地区农村居住建筑可采用地源热泵系统进行供暖空调式地热直接供暖。

8.4.2 采用较大规模的地源热泵系统时，应符合现行国家标准《地源热泵系统工程技术规范》GB 50366 的相关规定。

8.4.3 采用地埋管地源热泵系统时，冬季地埋管换热器进口水温宜高于 4℃；地埋管宜采用聚乙烯管（PE80 或 PE40）或聚丁烯管（PB）。

附录 A 围护结构保温隔热构造选用

A.0.1 严寒和寒冷地区农村居住建筑外墙保温构造形式和保温材料厚度，可按表 A.0.1 选用。

严寒和寒冷地区农村居住建筑外墙保温构造形式和保温材料厚度　　表 A.0.1

序号	名称	构造简图	构造层次	保温材料厚度(mm)	
				严寒地区	寒冷地区
1	多孔砖墙 EPS 板外保温	内 外 1 2 3 4 5 6 7	1——20 厚混合砂浆 2——240 厚多孔砖墙 3——水泥砂浆找平层 4——胶粘剂 5——EPS 板 6——5 厚抗裂砂浆耐碱玻纤网格布 7——外饰面	70～80	50～60

续表

序号	名称	构造简图	构造层次	保温材料厚度(mm)	
				严寒地区	寒冷地区
2	混凝土空心砌块 EPS 板外保温	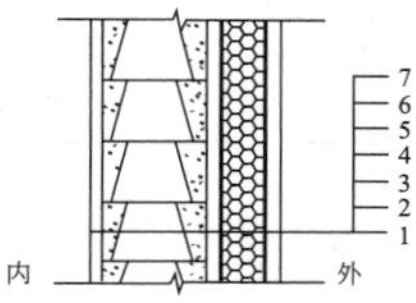 内 外 7 6 5 4 3 2 1	1——20 厚混合砂浆 2——190 厚混凝土空心砌块 3——水泥砂浆找平层 4——胶粘剂 5——EPS 板 6——5 厚抗裂砂浆耐碱玻纤网格布 7——外饰面	80～90	60～70
3	混凝土空心砌块 EPS 板夹心保温	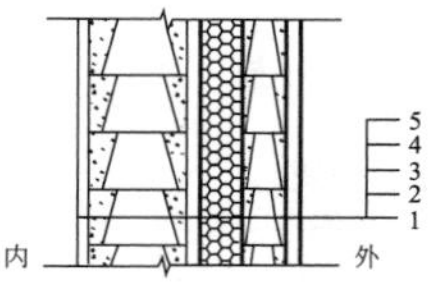 内 外 5 4 3 2 1	1——20 厚混合砂浆 2——190 厚混凝土空心砌块 3——EPS 板 4——90 厚混凝土空心砌块 5——外饰面	80～90	60～70
4	非黏土实心砖（烧结普通页岩、煤矸石砖）	EPS 板外保温 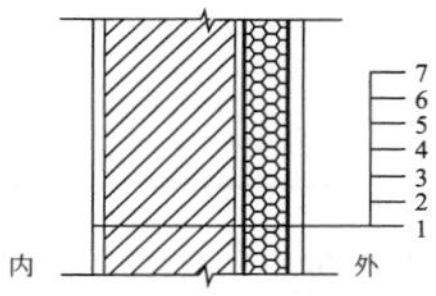 内 外 7 6 5 4 3 2 1	1——20 厚混合砂浆 2——240 厚非黏土实心砖墙 3——水泥砂浆找平层 4——胶粘剂 5——EPS 板 6——5 厚抗裂胶浆耐碱玻纤网格布 7——外饰面	80～90	60～70
		EPS 板夹心保温 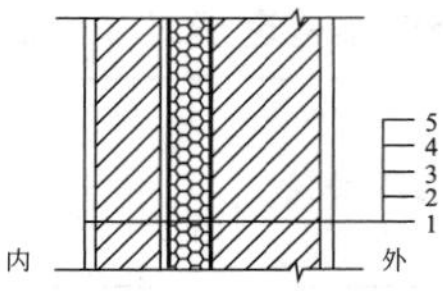 内 外 5 4 3 2 1	1——20 厚混合砂浆 2——120 厚非黏土实心砖墙 3——EPS 板 4——240 厚非黏土实心砖墙 5——外饰面	70～80	50～60
5	草砖墙	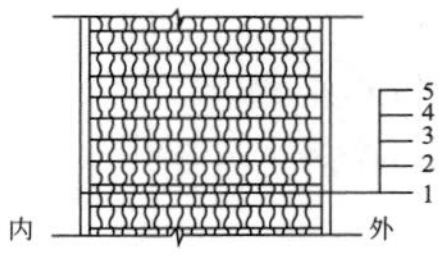 内 外 5 4 3 2 1	1——内饰面(抹灰两道) 2——金属网 3——草砖 4——金属网 5——外饰面(抹灰两道)	300	—
6	草板夹心墙	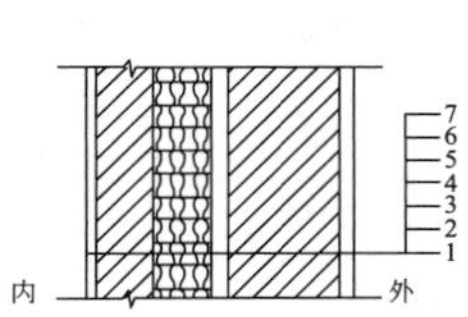 内 外 7 6 5 4 3 2 1	1——内饰面(混合砂浆) 2——120 厚非黏土实心砖墙 3——隔汽层(塑料薄膜) 4——草板保温层 5——40 空气层 6——240 厚非黏土实心砖墙 7——外饰面	210	140
7	草板墙	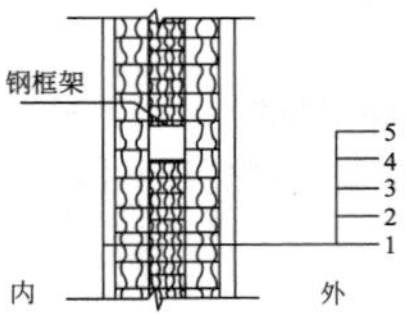 钢框架 内 外 5 4 3 2 1	1——内饰面(混合砂浆) 2——58 厚纸面草板 3——60 厚岩棉 4——58 厚纸面草板 5——外饰面	两层 58mm 草板；中间 60mm 岩棉	—

A.0.2 夏热冬冷和夏热冬暖地区农村居住建筑自保温墙体构造形式和材料厚度，可按表A.0.2选用。

夏热冬冷和夏热冬暖地区农村居住建筑自保温墙体构造形式和材料厚度　表A.0.2

序号	名称	构造简图	构造层次	墙体材料厚度(mm)	
				夏热冬冷地区	夏热冬暖地区
1	非黏土实心砖墙体	内 外 3 2 1	1——20厚混合砂浆 2——非黏土实心砖 3——外饰面	370	370
2	加气混凝土墙体	内 外 3 2 1	1——20厚混合砂浆 2——加气混凝土砌块 3——外饰面	200	200
3	多孔砖墙体	内 外 3 2 1	1——20厚混合砂浆 2——多孔砖 3——外饰面	370	240

A.0.3 夏热冬冷和夏热冬暖地区农村居住建筑外墙外保温构造形式和保温材料厚度，可按表A.0.3选用。

夏热冬冷和夏热冬暖地区农村居住建筑外墙外保温构造形式和保温材料厚度 表A.0.3

序号	名称	构造简图	构造层次	保温材料厚度参考值(mm)	
				夏热冬冷地区	夏热冬暖地区
1	非黏土实心砖墙玻化微珠保温砂浆外保温	内 外 7 6 5 4 3 2 1	1——20厚混合砂浆 2——240厚非黏土实心砖墙 3——水泥砂浆找平层 4——界面砂浆 5——玻化微珠保温浆料 6——5厚抗裂砂浆耐碱玻纤网格布 7——外饰面	20～30	15～20
2	多孔砖墙玻化微珠保温砂浆外保温	内 外 7 6 5 4 3 2 1	1——20厚混合砂浆 2——200厚多孔砖墙 3——水泥砂浆找平层 4——界面砂浆 5——玻化微珠保温浆料 6——5厚抗裂砂浆耐碱玻纤网格布 7——外饰面	15～20	10～20

续表

序号	名称	构造简图	构造层次	保温材料厚度参考值(mm)	
				夏热冬冷地区	夏热冬暖地区
3	混凝土空心砌块玻化微珠保温浆料外保温	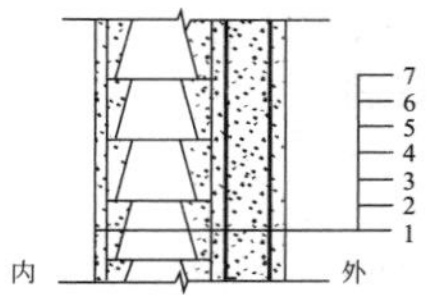 内 外 1 2 3 4 5 6 7	1——20 厚混合砂浆 2——190 厚混凝土空心砌块 3——水泥砂浆找平层 4——界面砂浆 5——玻化微珠保温浆料 6——5 厚抗裂砂浆耐碱玻纤网格布 7——外饰面	30～40	25～30
4	非黏土实心砖墙胶粉聚苯颗粒外保温	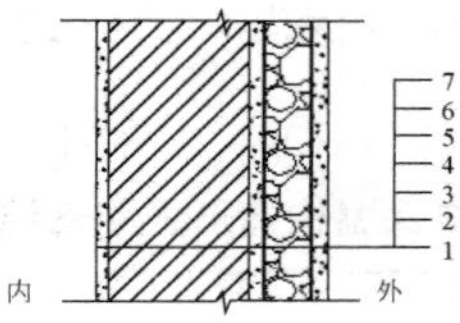 内 外 1 2 3 4 5 6 7	1——20 厚混合砂浆 2——240 厚非黏土实心砖墙 3——水泥砂浆找平层 4——界面砂浆 5——胶粉聚苯颗粒 6——5 厚抗裂砂浆耐碱玻纤网格布 7——外饰面	20～30	15～20
5	多孔砖墙胶粉聚苯颗粒外保温	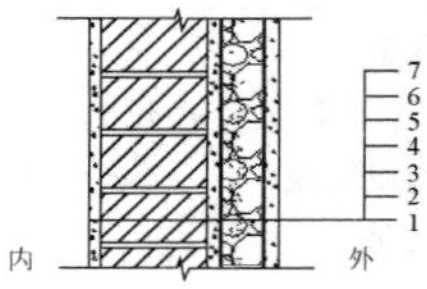 内 外 1 2 3 4 5 6 7	1——20 厚混合砂浆 2——200 厚多孔砖墙 3——水泥砂浆找平层 4——界面砂浆 5——胶粉聚苯颗粒 6——5 厚抗裂砂浆耐碱玻纤网格布 7——外饰面	20～30	15～20
6	混凝土空心砌块胶粉聚苯颗粒外保温	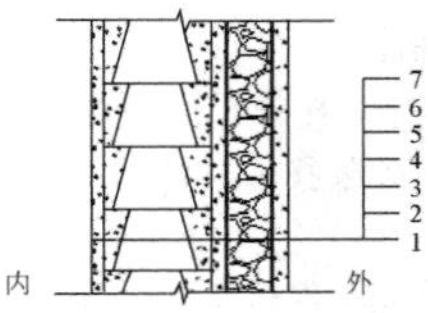 内 外 1 2 3 4 5 6 7	1——20 厚混合砂浆 2——190 厚混凝土空心砌块 3——水泥砂浆找平层 4——界面砂浆 5——胶粉聚苯颗粒 6——5 厚抗裂砂浆耐碱玻纤网格布 7——外饰面	30～40	20～30
7	非黏土实心砖墙 EPS 板外保温	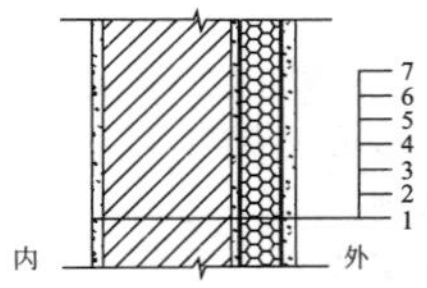 内 外 1 2 3 4 5 6 7	1——20 厚混合砂浆 2——240 厚非黏土实心砖墙 3——水泥砂浆找平层 4——胶粘剂 5——EPS 板 6——5 厚抗裂砂浆耐碱玻纤网格布 7——外饰面	20～30	15～20
8	多孔砖墙 EPS 板外保温	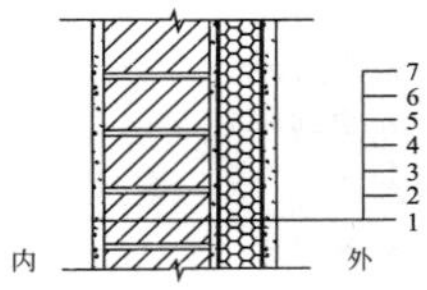 内 外 1 2 3 4 5 6 7	1——20 厚混合砂浆 2——200 厚多孔砖 3——水泥砂浆找平层 4——胶粘剂 5——EPS 板 6——5 厚抗裂砂浆耐碱玻纤网格布 7——外饰面	20～25	15～20

续表

序号	名称	构造简图	构造层次	保温材料厚度参考值(mm)	
				夏热冬冷地区	夏热冬暖地区
9	混凝土空心砌块EPS板外保温		1——20厚混合砂浆 2——190厚混凝土空心砌块 3——水泥砂浆找平层 4——胶粘剂 5——EPS板 6——5厚抗裂砂浆耐碱玻纤网格布 7——外饰面	20～30	15～20

A.0.4 夏热冬冷和夏热冬暖地区农村居住建筑外墙内保温构造形式和保温材料厚度，可按表A.0.4选用。

夏热冬冷和夏热冬暖地区农村居住建筑外墙内保温构造形式和保温材料厚度 表A.0.4

序号	名称	构造简图	构造层次	保温材料厚度(mm)	
				夏热冬冷地区	夏热冬暖地区
1	非黏土实心砖墙玻化微珠保温砂浆内保温		1——外饰面 2——240厚非黏土实心砖墙 3——水泥砂浆找平层 4——界面剂 5——玻化微珠保温浆料 6——5厚抗裂砂浆 7——内饰面	30～40	20～30
2	多孔砖墙玻化微珠保温砂浆内保温		1——外饰面 2——200厚多孔砖 3——水泥砂浆找平层 4——界面剂 5——玻化微珠保温浆料 6——5厚抗裂砂浆 7——内饰面	30～40	20～30
3	非黏土实心砖墙胶粉聚苯颗粒内保温		1——外饰面 2——240厚非黏土实心砖墙 3——水泥砂浆找平层 4——界面剂 5——胶粉聚苯颗粒 6——5厚抗裂砂浆 7——内饰面	25～35	20～30
4	多孔砖墙胶粉聚苯颗粒内保温		1——外饰面 2——200厚多孔砖 3——水泥砂浆找平层 4——界面剂 5——胶粉聚苯颗粒 6——5厚抗裂砂浆 7——内饰面	25～35	25～30

续表

序号	名称	构造简图	构造层次	保温材料厚度(mm)	
				夏热冬冷地区	夏热冬暖地区
5	非黏土实心砖墙石膏复合保温板内保温	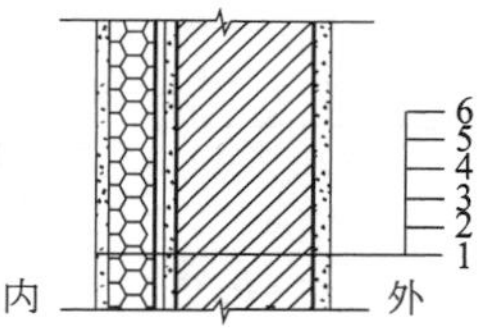 内 外 1 2 3 4 5 6	1——外饰面 2——240 厚非黏土实心砖墙 3——水泥砂浆找平层 4——界面剂 5——挤塑聚苯板 XPS 6——10 厚石膏板	20～30	20～30
6	多孔砖墙石膏复合保温板内保温	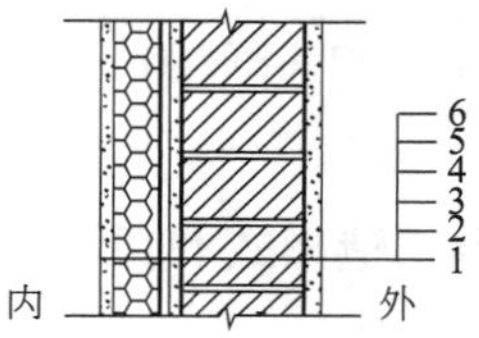 内 外 1 2 3 4 5 6	1——外饰面 2——200 厚多孔砖 3——水泥砂浆找平层 4——界面剂 5——挤塑聚苯板 XPS 6——10 厚石膏板	20～30	20～30
7	混凝土空心砌块石膏复合保温板内保温	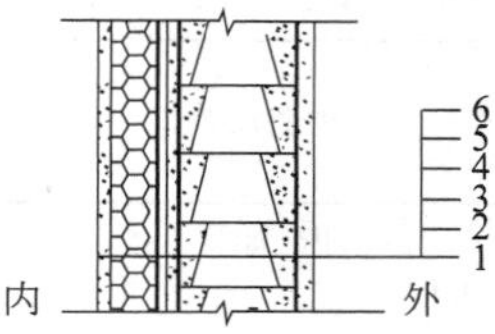 内 外 1 2 3 4 5 6	1——外饰面 2——190 厚混凝土空心砌块 3——水泥砂浆找平层 4——界面剂 5——挤塑聚苯板 XPS 6——10 厚石膏板	/	25～30

注："/"表示该构造热惰性指标偏低，围护结构热稳定性差，不建议采用。

A.0.5 夏热冬冷和夏热冬暖地区外遮阳形式及遮阳系数，可按表 A.0.5 选用。

外遮阳形式及遮阳系数 **表 A.0.5**

外遮阳形式	性能特点	外遮阳系数	适用范围
水平式外遮阳		0.85～0.90	接近南向的外窗
垂直式外遮阳	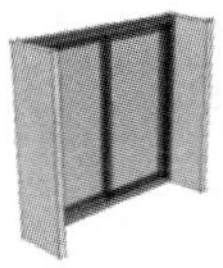	0.85～0.90	东北、西北及北向附近的外窗
挡板式外遮阳	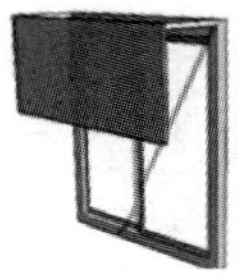	0.65～0.75	东、西向附近的外窗

续表

外遮阳形式	性能特点	外遮阳系数	适用范围
横百叶挡板式外遮阳		0.35～0.45	东、西向附近的外窗
竖百叶挡板式外遮阳		0.35～0.45	东、西向附近的外窗

注：1 有外遮阳时，遮阳系数为玻璃的遮阳系数与外遮阳的遮阳系数的乘积；
2 无外遮阳时，遮阳系数为玻璃的遮阳系数。

A.0.6 严寒和寒冷地区农村居住建筑屋面保温构造形式和保温材料厚度，可按表 A.0.6 选用。

严寒和寒冷地区农村居住建筑屋面保温构造形式和保温材料厚度　　表 A.0.6

序号	名称	构造简图	构造层次		保温材料厚度(mm)	
					严寒地区	寒冷地区
1	木屋架坡屋面		1——面层(彩钢板/瓦等) 2——防水层 3——望板 4——木屋架层		—	
			5——保温层	锯末、稻壳	250	200
				EPS 板	110	90
			6——隔汽层(塑料薄膜) 7——棚板(木/苇板/草板) 8——吊顶		—	
2	钢筋混凝土坡屋面 EPS/XPS 板外保温		1——保护层 2——防水层 3——找平层		—	
			4——保温层	EPS 板	110	90
				XPS 板	80	60
			5——隔汽层 6——找平层 7——钢筋混凝土屋面板		—	
3	钢筋混凝土平屋面 EPS/XPS 板外保温		1——保护层 2——防水层 3——找平层 4——找坡层		—	
			5——保温层	EPS 板	110	90
				XPS 板	80	60
			6——隔汽层 7——找平层 8——钢筋混凝土屋面板		—	

A.0.7　夏热冬冷和夏热冬暖地区农村居住建筑屋面保温构造形式和保温材料厚度，可按表 A.0.7 选用。

夏热冬冷和夏热冬暖地区农村居住建筑屋面保温构造形式和保温材料厚度　表 A.0.7

<table>
<tr><th rowspan="2">序号</th><th rowspan="2">名称</th><th rowspan="2">简图</th><th rowspan="2" colspan="2">构造层次</th><th colspan="2">保温材料厚度(mm)</th></tr>
<tr><th>夏热冬冷地区</th><th>夏热冬暖地区</th></tr>
<tr><td rowspan="5">1</td><td rowspan="5">木屋架坡屋面</td><td rowspan="5"> 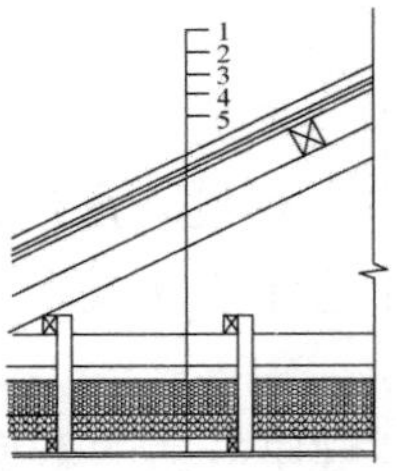</td><td colspan="2">1——屋面板或屋面瓦
2——木屋架结构</td><td>—</td><td>—</td></tr>
<tr><td rowspan="3">3——保温层</td><td>锯末、稻壳等</td><td>80</td><td>80</td></tr>
<tr><td>EPS 板</td><td>60</td><td>60</td></tr>
<tr><td>XPS 板</td><td>40</td><td>40</td></tr>
<tr><td colspan="2">4——棚板
5——吊顶层</td><td>—</td><td>—</td></tr>
<tr><td rowspan="5">2</td><td rowspan="5">钢筋混凝土坡屋面</td><td rowspan="5"> 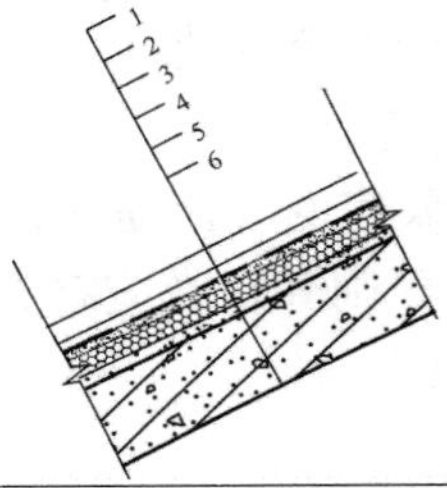</td><td colspan="2">1——屋面瓦
2——防水层
3——20 厚 1：2.5 水泥砂浆找平</td><td>—</td><td>—</td></tr>
<tr><td rowspan="3">4——保温层</td><td>憎水珍珠岩板</td><td>110</td><td>110</td></tr>
<tr><td>EPS 板</td><td>50</td><td>50</td></tr>
<tr><td>XPS 板</td><td>35</td><td>35</td></tr>
<tr><td colspan="2">5——20 厚 1：3.0 水泥砂浆
6——钢筋混凝土屋面板</td><td>—</td><td>—</td></tr>
<tr><td rowspan="4">3</td><td rowspan="4">通风隔热屋面</td><td rowspan="4"> 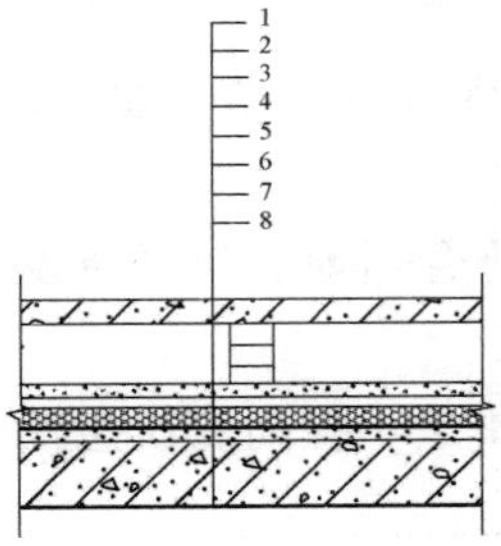</td><td colspan="2">1——40 厚钢筋混凝土板
2——180 厚通风空气间层
3——防水层
4——20 厚 1：2.5 水泥砂浆找平层
5——水泥炉渣找坡</td><td>—</td><td>—</td></tr>
<tr><td rowspan="2">6——保温层</td><td>憎水珍珠岩板</td><td>60</td><td>60</td></tr>
<tr><td>XPS 板</td><td>20</td><td>20</td></tr>
<tr><td colspan="2">7——20 厚 1：3.0 水泥砂浆
8——钢筋混凝土屋面板</td><td>—</td><td>—</td></tr>
<tr><td rowspan="4">4</td><td rowspan="4">正铺法钢筋混凝土平屋面</td><td rowspan="4"> 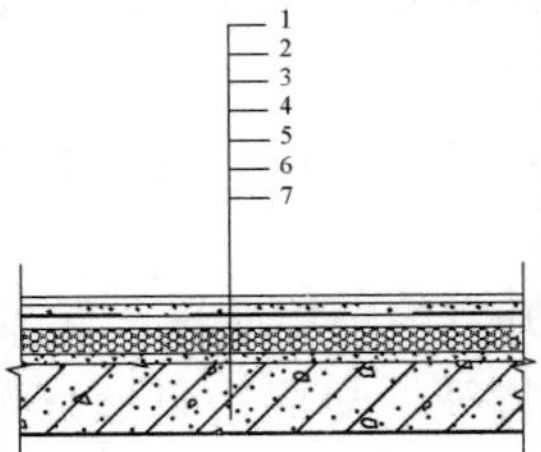</td><td colspan="2">1——饰面层(或覆土层)
2——细石混凝土保护层
3——防水层
4——找坡层</td><td>—</td><td>—</td></tr>
<tr><td rowspan="2">5——保温层</td><td>憎水珍珠岩板</td><td>80</td><td>80</td></tr>
<tr><td>XPS 板</td><td>25</td><td>25</td></tr>
<tr><td colspan="2">6——20 厚 1：3.0 水泥砂浆
7——钢筋混凝土屋面板</td><td>—</td><td>—</td></tr>
<tr><td rowspan="3">5</td><td rowspan="3">倒铺法钢筋混凝土平屋面</td><td rowspan="3"> 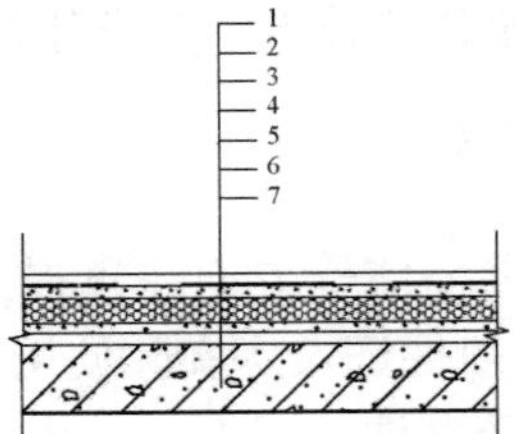</td><td colspan="2">1——饰面层(或覆土层)
2——细石混凝土保护层</td><td>—</td><td>—</td></tr>
<tr><td colspan="2">3——XPS 板保温层</td><td>25</td><td>25</td></tr>
<tr><td colspan="2">4——防水层
5——20 厚 1：3.0 水泥砂浆找平层
6——找坡层
7——钢筋混凝土屋面板</td><td>—</td><td>—</td></tr>
</table>

附录3 绿色农房建设导则（试行）

《绿色农房建设导则（试行）》

1 总 则

1.1 为引导和规范绿色农房建设，提高农房建筑质量，延长农房使用寿命，改善农房居住功能，提升农民居住健康安全，促进绿色建材及绿色建筑新技术的推广应用，制定本导则。

1.2 绿色农房是指安全实用、节能减废、经济美观、健康舒适的新型农村住宅。

1.3 绿色建材是指在生产、使用全过程内可减少对天然资源消耗、减轻对生态环境影响，并具有“节能、减排、安全、便利和可循环”特征的建材产品。

1.4 本导则适用于绿色农房的新建、改造以及传统农房的改良提升。

1.5 绿色农房的设计、建造、更新及管理除符合本导则外，尚应符合国家现行有关标准的规定。

2 一般规定

2.1 绿色农房建设应从设计、施工全过程综合考虑提升建筑质量，增强防灾减灾能力，延长正常使用寿命。

2.2 绿色农房建设应充分考虑经济性，建设成本符合当地农村经济发展状况及农民生活水平。

2.3 绿色农房建设应提升建筑水电暖等设施设备质量，提高农民生活舒适性，提升居住功能。

2.4 绿色农房节能设计应尽量使用被动技术改善保温隔热通风性能，避免使用复杂设备，有条件的地方应推广使用可再生能源。

2.5 绿色农房建设应采用绿色的、经济的、乡土的建材产品，充分利用、改造现有房屋和设施，重视旧材料、旧构件的循环利用。

2.6 绿色农房建设应避免对周围环境的污染，提升室内环境质量，保障农民健康安全。

2.7 绿色农房建设应考虑地域性，顺应当地气候特征，与周边自然环境和谐共生，尊重当地民族特色及地方风俗。

2.8 传统农房要保留其地域、民族特点，改良传统建造技术，提升建筑质量和居住功能。

3 质量安全

3.1 绿色农房建设应从选址、基础、材料、结构、墙体等方面注重提升质量安全，在经济承受范围内最大限度落实各项防灾减灾措施，一般保证农房实际使用寿命在35年以上。

3.2 绿色农房建设选址应处于安全地带，对可能受滑坡、泥石流、山洪等灾害影响的地段应采取技术措施处理，并通过相关部门组织的技术论证。应符合各类保护区、文物古迹的保护控制要求。

3.3　绿色农房地基及基础设计应符合《建筑地基基础设计规范》GB 50007—2011，抗震设防类别应符合《建筑工程抗震设防分类标准》GB 50223—2008，且不应低于丙级。

3.4　绿色农房的主体结构、梁柱、围护结构、楼板楼梯的质量要求应符合《农村危房改造最低建设要求（试行）》。

3.5　绿色农房的钢材、水泥、墙材、门窗等建材和制品应符合相关技术标准要求。给水排水、电气、燃气、供暖等设施设备应具有性能检测报告及产品合格证，安装过程安全规范。

3.6　绿色农房建筑施工应由有资质的施工企业或建筑工匠承担。对于集中统建的绿色农房项目应纳入建筑工程质量安全监督管理范围。两层或两层以下的农民自建房可由农民选择具备相应资质的施工企业或农村建筑工匠承接施工，接受村镇建设管理部门指导。

3.7　绿色农房必须考虑防火分隔，当不能设施防火墙时，应按照《建筑设计防火规范》GB 50016—2014 和《农村防火规范》GB 50039—2010 的要求设置防火间距。相对集中的聚居区要充分利用各种天然水体作为消防水源或设置储水池，配备必要的消防设施。

3.8　绿色农房建成后应定期维护，及时维修更换老化、受损建筑部品或构件。

4　建 筑 功 能

4.1　绿色农房设计应充分考虑居住实态和家庭构成，布局应紧凑方正，空间划分上基本做到寝居分离、食寝分离、净污分离。北方地区卧室宜临近厨房，便于利用厨房余热采暖。南方地区卧室宜远离厨房，避免油烟和散热干扰。

4.2　绿色农房居住空间组织宜具有一定的灵活性，可分可合，满足不同时期家庭结构变化的居住需求，避免频繁拆改。

4.3　绿色农房应依据方便生产的原则设置农机具房、农作物储藏间等辅助用房，并与主房适当分离。

4.4　绿色农房功能分区应实现人畜分离，畜禽栅圈不应设在居住功能空间的上风向位置和院落出入口位置，基底应采取卫生措施处理。

4.5　绿色农房应高效利用、合理规划庭院空间，根据农民生活习惯，安排凉台、棚架、储藏、蔬果种植、畜禽养殖等功能区。鼓励发展垂直立体庭院经济，在空间上形成果树种植、畜禽养殖、食蔬菜种植、居住、农产品加工的立体集约化模式。

4.6　绿色农房厨卫上下水应齐全，上水卫生、压力符合相关规定，下水通畅且无渗漏，洗漱用水与粪便独立排放。

4.7　绿色农房应根据当地实际和农民需求，配套设置电气、电视接收、电话、宽带等现代化设施，设置相应的使用接口和分户计量设备。

5　气候分区与建筑节能

5.1　绿色农房的建筑节能应与地区气候相适应，选址、布置、平立面设计应按照不同的气候分区进行选择，根据所在地区气候条件执行国家、行业或地方相关建筑节能标准。

5.2　严寒和寒冷地区绿色农房应有利于冬季日照和冬季防风，并应有利于夏季通风。夏热冬冷地区绿色农房应有利于夏季通风，并应兼顾冬季防风。夏热冬暖地区应有利于自然通风和夏季遮阳。

5.3 严寒和寒冷地区绿色农房建筑体形和平立面应相对规整，卧室、客厅等主要用房布置在南侧，外窗可开启面积不应小于外窗面积的25%，但也不宜过大，宜采用南向大窗、北向小窗。夏热冬冷、夏热冬暖地区绿色农房建筑体形宜错落以利于夏季遮阳和自然通风，采取坡屋顶、大进深，外窗可开启面积不应小于外窗面积的30%。

5.4 严寒和寒冷地区绿色农房出入口宜采用门斗、双层门、保温门帘等保温措施，设置朝南外廊时宜封闭形成阳光房，采用附有保温层的外墙或自保温外墙，屋面和地面设置保温层，选用保温和密封性能好的门窗。夏热冬冷地区和夏热冬暖地区绿色农房外墙宜用浅色饰面，东西向外墙可种植爬藤或乔木遮阳，采用隔热通风屋面或被动蒸发屋面，外窗宜设置遮阳措施。

5.5 绿色农房应提升炊事器具能效。炉灶的燃烧室、烟囱等应改造设计成节能灶，推广使用清洁的户用生物质炉具、燃气灶具、沼气灶等，鼓励逐步使用液化石油气、天然气等能源。有供暖需求的房间推广采用余热高效利用的节能型灶连炕，房间面积小的宜推广采用散热性能好的架空炕，房间面积大的宜推广采用火墙或落地炕。

5.6 绿色农房建设应将可再生能源应用作为重要内容。在太阳能资源较丰富的地区，宜因地制宜通过建造被动式太阳房、太阳能热水系统和太阳能供热供暖系统充分利用太阳能。在具备生物质转化技术条件的地区，应将生物质能源转换为清洁燃料加以利用，优先选择生物质沼气技术和高效生物质燃料炉。有条件的地区应用地源热泵技术时应进行可行性论证，并聘请专业人员设计和管理。

6 环境与健康

6.1 绿色农房建设应尽量保持原有地形地貌，减少高填、深挖，不占用当地林地及植被，保护地表水体。山区农房宜充分利用地形起伏，采取灵活布局，形成错落有致的山地村庄景观。滨水农房宜充分利用河流、坑塘、水渠等水面，沿岸线布局，形成独特的滨水村庄景观。

6.2 绿色农房设计应在建筑形式、细部设计和装饰方面充分吸取地方、民族的建筑风格，采用传统构件和装饰。绿色农房建造应传承当地的传统构造方式，并结合现代工艺及材料对其进行改良和提升。鼓励使用当地的石材、生土、竹木等乡土材料。属于传统村落和风景保护区范围的绿色农房，其形制、高度、屋顶、墙体、色彩等应与其周边传统建筑及景观风貌保持协调。

6.3 绿色农房庭院应充分利用自然条件和人工环境要素进行庭院绿化美化，绿化以栽种树木为主、种草种花为辅。

6.4 绿色农房主要围护结构材料和梁柱等承重构件应实现循环再利用。在保证性能的前提下，尽量回收使用旧建筑的门窗等构件及设备。

6.5 绿色农房应使用对人体健康无害、对环境污染影响小的保温墙体、节能门窗、节水洁具、陶瓷薄砖、装饰材料等绿色建材。

6.6 绿色农房应通过良好的设计，合理组织室内气流，防止炊事油烟排放造成的室内空气污染和中毒。保持室内适宜的温湿度，防治潮湿和有害生物滋生。

6.7 绿色农房应按照国家现行标准建设农村户用卫生厕所，推广使用“三格式”化粪池，并可与沼气发酵池结合建造。水资源短缺地区宜结合当地条件推广新型卫生旱厕及粪便尿液分离的生态厕所。

6.8　绿色农房生活用水水质应符合《农村实施＜生活饮用水卫生标准＞准则》，并保证每人每天可用水量。水资源匮乏的地区，应发展雨水收集和净化系统。

6.9　绿色农房生活垃圾应进行简易分类，做到干湿分离。生活污水不得直接排入庭院、农田或水体，应利用“三格式”化粪池等现有卫生设施进行简易处理。有条件的地区，可采取户用生活污水处理装置或集中式污水处理装置对生活污水进行处理。

7　传统农房改造

7.1　推广传统农房要符合农村实际，体现农村特色，要做到就地取材、经济易行、施工简便，要为当地居民认可，易复制和推广。

7.2　经评估认定结构安全性能尚好的传统农房建筑，可通过适度改造更新，在充分利用和发挥其自身传统节能特性、保持其原有空间格局和地域传统风貌的前提下，优化功能布局，全面提升居住环境质量和舒适度。

7.3　传统农房改造应避开建筑主体结构，且不能显著影响其外立面的风貌，局部影响外观的改造应尽量采用传统工艺和做法。如需进行较大改造或引入现代设施时，应选择不影响传统农房总体外观的背面或院落内部进行改造。

7.4　在冬季寒冷地区，针对传统农房屋面、门窗等保温节能相对薄弱的外围护构件，应优先利用地方传统经验进行改造，尽量使用本地传统绝热材料和被动式节能技术。在夏季炎热地区，针对部分传统农房室内存在的湿热问题，优先通过屋面加入隔热材料、利用阁楼及其孔洞形成对流式绝热间层、根据夏季主导风向开设高窗或孔洞等被动式节能措施，来提升围护结构绝热性能，增强室内通风效果。

7.5　对于传统农房室内采光环境的改造，应优先选用本地适宜的传统采光解决方案，如采光井、老虎窗等采光方式。如需改造原有门窗，应充分利用传统建筑材料和工艺，尽量避免直接采用铝合金窗、钢窗、彩色玻璃等节能效果差且与传统农房不相协调的构件。新型门窗的增设应在不影响结构安全的前提下，尽量避开影响建筑外观的立面进行改造。

7.6　传统农房中火炕、火墙、灶连炕、架空炕等节能效率高的既有传统采暖设施，应尽可能予以保留和再利用。如有条件可充分结合太阳能、生物能、地源热泵等清洁能源的利用予以优化改造，形成更加高效、清洁的被动式取暖系统。

7.7　西北、西南夯土农房大量分布的地区，宜推广新型抗震夯土农房，选用现代夯筑技术，优化砂、石、土原料级配。对墙基等部位宜在夯土土料中掺入一定比例的熟石灰或水泥等添加剂，增强其承载能力和防水防潮性能。

7.8　传统农房中引入用电、通信、上下水、煤气管网、洗手间、淋浴等设施，应在不影响房屋结构安全性和满足防灾减灾要求的前提下，尽可能集中隐蔽设置。

附录4 农村建筑节能相关政策文件

近年来，国家制定和发布了鼓励支持农房节能建设的法律法规等政策和指导性技术文件，有效指导了农村节能住房建设。

1997年11月1日第八届全国人民代表大会常务委员会第二十八次会议通过《中华人民共和国节约能源法》，2007年10月28日第十届全国人民代表大会常务委员会第三十次会议进行修订；2005年2月28日中华人民共和国第十届全国人民代表大会常务委员会第十四次会议通过《中华人民共和国可再生能源法》，自2006年1月1日起施行；2012年5月9日中华人民共和国住房和城乡建设部发布了《"十二五"建筑节能专项规划》，这些法律法规的颁布对引导农村建筑节能的可持续发展提供了重要保障和依据。本书仅节选了这些法律法规中农村建筑节能相关的内容。

此外，从2009年开始，在中国建筑科学研究院的牵头带领下，农房节能技术专家协助住房和城乡建设部村镇建设司制定了一系列关于扩大农村危房改造建筑节能示范的相关技术指导和管理文件，解决了农房节能建设无技术指导的问题，编制了两项农房建筑节能示范案例和一项宣传图册，有效地促进了扩大农村危房改造试点建筑节能示范工程的实施。附表4-1和附表4-2介绍了农村住房节能技术相关文件及其文件中关于农村建筑节能示范的主要规定。附表4-3和附表4-4给出了国家和地方发布的关于"扩大农村危房改造建筑节能示范"等政策文件中农村建筑节能相关内容汇总。

国家发布的农村住房建筑节能技术指导性文件汇总表　　附表4-1

序号	名称	发布日期	发布部门	关于农村建筑节能示范的主要规定
1	《农村抗震节能住宅建设实用指南》	2008年12月30日	住房和城乡建设部村镇建设司	1. 房屋的朝向宜南向，间距，避免遮挡；遮阳、墙面绿化、增强自然通风、平面布局规则； 2. 墙体保温：无机保温砂浆内保温做法；膨胀聚苯板内保温做法； 3. 屋面保温：草泥座瓦屋面做法；坡屋面吊顶内保温；钢筋混凝土平屋面保温（倒置屋面做法）； 4. 门窗：节能门窗选用，门窗框与墙面缝隙封堵
2	《严寒和寒冷地区农村住房节能技术导则（试行）》	2009年6月30日	住房和城乡建设部村镇建设司	1. 总则 2. 术语 3. 基本要求 确定了农村住房主要房间的室内温度标准，严寒和寒冷地区农村节能住房围护结构的重要参数指标限值（墙、门窗、顶棚等）的传热系数，从影响农村住房节能的选址、朝向、间距、体型等提出具体的节能要求，并着重研究农村住房的平立面节能设计，提出合理的平面布局、窗墙面积比等。 4. 围护结构保温技术 根据农村住房的特点，提供了适合农村住房应用的7种保温节能外墙和4种保温屋面的构造形式，图文并茂地展示了各种保温节能外墙和保温屋面的构造层次及各层材料厚度

续表

序号	名称	发布日期	发布部门	关于农村建筑节能示范的主要规定
2	《严寒和寒冷地区农村住房节能技术导则（试行）》	2009 年 6 月 30 日	住房和城乡建设部村镇建设司	5. 供暖和通风节能技术 规范重力循环热水供暖系统（热水供暖系统）的系统形式，管路、散热器、阀门附件的布置安装，同时提供了重力循环热水供暖系统的运行、维护、保养措施。 6. 既有住房节能改造技术 土墙和砖墙的节能改造措施；单层木、铝合金门窗的改造方案；设置双层门窗的合理间距；加强门窗的气密性措施；常见木屋架的内保温、钢筋混凝土屋架的外保温技术措施等。 7. 照明和炊事节能技术 规范照明灯具选择、照明线路敷设；柴灶的节能技术措施，规范农村户用沼气的安装使用和运行维护。 8. 太阳能利用技术 三种被动式太阳能房（直接受益式、附加阳光间式和集热蓄热墙式）的设计内容，包括建造地域、建筑要求、隔热保温措施构造的建造要求与实施方法；太阳能热水系统类型的选择、集热器等部件；规范太阳能热水器和与建筑一体化的太阳能集热器的施工安装
3	关于印发加快推进《农村地区可再生能源建筑应用的实施方案》的通知（财建[2009]306 号）	2009 年 7 月 6 日	财政部、住房和城乡建设部	开展可再生能源建筑应用集中示范，主要支持具备以下条件的地区： 1. 已对太阳能、浅层地能等可再生资源进行评估，具备较好的可再生能源应用条件； 2. 已制定可再生能源建筑应用专项规划； 3. 在今后 2 年内新增可再生能源建筑应用面积应具备一定规模； 4. 可再生能源建筑应用设计、施工、验收、运行管理等标准、规程或图集基本健全，具备一定的技术及产业基础； 5. 推进太阳能浴室建设，解决学校师生的生活热水需求； 6. 实施太阳能、浅层地能供暖工程，利用浅层地能热泵等技术解决中小学校供暖需求。 农村可再生能源建筑应用补助标准为：地源热泵技术应用 60 元/m^2，一体化太阳能热利用 15 元/m^2，以分户为单位的太阳能浴室、太阳能房等按新增投入的 60%予以补助。以后年度补助标准将根据农村可再生能源建筑应用成本等因素予以适当调整。每个示范县补助资金总额最高不超过 1800 万元
4	《农房建筑节能实例选编（一）严寒和寒冷地区》	2009 年 8 月	住房和城乡建设部村镇建设司	包括农村新建节能住房和农村既有住房节能改造实例两大部分：其中新建节能住房选择了混凝土空心砌块夹心墙、多孔砖苯板外保温、草板夹芯墙、钢框架草板房、框架草砖房、轻质墙板房等 9 个节能农房实例；农村既有住房节能改造包括了三个砖房节能改造实例。在每个节能农房实例中，分别介绍了房屋的基本信息，建筑节能设计，围护结构、供暖和通风系统、照明和炊事节能技术措施，可再生能源利用技术，能源利用与消费，冬季典型室内温度（早晨、中午、晚上）以及节能检测和评估的内容
5	《农房建筑节能实例选编（二）严寒和寒冷地区》	2010 年 8 月	住房和城乡建设部村镇建设司	包括农村新建节能住房和农村既有住房节能改造实例两大部分
6	农村建筑工匠培训示范教材	2011 年 2 月 11 日	住房和城乡建设部村镇建设司	节能型墙体材料、木屋架坡屋面保温等

地方制定的关于农村节能住房建设的技术指南、手册、图集汇总表　　附表 4-2

省区	名称	发布日期	主编单位	建筑节能的主要内容
黑龙江	《黑龙江省新农村规划建设系列丛书》	2006 年 5 月	黑龙江省住房和城乡建设厅、财政厅、新农村办	设计了不同墙体构造的节能住宅，包括草砖墙体、轻板夹芯墙体、砖苯板复合墙体，提供典型农村住宅方案及不同构造的节能墙体方案
	《黑龙江省新农村节能住房设计图——草砖房》	2006 年 12 月	黑龙江省住房和城乡建设厅、安泽国际（中国）救援协会	包括 6 个农村草砖住房设计方案；5 个是住宅设计方案，1 个是农村小学校设计方案
	《黑龙江省农村建筑节能住宅建设技术指南》	2008 年 8 月	黑龙江省住房和城乡建设厅、法国环境能源署	黑龙江省农村住房现状（5 种类型），农村住宅热传递与舒适性基本要素，黑龙江省农村节能住宅的设计与施工
	《黑龙江省新农村住宅设计图集（经济型）》	2011 年	黑龙江省住房和城乡建设厅、黑龙江省财政厅	10 套建筑户型设计，墙体采用聚苯板外墙外保温，门窗双层透明中空玻璃塑钢窗、屋面聚苯板保温，地面挤塑聚苯板保温
	《黑龙江省农村住宅节能设计标准（试行）》	2011 年 6 月	黑龙江省住房和城乡建设厅	建筑布局与设计、围护结构热工设计、供暖通风系统、可再生能源利用
	《黑龙江省农村居住建筑节能设计标准》	2013 年 12 月	黑龙江省住房和城乡建设厅	节能建筑基本规定、建筑总局与设计、围护结构热工设计、供暖通风系统、可再生能源利用
吉林	《吉林省农村建筑节能技术导则（试行）》	2010 年 5 月	吉林省住房和城乡建设厅	农村住房建筑基本要求、围护结构保温技术、采暖通风节能技术、既有住宅节能改造技术、照明和炊事节能技术、太阳能利用技术
	《新式农居通用图》	2009 年	吉林省住房和城乡建设厅	外墙采用 300mm 厚的蜂窝混凝土 FWT 板，门窗采用单框双玻塑钢门窗
河北	《农村住房节能技术导则（试行）》	2011 年 4 月	河北省住房和城乡建设厅	总则、术语、室内外热环境节能设计计算参数、建筑与建筑热工设计、供暖节能技术、既有住房节能改造技术、照明和炊事节能技术
	《农村危房改造政策问答》	2012 年 4 月	河北省住房和城乡建设厅	什么是农村危房改造试点建筑节能示范、为什么要进行农村危房改造试点建筑节能示范、农村危房改造试点建筑节能示范有什么技术要求、各级建筑节能示范监督检查工作中的任务有哪些等 31 个政策和技术问答
	《河北省农村危房改造指导图册》	2012 年 3 月	河北省住房和城乡建设厅	包括 7 个户型图，每个户型中包括建筑、结构、电气等设计内容，设计说明中包括建筑节能设计内容
山西	《山西省农村住房围护结构节能技术手册》	2009 年 10 月	山西省建筑设计研究院	新建住房围护结构节能技术、旧房改造围护结构节能技术、房屋各部位常见保温构造
	《山西省农村住房围护结构节能技术实用手册（试行）》	2012 年 8 月	山西省住房和城乡建设厅	山西地区建筑气候分区、建筑布局节能要求、新建住房围护结构节能技术、旧房围护结构节能技术、房屋各部位常见保温构造
内蒙古	《内蒙古自治区新农村新牧区小康住宅建筑设计方案图集》	2006 年 10 月	内蒙古自治区住房和城乡建设厅	内蒙古农村牧区住房设计样例、建筑平面设计图纸、建筑节能保温做法、农村建筑及建筑节能概述
陕西	《陕西省农村建筑节能技术导则》	2008 年 9 月	陕西省住房和城乡建设厅	墙体、屋面构造方案及其热工指标，门窗节能技术，供暖、通风节能技术，太阳能、沼气、秸秆利用技术，既有建筑节能改造技术

续表

省区	名称	发布日期	主编单位	建筑节能的主要内容
甘肃	《甘肃省严寒和寒冷地区农村住房节能技术指南》	2009年10月	甘肃省住房和城乡建设厅	规划、建筑设计及节能要求，围护结构的保温技术，供暖和通风节能技术，照明和炊事节能技术，太阳能利用技术
青海	《青海省农村牧区新型节能热炕推荐图集(DBJT 00—0)》	2010年3月	青海省住房和城乡建设厅	介绍新型节能炕结构的构造和施工方法，提供三种火炕、三种煨炕的底面平面图、剖面图和正立面图
	《青海省农村奖励性住房建设设计方案推荐图集》	2010年4月	青海省住房和城乡建设厅	总则、术语、围护结构保温技术、供暖通风节能技术、炊事节能技术、太阳能利用技术
宁夏	《农村住宅节能技术导则》	2011年4月	宁夏回族自治区住房和城乡建设厅	农宅规划布局节能要求、热工性能指标和能耗指标、围护结构和保温隔热技术、新型农宅节能建筑体系技术、供暖节能技术、热水利用技术、照明节能利用技术、既有农宅节能改造技术
	《宁夏农村住房建设抗震技术要点图解手册》	2011年4月	宁夏回族自治区住房和城乡建设厅、宁夏建筑设计研究院有限公司	对选址要求、地基基础、房屋合适尺度、结构体系、材质砌筑做法、圈梁和过梁做法、构造柱、预制板、砖木方、新体系和常规构件构造等作了介绍
新疆	《新疆维吾尔自治区农村住房节能技术方案》	2009年9月	新疆维吾尔自治区抗震安居办公室	农村住房建筑基本要求、围护结构保温技术、供暖和通风节能技术、炊事节能技术、太阳能利用技术
	《新疆农房抗震建筑节能实例选编》	2010年5月	新疆维吾尔自治区抗震安居办公室、新疆维吾尔自治区建筑设计研究院	农村建筑及建筑节能概述、新疆农房抗震建筑节能实例、(乌恰县灾后重建节能农村抗震安居房；YT无机活性墙体隔热保温系统节能房；村镇建筑节能房；石膏土坯墙农村节能房；被动式太阳能房；轻型板式节能组装房；牧民定居点建筑节能房)
	《新疆维吾尔自治区安居富民工程建设标准(试行)》新建标001—2012	2012年5月	新疆维吾尔自治区住房和城乡建设厅	建筑节能和可再生能源利用，住房朝向、平面设计、围护结构保温构造、外窗、太阳能利用、沼气利用
	《新疆安居富民工程建筑节能建设标准》	2011年1月	新疆维吾尔自治区住房和城乡建设厅	重点抓好建筑节能示范项目的墙体、门窗、屋面、地面等围护结构建设，以及推广使用符合节能环保要求的供暖、照明、炉灶、太阳能等新节能措施
	《新疆安居富民工程建设图集》(含建筑节能部分)	2011年1月	新疆维吾尔自治区住房和城乡建设厅	
	新疆维吾尔自治区工程建设标准设计《村镇(乡)建筑构造图集》	2011年12月	新疆建设标准服务中心	外墙保温推荐构造和厚度选用表、外墙推荐保温构造、农村住房屋面保温构造和厚度选用表
新疆建设兵团	《新疆生产建设兵团连队职工住房建设图集》	2011年5月	兵团建设局	指导新建、既有改造、节能改造等连队安居工程建设
	《新疆生产建设兵团连队职工住房建设图集》	2011年5月	兵团建设局	连队新建住房、既有住房改造、建筑节能改造以及轻钢结构ASA板镶嵌式房屋建筑体系设计图集

续表

省区	名称	发布日期	主编单位	建筑节能的主要内容
北京	《北京新农村民居抗震节能保温实用手册(上、下册)》	2009年	北京华建标建筑标准技术开发中心	墙体节能保温构造(非黏土砖墙外墙外保温构造,混凝土砌块墙外保温构造,非黏土砖夹心墙节能保温构造,加气混凝土砌块墙节能保温构造,外窗台、窗楣节能保温构造,混凝土砌块墙根、圈梁、女儿墙节能保温构造);屋面防水保温;保温节能热工性能指标(北京地区住宅建筑冬季供暖的节能目标、北京市保温墙体的热工性能指标、既有民居墙体保温节能改造中的应用)
	《北京市农房节能改造技术指导手册》	2011年	北京建筑技术发展有限责任公司	外墙节能改造技术,屋面节能改造技术(平屋面节能改造技术、坡屋面节能改造技术),外窗节能改造技术
	《北京市既有农村住宅建筑(平房)综合改造实施技术导则》	2012年7月	北京市房地产科学技术研究所	节能改造,对外窗进行节能改造一般应采用外墙外保温做法。对外窗的改造应重点考虑传热系数和气密性等热工性能,并综合考虑安全、采光、隔声、通风等性能。外窗改造可以采用以下措施:统一更换 K 值不大于 2.7W/(m^2·K)的新外窗、在原有单玻窗的基础上改为双玻窗、改造后的外窗一般宜为平开窗等

国家发布的关于"扩大农村危房改造建筑节能示范"的政策内容汇总表　　附表 4-3

序号	名称	发布日期	发布部门	关于农村建筑节能示范的主要规定
1	《关于2009年扩大农村危房改造试点的指导意见》(建村[2009]84号)	2009年5月8日	住房和城乡建设部、国家发展和改革委员会、财政部	(二)目标任务中:东北、西北、华北"三北地区"试点范围内1.5万户农户,结合农村危房改造开展建筑节能示范; (六)补助标准中:"三北地区"试点范围内农村危房改造建筑节能示范户再增加2000元补助; (十二)建筑节能中"三北地区"农房建筑节能示范是危房改造的重要内容,要点面结合,同步推进。每个试点县至少要安排一个相对集中的示范点(村),有条件的县要每个乡镇安排一个示范点(村)。各地要尽可能采用当地材料和适用技术,研究开发符合农村实际的节能房设计与工法、优化供暖方式,推进可再生能源利用。对研发生产农房建筑节能材料。具有良好社会、经济、环境效益的企业,要落实现行的税收、融资贴息等优惠政策。要组织农村建筑工匠和农民学习节能技术和建造管理,做好宣传推广
2	《关于扩大农村危房改造试点建筑节能示范的实施意见》(建村函[2009]167号)	2009年7月21日	住房和城乡建设部	二、基本原则 农房建筑节能示范项目的重点是墙体、门窗、屋面、地面等农房围护结构的节能措施,要利用有限的资金,采取最有效的措施,尽可能地改善农房的热舒适性。 三、实施要求 (一)成立技术指导小组。我部组织科研单位和大专院校成立部级农房建筑节能专家组,实施对示范省(自治区)的对口技术指导,省、市、县三级住房城乡建设部门要成立农房建筑节能技术指导小组,负责本地区农房建筑节能示范的指导、检查和培训工作。 (二)制定技术方案。省级住房城乡建设部门要参照《严寒和寒冷地区农村住房节能技术导则(试行)》(建村[2009]115号),组织科研单位制定并指导地方编制农房建筑节能示范技术方案,以指导节能示范项目的实施

续表

序号	名称	发布日期	发布部门	关于农村建筑节能示范的主要规定
2	《关于扩大农村危房改造试点建筑节能示范的实施意见》(建村函[2009]167号)	2009年7月21日	住房和城乡建设部	(三)用好补助资金。为农房建筑节能示范所增加的中央和地方补助资金,应主要用于墙体、门窗、屋面、地面等农房围护结构的节能措施。 (四)加强巡查指导。各地住房和城乡建设部门要加强对示范项目施工现场的巡查和指导,并组织好示范项目竣工后的验收工作。 (五)做好宣传推广。各地住房和城乡建设部门要将典型节能示范案例报我部,要通过组织参观示范农房、组织干部和技术人员下乡宣传、利用各类媒体宣传、发放建筑节能科普材料等,向广大农村居民宣传建筑节能的意义和益处,并开展针对示范地区乡镇干部和农村建筑工匠的建筑节能知识和技能培训。 四、监督检查 各地住房和城乡建设部门要制定农房建筑节能示范的监督检查办法,组织开展本地区的监督检查。年底要对农房建筑节能示范开展情况进行全面检查总结,检查总结材料作为农村危房改造年度总结报告的一部分
3	《关于进一步加强扩大农村危房改造试点建筑节能示范工作的通知》(建办村函[2009]964号)	2009年11月16日	住房和城乡建设部	第一、加大工作力度,按时完成农房建筑节能示范任务。农房建筑节能示范是扩大农村危房改造试点十分重要的工作。当前,北方地区已陆续进入冬期施工,各地住房和城乡建设部门要抓紧工作,千方百计确保今年农房建筑节能示范任务按时完成。 第二、严格把握农房建筑节能示范项目的范围和对象。要认真落实《指导意见》关于每个试点县至少要安排一处相对集中的示范点(村),以及扩大农村危房改造试点补助对象是居住在危房中的农村贫困户的要求,不得缩小示范范围,不得将扩大农村危房改造试点建筑节能示范补助资金用于非贫困户住房改建。要加强工作监管,保证农房建筑节能示范工作顺利进行。 第三、加强技术指导,确保农房建筑节能项目的示范效果。各地要主动与对口技术指导单位联系,参考专家组建议,组织当地技术人员,加强技术指导,并做好日常监督检查工作。同时要督促试点县加强对住房建筑节能示范项目的管理,加强现场巡查和指导,积累示范项目资料
4	《关于做好2010年扩大农村危房改造试点工作的通知》(建村[2010]63号)	2010年4月22日	住房和城乡建设部、国家发展和改革委员会、财政部	一、明确试点范围与目标任务中:支持东北、西北、华北等“三北地区”和西藏自治区试点范围内3万农户结合危房改造开展建筑节能示范; 二、合理确定补助对象与标准中:2010年中央补助标准为每户平均6000元,在此基础上对陆地边境县(团场)边境一线贫困农户、建筑节能示范户每户再增加2000元补助; 八、推进建筑节能示范中:“三北地区”和西藏自治区农村危房改造试点要点面结合,同步推进建筑节能示范。每个试点县(团场)至少安排两个相对集中的示范点(村、连队),有条件的县(团场)每个乡镇安排一个示范点(村、连队)。建筑节能示范要严格执行《严寒和寒冷地区农村住房节能技术导则(试行)》,加强专家组对口指导,实行逐户验收。建筑节能示范户录入信息系统的“改造中照片”必须反映主要建筑节能措施施工现场。要组织农村建筑工匠和农民学习节能技术和建造管理,做好宣传推广

续表

序号	名称	发布日期	发布部门	关于农村建筑节能示范的主要规定
5	《扩大农村危房改造试点建筑节能示范监督检查工作要求》	2010年7月2日	住房和城乡建设部村镇建设司	一、总则 检查办法的适用范围;执行的监督检查机制和原则;各级建筑主管部门的监督检查职责分工;受检示范点需提供的检查必备条件。 二、监督检查内容 示范项目管理:年度示范项目计划编制和落实,组织管理和长效机制建设,技术指导和能力建设,示范项目建筑施工检查,节能技术措施施工方案,施工过程检查,交工前检查和竣工验收,建筑节能检测检查。 三、监督检查实施要求 部重点监督检查、省市巡查、县自查的检查时间、抽样数、检查方式。 四、检查结果处理 附件一:扩大农村危房改造试点建筑节能示范监督检查系列检查表 附件二:扩大农村危房改造试点建筑节能施工检查和验收方法 附件三:扩大农村危房改造试点建筑节能示范节能技术检测方法
6	《关于做好2011年扩大农村危房改造试点工作的通知》(建村[2011]62号)	2011年5月17日	住房和城乡建设部、国家发展和改革委员会、财政部	一、试点范围与改造任务 2011年中央扩大农村危房改造试点实施范围是中西部地区全部县(市、区、旗)。任务是支持完成265万农村贫困户危房改造,其中:优先完成陆地边境县边境一线20万贫困农户危房改造,支持东北、西北、华北等“三北地区”和西藏自治区试点范围内9万农户结合危房改造开展建筑节能示范。 二、合理确定补助对象与标准中:2010年中央补助标准为每户平均6000元,在此基础上对陆地边境县(团场)边境一线贫困农户、建筑节能示范户每户再增加2000元补助。 八、推进建筑节能示范 加快推进“三北地区”和西藏自治区农村危房改造试点建筑节能示范工作,各试点县要安排不少于五个相对集中的示范点(村),有条件的县每个乡镇要安排一个示范点(村)。建筑节能示范要严格执行《严寒和寒冷地区农村住房节能技术导则(试行)》,加强专家组对口指导,实行逐户验收。建筑节能示范户录入信息系统的“改造中照片”必须反映主要建筑节能措施施工现场。要组织农村建筑工匠和农民学习节能技术和建造管理,做好宣传推广
7	关于印发《农村危房改造试点建筑节能示范工作省级年度考核评价指标(试行)》的通知(建村[2011]106号)	2011年7月18日	住房和城乡建设部村镇建设司	为切实做好农村危房改造试点建筑节能示范工作,根据《关于做好2011年扩大农村危房改造试点工作的通知》(建村[2011]62号)要求,我部制定了《农村危房改造试点建筑节能示范工作省级年度考核评价指标(试行)》(以下称考核评价指标),现印发你们。我部将于每年年底按照考核评价指标组织开展建筑节能示范工作绩效评估,评估结果将作为下一年度农村危房改造建筑节能示范任务的主要依据
8	《关于做好2012年扩大农村危房改造试点工作的通知》(建村[2012]87号)	2012年6月29日	住房和城乡建设部、国家发展和改革委员会、财政部	一、试点范围与改造任务 2012年中央扩大农村危房改造试点实施范围是中西部地区全部县(市、区、旗)和辽宁、江苏、浙江、福建、山东、广东等省全部县(市、区)。任务是支持完成400万农村贫困户危房改造,其中:优先完成陆地边境县边境一线13万贫困农户危房改造,支持东北、西北、华北等“三北地区”和西藏自治区试点范围内13.08万农户结合危房改造开展建筑节能示范。各省(区、市)危房改造任务由住房和城乡建设部会同国家发展改革委、财政部确定

续表

序号	名称	发布日期	发布部门	关于农村建筑节能示范的主要规定
8	《关于做好2012年扩大农村危房改造试点工作的通知》(建村[2012]87号)	2012年6月29日	住房和城乡建设部、国家发展和改革委员会、财政部	二、补助对象与补助标准 2012年中央补助标准为每户平均7500元,在此基础上对陆地边境县边境一线贫困农户、建筑节能示范户每户再增加2500元补助。各省(区、市)要依据农村危房改造方式、建设标准、成本需求和补助对象自筹资金能力等不同情况,合理确定不同地区、不同类型、不同档次的分类补助标准。 九、推进建筑节能示范 建筑节能示范地区各试点县要安排不少于5个相对集中的示范点(村),有条件的县每个乡镇要安排1个示范点(村)。省级住房城乡建设部门要及时总结近年建筑节能示范经验与做法,制定和完善技术方案与措施;充实省级技术指导组力量,加强技术指导与巡查;及时组织中期检查和竣工检查,开展典型建筑节能示范房节能技术检测。县级住房城乡建设部门要按照建筑节能示范监督检查要求,实行逐户施工过程检查和竣工验收检查,并做好检查情况记录。建筑节能示范户录入信息系统的"改造中照片"必须反映主要建筑节能措施施工现场。要组织农村建筑工匠和农民学习节能技术和建造管理,做好宣传推广
9	《关于做好2013年农村危房改造工作的通知》(建村[2013]90号)	2013年7月11日	住房和城乡建设部、国家发展和改革委员会、财政部	一、改造任务 2013年中央支持全国266万贫困农户改造危房,其中:国家确定的集中连片特殊困难地区的县和国家扶贫开发工作重点县等贫困地区105万户,陆地边境县边境一线15万户,东北、西北、华北等"三北地区"和西藏自治区14万农户结合危房改造开展建筑节能示范。各省(区、市)危房改造任务由住房和城乡建设部会同国家发展改革委、财政部确定。 二、补助对象与补助标准 2013年中央补助标准为每户平均7500元,在此基础上对贫困地区每户增加1000元补助,对陆地边境县边境一线贫困农户、建筑节能示范户每户增加2500元补助。各省(区、市)要依据改造方式、建设标准、成本需求和补助对象自筹资金能力等不同情况,合理确定不同地区、不同类型、不同档次的省级分类补助标准,落实对特困地区、特困农户在补助标准上的倾斜照顾。 九、推进建筑节能示范 建筑节能示范地区各县要安排不少于5个相对集中的示范点(村),有条件的县每个乡镇安排一个示范点(村)。每户建筑节能示范户要采用2项以上的房屋围护结构建筑节能技术措施。省级住房和城乡建设部门要及时总结近年建筑节能示范经验与做法,制定和完善技术方案与措施;充实省级技术指导组力量,加强技术指导与巡查;及时组织中期检查和竣工检查,开展典型建筑节能示范房节能技术检测。县级住房和城乡建设部门要按照建筑节能示范监督检查要求,实行逐户施工过程检查和竣工验收检查,并做好检查情况记录。建筑节能示范户录入信息系统的"改造中照片"必须反映主要建筑节能措施施工现场。加强农房建筑节能宣传推广,开展农村建筑工匠建筑节能技术培训,不断向农民普及建筑节能常识
10	《关于做好2014年农村危房改造工作的通知》(建村[2014]76号)	2014年6月7日	住房和城乡建设部、国家发展和改革委员会、财政部	一、改造任务 2014年中央支持全国266万贫困农户改造危房,其中:国家确定的集中连片特殊困难地区的县和国家扶贫开发工作重点县等贫困地区105万户,陆地边境县边境一线15万户,东北、西北、华北等"三北地区"和西藏自治区14万农户结合危房改造开展建筑节能示范。各省(区、市)危房改造任务由住房和城乡建设部会同国家发展改革委、财政部确定

续表

序号	名称	发布日期	发布部门	关于农村建筑节能示范的主要规定
10	《关于做好2014年农村危房改造工作的通知》(建村[2014]76号)	2014年6月7日	住房和城乡建设部、国家发展和改革委员会、财政部	二、补助对象与补助标准 2014年中央补助标准为每户平均7500元,在此基础上对贫困地区每户增加1000元补助,对陆地边境县边境一线贫困农户、建筑节能示范户每户分别增加2500元补助。各省(区、市)要依据改造方式、建设标准、成本需求和补助对象自筹资金能力等不同情况,合理确定不同地区、不同类型、不同档次的省级分类补助标准,落实对特困地区、特困农户在补助标准上的倾斜照顾。 十、推进建筑节能示范 建筑节能示范地区各县要安排不少于5个相对集中的示范点(村),有条件的县每个乡镇安排1个示范点(村)。每户建筑节能示范户要采用2项以上的房屋围护结构建筑节能技术措施。省级住房和城乡建设部门要及时总结近年建筑节能示范经验与做法,制定和完善技术方案与措施;充实省级技术指导组力量,加强技术指导与巡查;及时组织中期检查和竣工检查,开展典型建筑节能示范房节能技术检测。县级住房和城乡建设部门要按照建筑节能示范监督检查要求,实行逐户施工过程检查和竣工验收检查,并做好检查情况记录。建筑节能示范户录入信息系统的"改造中照片"必须反映主要建筑节能措施施工现场。加强农房建筑节能宣传推广,开展农村建筑工匠建筑节能技术培训,不断向农民普及建筑节能常识
11	《关于做好2015年农村危房改造工作的通知》(建村[2015]40号)	2015年3月11日	住房和城乡建设部、国家发展和改革委员会、财政部	一、中央支持范围 2015年中央支持全国农村地区贫困农户改造危房,在地震设防地区结合危房改造实施农房抗震改造,在"三北地区"(东北、西北、华北)和西藏自治区结合危房改造开展建筑节能示范。在任务安排上,对国家确定的集中连片特殊困难地区和国家扶贫开发工作重点县等贫困地区、抗震设防烈度8度及以上的地震高烈度设防地区予以倾斜,单列任务。 二、补助对象与补助标准 农村危房改造补助对象重点是居住在危房中的农村分散供养五保户、低保户、贫困残疾人家庭和其他贫困户。补助对象的确定要坚持公开、公平、公正原则,优先帮助住房最危险、经济最贫困农户解决最基本安全住房。 2015年农村危房改造中央补助标准为每户平均7500元,在此基础上对贫困地区每户增加1000元补助,对建筑节能示范户每户增加2500元补助。各省(区、市)要依据改造方式、建设标准、成本需求和补助对象自筹资金能力等不同情况,合理确定不同地区、不同类型、不同档次的省级分类补助标准。要充分考虑地震高烈度设防地区农房抗震改造可能增加的成本,切实落实对地震高烈度设防地区特困农户在补助标准上的倾斜照顾。 十三、推进建筑节能示范 建筑节能示范地区各县要安排不少于5个相对集中的示范点(村),有条件的县每个乡镇安排1个示范点(村)。每户建筑节能示范户要采用2项以上的房屋围护结构建筑节能技术措施。省级住房和城乡建设部门要及时总结近年建筑节能示范经验与做法,制定和完善技术方案与措施;充实省级技术指导组力量,加强技术指导与巡查;及时组织中期检查和竣工检查,开展典型建筑节能示范房节能技术检测。县级住房和城乡建设部门要按照建筑节能示范监督检查要求,实行逐户施工过程检查和竣工验收检查,并做好检查情况记录。建筑节能示范户录入信息系统的"改造中照片"必须反映主要建筑节能措施施工现场。加强农房建筑节能宣传推广,开展农村建筑工匠建筑节能技术培训,不断向农民普及建筑节能常识

地方发布的关于“扩大农村危房改造建筑节能示范”的政策内容汇总表　　附表 4-4

省区	名称	发布日期	发布部门	关于农房建筑节能示范的主要规定
黑龙江	《关于加强全省农村泥草房和危房改造规划建设管理工作的通知》	2010 年 6 月 21 日	黑龙江省住房和城乡建设厅	广泛推广农村节能住房技术。各地要大力推广适合我省严寒气候的草砖、草板、复合墙体、外挂苯板、装配式和太阳能等节能住房技术
	《关于加强农村泥草房改造和建设节能住房工作的通知》(黑建村[2011]8 号)	2011 年 5 月 26 日	黑龙江省住房和城乡建设厅	要把整村改造试点建设成节能示范村。在完善去年的 137 个整村改造试点基础上,要大力推进今年新抓的 128 个整村改造试点的建设,要从规划、设计、施工、村庄管理、环境综合整治、基础设施等方面推进整村改造和建设,要把整村改造试点建设成为全省新农村建设新典型、新样板。整村改造所有新建住房都要建筑成节能住房,建筑设计要新颖、科学合理、安全可靠、功能完善、节能省地、低碳环保、庭院整洁,还要尽可能地引导和指导农民安装和使用太阳能热水器,组织试点村统一购置和安装太阳能热水器,不仅让农民住上节能房,还要让农民用上省电的太阳能热水,努力提高农民的生活质量和改善生活环境,真正地把整村改造建设成节能示范村、亮点村,在全省要大力推广草砖、草板、陶粒空心砖、苯板格构式模具、外挂苯板、太阳能、装配式节能住房
	关于印发《黑龙江省农村泥草房整村节能改造安装太阳能热水器示范工程实施方案的通知》(黑建村[2011]23 号)	2011 年 7 月 13 日	黑龙江省住房和城乡建设厅	2011 年,在部分有积极性的县(市)的农村泥草房整村改造工程中建立示范工程。2012 年在全省各县市扩面建设示范工程,根据一期示范工程综合报告,项省政府申请扩助资金。2013～2015 年全省推开,力争有更多的农户使用太阳能热水器。由省、县(市)政府每个太阳能热水器补助 1000 元,其余资金用户自付
	关于印发《黑龙江省 2013 年农村危房改造实施方案的通知》	2013 年 8 月 1 日	黑龙江省住房和城乡建设厅、黑龙江省发展和改革委员会、黑龙江省财政厅	(六)建筑节能。农房建筑节能示范是危房改造试点的重要内容,国家下达我省的农村危房改造节能住房要达到百分之百。每个县至少要安排两个相对集中的示范点,有条件的县每个乡镇安排一个示范点。建筑节能示范要严格执行《严寒和寒冷地区农村住房节能技术导则(试行)》,大力推广草砖、草板、复合墙板、外墙外保温、EPS 模块式和太阳能等节能技术,加强技术指导与巡查,及时组织中期检查和竣工检查,实行逐户验收。建筑节能示范户录入信息系统的“改造中照片”充分反映主要建筑节能措施施工现场。要加强节能宣传推广,开展节能技术培训普及节能知识
吉林	关于印发《吉林省 2012 年农村危房改造实施方案》的通知(吉建村[2012]26 号)	2012 年 9 月 10 日	吉林省住房和城乡建设厅、吉林省发展和改革委员会、吉林省财政厅	各县(市、区)要安排不少于 5 个相对集中的建筑节能示范点(村),有条件的县每个乡镇要安排 1 个示范点(村)。各地住房城乡建设部门要按照建筑节能示范监督检查要求,实行逐户施工过程检查和竣工验收检查,并做好检查情况记录。建筑节能示范户录入信息系统的“改造中照片”必须反映主要建筑节能措施施工现场
	关于印发《吉林省农村危房改造基本要求的通知》(吉建村[2013]25 号)	2013 年 7 月 16 日	吉林省住房和城乡建设厅	农村危房改造房屋布局节能、能源利用、围护结构节能等方面对节能进行了规定。管理规定要求各级危改办负责制定农村危房改造建筑节能具体技术方案。农村危房改造建筑节能管理实行责任人制度和分级管理制度。在节能设计、节能新技术、新材料应用方面提出要求

续表

省区	名称	发布日期	发布部门	关于农房建筑节能示范的主要规定
河北	《关于河北省2009年开展农村危房改造试点的实施意见》(冀建村[2009]459号)	2009年8月19日	河北省住房和城乡建设厅、河北省发展和改革委员会、河北省财政厅	同步推进建筑节能。重点在房屋墙体、门窗、屋面、地面等方面采取节能措施,今年的建筑节能示范安排在张家口、承德两市,改善寒冷地区农房保暖条件等
	《河北省扩大农村危房改造试点工作流程》(冀建村[2010]297号)	2010年6月9日	河北省住房和城乡建设厅	建筑节能示范,严格按照《严寒和寒冷地区农村住房节能技术导则(试行)》,采取措施;成立农房建筑节能技术指导小组,加强对口指导等
	《关于做好2010年扩大农村危房改造试点工作的通知》(冀建村[2010]298号)	2010年6月18日	河北省住房和城乡建设厅、河北省发展和改革委员会、河北省财政厅	推进建筑节能示范,严格执行《严寒和寒冷地区农村住房节能技术导则(试行)》;重点在房屋墙体、门窗、屋面、地面等的建设中采取节能措施,并进行分户竣工验收
	《关于进一步加强农村危房改造建筑节能示范工作的通知》(冀建村[2011]546号)	2011年9月2日	河北省住房和城乡建设厅	要求各示范市加大工作力度,按时完成节能示范任务;明确节能示范工作内容,完善相关文件资料,并要求各地按照住房和城乡建设部《农村危房改造试点建筑节能示范省级年度考核评价指标(试行)》文件要求完善工作内容,同时要求各示范地区加强技术指导,保证节能示范效果
	《关于进一步推进全省农村危房改造工作的通知》(冀建村[2012]639号)	2012年9月18日	河北省住房和城乡建设厅	各级建设部门要加强危房改造建筑节能的指导,建设一批符合当地实际、具有农村特色的建筑节能住房。县级建设部门要按照因地制宜、经济适用、就地取材的原则,合理安排建筑节能示范户。要加强建筑节能技术应用的指导,重点在房屋的墙体、门窗、屋面等部位采取节能措施,提高建筑节能效率;要强化监督检查,促进各项施工措施的落实;要认真组织建筑节能技术的学习,积极引导建筑节能材料、产品、技术措施的应用
	《关于做好2013年全省农村危房改造工作的通知》(冀建村[2013]51号)	2013年9月14日	河北省住房和城乡建设厅、河北省发展和改革委员会、河北省财政厅	各县(市、区)要安排不少于5个相对集中的示范点(村),有条件的县(市、区)每个乡镇安排1个示范点(村)。每个建筑节能示范户要采用2项以上的房屋围护结构建筑节能技术措施。省住房和城乡建设厅将及时总结近年建筑节能示范经验与做法,制定和完善技术方案与措施;充实省级技术指导组力量,加强技术指导与巡查;及时组织中期检查和竣工检查,开展典型建筑节能示范房节能技术检测。各市住房和城乡建设部门要强化监督检查,督促所属县(市、区)认真执行各项建筑节能政策措施;县级住房城乡建设部门要按照建筑节能示范监督检查要求,实行逐户施工过程检查和竣工验收检查,并做好检查情况记录。建筑节能示范户录入信息系统的"改造中照片"必须反映主要建筑节能措施施工现场。加强农房建筑节能宣传推广,开展农村建筑工匠建筑节能技术培训,不断向农民普及建筑节能常识

续表

省区	名称	发布日期	发布部门	关于农房建筑节能示范的主要规定
山西	《关于做好2011年农村危房改造工作的通知》（晋建村字［2011］150号）	2011年5月5日	山西省住房和城乡建设厅	农村危房改造建筑节能示范任务，原则安排在我省中北部寒冷地区集中解决。建筑节能示范要坚持突出重点、体现特色、力求实效、因地制宜、易于推广的原则，我省部分地区特别是高寒地区着重在取暖、保温等方面，对墙体、门窗、屋面、地面等围护结构制定节能措施。根据各地地理和资源条件，尽量选取当地材料，传承和改进传统建筑节能措施，尊重农民生产生活习惯，采用技术经济合理的节能措施。担负农村危房改造建筑节能示范任务的县（市），节能示范结合危房改造可适当集中。县（市）建设行政主管部门要成立农房建筑节能技术指导小组，根据农民意愿，结合当地气候特点，制定具体的农村危房改造建筑节能技术方案，明确具体节能措施和实施方法，做好农村危房改造建筑节能示范的指导、检查工作，有关县建筑节能示范实施方案请于6月底前报省厅备案
	《关于做好2012年农村危房改造工作的通知》（晋建村字［2012］77号）	2012年3月30日	山西省住房和城乡建设厅、山西省发展和改革委员会、山西省财政厅	六、搞好建筑节能示范 担负建筑节能示范任务的县（市），节能示范户应相对集中，以便于推广。县级住房和城乡建设主管部门要制定具体的农村危房改造建筑节能技术方案，明确节能措施和实施方法，重点对墙体、门窗、屋面、地面等围护结构采取节能措施，节能措施不低于两项。县级建筑节能示范技术方案须报省厅备案
陕西	《关于加强农村建筑建材节能工作的通知》（陕建发［2008］49号）	2008年3月18日	陕西省住房和城乡建设厅	加强对农村新建建筑的节能引导；农村建筑节能试点示范建设；加快发展适应农村建筑的新型墙体材料；积极推动可再生能源在农村建筑中的应用
甘肃	《关于做好国家扩大农村危房改造试点和节能示范工作的通知》（甘建村［2009］370号）	2009年9月21日	甘肃省住房和城乡建设厅	每个试点县至少要安排一个相对集中的示范点（村），并严格按照《关于扩大农村危房改造试点建筑节能示范的实施意见》的要求，做好农村危房改造节能示范工作
	关于转发住房和城乡建设部《扩大农村危房改造建筑节能示范监督检查工作要求》的通知（甘建村［2010］325号	2010年7月22日	甘肃省住房和城乡建设厅	一、落实技术标准。严格执行住房和城乡建设部印发的《严寒和寒冷地区农村住房节能技术导则（试行）》和省住房和城乡建设厅印发的《甘肃省严寒和寒冷地区农村住房节能技术指南（试行）》，结合中央扩大农村危房改造试点计划任务的落实，通过采用农房围护结构保温等节能措施和新型节能材料应用，同步完成节能示范户建设任务。 二、用好补助资金。为农村危房改造建筑节能示范所增加的补助资金，用主要用于墙体、门窗、屋面、地面等农房围护结构的节能措施，如增加外墙保温、使用节能墙体材料、铺设屋面保温层、更换节能门窗等，凡享受中央危房改造节能示范补助资金的危房改造户，必须在危房改造中体现节能措施的应用。 三、加强巡查指导。市县两级建设部门要通过示范项目的实施，开发符合当地实际的农房建筑节能适宜技术，研究提出本地区设计、建材、施工等方面的节能措施和工作指南，建立面向农村居民及技术人员的宣传、技术指导、工匠培训等农房建筑节能推广机制。加强对示范项目施工现场的巡查和指导，并组织好示范项目竣工后的验收工作。对典型示范农房，可进行必要的节能检测，总结结果

续表

省区	名称	发布日期	发布部门	关于农房建筑节能示范的主要规定
甘肃	关于公布《全省2011年中央扩大农村危房改造建筑节能示范点的通知》(甘建村[2011]211号)	2011年5月9日	甘肃省住房和城乡建设厅	市州、县市区建设行政主管部门在实施中央农村危房改造时要点面结合,同步推进建筑节能示范。中央农村危房改造建筑节能示范计划和补助资金应优先向节能集中建设示范点安排。市州建设局要组织对各县市区建筑节能实施方案进行审查并批复,批复意见和实施方案抄送省建设厅村镇建设处。 建筑节能示范要严格执行住房和城乡建设部印发的《严寒和寒冷地区农村住房节能技术导则》和省建设厅印发的《甘肃严寒和寒冷地区农村住房节能技术导则》
	《关于做好2011年中央扩大农村危房改造试点建筑节能示范工作的通知》(甘建村[2011]151号)	2011年4月7日	甘肃省住房和城乡建设厅	节能集中示范点应与省级或中央危房改造集中建设点同步实施,原则上户数不少于20～30户;集中建设点应编制建设规划和委托有资质的设计部门提出房屋设计和节能措施方案;统建集中建设点应按程序履行招标,监理并选择有资质的施工队伍施工。
宁夏	《关于扩大农村危房改造试点建筑节能示范的实施意见》(宁建发[2009]279号)	2009年12月18日	宁夏回族自治区住房和城乡建设厅	农房改造建筑节能示范项目的重点是墙体、门窗、屋面、地面等农房围护结构的节能措施。成立技术指导小组;农房建筑节能示范所增加的补助资金,应主要用于墙体、门窗、屋面、地面等农房围护结构的节能措施;各市县(区)建设和规划管理部门要将典型节能示范项目及时报送厅里,并通过组织参观示范农房、组织干部和技术人员下乡宣传、利用各类媒体宣传、发放建筑节能科普材料等,向广大农村居民宣传建筑节能的意义和益处,并开展针对示范地区乡镇干部和农村工匠的建筑节能知识和技能培训
	关于转发住房和城乡建设部《扩大农村危房改造试点建筑节能示范监督检查工作要求》的通知(宁建(村)发[2010]10号)	2010年5月6日	宁夏回族自治区住房和城乡建设厅	各单位根据监督检查工作要求,结合本地区农村危房改造的实际情况,制定工作计划和实施方案;各单位根据本辖区内今年农村危房改造建筑节能试点进展情况,报送建设进展情况;各市县(区)应充分发挥广播、电视和报刊等新闻媒体的舆论监督作用
	《关于强力推进2011年"塞上农民新居"建设和农村危房改造工作的通知》(宁建(村镇)字[2011]2号)	2011年6月3日	宁夏回族自治区住房和城乡建设厅	提出了做好技术指导。要求各地各部门要参照自治区住房和城乡建设厅制定的《宁夏特色农宅方案设计参考图集》、《宁夏新农村住宅设计图集》、《宁夏农村住宅抗震技术要点图集手册》和《宁夏农村危房改造、生态移民住房建设技术导则》等
青海	《关于2009年实施农村困难群众危房改造工程的意见》	2009年3月	青海省民政厅、青海省发展和改革委员会、青海省财政厅、青海省农牧厅、青海省住房和城乡建设厅	有条件的地区,提倡采用节能暖墙、太阳能等新材料、新技术

续表

省区	名称	发布日期	发布部门	关于农房建筑节能示范的主要规定
青海	《青海省农村困难群众危房改造工程建设管理暂行办法》(青民发[2009]142号)	2009年8月	青海省民政厅、青海省发展和改革委员会、青海省财政厅、青海省农牧厅、青海省住房和城乡建设厅	要求农村危房改造采用节能暖墙、节能火炕、隔断封闭、太阳能等新材料、新技术
	《关于下达2012年扩大农村危房改造建筑节能示范建设任务的通知》(青建村[2012]649号)	2012年9月27日	青海省住房和城乡建设厅、青海省发展和改革委员会、青海省财政厅	2012年全省扩大农村危房改造建筑节能示范任务将纳入各地“千村建设、百村示范”工程范围;节能示范建设的内容主要是墙体、门窗等农房围护结构保温所采用的节能措施;各地切实加强对农村危房改造建筑节能示范工作的组织领导,严格工作程序,加强技术服务,保证工程质量,做好节能示范农户信息档案的建立,推进建筑节能示范工作顺利实施
内蒙古	转发住房和城乡建设部《关于扩大农村危房改造试点建筑节能示范的实施意见》(内建村函[2009]482号)	2009年8月4日	内蒙古自治区住房和城乡建设厅	各级建设部门要求成立农房建筑节能技术指导小组,负责本地区农房建筑节能示范的指导、检查和培训工作。 要及时总结农房建筑节能示范经验,通过各种方式进行推广和普及,并将典型节能示范案例报我厅村镇建设处。 要求组织开展农房建筑节能示范监督检查并进行全面总结,检查总结材料作为农村牧区危房改造年度总结报告的一部分,于12月底前一并报我厅村镇建设处
新疆	《新疆2010年扩大农村危房改造试点实施方案》	2010年5月20日	新疆维吾尔自治区住房和城乡建设厅、发展和改革委员会、财政厅、抗震安居办公室	在边境一线、高寒山区、荒漠戈壁的严寒酷暑地区,积极推广保温隔热建筑节能新技术。建筑节能推广拟安排在36各试点县。建筑节能示范任务10080户
	《关于全面推进自治区安居富民工程建设的实施意见》	2011年12月	自治区安居富民工程建设领导小组办公室	(十二)抓好建筑节能。各地(州、市)、县(市、去)要成立农村安居房建筑节能技术指导小组,编制农村安居房建筑节能示范技术方案,结合本地建材使用、施工设计、节能措施等情况,建立建筑节能宣传培训、技术指导、监督检查等工作机制,大力推广应用农村安居房建筑节能新技术、新材料、新产品和新工艺,为农村安居房建筑节能提供技术指导服务。各县(市、区)每年应安排不少于5个相对集中的建筑节能示范点(村),特别是针对高寒地区、酷暑地区的农村安居房建设,着力抓好建筑节能示范项目墙体、门窗、屋面、地面等围护结构建设,推广使用符合节能环保要求的太阳能、风能、沼气、秸秆利用等可再生能源利用技术
新疆建设兵团	《2010年兵团扩大农村危房改造试点工作实施方案》	2010年8月4日	新建生产建设兵团建设局	2010年兵团农房改造建筑节能示范要点面结合,加大宣传推广力度。列入农房改造建筑节能示范的团场至少1个中心连队居住区集中连片改造,建筑节能示范要严格执行《严寒和寒冷地区农村住房节能技术导则(试行)》

续表

省区	名称	发布日期	发布部门	关于农房建筑节能示范的主要规定
新疆建设兵团	关于印发《2011年兵团农村安居工程实施方案的通知》(兵建发[2011]109号)	2011年8月3日	兵团建设局、兵团发展改革委、兵团财务局	将农村安居工程建设与完善功能相结合,重点完善给水、排水、供暖等基础设施,做好建筑节能改造,降低供暖成本
	关于印发《兵团农村安居工程建筑节能示范工作师级年度考核评价指标(试行)》的通知(兵建发[2011]143号)	2011年9月26日	兵团建设局	从总体情况、技术指导、监督检查、现场抽查四个方面共14项内容进行考核
	关于印发《兵团农村安居工程建筑节能示范技术方案的通知》(兵建电[2012]73号)	2012年8月16日	兵团建设局	包括总体要求、建筑节能与能源利用、围护结构节能三个方面等具体措施,并从强化服务职能、制定技术措施、加强组织领导三方面提出工作要求
	关于印发《兵团2012年农村安居工程实施方案的通知》(兵建发[2012]137号)	2012年9月3日	兵团建设局、兵团发展改革委、兵团财务局	推进建筑节能示范。加快推进兵团农村安居工程建筑节能示范工作,各师要将今年的节能示范任务合理安排到相对集中的重点及示范团场城镇和示范中心连队居住区
北京	关于印发《北京市农民住宅抗震节能工作实施方案(2011-2012年)》的通知京(新农办函[2011]12号)	2011年9月9日	北京市社会主义新农村建设领导小组综合办公室、北京市住房和城乡建设委员会、北京市财政局	建设标准:进行农宅新建翻建、综合改造的农民住宅必须达到北京市农民住宅抗震节能标准;实施节能单项改造的农民住宅外墙和外窗的传热系数K值不大于0.45W/(m^2·K)、2.7W/(m^2·K);为鼓励农民积极建设抗震节能住宅,使郊区农民住宅达到抗震节能标准,市区(县)政府采取以奖代补的形式,对农宅抗震节能改造予以补助。市政府按照新建翻建及综合改造每户2万元,单项改造每户1万元的标准,对区县予以奖励,奖励资金由各区县统筹使用。加强领导,农民住宅抗震节能工作由市社会主义新农村建设领导小组统筹协调,具体工作由市新农办负责落实。要建立"部门联动、政策集成、资源整合、资金聚集"的工作机制和部门联席会议制度

续表

省区	名称	发布日期	发布部门	关于农房建筑节能示范的主要规定
北京	关于印发《北京市农民住宅抗震节能建设项目管理办法(2011-2012 年)》的通知(京建发[2011]26 号)	2011 年 12 月 14 日	北京市住房和城乡建设委员会、北京市社会主义新农村建设领导小组综合办公室、北京市财政局、北京市规划委员会	农民住宅新建翻建、单项改造、综合改造应满足相关建设标准要求:(二)节能要求。新建翻建项目应满足本市《居住建筑节能设计标准》DBJ 11—602—2006 节能 65%设计标准中围护结构要求。单项改造和综合改造的外墙传热系数 K 值不大于 0.45W/(m^2·K);外窗传热系数 K 值不大于 2.7W/(m^2·K)。 市新农办负责牵头组织各成员单位做好全市农宅抗震节能工作计划,分解工作任务;定期召开成员单位联席会议,解决工作中遇到的问题。北京市新农村建设领导小组成员单位按照职责制定各种配套政策,做好管理、指导与服务工作。市政府采取以奖代补的形式,对农宅抗震节能改造予以奖励。市政府按照新建翻建及综合改造每户 2 万元,单项改造每户 1 万元的标准,对区县政府予以奖励,奖励资金由各区县政府统筹使用
	关于印发《北京市农民住宅抗震节能工作实施方案(2013 年)》的通知(京建发[2013]159 号)	2013 年 3 月 28 日	北京市住房和城乡建设委员会、北京市社会主义新农村建设领导小组综合办公室、北京市财政局	进行农宅新建翻建、综合改造的农民住宅必须达到北京市农民住宅抗震节能标准;综合改造的外墙传热系数 K 值不大于 0.45W/(m^2·K);外窗传热系数 K 值不大于 2.7W/(m^2·K)。为鼓励农民积极建设抗震节能住宅,2013 年农宅改造继续延续 2011 年和 2012 年市、区县政府"以奖代补"的形式,市政府按照新建翻建及综合改造每户 2 万元的标准,对区县政府予以奖励,奖励资金由各区县政府统筹使用
	《北京市农民住宅抗震节能改造工程建设规划(2014-2017 年)》(京新农办函[2014]2 号)	2014 年 5 月 5 日	北京市社会主义新农村建设领导小组综合办公室、北京市住房和城乡建设委员会、北京市财政局	实现到 2017 年基本完成全市农宅抗震节能改造的工作目标,使农村地区基本达到每个农户都有一处符合抗震或节能要求的住房,不断提高农民住宅抗震节能保温标准。北京市的农宅抗震节能改造项目分三种类型:1. 新建翻建项目:所有新建翻建的农民住宅应达到北京市农民住宅抗震节能标准。2. 综合改造项目:综合改造后的农民住宅应达到北京市农民住宅抗震节能标准。3. 节能保温改造项目:实施节能保温改造的农民住宅外墙传热系数 K 值不大于 0.45W/(m^2·K);外窗传热系数 K 值不大于 2.7W/(m^2·K)。为鼓励农民主动积极地进行农宅改造,2014～2017 年市政府继续按照农宅新建翻建及综合改造每户 2 万元、节能保温改造每户 1 万元的标准,通过"以奖代补"的形式,对区县政府予以奖励,奖励资金由各区县统筹使用
	关于印发《北京市 2013 年农村危房改造工作实施方案》的通知(京建发[2013]541 号)	2013 年 11 月 25 日	北京市住房和城乡建设委员会、北京市民政局、北京市财政局、北京市发展和改革委员会、北京市社会主义新农村建设领导小组综合办公室	建设标准:各区县要把农村贫困户危房新建翻建工作,与市住房和城乡建设委和市新农办实施的抗震节能农宅建设工作以及市民政局组织实施的农村住房救助工作结合起来,统筹安排、组织实施。农村危房改造农户的住宅须达到北京市农民住宅抗震节能标准

续表

省区	名称	发布日期	发布部门	关于农房建筑节能示范的主要规定
北京	关于印发《北京市2014年农村危房改造工作实施方案》的通知（京建发[2014]320号）	2014年8月20日	北京市住房和城乡建设委员会、北京市民政局、北京市财政局、北京市社会主义新农村建设领导小组综合办公室	建设标准：各区县要把农村贫困户补助对象危房新建翻建工作，与市住房和城乡建设委和市新农办实施的抗震节能农宅建设工作以及市民政局组织实施的农村住房救助工作结合起来，统筹安排、组织实施。农村危房改造农户的住宅应达到北京市农民住宅抗震节能标准。住宅节能达到节能标准相关指标要求，其中：外墙传热系数 K 值不大于 $0.45W/(m^2 \cdot K)$；外窗传热系数 K 值不大于 $2.7W/(m^2 \cdot K)$

附录5　与农村建筑相关的节能材料和技术标准汇总

（一）建筑节能材料类

1.《建筑用纸面草板机》JC/T 1039—2007
2.《烧结多孔砖和多孔砌块》GB 13544—2011
3.《绝热用模塑聚苯乙烯泡沫塑料》GB/T 10801.1—2002
4.《绝热用挤塑聚苯乙烯泡沫塑料》GB/T 10801.2—2002
5.《建筑保温砂浆》GB/T 20473—2006

（二）建筑节能技术类

1.《被动式太阳房热工技术条件和测试方法》GB/T 15405—2006
2.《外墙外保温工程技术规程》JGJ 144—2004

（三）建筑用能系统及设备类

1.《高效预制组装架空炕连灶施工工艺规程》NY/T 1636—2008
2.《民用水暖煤炉通用技术条件》GB 16154—2005
3.《民用省柴节煤灶、炉、炕技术条件》NY/T 1001—2006
4.《家用太阳热水系统安装、运行维护技术规范》NY/T 651—2002
5.《太阳能供热采暖工程技术规范》GB 50495—2009
6.《户用沼气池施工操作规程》GB/T 4752—2002

参考文献

[1] 朱颖心．建筑环境学［M］．北京：中国建筑工业出版社，2010.

[2] 陆耀庆．实用供热空调设计手册（第2版）（上、下册）［M］．北京：中国建筑工业出版社，2008.

[3] 杨世铭．传热学(第4版)［M］．北京：高等教育出版社，2006.

[4]《农村居住建筑节能设计标准》GB/T 50824—2013［S］．北京：中国建筑工业出版社，2013.

[5]《外墙外保温工程技术规程》JGJ 144—2004［S］．北京：中国建筑工业出版社，2004.

[6]《烧结空心砖和空心砌块》GB 13545—2003［S］．北京：中国标准出版社，2014.

[7]《烧结多孔砖和多孔砌块》GB 13544—2011［S］．北京：中国标准出版社，2011.

[8] 李玉国，杨旭东．北方农村火炕的科学问题及火炕的现状和未来［C］．第四届全国制冷空调新技术研讨会．2006：82-87.

[9] 庄智．中国炕的烟气流动与传热性能研究［D］．大连：大连理工大学博士学位论文，2009.

[10] 端木琳，赵洋，王宗山，等．火炕热工性能的研究及其评价方法［J］．建筑科学，2009，25(12)：30-38.

[11] 陈荣耀，吕良．关于民用炕连灶热性能测试方法浅探［J］．应用能源技术，1985，(1)：36-40.

[12] 郭继业．吊炕搭砌技术（一、二、三）［J］．新农业，2010，(3、5、6)：42-23、49-50、49.

[13] 郭继业．北方省柴节煤炕连灶技术讲座（二）［J］．可再生能源，1998，(6)：12-14.

[14] 任洪国，李桂文，方修睦．寒区村镇住宅火炕采暖与通风一体化研究［J］．低温建筑技术，2009，31(12)：96-98.

[15]《民用柴炉、柴灶热性能测试方法》NY/T 8—2006［S］．北京：农业出版社，2006.

[16] 民用火炕性能试验方法 NY/T 58—2009［S］．北京：中国标准出版社，2009.

[17] 吴味隆．锅炉及锅炉房设备［M］．北京：中国建筑工业出版社，2006.

[18] 徐有明．木材学［M］．北京：中国林业出版社，2006.

[19] 贺平，孙刚，王飞，等．供热工程［M］．北京：中国建筑工业出版社，2009.

[20] 章学来，盛青青，杨培莹，等．石蜡相变材料蓄热过程实验研究［C］．上海市制冷学会学术年会，2007.

[21] 闫全英，王威．用于相变墙体中的相变材料的研究［J］．节能技术，2004，22(6)：364.

[22] 冯革宇．高效火炕结构优化分析［D］．沈阳：沈阳建筑大学硕士学位论文，2009.

[23] 张雪研．相变蓄热火墙的性能分析［D］．沈阳：沈阳建筑大学硕士学位论文，2009.

[24] 陈枭，张仁元，毛凌波．石蜡类相变材料的研究及应用进展［J］．材料研究与应用，2008，2(2)：89-92.

[25] 邹复炳．石蜡类相变材料传热性能研究［D］．上海：上海海事大学，2006.

[26] 王华，王胜林，饶文涛．高性能复合相变蓄热材料的制备与蓄热燃烧技术［M］．北京：冶金工业出版社，2006.

[27] 李香玲．新型相变蓄热装置蓄放热特性的实验与计算模拟分析［D］．北京：北京工业大学，2005.

[28] 张海峰，王勤，陈光明，等．相变储热型热泵热水器的设计及实验研究［J］．制冷学报，2005，26(3)：22-25.

[29] 侯欣宾，袁修干，李劲东．非共晶相变材料应用于太阳能吸热蓄热器的数值分析［J］．太阳能学报，2004，25(2)：195-199.

[30] 王越．空调系统冷凝热回收石蜡基相变材料的实验研究［J］．流体机械，2004，32(10)：57-59.
[31] 张培栋，杨艳丽，李光全，等．中国农作物秸秆能源化潜力估算［J］．可再生能源，2008(6)：80-83.
[32] 岳华，岳晓钰，王磊磊，等．太阳能和生物质能互补供暖系统［J］．煤气与热力，2009，29(11)：15-17.
[33] 王泽龙．生物质户用供热技术发展现状及展望［J］．可再生能源，2011(8)：72-76.
[34] 霍丽丽，侯书林，赵立欣，等．生物质固体成型燃料技术及设备研究进展［J］．安全与环境学报，2009，9(6)：27-31.
[35] 《建筑节能工程施工质量验收规范》GB 50411—2007［S］．北京：中国建筑工业出版社出版，2007.
[36] 《地源热泵系统工程技术规范》GB 50366—2005［S］．北京：中国建筑工业出版社出版，2005.
[37] 《居住建筑节能检测标准》JGJ/T 132—2009［S］．北京：中国建筑工业出版社出版，2010.